生命科学前沿及应用生物技术

# 动物配子与胚胎冷冻保存原理及应用

（第二版）

侯云鹏　周光斌　傅祥伟　主编
朱士恩　主审

科学出版社
北京

# 内 容 简 介

动物配子与胚胎冷冻保存是生命科学领域的重要组成部分，是为开展动物生物技术研究提供充足细胞来源不可或缺的基本保障。本书共分 5 章，内容包括：动物配子与胚胎冷冻保存原理、胚胎冷冻、生殖细胞（卵母细胞与精子）冷冻、卵巢组织与干细胞（胚胎干细胞、诱导多能性干细胞、精原干细胞和脐带血造血干细胞）冷冻等。书中对近年来超低温冷冻保存原理、技术进展、实验方法及专利等均有较详细的介绍，是一本集动物配子、胚胎、卵巢组织、干细胞冷冻保存原理与应用为一体的系统专著。

本书对从事相关领域的教学和科研工作人员具有理论指导作用和实践参考价值，适合于大专院校和科研院所从事生殖生物学、低温生物学、动物胚胎学、发育生物学、细胞生物学和临床医学等相关研究的师生和科研人员参考。

**图书在版编目（CIP）数据**

动物配子与胚胎冷冻保存原理及应用/侯云鹏，周光斌，傅祥伟主编. —2 版. —北京：科学出版社，2016.11
ISBN 978-7-03-050203-2

Ⅰ.①动… Ⅱ.①侯… ②周… ③傅… Ⅲ.①动物–配子 ②动物–冷冻胚胎 Ⅳ.①Q954.4 ②S814.8

中国版本图书馆 CIP 数据核字(2016)第 245391 号

责任编辑：王海光　李秀伟 / 责任校对：张怡君
责任印制：赵　博 / 封面设计：刘新新

科 学 出 版 社 出版
北京东黄城根北街 16 号
邮政编码：100717
http://www.sciencep.com

三河市骏杰印刷有限公司印刷
科学出版社发行　各地新华书店经销
*

2012 年 2 月第 一 版　　开本：787×1092　1/16
2016 年 11 月第 二 版　　印张：19
2025 年 1 月第四次印刷　　字数：425 000

**定价：126.00 元**

(如有印装质量问题，我社负责调换)

# 《动物配子与胚胎冷冻保存原理及应用》（第二版）编委会名单

**主　编**

　　侯云鹏　中国农业大学
　　周光斌　四川农业大学
　　傅祥伟　中国农业大学

**副主编**

　　李俊杰　河北农业大学
　　吴国权　云南省畜牧兽医科学院
　　王彦平　北京奶牛中心
　　史文清　北京市畜牧总站
　　余文莉　北京安伯胚胎生物技术中心

**编　委**（按姓氏笔画排序）

| | | | | | |
|---|---|---|---|---|---|
| 王　亮 | 王彦平 | 田树军 | 史文清 | 权国波 | 任　康 |
| 刘　颖 | 刘　聪 | 刘　霖 | 刘爱菊 | 刘满清 | 闫长亮 |
| 闫荣格 | 杜　明 | 李秀伟 | 李树静 | 李俊杰 | 杨中强 |
| 杨其恩 | 吴国权 | 吴通义 | 余文莉 | 张清靖 | 张瑞娜 |
| 阿布力孜·吾斯曼 | 范志强 | 岳明星 | 周光斌 | 周艳华 |
| 房　义 | 孟庆刚 | 侯云鹏 | 洪琼花 | 袁佃帅 | 莫显红 |
| 索　伦 | 贾宝瑜 | 徐振军 | 程柯仁 | 傅祥伟 | 曾　艳 |

**主　审**

　　朱士恩　中国农业大学

# 《动物配子与胚胎冷冻保存原理及应用》（第一版）编委会名单

**主　编**

　　朱士恩　中国农业大学

**副主编**

　　周光斌　四川农业大学
　　侯云鹏　中国农业大学
　　李俊杰　河北农业大学
　　傅祥伟　中国农业大学
　　史文清　北京市畜牧兽医总站
　　余文莉　北京安伯胚胎生物技术中心
　　范志强　中国农业大学

**编　委**

| 朱士恩 | 周光斌 | 侯云鹏 | 李俊杰 | 傅祥伟 | 史文清 |
|---|---|---|---|---|---|
| 余文莉 | 范志强 | 吴国权 | 王　亮 | 杜　明 | 贾宝瑜 |
| 吴通义 | 田树军 | 李树静 | 洪琼花 | 孟庆刚 | 权国波 |
| 索　伦 | 李秀伟 | 裴　燕 | 王彦平 | 张清靖 | 杨其恩 |
| 赵学明 | 刘　颖 | 任　康 | 阿布力孜·吾斯曼 | 徐振军 |
| 曾　艳 | 刘　霖 | 王晓旭 | 周艳华 | 杨中强 | 闫长亮 |
| 梁　莹 | 莫显红 | 程柯仁 | 郑天威 | 袁佃帅 | 胡麦顺 |
| 岳明星 | 夏　威 | 房　义 | 周　崇 | 谭鸿明 | 金　方 |
| 刘满清 | 唐国梁 | 付静涛 | 胡辛怡 | 杨宏远 | 李　松 |

# 序

随着低温生物学研究的逐步深入，动物配子与胚胎超低温冷冻不断取得新进展，例如：1985年小鼠胚胎玻璃化冷冻保存技术的发明，推动了以牛为代表的家畜胚胎生物技术的产业化应用，美国和加拿大约有70%的牛胚胎被用来冷冻；我国于2002年获得世界首例来源于玻璃化冷冻卵母细胞的克隆牛；英国PIC公司已攻克猪精液冷冻保存技术，并将其大规模应用于跨区域联合育种；1986年世界上出现第一例人解冻卵子妊娠分娩，目前，全世界靠冻卵技术出生的孩子有2000多例。这些成果展现了该项技术不仅在实验研究和畜牧业生产中发挥了重要作用，而且在人类医学上也具有广阔的应用前景。

本团队20年来一直从事动物配子与胚胎冷冻保存方面的科研与教学工作，不论是理论水平还是实践经验，均能与国际接轨，在国内外相关刊物上发表了多篇有学术价值的科研论文，并取得了丰硕的研究成果。《动物配子与胚胎冷冻保存原理及应用》（第二版）一书即是在此基础上编写而成的。综观整体，本书具有如下特色：①系统性强，全书以动物配子与胚胎冷冻保存原理及应用技术为主线，系统介绍了包括家畜、实验动物、人类和鱼类配子与胚胎冷冻保存原理及基本操作方法。②内容新颖，全书较为全面地阐述了动物配子与胚胎冷冻保存在国内外的最新方法、研究成果及其前景。③图文并茂，全书收录了大量图片，力争简明扼要、生动直观地勾勒出一些基本原理和操作方法。希望本书的问世能为农业和综合性院校及科研院所从事动物繁殖学、低温生物学、生殖生物学、发育生物学、动物胚胎学、细胞生物学及人类临床医学等相关专业的师生及科技人员提供重要理论与技术参考。

第二版与第一版相比，增加了近年来国内外研究的新热点，如牛胚胎玻璃化冷冻管内解冻和直接移植、牛性控精液冷冻、诱导多能性干细胞冷冻和精原干细胞的冷冻、配子与胚胎冷冻在人类辅助生殖中的应用，同时还补充了一些实践中应用广泛的操作程序，这些知识的补充为本书增色不少。

《动物配子与胚胎冷冻保存原理及应用》一书的再版将对我国动物繁殖与人类辅助生殖生物技术相关学科的教学和科研发挥重要作用。

朱士恩
中国农业大学教授
2016年8月

# 第二版前言

本书第一版 2011 年 8 月定稿，2012 年 2 月出版。近几年，动物配子与胚胎超低温冷冻发展较快，应广大读者要求，同时为修订第一版中存在的不足，我们决定将《动物配子与胚胎冷冻保存原理及应用》一书修订再版，使之更加完善。

第二版对各个章节的内容都进行了更新和补充，着重更新了胚胎冷冻在人类辅助生殖中的应用，另外增加了性控精液冷冻、诱导多能性干细胞冷冻和精原干细胞的冷冻，以及牛胚胎玻璃化冷冻管内解冻和直接移植。各章编写内容与具体分工如下：绪论（朱士恩）；第一章配子与胚胎冷冻保存原理及方法概论（侯云鹏、李俊杰、朱士恩）；第二章动物早期胚胎冷冻保存（傅祥伟、余文莉、周艳华、莫显红等）；第三章动物卵母细胞冷冻保存（吴国权、田树军、史文清、刘颖等）；第四章动物精液冷冻保存（王彦平、贾宝瑜、杜明、范志强等）；第五章动物卵巢组织与干细胞冷冻保存（周光斌、权国波、索伦、杨其恩等）；国内相关专利（吴通义）；英汉词语对照（吴国权）。

本书成功再版是与广大编委的努力分不开的，是集体智慧的结晶。在此，对在书稿的编写与校对工作中付出辛勤劳动的编者们表示衷心的感谢！对给予本书出版大力支持的科学出版社表示衷心的感谢！

尽管我们在编写工作中团结协作，兢兢业业，尽了最大努力，但限于编者的知识面和水平，书中仍难免会存在不妥之处，恳请广大读者批评指正，以便在今后的修订中加以改进。

编著者

2016 年 8 月

# 第一版前言

动物配子与胚胎的冷冻保存技术是现代生物技术的重要组成部分，在畜牧学、生命科学及临床医学等领域发挥着越来越重要的作用。鉴于动物配子与胚胎冷冻保存日益显著的地位，此方面的研究与开发已经成为研究热点与焦点，国内外越来越多的科技工作者开始或正在从事此方面的工作，某些方面已经取得了显著的成果。但是目前国内外关于动物配子与胚胎冷冻保存的书籍甚少，虽然在有些书籍中涉及此方面的内容，但是范围比较窄，阐述得比较浅，难以全面体现动物配子与胚胎冷冻保存技术的知识体系。更重要的是，至今我国还未曾出版动物配子与胚胎冷冻保存相关的专门书籍。鉴于上述原因，在我国急需一部能全面且系统地反映动物配子与胚胎冷冻保存基本原理、技术方法和最新进展的书籍，以供广大的教学和科研工作者参考。因此，为满足上述领域教学、科研和生产的发展需要，特编写了《动物配子与胚胎冷冻保存原理及应用》一书献给广大读者。

2009年5月首先由主编朱士恩召集编写人员充分酝酿，在广泛征求意见的基础上，拟定了《动物配子与胚胎冷冻保存原理及应用》编写大纲初稿，并于2009年8月1～2日在中国农业大学召开了编委会会议。出席此次会议的有来自全国各地的编委及在校研究生共计30余人，会上编委们围绕着编写大纲展开了热烈讨论，经认真修订，最终完成了《动物配子与胚胎冷冻保存原理及应用》编写大纲，确定了编委，对章节内容进行详细分工，并统一了编写要求。在各自完成初稿撰写的基础上，于2010年10月6～7日在中国农业大学召开了《动物配子与胚胎冷冻保存原理及应用》审稿会，对撰写的初稿进行审查，并对写作格式、内容、参考文献等进行规范和统一。2011年5月7～16日再次召开书稿审定会，会上对各部分内容进行了审定、查重和删减，采用分章负责制进行统稿和修订，决定第一章由侯云鹏、李俊杰负责；第二章由傅祥伟、孟庆刚、吴国权、周光斌负责；第三章由吴国权、周光斌和李俊杰负责；第四章由杜明、贾宝瑜负责；第五章由周光斌负责。2011年7月8～25日召开了最终书稿审定会，会上通读书稿，逐句修改，朱士恩主编及主要编委重点对修订后的章节进行讨论，经充分润色、完善，达成一致意见后定稿，并决定交由科学出版社出版。

本书共分五章，各章编写内容与具体分工如下：绪论（朱士恩）；第一章配子与胚胎冷冻保存原理与方法概论（侯云鹏、李俊杰、朱士恩）；第二章动物早期胚胎冷冻保存（傅祥伟、孟庆刚、吴国权、余文莉、朱士恩等）；第三章动物卵母细胞冷冻保存（吴国权、周光斌、李俊杰、王亮、史文清、田树军等）；第四章动物精液冷冻保存（杜明、贾宝瑜、范志强等）；第五章动物组织材料冷冻保存（周光斌、权国波、索伦）；国内外相关专利（吴通义）；中英文缩略语对照（吴国权）。

本书的编写在注重系统性的同时，突出了一个"新"字，共查阅了国内外参考文献上千篇（部），综述了国内外的最新研究方法、成果和进展；同时为达到图文并茂的效果,全书插图 45 幅。

为使读者查阅方便,将动物配子与胚胎冷冻保存主要专业名词的中英文对照和国内外相关专利附于正文后。

本书得以与读者及时见面,是与广大编委的努力分不开的,是集体智慧的结晶。在此,首先对在书稿的编写与校对工作中付出辛勤劳动的编者们表示衷心的感谢!对中国科学院吴常信院士为本书作序表示衷心感谢!对给予本书出版大力支持的科学出版社表示衷心的感谢!

尽管我们在编写工作中团结协作,兢兢业业,尽了最大努力,但由于作者掌握的知识面和水平有限,而本研究领域发展又极为迅速,许多方面跟不上时代的要求,书中仍难免会存在不妥之处,恳请广大读者批评指正,以便再版时加以补充和修订。

编著者<br>2011 年 8 月

# 目 录

序
第二版前言
第一版前言

**绪论** ............................................................................................................. 1
**第一章 配子与胚胎冷冻保存原理及方法概论** ..................................................... 2
 第一节 配子与胚胎冷冻保存的意义与发展概况 ................................................ 2
  一、精液冷冻保存的意义与发展概况 ............................................................ 2
  二、卵母细胞冷冻保存的意义与发展概况 ...................................................... 3
  三、胚胎冷冻保存的意义与发展概况 ............................................................ 5
 第二节 配子与胚胎冷冻保存原理 .................................................................... 7
  一、精液冷冻保存原理 ............................................................................... 8
  二、卵母细胞与胚胎冷冻保存原理 ................................................................ 9
 第三节 配子与胚胎冷冻保存方法 .................................................................. 19
  一、冷源及容器 ...................................................................................... 19
  二、抗冻保护剂 ...................................................................................... 21
  三、精液冷冻保存方法 ............................................................................ 23
  四、卵母细胞与胚胎冷冻保存方法 .............................................................. 25
 参考文献 ................................................................................................... 37
**第二章 动物早期胚胎冷冻保存** ....................................................................... 46
 第一节 家畜 ............................................................................................. 46
  一、胚胎生物学特性 ................................................................................ 46
  二、冷冻对胚胎细胞及亚细胞结构的影响 ...................................................... 47
  三、家畜胚胎冷冻保存研究进展 ................................................................. 48
  四、实验操作程序 ................................................................................... 53
 第二节 啮齿类实验动物 .............................................................................. 58
  一、胚胎生物学特性 ................................................................................ 58
  二、啮齿类胚胎冷冻保存研究进展 .............................................................. 58
  三、实验操作程序 ................................................................................... 61
 第三节 灵长类动物 .................................................................................... 65
  一、灵长类动物胚胎冷冻保存研究进展 ........................................................ 65
  二、灵长类动物胚胎冷冻保存的安全性 ........................................................ 68

三、问题与展望 ································································· 69
　　四、实验操作程序 ····························································· 69
　参考文献 ············································································· 73

# 第三章　动物卵母细胞冷冻保存 84
## 第一节　家畜 84
　　一、卵母细胞生物学特性 ··················································· 84
　　二、猪卵母细胞冷冻保存研究进展 ······································ 86
　　三、牛卵母细胞冷冻保存研究进展 ······································ 90
　　四、羊卵母细胞冷冻保存研究进展 ······································ 94
　　五、问题与展望 ································································· 98
　　六、实验操作程序 ····························································· 98
## 第二节　啮齿类实验动物 111
　　一、小鼠卵母细胞生物学特性 ············································ 111
　　二、卵母细胞冷冻损伤 ······················································ 112
　　三、卵母细胞冷冻保存方法改进 ········································· 119
　　四、问题与展望 ································································· 121
　　五、实验操作程序 ····························································· 122
## 第三节　灵长类动物 126
　　一、卵母细胞生物学特性 ··················································· 126
　　二、灵长类动物卵母细胞冷冻保存研究进展 ······················· 127
　　三、实验操作程序 ····························································· 134
　参考文献 ············································································· 136

# 第四章　动物精液冷冻保存 153
## 第一节　家畜 153
　　一、精子的生物学特性 ······················································ 153
　　二、牛精液冷冻保存研究进展 ············································ 154
　　三、羊精液冷冻保存研究进展 ············································ 157
　　四、猪精液冷冻保存研究进展 ············································ 160
　　五、实验操作程序 ····························································· 163
## 第二节　灵长类动物 169
　　一、人和猴精子的生物学特性 ············································ 170
　　二、人精液冷冻保存研究进展 ············································ 171
　　三、猴精液冷冻保存研究进展 ············································ 174
　　四、实验操作程序 ····························································· 177
## 第三节　小鼠 186
　　一、小鼠精子的生物学特性 ··············································· 186
　　二、小鼠精液冷冻保存研究进展 ········································· 187

三、实验操作程序······190
第四节　鱼类······191
　　一、鱼类精子生物学特性······192
　　二、鱼类精液冷冻保存研究进展······192
　　三、实验操作程序······195
参考文献······199

## 第五章　动物卵巢组织与干细胞冷冻保存······213
第一节　哺乳动物卵巢组织······213
　　一、卵巢组织冷冻保存研究······213
　　二、实验操作程序······215
第二节　脐带血造血干细胞······223
　　一、脐带血造血干细胞生物学特性······223
　　二、脐带血造血干细胞冷冻保存研究进展······224
　　三、实验操作程序······226
第三节　胚胎干细胞和诱导多能性干细胞······228
　　一、胚胎干细胞和诱导多能性干细胞生物学特性······228
　　二、胚胎干细胞和诱导多能性干细胞检测······230
　　三、胚胎干细胞冷冻保存研究进展······232
　　四、实验操作程序······234
第四节　精原干细胞······240
　　一、精原干细胞生物学特性······240
　　二、精原干细胞检测······241
　　三、精原干细胞冷冻保存研究进展······242
　　四、实验操作程序······242
参考文献······247

**附录Ⅰ　在中国申请的低温保存专利······256**
**附录Ⅱ　英汉词语对照······284**

# 绪　　论

动物配子与胚胎超低温冷冻是生命科学的重要组成部分，是研究其长期保存不可或缺的生物技术。在超低温条件下，动物配子或胚胎的新陈代谢和分裂暂时停止，一旦恢复到正常温度，又能继续发育。

近年来，受疫病和人类活动及环境破坏的影响，全球物种灭绝的速度已远远超越了新物种的进化速度。有资料表明，全球 6165 个畜禽品种中，有 12%已经灭绝，8.16%濒临灭绝，17.71%已成为濒危动物，因此，各国政府对动物遗传种质资源的保护均给予了高度重视。但活体保种因维持成本高、突发自然灾害（疫病、火灾、洪水、干旱等）等原因，很难实现对全部濒危物种的有效保存。随着生物技术的快速发展，配子与胚胎冷冻保存正逐步成为替代活畜保种的最有效方式，许多国家建立了遗传种质资源库，即"精子库"、"卵子库"、"胚胎库"和"干细胞库"等。据美国农业部统计，冷冻精液人工输精技术的实施对美国奶牛群体遗传改良的贡献率高达 97%；美国胚胎移植学会统计数据表明，2008 年美国有 97%以上的牛胚胎移植均采用冷冻胚胎。人类医学上，配子与胚胎的冷冻保存可以用来保存青年夫妇的生殖潜力，从而避免了因老化或疾病而导致的生育能力下降或丧失。以人卵母细胞为例，自 1986 年以来，全球范围内利用冷冻卵母细胞出生婴儿数逐年增加，全世界靠冻卵技术出生的孩子有 2000 多例。

总之，配子与胚胎冷冻保存技术在畜牧生产和临床医学上发挥了重要作用，应用前景广阔。但是，我们必须充分地认识到，可在畜牧业生产中得到广泛应用和推广的目前只有牛冷冻精液和牛冷冻胚胎，其他动物配子与胚胎的冷冻保存仍存在这样或那样的问题，与实际应用还有一定的距离，需要进一步深入研究。

本书对以上问题进行分析归纳，内容主要包括：慢速冷冻和玻璃化冷冻保存原理；动物配子、胚胎及部分生殖干细胞的超低温冷冻保存的研究进展、实验操作方法及专利。本书共分 5 章。第一章，系统阐述了动物配子与胚胎冷冻保存的意义、原理、发展概况及抗冻保护剂的种类等。第二章，主要讲述了家畜（猪、牛、羊）、啮齿类动物（小鼠）、灵长类动物（猕猴和人）的胚胎生物学特性、超低温冷冻研究进展及实验操作程序。第三章，主要讲述了家畜、啮齿类动物、灵长类动物的卵母细胞生物学特性、超低温冷冻研究进展及实验操作程序。第四章，主要讲述了家畜、啮齿类动物、灵长类动物和低等模式生物（如斑马鱼等）的精子生物学特性、超低温冷冻研究进展及实验操作程序。第五章，主要讲述了动物卵巢组织、脐带血造血干细胞、胚胎干细胞、诱导多能性干细胞和精原干细胞超低温冷冻的研究进展及实验操作程序。

（朱士恩）

# 第一章 配子与胚胎冷冻保存原理及方法概论

配子和胚胎的冷冻保存，是指将配子（精子和卵子）和胚胎保存于超低温状态下，使细胞新陈代谢和分裂速度减慢或停止，一旦恢复正常生理温度又能继续发育。该技术对于畜牧生产、动物遗传资源保存、配子与胚胎生物技术研究，以及人类辅助生殖技术的开展均具有重要意义。

## 第一节 配子与胚胎冷冻保存的意义与发展概况

### 一、精液冷冻保存的意义与发展概况

（一）意义

**1. 充分提高优良种公畜的利用率**

近年来，随着人工授精技术的推广与普及，精液的长效保存显得尤为必要。一方面，它可以最大限度地提高优良种公畜的利用效率，保证群体母畜的定期配种需要；另一方面，人工授精技术与精液冷冻保存技术相结合，对于加快畜群品种改良步伐，推进育种工作进程具有重要意义。

**2. 便于开展国际间种质交流**

精液冷冻保存技术使优良种公畜的种质资源在国际间的广泛交流成为可能，避免了活畜引种带来的高额费用和疫病传播。

**3. 使发情母畜配种不受时间与地域的限制**

由于我国畜牧业规模化程度较低，多为农户散养，很难实现集约化养殖的同期发情和集中配种，而精液冷冻保存技术使优良种公畜在规模化程度低的养殖场的利用成为可能。

**4. 建立动物精液基因库**

即建立"精子库（sperm bank）"。近年来随着全球生态环境的变化及人类活动的影响，大量珍稀及地方优良畜禽品种处于灭绝或濒临灭绝状态，动物保种刻不容缓，然而目前常用的活体保种因成本高、效率低、疫病高发等原因，很难实现对所有品种的有效保存，而"精子库"的建立为上述品种的长效保存提供了可能。在人类医学领域，"精子库"的建立使那些因患病必须应用某些药物、放射或手术治疗，而产生绝育影响者，或因某种职业（如接触放射物质）而影响生育者，可预先贮藏精液备用。

**5. 防止疾病的传播**

家畜通过交配传播的疫病很多，在自然交配情况下，家畜因交配被传染上疾病的机会很大，但冷冻精液的应用使公母畜不接触，大大减少了公母畜交互传播疾病的概率。

在人类医学领域，20 世纪 80 年代，人们认识到艾滋病（AIDS）可以通过精液传播的危险性，由于确诊艾滋病的主要依据是化验血中是否存在艾滋病抗体，并且绝大部分人感染艾滋病后，均会在半年内产生抗体，因此，为了保证人工授精的安全性，大多数国家禁止使用新鲜精液，强制使用冻存 6 个月以上的精子（滕若冰，2010）。

（二）发展概况

精子低温保存的历史始于 18 世纪末 19 世纪初，研究人员偶然发现将人精液埋藏于冰雪中，在 0℃以下的严寒环境下保存，用适当方法复温后，竟然某些精子仍然存活，但这一发现当时并未引起人们的重视。1886 年，Mouteyazza 在–15℃的条件下冻存精子取得成功，并首次提出"精子库"的概念（滕若冰，2010）。但由于当时条件所限，低温冷冻的精子大多死亡，其冻存精子复苏后未能取得理想的效果，难以达到实际应用程度。

1949 年精液冷冻技术出现重大突破，Polge 等用含甘油（丙三醇）的稀释液在乙醇干冰中冷冻鸡精液，发现可使精子保持原活率，树立了低温生物学发展的里程碑。1951 年 Stewart 报道，用甘油冷冻牛精液且输精后一头犊牛出生了。1954 年，Bunge 和 Sherman 首次报道用甘油作保护剂，用干冰（–79℃）为制冷源，将冷冻精液用于临床人工授精，获得世界上第一例冷冻精液人工授精的婴儿。随后以甘油作为抗冻保护剂，成功冷冻保存了大鼠和猪的精液（Wilmut and Polge，1977）。但是，该项技术在实践中大量应用是在 20 世纪 60 年代中期以后，而且仅限于牛。20 世纪 70 年代以来，美国、加拿大、澳大利亚等一些畜牧业发达国家牛冷冻精液利用率已达 100%。目前我国奶牛冷冻精液的使用率也已达 100%，冷冻精液人工授精总受胎率可达 85%～95%。尽管其他畜禽及野生动物冷冻精液的研究进展也很快，但受胎率偏低，目前仍处于试验或中试阶段。此外，冻干法在精子保存方面也得到逐步应用，该方法的优点是贮存和运输过程中不需要液氮或干冰，从而降低了相关费用。但缺点是造成了精子膜的破坏，精子部分甚至完全失去了运动能力和活力，必须借助胞质内单精子显微注射（ICSI）完成授精。目前利用冻干法保存的精子获得了后代（Gil et al.，2014；Hochi et al.，2004）。

近年来，大量研究集中于如何避免冷冻过程中冰晶的形成（Naik et al.，2005；Fuller，2004；Holt，2003），研究人员已从适应寒冷环境的真菌、细菌、昆虫和鱼体内发现了抗冻蛋白（Rubinsky et al.，1991）。由于它具有稳定细胞膜和抑制冰晶形成的作用，在绵羊（Payne et al.，1994）、黑猩猩（Younis et al.，1998）、牛（Prathalingam et al.，2006）和兔（Nishijima et al.，2014）精液保存液中添加后，冻融精子存活率均显著提高。

（李俊杰　侯云鹏　朱士恩）

## 二、卵母细胞冷冻保存的意义与发展概况

（一）意义

**1. 便于珍稀濒危动物和优良地方品种畜禽种质资源的长期保存**

利用超低温冷冻保存方法，将珍稀濒危动物和优良地方品种畜禽的卵母细胞保存起来，建立"卵子库"，可以实现动物种质资源的长期保存，同时也为遗传资源在国际和

国内长距离的运输提供了可能。

**2. 为胚胎生物技术的研究提供充足的卵源**

20世纪80年代以来，随着各项胚胎生物技术，如卵母细胞的体外成熟、体外受精、核移植、转基因动物生产、干细胞培养和嵌合体技术的迅速发展，卵母细胞的全年、均衡供应显得尤为重要。但由于受季节、疫病等因素的影响，上述愿望很难实现。随着卵母细胞冷冻保存技术的提高和完善，将为胚胎生物技术的开展解除卵母细胞供应带来的时间和空间上的限制。

**3. 为某些因病理或其他原因而推迟生育的妇女提供一个生育的机会**

在人类医学领域，卵母细胞的冷冻保存可为某些因手术、放射线治疗、化学治疗失去卵巢功能的患者，或者因工作生活的原因而推迟怀孕的妇女保留生育能力。随着人卵母细胞玻璃化冷冻保存技术的逐步提高，2013年，美国生殖医学会（ASRM）实践委员会和辅助生殖技术协会（SART）通过的一项准则规定，当妇女因患病采用的治疗方法会对生殖腺产生毒害作用时，成熟卵母细胞玻璃化冷冻可作为女性生殖能力保存的唯一方式。

**4. 增加了辅助生殖技术的可操作性和安全性**

在人类辅助生殖领域，少数情况下，取卵手术当日取精失败的患者，可同意先进行卵母细胞冷冻保存，待取精成功时再行授精，增加了辅助生殖技术的可操作性。另外，在某些允许卵母细胞捐赠的国家，冷冻保存技术可以保证有充足时间对供卵者进行检疫，以避免供卵者可能存在的传染性疾病对受卵者健康产生影响（Hammarberg et al.，2008）。

（二）发展概况

Tsunoda等（1976）开始对卵母细胞的冷冻保存进行研究。1977年，Whittingham首次成功地冷冻保存了小鼠的成熟卵母细胞，授精后获得了后代。迄今为止，卵母细胞的冷冻保存以小鼠、牛作为主要对象，其冷冻方法趋于成熟，冷冻后的卵母细胞形态正常率、受精率、胚胎发育率及移植后的产仔率等方面均取得了一定进展。Nakagata（1989）用玻璃化冷冻保存的小鼠卵母细胞，经体外受精后能继续发育，胚胎移植后产仔率高达45.8%；Vajta等（1998）采用开放式拉长细管（open pulled straw，OPS）法玻璃化冷冻保存牛成熟卵母细胞，目的是提高降温速度，由细管法的2000℃/min提高到约20 000℃/min，解冻后的卵母细胞经体外受精，获得了13%的囊胚发育率，且胚胎移植后获得了犊牛。但与成熟卵母细胞相比，未成熟卵母细胞的冷冻相对困难。Candy等（1994）对小鼠生发泡（GV）期卵母细胞进行了慢速冷冻，解冻后进行体外成熟（IVM）和体外受精（IVF），对获得的25枚2-细胞胚胎进行移植，仅产活仔鼠13只。Aono等（2005）通过对小鼠GV期卵母细胞进行玻璃化冷冻，解冻后存活率、成熟率及IVF囊胚发育率分别达98.6%、92.6%和42.9%，移植后仅获得10.0%的产仔率。

可见，未成熟卵母细胞对冷冻更敏感。但随着研究的深入、抗冻保护剂的筛选及冷冻载体的改进，未成熟卵母细胞的冷冻保存也取得了显著的进展。Suzuki等（1996）对牛冷冻-解冻后的 GV 期卵母细胞进行 IVM 和 IVF，将获得的 6 枚囊胚移植给 3 头受体母牛，全部妊娠，其中 2 头受体产下足月犊牛。Vajta 等（1998）改用 OPS 法玻璃化冷冻体外培养 6h 的牛卵母细胞，结果受精后囊胚发育率高达 25%。国内朱士恩等（2002）采用乙二醇和 DMSO 为主体抗冻保护剂，OPS 法冷冻保存牛体外培养 6h 卵母细胞，解冻后经化学激活，囊胚发育率达 22%；而成熟培养 22h 的卵母细胞冷冻-解冻后，经体外受精，囊胚发育率达 17%，胚胎移植后获得 7 头犊牛。可见，玻璃化冷冻是目前卵母细胞冷冻保存较为理想的方法。在未成熟卵细胞的低温生物学特性方面，Suo 等（2009）采用 OPS 法对小鼠 GV 期和生发泡破裂期卵母细胞进行了玻璃化冷冻保存研究，发现小鼠生发泡破裂（GVBD）期卵母细胞冷冻后较 GV 期卵母细胞具有更高的卵丘细胞膜完整性及发育能力，是比较理想的小鼠未成熟卵母细胞保存阶段。这可能是因为 GVBD 期卵母细胞在体内正常完成了减数分裂的恢复、核质结构的变化，并激活细胞中与减数分裂和成熟相关蛋白质的合成，大大降低了体外培养过程对卵母细胞减数分裂及成熟的影响。但也有研究表明，牛 GVBD 期卵母细胞对冷冻的敏感性较高（Men et al.，2002），这可能是由种属差异造成的，与牛卵母细胞发育相关的转录和翻译大多发生在 GVBD 期卵母细胞（Men et al.，2003；Rzucidlo et al.，2001）。

近年来，在人类辅助生殖领域，某些年轻女性因患病需进行放射性治疗或化学治疗而面临失去生育能力的风险，卵母细胞冷冻保存技术为这些患者保留了生育的机会，因此人类医学领域广泛地开展了相关研究。尽管人类第一例冷冻卵母细胞获得胚胎并成功妊娠的报道来自于慢速冷冻，但慢速冷冻仍然存在诸多问题。然而，近来发展起来的玻璃化冷冻具有许多优势，如降温-复温速率快、不产生有序冰晶等，在人类卵母细胞冷冻保存领域得到了充分认可并被认为优于慢速冷冻（Moragianni et al.，2010；Gook and Edgar，2007；Oktay et al.，2006），是女性生殖能力保存的有效方法。

（侯云鹏　李俊杰　朱士恩）

## 三、胚胎冷冻保存的意义与发展概况

### （一）意义

**1. 适应于胚胎移植产业化**

超数排卵技术能够获得较多的胚胎，同时也需要更多的同期发情的母畜进行胚胎移植，既费时、费力又成本高。若将胚胎冷冻保存起来，等待发情后适宜的受体进行移植，不仅可使胚胎移植不受时间和空间的限制，而且能严格筛选受体，保证受体的质量，提高受胎率。将大大地降低成本和促进胚胎移植技术在生产中的应用与推广，是胚胎移植产业化的重要技术保障。

**2. 便于胚胎运输**

胚胎保存可解决引种和运输种畜的困难，同时可减少或防止传染病的传播。可广泛地进行国际和国内优良品种的交流，加速家畜优良品种的扩繁和改良的进程。

**3. 建立胚胎基因库**

胚胎的冷冻保存是动物保种、建立基因库不可缺少的必要手段之一。利用基因库（胚胎库）可以长期保存珍稀或濒危动物和优良品种家畜的遗传资源。还可以避免因自然灾害、战争和传染性疾病等突发事件造成不可抗拒的打击而使动物品种灭绝。基因库的建立对诸如组织胚胎学、发育生物学、遗传育种学、动物繁殖学、生殖生物学和胚胎生物技术的基础理论研究具有重要的价值。

**4. 防止疾病传播**

目前世界上许多国家和地区疫情发生比较严重，在进行繁殖和直接进口活畜过程中，通过接触等途径有可能传播传染病，从而加大引进活畜的风险。但研究表明，由于胚胎的透明带（zona pellucida）具有阻止细菌、病毒入侵的作用，加之冷冻胚胎前需要用酶进行洗涤，可以去除透明带上的细菌与病毒。因此，引进良种家畜的冷冻胚胎进行移植是防止疾病传播的有效途径之一。

（二）发展概况

处于冷冻保存的胚胎，其新陈代谢过程暂时停止，因而可以达到长期保存的目的。Riggs 等（2010）报道，冷冻保存人胚胎 20 年，解冻后在胚胎存活率、着床率、妊娠率、流产率及胎儿出生率等参数方面没有影响。Fang 等（2014）将玻璃化冷冻保存 15 年的体外受精囊胚进行移植，妊娠率与保存 0.5 年和 1 年的体外受精囊胚差异不显著。说明保存时间对胚胎的发育能力不会产生影响。

哺乳动物胚胎的冷冻保存研究开始于 1972 年，由 Whittingham 等首先发明了慢速冷冻法，对小鼠的胚胎冷冻保存获得成功，解冻后经胚胎移植产下了后代。他们使用的主体抗冻保护剂为二甲基亚砜（DMSO），人工植冰后以 0.33℃/min 降至-35℃，然后再以 1℃/min 降至-80℃后投入液氮中冷冻保存。此方法冷冻保存的小鼠胚胎，有 80%以上具有继续发育能力。但完成整个程序需要 3h 以上。该冷冻法经过近 30 年的发展，冷冻效果已基本稳定，目前仍然在世界范围内被广泛应用。继 Whittingham 等对小鼠胚胎冷冻成功之后，牛（Wilmut and Rowson，1973）、家兔（Bank and Maurer，1974）、大鼠（Whittingham，1975）、山羊（Bilton and Moore，1976）、绵羊（Willadsen et al.，1976）、马（Yamamoto et al.，1982）、人（Zeilmaker et al.，1984）、猪（Hayashi et al.，1989）和水牛（Kasiraj et al.，1993）等的胚胎超低温冷冻保存也相继取得成功。迄今为止已有多种动物胚胎经慢速冷冻-解冻后移植于受体获得后代。

1977 年 Willadsen 等对上述方法进行了改进，发明了快速冷冻法，将绵羊胚胎于抗冻保护剂溶液中处理后，缓慢降温至-35℃，直接投入液氮保存，这种方法比慢速冷冻法缩短降温时间 1h（图 1-1-1）。该方法突出优点是具有固定的操作程序和试剂，效果较为稳定，适用于大批量牛、羊胚胎的冷冻保存。缺点是上述方法均属于传统意义上的慢速冷冻，其冷冻程序较繁琐、费时，而且冷冻过程中需要昂贵的程序降温仪。

1985 年，Rall 和 Fahy 等首次发明了玻璃化冷冻法，对小鼠 8-细胞胚胎冷冻保存取得成功。此后，玻璃化冷冻法经 Nakagata（1989）、Kasai 等（1990）、Zhu 等（1993，

1994)、Saha 等（1996）、Vajta 等（1998）、Kong 等（2000）、朱士恩等（2002）、Kuwayama 等（2005）的不断改进，这项技术日趋成熟，部分家畜胚胎经玻璃化冷冻后已在生产中示范应用，并在生产实践中得到推广。玻璃化冷冻的突出优点是操作简便、无需昂贵的程序冷冻仪；缺点是需利用高浓度的抗冻保护剂，对胚胎毒性较大，多年来人们一直在寻找低毒、高效的抗冻保护剂应用于玻璃化冷冻。目前广为接受的玻璃化冷冻保护剂组合为乙二醇、二甲基亚砜（DMSO）、蔗糖和聚蔗糖等。此外，玻璃化冷冻操作程序的标准化也是今后迫切需要解决的问题。

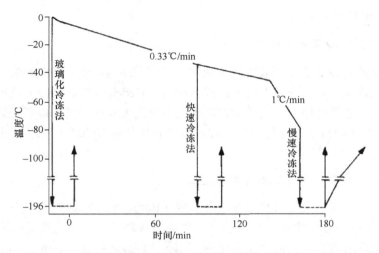

图 1-1-1　慢速冷冻和玻璃化冷冻降温示意图（朱士恩，2002）

近年来，随着对生物大分子结构和功能研究的不断深入，研究人员从生活在严寒环境中的北极鱼血液中分离得到了抗冻蛋白（AFP），在低温条件下具有抑制冰点、改变冰晶形成过程和防止冰晶再生成等作用（Venketesh and Dayananda，2008；Tomczak et al.，2002）、防止鱼体被冷冻（Fletcher et al.，2001），保证了北极鱼能在低于其体液冰点温度的水域生存（Inglis et al.，2006）。将其应用于家畜胚胎的保存，绵羊胚胎可在 4℃的含有 AFP 的培养液中存活 4d（Baguisi et al.，1997），牛胚胎则可存活 10 天，移植后并成功产犊（Ideta et al.，2015）。在胚胎超低温冷冻保存方面，Nishijima 等（2014）添加 500ng/mL 抗冻蛋白的冷冻液可显著提高兔桑椹胚的冻后存活率。

（侯云鹏　李俊杰　朱士恩）

## 第二节　配子与胚胎冷冻保存原理

超低温冷冻保存概括起来可分为慢速冷冻保存、快速冷冻保存和玻璃化冷冻保存。哺乳动物的配子或胚胎经超低温冷冻保存，解冻后的配子经体外受精或显微受精产生的胚胎移植到受体动物输卵管或子宫的过程中，可能受到某些外界因素影响而损伤。为使冷冻损伤降到最低程度，下面通过分析配子与胚胎的生物学特性、细胞损伤等因素来探讨超低温冷冻保存的原理。

## 一、精液冷冻保存原理

哺乳动物射出体外的精子，在形态和结构上有共同的特征，可分为头、颈和尾三个部分，表面被覆质膜。精液冷冻保存过程中，精子的不同部位均有可能受到不同程度的损伤。研究发现，冻融精子可因顶体膨胀而出现精子前部质膜和顶体外膜多点融合及破裂，并呈现泡状化（秦鹏春和石惠芝，1997）。Thomas 等（1998）研究发现，冷冻对牛精子尾部线粒体膜电位损伤很大。

### （一）精子的生物学特性

**1. 精子质膜对冷冻较为敏感**

精子质膜被认为是低温环境中最易受损伤的关键结构。冷冻过程影响到质膜的正常流动和结构完整性，大大降低了精子的授精能力。Medeiros 等（2002）发现冻融过程可导致精子细胞膜通透性增强、精子质膜表面胆固醇流失和精子活率降低等现象。另有研究表明，啮齿类动物精液冷冻保存效率较低很可能与其特殊的精子质膜成分有关（Noiles et al.，1997）。

**2. 渗透耐受性对精子冷冻效果影响显著**

研究表明，渗透压变化对精子有显著影响（Boryshpolets et al.，2009；Correa et al.，2007），而精子冷冻过程中由于冰晶的形成也会造成精子所处环境渗透压变化，并且冷冻保存对精子造成的损伤与渗透压变化密切相关（Glazar et al.，2009；Ball，2008），研究表明，如果冷冻速度过快，渗透压将导致精子的脱水不充分，因此不能阻止细胞内有害冰晶的形成；如果冷冻速度过慢，精子将充分脱水，但精子体积的缩小会对质膜造成较高的压力应激。

**3. 动物精子对冷冻的耐受性因物种而异**

不同物种精子的结构与成分存在差异，因此对冷冻的耐受性也因物种而异。研究表明，奶牛与人的精子对冷冻的耐受性较强，而猪精子对冷冻则非常敏感，小鼠对冷冻耐受性较弱（Noiles et al.，1997）。

### （二）精子冷冻保存原理

有关精子能从冻结状态继而复苏的冷冻保存原理，比较公认的观点是精液冷冻过程中，在抗冻保护剂的作用下，采用一定的降温速率，尽可能形成玻璃化（vitrification），而防止精子水分冰晶化（crystallization）。玻璃化是指在超低温状态下，水分子仍保持原来自然的一种无次序的排列状态，形成玻璃样的坚硬而均匀的固体。精子在这样的状态下，细胞结构维持正常，精子解冻后可以复苏。而冰晶化则是指在降温过程中的某一温度下，水分子重新按几何图形排列形成冰晶的过程，冰晶对精子是有危害的，冰晶越大危害越大。

冰晶的形成是由于精液中含有一定量的电解质，可透过精子质膜。在冷冻过程中，随着温度的不断下降，精子细胞外液中的水分首先形成细小的颗粒状冰晶，造成细胞外液的电解质浓度增加，细胞外液渗透压的增高使水分由细胞内液向细胞外液流出，随着水分的渗出形成冰晶（张一玲，1982）。冰晶对精液冷冻的伤害包括化学伤害和物理伤害两个方面。

（1）化学伤害

化学伤害是指降温过程中细胞外液渗透压逐渐增大，使精子中的水分由内向外渗透，导致精子膜内的溶质浓度和渗透压增高，从而造成精子细胞脱水严重，使得精子细胞发生不可逆的化学毒害而死亡。在精液稀释液中添加一定浓度的甘油、二甲基亚砜等抗冻保护物质，以增强精子的抗冻能力，并对防止产生冰晶起着重要作用。但是，甘油等抗冻保护剂浓度过高对精子有毒害作用：改变了精子的结构和生物化学特性，包括引起顶体和颈部损伤、尾巴弯曲及某些酶类破坏等。因此，筛选适合浓度的抗冻保护剂对精子冷冻效率至关重要。

（2）物理伤害

物理伤害是指精子水分形成冰晶，其体积增大且形状不规则，由于冰晶的扩展和移动，造成精子膜和细胞内部结构的机械损伤，引起精子死亡。

冰晶通常形成于−60～0℃温度范围内，缓慢降温条件下产生，并且降温越慢冰晶越大，−25～−15℃时形成冰晶最多，对精子危害最大。在冷冻精液制作过程中，只有尽量避开−60～0℃这个有害温度区，才利于精子长期保存。为了避免发生冰晶化，必须快速降温通过发生冰晶的温度范围，并保存在远远低于这种温度范围内的超低温条件下。前期研究表明，在−60～−10℃温度范围内，降温速率必须大于 50℃/min，随后降温速率可降至 20～30℃/min，直至冷冻完成（Anel et al.，2003；Byrne et al.，2000）。总之，冷冻最适速率是以细胞外水分迅速冷冻但胞内未产生冰晶为目的，该速率因物种而异，牛降温速率通常为 50～100℃/min，而人则为 1～10℃/min（Woelders，1997）。除降温时避免冰晶产生外，升温时避免冰晶出现对冻后精子质量也是至关重要的（Fiser et al.，1987），当缓慢升温时也会产生冰晶，同样会引起精子死亡。这是因为在解冻时精子同样要经历−60～−10℃有害温度区间。因此，快速升温以防止精子细胞内重结晶是非常必要的；同时快速解冻有利于精子尽快脱除抗冻保护剂，恢复精子细胞内外的平衡（Fiser et al.，1987）。综上所述，在冷冻精液技术中，无论降温或升温均应采取快速处理，以避免出现有害温度区。

（李俊杰　侯云鹏　朱士恩）

## 二、卵母细胞与胚胎冷冻保存原理

### （一）卵母细胞与胚胎的生物学特性

**1. 卵母细胞的生物学特性**

（1）卵母细胞体积相对较大，冷冻时不易充分脱水

卵母细胞是哺乳动物体内最大的细胞，体积与表面积比值较大，造成卵母细胞对冷冻的敏感性更强，冷冻使胞内更易形成冰晶（Zeron et al.，1999；Arav et al.，1996；Ruffing et al.，1993；Toner et al.，1990）。由于鸟类、鱼类、两栖类、爬行类动物卵母细胞比哺乳动物卵母细胞体积更大，这个问题显得更为突出（Guenther et al.，2006；Kleinhans et al., 2006)。

（2）卵母细胞为单细胞，损伤后难以存活

在胚胎冷冻过程中，一些细胞损伤死亡后，剩余的细胞仍有可能进行正常的胚胎发育（Kuwayama，2007），而作为单一细胞的卵母细胞，损伤后无其他细胞进行修复而难以存活。

（3）卵母细胞内特殊的内含物影响其冷冻效果

研究发现，卵母细胞内较高的脂质成分增加了其冷冻敏感性（Ruffing et al.，1993），如猪卵母细胞内含有的大量脂滴对冷冻极其敏感。Fu 等（2011）报道通过 Forskolin 脂解作用可降低猪卵母细胞胞质内脂肪含量，并提高了体外成熟猪卵母细胞的冷冻耐受性。

（4）卵母细胞内的亚细胞结构对冷冻较为敏感

研究表明，卵母细胞冷冻可造成染色体（Rho et al.，2002）、纺锤体（Diez et al.，2005）、微丝（Rojas et al.，2004）、线粒体（Yan et al.，2010）等细胞器的结构或功能损伤，从而使卵母细胞的体外发育能力降低。但近年来的大量研究表明，无论是玻璃化冷冻还是慢速冷冻，均会引起中期纺锤体微管解聚，在合适的条件下，解冻后 2h，纺锤体结构和功能可恢复正常（图 1-2-1，表 1-2-1）（Coticchio et al.，2010；Bromfield et al.，2009；Gomes et al.，2008），但对于组成细胞骨架的另一重要结构——微丝，渗透性抗冻保护剂、慢速冷冻和玻璃化冷冻均未改变微丝的聚合状态（De Santis et al.，2007；Rojas et al.，2004）。

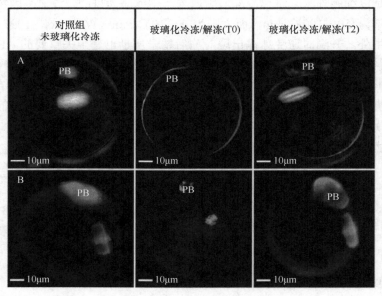

图 1-2-1　小鼠 MⅡ期卵母细胞玻璃化冷冻前后纺锤体变化图（Smith et al.，2011）（见图版）
A 为聚合物滤色片显微镜观察结果，B 为免疫组化观察结果。T0 为解冻后 0h 观察结果，T2 为解冻后 37℃孵育 2h 后结果，PB 表示极体。本图说明玻璃化冷冻降温过程中纺锤体可发生解聚，在适当条件下可发生重新聚合

（5）卵母细胞外围特殊结构增加了其冷冻敏感性

卵母细胞外围被透明带包裹，额外增加了一道抗冻保护剂和水进出卵母细胞的屏

障。卵母细胞冷冻-解冻过程中，皮质颗粒提前释放，导致透明带变硬，使精子穿透及受精过程遇到了困难（Tian et al., 2007; Larman et al., 2006; Mavrides and Morroll, 2005; Carroll et al., 1990）。另外，卵母细胞质膜下肌动蛋白微管分布较少（Gook et al., 1993），使膜柔韧性降低，冷冻过程中更易被破坏。

表 1-2-1　解冻后卵母细胞纺锤体恢复时间

| 物种 | 冷冻方法 | 解冻后恢复时间/h | 纺锤体状态 | 受精效果 | 作者 |
| --- | --- | --- | --- | --- | --- |
| 兔 | 快速冷冻法 | 0, 3 | 3h 优于 0h | 未比较 | Vincent et al., 1989 |
| 小鼠 | 慢速冷冻法 | 0, 1, 3 | 3h 优于 0h 和 1h | 未进行 | Aigner et al., 1992 |
| 人 | 慢速冷冻法 | 0, 1 | 1h 后完全恢复 | 1h 优于 0h | Eroglu et al., 1998 |
| 小鼠 | 玻璃化冷冻法 | 0, 1 | 1h 优于 0h | 未进行 | Chen et al., 2000 |
| 小鼠 | 玻璃化冷冻法 | 1, 2, 3 | 2h 与 3h 优于 1h | 2h 与 3h 优于 1h | Chen et al., 2001a |

资料来源：Chen et al., 2003

（6）卵母细胞不同成熟阶段对冷冻敏感性不同

卵母细胞所处的成熟阶段不同，对低温的敏感性存在差异。研究发现，MⅡ期比 GV 期卵母细胞在慢速冷冻后有更高的存活率、受精率和发育潜力（Tharasanit et al., 2006），这可能是因为 GV 期卵母细胞冷冻极易造成卵丘颗粒细胞的损伤（Ruppert-Lingham et al., 2003; Goud et al., 2000），严重阻碍卵丘颗粒细胞与卵母细胞的信号转导过程。但 Ruffing 等（1993）报道，MⅡ期卵母细胞质膜的渗透参数较低，降低了抗冻保护剂与水通过质膜的速度。此外，形成于 MⅡ期的纺锤体对冷冻敏感性也非常高（Ciotti et al., 2009）。而 Suo 等（2009）报道小鼠 GVBD 期卵母细胞是比较理想的未成熟卵母细胞冷冻时期。

**2. 胚胎的生物学特性**

（1）抗冻保护剂对胚胎的渗透性损伤

与其他细胞相似，胚胎冷冻保存过程中也存在着抗冻保护剂引起的渗透性损伤。即胚胎浸入抗冻保护剂溶液中会发生收缩，细胞内水分大量排出，胞外抗冻保护剂开始渗入到细胞内，直到细胞内压接近胞外压。在胚胎解冻时，胚胎在从高渗溶液移入低渗溶液时也会发生渗透性膨胀，从而破坏细胞膜的完整性。Rahman 等（2011）报道，抗冻保护剂的不充分渗透是胚胎冷冻效果差的主要原因之一。

（2）抗冻保护剂对胚胎的毒性损伤

研究表明，当胚胎暴露于浓度超过 30% 的抗冻保护剂溶液时，胚胎的发育会受到很大的影响（Kopeika et al., 2003），可见，抗冻保护剂会引起胚胎的毒性损伤。Kasai 等（1981）研究发现，抗冻保护剂中的 DMSO、乙二醇和甘油等成分对胚胎细胞均具有毒性损伤。

（3）胚胎对冷冻的敏感性因物种而异

与哺乳动物相比，鱼类胚胎的冷冻保存效果较差，截至目前尚未见鱼胚胎冷冻保存后代出生的报道。另外，不同的哺乳动物其胚胎对低温的敏感性也存在着很大差异，如小鼠、牛、羊胚胎冷冻保存后存活率较高，且均获得了后代（Saragusty and Arav, 2011），尤其是牛胚胎的冷冻保存，已实现了商业化应用（Pugh et al., 2000; Tachikawa et al.,

1993；Leibo，1984），但猪胚胎冷冻保存效果远低于牛、羊等大家畜和实验动物（Nagashima et al.，1995），目前仍处于实验研究阶段（Beebe et al.，2011；Nagashima et al.，2007；Esaki et al.，2004）。

(二) 卵母细胞与胚胎的慢速冷冻保存原理

卵母细胞与胚胎常规慢速冷冻法的原理是通过加入低浓度的抗冻保护剂，缓慢降温，将卵母细胞或胚胎内的水分在冻结前脱出，阻止冷冻过程中形成有害冰晶而造成胚胎损伤。将卵母细胞或胚胎放到含有渗透性抗冻保护剂的溶液中，抗冻保护剂使胚胎细胞内的水分能够在-10℃以上不冻结并且能置换出部分水分。随着降温的进行，细胞外液开始形成冰晶，细胞外液浓度变高，由于渗透压的原理使细胞内的水分开始脱出。为了保证细胞外液冰晶形成的时间总是早于细胞内液，大多数冷冻程序采用人工植冰的方式来诱发细胞外液冰晶的生长，植冰通常在-7～-5℃进行。缓慢降温使细胞内的水分有更多的时间在冻结前脱出。需要指出的是，卵母细胞或胚胎在冷冻过程中不可避免地要形成冰晶，关键是冰晶的大小和数量能否造成卵母细胞或胚胎的损伤（王军等，2007）。

总体来说，慢速冷冻主要控制冷冻过程中降温与复温速率，以及抗冻保护剂对细胞的负面影响。这种方法允许细胞降到非常低的温度，但需保证使细胞内冰晶的形成最小化，并使因抗冻保护剂浓度升高造成的渗透压损伤降到最低（Friedler et al.，1988）。影响卵母细胞或胚胎慢速冷冻保存的因素很多，概括起来主要有以下几方面。

**1. 温度变化因素**

一些动物品种的卵母细胞或胚胎，在10～20℃情况下可受到损伤。这与细胞质内脂肪颗粒的含量有关，这种损伤称为低温损伤（chilling injury）。特别是猪的卵母细胞和孵化囊胚以前的胚胎更为明显，所以猪的卵母细胞和胚胎的冷冻保存迄今没能取得更大的进展。另外，牛胚胎发育到致密桑椹胚阶段时，仍可出现低温损伤现象。但是在通常情况下，体内或体外的胚胎超过上述发育阶段时，受低温损伤的影响则大大降低。

家畜的精子在室温到0℃之间急速降温，使得其活率和受精能力下降，这种现象称为低温打击（cold shock）。但卵母细胞和胚胎的这种现象不常见，实验证明，小鼠的受精卵从液氮中直接投入室温的水中反复冻融2或3次，仍可保持存活率（Kasai et al.，1990）。

**2. 细胞内冰晶形成**

生理性溶液中的卵母细胞或胚胎，当温度降低到冰点以下时，不仅在细胞外液，而且细胞内液也有冰晶产生，使细胞产生致命性的物理性损伤（图1-2-2）。

为使细胞内部不产生冰晶，冷冻保存液中必须添加适量的抗冻保护剂物质。牛精液常采用甘油（丙三醇）作为主要的抗冻保护剂。而卵母细胞或胚胎的冷冻保存中，常采用的抗冻保护剂除甘油外，还有乙二醇、丙二醇、二甲基亚砜（DMSO）和乙酰胺等。这些物质的相对分子质量皆在100以下，可以自由地通过细胞膜到达细胞内部，所以被称作渗透性抗冻保护剂或细胞内液抗冻保护剂。在细胞内、外液的抗冻保护剂的物质的量浓度较高的情况下，使溶液的冰点下降，具有抑制冰晶生成的作用。

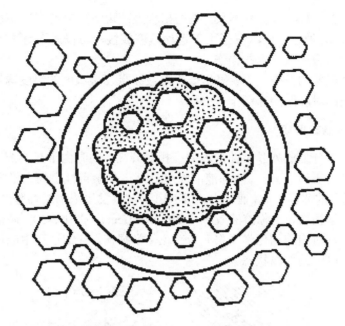

图 1-2-2 胚胎细胞冰晶的生成造成物理性损伤示意图（六角形表示冰晶）（朱士恩，2002）

**3. 抗冻保护剂的化学毒性**

采用慢速冷冻法对卵母细胞或胚胎进行冷冻保存，其冷冻液中所含抗冻保护剂的浓度一般在 1.0～2.0mol/L。添加抗冻保护剂和生理性溶液大不相同，当卵母细胞或胚胎移入含有抗冻保护剂溶液中平衡时，随着时间的延长和浓度的升高，生存率下降。造成这个结果的原因是抗冻保护剂的化学毒性。另外，化学毒性的强弱不仅与抗冻保护剂的种类有关，同时也受温度高低的影响。如果使用浓度较高的抗冻液，应选择化学毒性较低的抗冻保护剂，且在室温下对卵母细胞或胚胎的处理时间相对要短。

**4. 过冷现象**

当溶液降温至冰点时，会生成冰晶。纯水的冰点为 0℃，生理盐水的冰点约–0.6℃。胚胎的慢速冷冻法是采用 1.0～2.0mol/L 浓度的抗冻保护剂，其溶液的冰点为–2.6～–4.8℃。但往往这种溶液到达冰点时不结冰，而在低于冰点 10℃左右的温度下，也不会生成冰晶，如果继续降温或处于超低温情况下，便会有冰晶生成，这种现象称为过冷现象（supercooling phenomenon）。冰晶的生成会造成胚胎（或卵子）物理性损伤，所以在稍低于溶液冰点（一般在–5℃）时强行冷却可以诱导溶液结冰，使溶液瞬间度过冰点温度，防止过冷现象的发生。这种促使溶液结冰的方法，称作诱发结晶或人工植冰（ice seeding）。

在超低温冷冻过程中，过冷现象的产生是细胞死亡的重要原因。溶液在冰点下任一温度都可能回升到冰点，对细胞产生损伤作用。如果溶液结冰的温度离冰点很远（如–15℃以下），则由于潜热的释放使溶液温度迅速上升，接着又急剧下降，细胞往往就在温度的这种剧烈变化中死亡。另外，分子的运动和温度呈正相关。当溶液在较高温度（冰点附近）下结冰时，水分子还处于相当活跃的运动状态，生成的结晶就小，且来不及排列，呈现无序状态，对细胞影响不大。倘若出现过冷现象，溶液在过冷状态较低的温度下（-15℃或更低）结冰，则水分子由于运动速度放慢，可以逐渐有序地整齐排列，形成大的冰晶，对细胞造成严重的损伤。

为防止过冷现象的发生，一般采用低于溶液冰点几摄氏度的温度诱发结晶。大量实验证明，诱发结晶对胚胎的存活十分必要。

**5. 细胞外冰晶的形成**

细胞外液的水分形成冰晶后使溶液浓度相对升高，同时由于盐类浓度升高，对细胞产生离子影响（盐害）。另外，抗冻液的浓度升高，化学毒性也随之增大。随着冷却时间的延长，有更多的冰晶生成，使水分逐渐减少，溶液发生浓缩对细胞的影响越来越大，这种现象称为化学损伤，也称溶液效应（solution effect）（图1-2-3）。降低温度可以减少盐类和抗冻保护剂对细胞的化学损伤。为避免化学损伤，冷却过程中应尽快地使溶液降至过冷现象温度以下的低温状态。

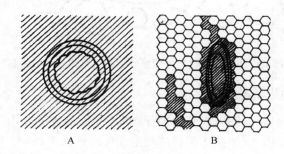

图 1-2-3　溶液的浓缩造成细胞损伤示意图（朱士恩，2002）
A. 抗冻液中平衡后；B. 冰晶形成后

**6. 破裂损伤**

液氮中保存的卵母细胞或胚胎，解冻后常见到透明带破裂或部分胞质破碎。在投入液氮冷冻前的卵母细胞或胚胎，处于高浓度的抗冻液中，入液氮后溶液由液态变为固态（详见慢速冷冻法）。在解冻过程中使固态变为液态，这种液相和固相急速转换过程中，由于物质的膨胀率和收缩率不同造成断裂面（fracture plane），这种现象称作破裂损伤（图1-2-4）。

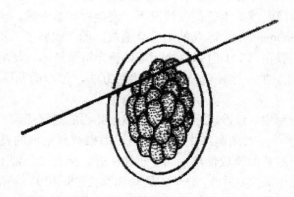

图 1-2-4　胚胎破裂损伤示意图（朱士恩，2002）

**7. 抗冻保护剂渗入和脱出过程中渗透压的损伤**

卵母细胞或胚胎在冷冻液中平衡时，由于渗透压急剧变化引起细胞过度收缩而使细胞受到损伤；特别是渗透压急剧变化引起大量的水或抗冻保护剂快速通过细胞膜，从而引起细胞膜的机械性损伤。长时间的收缩也能对细胞产生损伤作用，当细胞膜脱水收缩达到临界最小体积时，将使细胞膜的渗透性产生不可逆的损伤，原来不能透过膜的溶质变成可渗透性的，进而造成细胞损伤或死亡。

解冻后的卵母细胞或胚胎内部含有一定量的抗冻保护剂，及时脱出是非常必要的。但是，若将回收的卵母细胞或胚胎直接移入等渗溶液中，由于细胞内部的渗透压较高，水分很容易渗入细胞内，而抗冻保护剂未来得及脱出，造成细胞急速膨胀而受到损伤（图 1-2-5）。为使抗冻保护剂尽快地脱出，将细胞膨胀控制在最低程度，选择对细胞膜通透性强而化学毒性低的抗冻保护剂尤为重要。

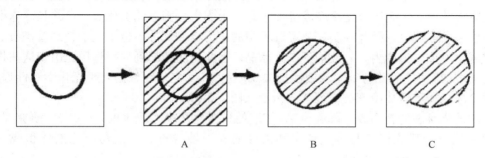

图 1-2-5　渗透性膨胀造成胚胎细胞损伤示意图（朱士恩，2002）
A. 等渗液中的胚胎；B. 刚解冻后的胚胎；C. 脱出抗冻保护剂后进入等渗液

另外，解冻后为防止水分迅速渗入细胞内，稀释液中常添加高分子物质，如蔗糖成分。蔗糖的相对分子质量为 342.30，不能透过细胞膜，在细胞外液形成较高的渗透压，具有使解冻后的细胞收缩的功能，在收缩过程中将细胞内部的水分和抗冻保护剂一同脱出，同时也降低了细胞内部的渗透压，使细胞的膨胀得到控制。

但是，当细胞内的抗冻保护剂脱出后，由于受蔗糖液的作用，细胞在一定时间内仍处于收缩状态，长时间的收缩也能对细胞产生损伤作用。

新鲜的卵母细胞（或胚胎）对渗透压造成的膨胀和收缩所产生影响的抵抗能力较强，但冷冻-解冻后的卵母细胞（或胚胎）容易受到膨胀和收缩的损伤。值得注意的是，在脱出细胞内部抗冻保护剂的同时，使细胞膨胀控制在最低程度，但抗冻保护剂被脱出后又不能使细胞过度收缩。

**（三）卵母细胞与胚胎玻璃化冷冻保存原理**

与慢速冷冻不同，玻璃化冷冻是一种快速的降温方式，该方法利用高浓度的抗冻保护剂在过冷状态下变成非常黏稠的液体这一特性，避免了冰晶的形成。具体来说，卵母细胞或胚胎通过暴露于高浓度的抗冻保护剂（6mol/L 以上）进行了充分的脱水，在 0℃以上温度直接投入液氮的急速冷却过程中，液体的黏度增加，当黏度达到临界值时发生凝固化。即由液态变为半固态再过渡为固态的过程，且呈现透明状态，故称作玻璃化

（vitrification）。因此，玻璃化凝固态可以看成是一种非常黏稠的过冷液体状态，该状态下保留了原来液体状态时的分子与离子排布（Rall，1987）。玻璃化溶液中添加高浓度的渗透性抗冻保护剂，借助于细胞内外渗透压的差距，分子质量较小的抗冻保护剂通过细胞膜向细胞内部渗透，同时细胞内的水分被置换出。由于玻璃化溶液的物质的量浓度较高，短时间内使细胞内、外抗冻保护剂的浓度达到平衡，使降温过程中细胞内部冰晶的生成受到抑制。

另外，抗冻保护液中添加非渗透性的抗冻保护剂（蔗糖、海藻糖等），能增加溶液的渗透压，使细胞内部的水分能充分脱出，同时也有助于渗透性抗冻保护剂的渗入。解冻时借助其渗透压的作用，脱出细胞内部抗冻保护剂（也称脱毒）。添加非渗透性的高分子抗冻保护剂，如聚蔗糖（ficoll）、葡聚糖（dextran）、胎牛血清（FCS）、聚乙烯吡咯烷酮（PVP）、聚乙二醇（PEG）、牛血清白蛋白（BSA）等，这些物质不能透过细胞膜，在急速降温过程中黏滞性增加，在细胞外液形成玻璃化状态。由于降温过程对溶液产生巨大的压力，而玻璃化冷冻液呈现液态—半固态—固态的变化过程，并且冷冻细管有多层空气段隔离，因此胚胎在降温过程中的压力得到缓冲，也不至于使细管破裂。同时玻璃化冷冻使细胞内、外液均不产生冰晶，因此对胚胎起到保护作用。由于这些物质不能透过细胞膜，因此与细胞渗透性抗冻保护剂相比，它们对细胞几乎无化学毒性作用。慢速冷冻法和玻璃化冷冻法原理如图所示（图1-2-6）。

玻璃化状态能否形成与降温速率、溶液的黏滞性及冷冻液体积大小有关，研究表明，玻璃化状态的形成概率与降温速率和溶液的黏滞性成正比，而与冷冻液体积成反比（Saragusty and Arav，2011）。

$$玻璃化形成的概率 = \frac{降温速率 \times 玻璃化液的黏性大小}{玻璃化液的体积}$$

**1. 降温速率**

降温速率的提高对于玻璃化形成的概率至关重要。Saragusty 和 Arav（2011）比较了液氮和浆氮（slush nitrogen）对卵母细胞或胚胎的冷冻效果，发现用浆氮进行冷冻效果更好，最多可提高37%的存活率。这是因为浆氮的温度为-210℃，与液氮（-196℃）相比，降温速率大大提高。

**2. 玻璃化液黏性大小**

玻璃化液黏性由抗冻保护剂（CPA）的特性和浓度决定。一般CPA浓度和玻璃化液相变温度（Tg）越高，则冰核及冰晶形成的概率越低。不同的CPA有不同的毒性、渗透率和Tg。为了提高玻璃化液黏性与Tg，降低玻璃化液毒性，常采用不同的CPA进行组合。在奶牛胚胎生产中，为便于胚胎解冻后直接进行移植，常在冷冻液中添加乙二醇（EG）以提高渗透效果（Saha et al.，1996）。

**3. 玻璃化液容积**

玻璃化液容积越小，玻璃化形成的可能性越高（Yavin and Arav 2007；Arav et al.，2002）。这是因为玻璃化液的容积越小越有利于热的传导，从而便于提高降温速率。多年来，很多玻璃化冷冻载体相继被发明，以便于降低玻璃化液容积。这些技术包括表面

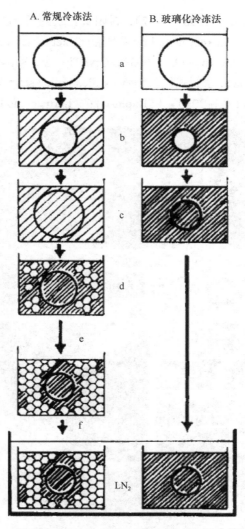

图 1-2-6 慢速冷冻和玻璃化冷冻原理示意图（朱士恩，2002）

a. 胚胎在等渗液中；b. 刚移入抗冻液中；c. 抗冻保护剂渗透后；d. 植冰；e. 慢速冷冻；f. 直接投入液氮。
圆形为卵母细胞/胚胎，斜线为抗冻保护剂，六角形为冰晶

冷冻技术与管冷冻技术。表面冷冻技术（图 1-2-7）主要有：电子显微镜铜网（EMG）法（Martino et al.，1996；Steponkus et al.，1990）、最小滴冻（minimum drop size，MDS）法（Arav and Zeron，1997，Yavin and Arav，2007）、冷冻薄膜（Cryotop）法（Kuwayama and Kato，2000；Hamawaki et al.，1999）、冷冻环（Cryoloop）法（Lane et al.，1999a，1999b）、半细管（hemi-straw）法（Vanderzwalmen et al.，2000）、固体表面玻璃化（solid surface）法（Dinnyes et al.，2000）、尼龙网（nylon mesh）法（Matsumoto et al.，2001）、冷冻叶（Cryoleaf）法（Chian et al.，2005）、直接覆盖玻璃化（direct cover vitrification）法（Chen et al.，2006）、纤维栓（fiber plug）法（Muthukumar et al.，2008）、玻璃化小铲（vitrification spatula）法（Tsang and Chow，2009）、Cryo-E 法（Petyim et al.，2009）、塑料小铲（plastic blade）法（Sugiyama et al.，2010）和 Vitri-Inga 法（Almodin et al.，2010）。管冷冻技术（图 1-2-8）常见的有：塑料细管（plastic straw）法（Rall and Fahy,

1985）、OPS 法（Vajta et al.，1998，1997）、封闭式拉长细管（closed pulled straw，CPS）法（Chen et al.，2001b）、flexipet-denuding 吸管法（Liebermann et al.，2002）、超薄 OPS 法（superfine OPS）（Isachenko et al.，2003）、CryoTip 法（Kuwayama et al.，2005）、吸管尖端法（Sun et al.，2008）、密封式拉长细管（sealed pulled straw）法（Yavin et al.，2009）、Cryopette 法（Portmann et al.，2010）和 Rapid-i 法（Larman and Gardner，2010）等。

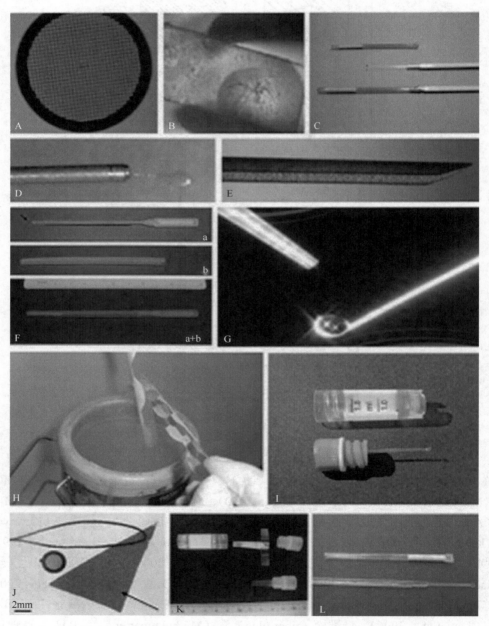

图 1-2-7　表面玻璃化冷冻载体（Saragusty and Arav，2011）（见图版）

A. 电子显微镜铜网法；B. 最小滴冻法；C. 冷冻薄膜（Cryotop）法；D. 冷冻环法；E. 半细管法；F. 冷冻叶（Cryoleaf）法；G. 纤维栓（fiber plug）法；H. 直接覆盖玻璃化法；I. 玻璃化小铲法；J. 尼龙网法（箭头标注为尼龙网）；K. 塑料小铲法；L. Vitri-Inga 法

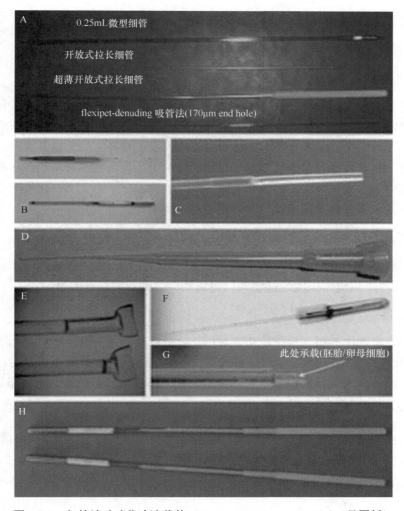

图 1-2-8　细管法玻璃化冷冻载体（Saragusty and Arav，2011）（见图版）
A. 由上至下依次为：0.25mL 微型细管，开放式拉长细管（OPS），超薄开放式拉长细管（superfine OPS），flexipet-denuding 吸管法；B. CryoTip 法；C. 高安全性玻璃化法；D. 吸管尖端（pipette tip）法；E. 密封式拉长细管法；F. Cryopette 法；G. Rapid-i 法；H. JY 细管法

（侯云鹏　李俊杰　朱士恩）

## 第三节　配子与胚胎冷冻保存方法

### 一、冷源及容器

配子与胚胎的冷冻保存都要求保持超低温的条件，早期冷冻精液曾使用干冰（固体二氧化碳）（-79℃）作为冷源，目前配子与胚胎的冷冻保存普遍使用液氮（-196℃）作为冷源。由于液氮的温度可以保持恒定的-196℃，距配子（或胚胎）冷冻的危险温区的温差大，因此温度安全范围大，利于配子与胚胎的冷冻贮存。其效果安全可靠，使用操

作比较方便。

（一）液氮的特性

**1. 理化性质**

氮是无味、无色、无毒害的气体，在0℃和1标准大气压（1atm[①]）下，每立方米质量为1.2509kg，在1atm下，当温度降到–196℃时，氮气即变为液态，相对密度为0.974。同水加热在100℃发生沸腾一样，–196℃的液氮吸收了外界的热量也要沸腾，变为同温度的气态氮。打开液氮容器或取存配子（或胚胎）时，有白色不透明的气体放出。氮和氧均为空气中的主要气体，氮约占空气的78%，氧约占空气的21%，在生产中多依据其物理性质将氮和氧分离来提取氮气。

**2. 超低温性**

液氮的沸点（boiling point）温度为–195.8℃，是在超低温下形成的液体，可使配子（或胚胎）经冷冻后最大限度地抑制其代谢活动，达到长期保存的目的。

**3. 膨胀性**

液氮是由空气中的氮气压缩冷却制成的，随温度升高，体积会增大，当温度达15℃时，1L的液氮可气化为680L氮气，膨胀率为680倍。所以液氮罐不可密封，液氮随时都在挥发、消耗，为确保贮存配子（或胚胎）的低温环境，必须注意定时添加液氮。

**4. 窒息性**

氮气也称为窒气，当室内氮气超过78%以上时，可使室内空气中21%的氧气下降到13%~16%，则对人体有危害作用。

**5. 抑菌性**

液氮本身无杀菌能力，在–196℃的超低温下，可抑制多数细菌、病毒的繁殖。

（二）液氮容器

液氮容器用于贮存冷冻配子（或胚胎）及贮存、运输液氮。液氮容器多为容量不等的液氮罐，大的可达数百升，小的不到1L；贮存、运输液氮的液氮容器有大容量的液氮槽、液氮车，也有小容量的运输液氮罐。

**1. 液氮罐的结构**

液氮罐由外壳、内层、夹层、颈管、盖塞、贮藏提筒及外套构成（图1-3-1）。

液氮罐有内外两层，外层称为外壳，其上部是罐口；内层也称为内胆，其中的空间称为内槽，可将液氮和冷冻精液贮存于内槽中。内槽的底部有底座，用于固定贮藏提筒；内外两层间的空隙为夹层，是真空状态，夹层中装有绝热材料和吸附剂，以增强罐体的绝热性能，使液氮蒸发量小，延长容器的使用寿命；颈管有一定的长度，以绝热黏剂将罐的内外两层连接，其顶部为罐口，与盖塞之间有孔隙，利于液氮蒸发的氮气排出，从

---

[①] 1atm=1.013 25×10$^5$Pa

而保证安全，同时具备绝热性能，以尽量减少液氮的气化量；盖塞是由绝热性能良好的塑料制成，以阻止液氮蒸发，具有固定贮藏提筒手柄的凹槽；贮藏提筒置于罐内槽中，可以贮放细管、安瓿及颗粒冷冻样本，其手柄挂于罐口边上，以盖塞固定。

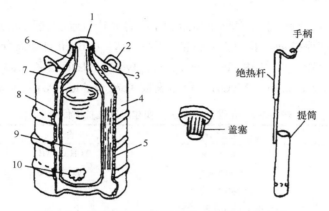

图 1-3-1　液氮容器结构示意图（宋洛文，1997）
1. 保护圈；2. 把手；3. 真空嘴；4. 外壳；5. 高真空多层绝热；6. 颈管；7. 活性炭；8. 内壳；9. 液氮；10. 定位板

**2. 液氮罐的使用**

（1）液氮的添加

初次添加液氮时，要少量且动作要慢，使整个罐部温度均匀地降低，然后再充满，即要有个预冷的阶段；防止液氮直接冲击颈部而溅出，最好用大漏斗。当液氮消耗掉 1/2 时，即应补充液氮。罐内液氮的剩余量可用称重法来估算，也可用带刻度的木尺或细木条等插至罐底，经 10s 取出，测量结霜的长度来估算。

（2）贮存及取用配子或胚胎

贮存配子或胚胎时必须迅速地放入经预冷的提筒内，浸入罐内液氮面以下，将提筒底部套入底座，手柄置于罐口的槽沟内，配子或胚胎可装入纱布袋内，浸入液氮，纱布袋系一标签固定在罐口外。取用配子或胚胎时操作要准确迅速，提筒提至颈管基部 5s 内完成。然后将提筒迅速浸入液氮内。

（3）液氮罐的保养液

液氮罐应放置在凉爽、干燥、通风良好的室内，使用和搬运过程中防止碰撞。注意保护盖塞和罐的颈管部，此部分质地脆弱，易于损坏。罐体不可横倒放置。液氮罐每年至少应清洗一次，将空罐放置 2d 后，用 40～50℃中性洗涤剂刷洗，再用清水多遍冲洗，使之自然干燥或用吹风机吹干，方可使用。如使用过程中，罐子的外壁结霜，说明罐子失去真空，要尽快将配子或胚胎导出至其他贮存罐中。

（侯云鹏　李俊杰　朱士恩）

## 二、抗冻保护剂

抗冻保护剂是指某一类化合物，可以抵抗低温或超低温对细胞产生的损害，如细胞内结冰、脱水、溶质浓度提高和蛋白质变性及其骨架结构的损伤等。这类化合物称作抗冻保护剂（cryoprotective agent）。常用的抗冻保护剂可分为以下几类。

（一）渗透性抗冻保护剂

渗透性抗冻保护剂由于相对分子质量较小，容易透过细胞膜到达细胞内部，通常也称作细胞内液抗冻保护剂。其中主要包括二甲基亚砜（dimethyl sulphoxide，DMSO）、丙三醇（glycerol, Gly）、1, 2-丙二醇（propylene glycol，PROH）、乙二醇（ethylene glycol，EG）、甲醇（methyl alcohol，MeOH）和乙酰胺（acetamide，AA）等（表 1-3-1）。

表 1-3-1 几种常用渗透性和非渗透性抗冻保护剂

| 抗冻保护剂 | 英文名称 | 分子式 | 相对分子质量 |
| --- | --- | --- | --- |
| 乙酰胺 | acetamide | $CH_3CONH_2$ | 59.07 |
| 乙二醇 | ethylene glycol | $C_3H_4(OH)_2$ | 62.07 |
| 丙二醇 | propylene glycol | $C_3H_8O_2$ | 76.10 |
| 二甲基亚砜 | dimethylsulphoxide（DMSO） | $(CH_3)_2SO$ | 78.14 |
| 丙三醇 | glycerol | $C_3H_5(OH)_3$ | 92.10 |
| 蔗糖 | sucrose | $C_{12}H_{22}O_{11}$ | 342.30 |
| 海藻糖 | trehalose | $C_{12}H_{22}O_{11}$ | 342.30 |
| 聚蔗糖 | ficoll | — | 70 000 |
| 葡聚糖 | dextran | — | 70 000 |
| 聚乙二醇 | polyethylene glycol（PEG） | — | — |
| 聚乙烯吡咯烷酮 | polyvinylpyrrolidone（PVP） | — | — |
| 牛血清白蛋白 | bovine serum albumin（BSA） | — | — |
| 胎牛血清 | fetal calf serum（FCS） | — | — |

资料来源：朱士恩，2002

各种渗透性保护剂的保护机理基本相似，但它们的毒性和渗透性有很大差别，而且不同发育阶段的胚胎或卵母细胞对抗冻保护剂的敏感性也不尽相同，因此，在胚胎或卵母细胞冷冻后其效果也不尽相同。Kasai 等（1992）通过对小鼠桑椹期胚胎的研究表明，EG、Gly、DMSO、PG、AA 的冷冻毒性依次递增。Liu 等（2009）表明 EG 的冷冻效果最好，而 PROH、DMSO、Gly 之间无显著性差异。这可能是由于胚胎的质量、种属、发育阶段和培养条件的不同，使得冷冻效果存在差异。

EG 在玻璃化冷冻中得到了广泛的应用。EG 在玻璃化冷冻中由于其毒性低、渗透性好，将其与形成玻璃化能力强的抗冻保护剂（DMSO）等联合应用，组合成了效果较好的玻璃化冷冻液。用 EG+DMSO 作为抗冻保护剂对牛未成熟卵母细胞冷冻效果优于 EG+Gly（Yamada et al.，2007）。朱士恩等（2002）用 EG+DMSO 作为抗冻保护剂玻璃化冷冻体外培养 6h 或 22h 的牛卵母细胞，解冻后再经 18h 或 2h 成熟培养后体外受精，获得较高的囊胚率（12%和 17%），囊胚率高于单独用 EG 作为抗冻保护剂（6%和 9%）。

（二）非渗透性抗冻保护剂

非渗透性抗冻保护剂不能自由通透细胞膜，通常也称作细胞外液抗冻保护剂，其中主要包括低分子质量非渗透性抗冻保护剂，如蔗糖（sucrose）、海藻糖（trehalose）等；

高分子质量非渗透性抗冻保护剂,如聚蔗糖(ficoll 70000)、葡聚糖(dextran)、聚乙烯乙二醇(polyethylene glycol,PEG)和聚乙烯吡咯烷酮(polyvinylpyrrolidone,PVP)等;生物活性物质,如牛血清白蛋白(bovine serum albumin,BSA)、胎牛血清(fetal calf serum,FCS)、抗冻蛋白(antifreeze protein)、胎球蛋白(fetuin)等(表1-3-1)。

低分子质量非渗透性抗冻保护剂是冷冻保存技术中的另一个关键性成分,主要指糖类,其通过渗透压改变引起细胞脱水。冷冻时促使细胞脱水;解冻时,主要是防止水分快速渗入,同时脱出细胞内的抗冻保护剂,降低对细胞的损伤。另外,糖类还可作为渗透压缓冲物质,通过降低解冻时细胞的膨胀速度来减少渗透性损伤的发生。多糖和二糖在室温下不易溶解并且容易从溶液中析出,同时二糖需要较高的浓度才能形成玻璃化状态。目前应用最广泛的是蔗糖和海藻糖。海藻糖可提高冷冻过程中卵母细胞的冷冻耐受性(Chen et al.,2001a;Puhlev et al.,2001;Guo et al.,2000)。用0.25mol/L的海藻糖作为抗冻保护剂冷冻牛未成熟卵母细胞,比用蔗糖有较高的受精率(Arav et al.,1993)。将海藻糖加入成熟液里,冷冻绵羊羔羊卵母细胞,结果发现对受精率、卵裂率和囊胚发育率没有明显的影响,但对维持细胞膜稳定具有积极作用(Berlinguer et al.,2007)。

高分子抗冻保护剂具有低毒、促进玻璃化形成、能部分替代渗透性抗冻保护剂、降低冷冻液的毒性等特点。胚胎或卵母细胞解冻时比冷冻时更易形成致死冰晶,因此克服解冻时形成致死冰晶至关重要。据报道,许多高分子物质,如聚蔗糖、乙烯醇、聚乙烯吡咯烷酮等具有阻止解冻时形成冰晶,稳定细胞膜等作用。聚蔗糖在保存牛胚胎(Lane et al.,1999b)和人胚胎(Zech et al.,2005)上已经取得了巨大成功,并广泛应用于许多哺乳动物卵母细胞的玻璃化冷冻保存。PVP是一种高分子聚合物,对生物体具有保护作用。作为非渗透性保护剂能够形成稳定玻璃态,且浓度是20%的PVP具有较高的传递温度。有研究用6%和20%的PVP作为抗冻保护剂作用明显,取得较高的囊胚率(Checura and Seidel,2007)。PVA具有和FCS作用相似的特性,既能提高卵母细胞的发育能力,又能稳定细胞膜。2002年Asada等冷冻牛成熟卵母细胞发现,玻璃化液内加入0.1%的PVA,可获得较高的桑椹胚发育率,并且证明能够取代FCS(Asada et al.,2002)。

生物活性物质主要包括胎牛血清、牛血清白蛋白(BSA)、抗冻蛋白等。胎牛血清和BSA是冷冻液的基本成分,能够稳定细胞膜,阻止胚胎或卵母细胞在冷冻过程中透明带硬化。抗冻蛋白能稳定膜电位,封闭离子通道,阻止离子流失,防止溶质渗漏,保护卵膜完整性(Huang and Holotz,2002),并且成功地应用到精液(牛、绵羊、黑猩猩和兔)、卵母细胞(小鼠和猪)及胚胎(牛和羊)的冷冻保存。

(侯云鹏 李俊杰 朱士恩)

## 三、精液冷冻保存方法

### (一)精液的稀释

冷冻前的精液稀释方法有一次稀释法和二次稀释法。

一次稀释法:常用于颗粒精液,近年来也应用于细管、安瓿冷冻精液。即将采出的精液与含有甘油抗冻剂的稀释液一次按稀释比例同温稀释，使每一剂量（颗粒、细管）中解冻后所含直线运动精子数达到规定标准，一般每支细管精液含精子 1000 万以上，每个颗粒含 1200 万以上。

二次稀释法：为减少甘油抗冻保护剂对精子的化学毒害作用，采用二次稀释法效果比较好，常用于细管精液冷冻。即将采出的精液先用不含有甘油的第一液稀释至最终倍数的一半，然后将稀释后的精液经过 1～1.5h，使之温度降到 4～5℃时，再用含有甘油的第二液在同温下做等量的第二次稀释。

稀释精液前要检查精液品质，其质量优劣与冷冻效果密切相关，如牛冷冻精液国家标准要求鲜精精子活率达 65%以上，精子密度为 8 亿/mL，精子畸形率在 15%以内。精液稀释后，必须取样检测其精子活率，要求不应低于原精液的精子活率。

（二）分装与平衡

**1. 分装**

精液的分装依据精液的冷冻方法，目前有以下两种类型或剂型。

（1）颗粒精液：将处理好的稀释精液直接进行降温平衡，然后再滴冻成颗粒状。制作简便，利于推广，适用于猪等精液量大、精子密度小的精液冷冻保存。但有效精子数不易标准化，原因是滴冻时颗粒大小不标准，不易标记，品种或个体之间易混淆，精液暴露在外，易污染；大多精液需解冻液解冻。

（2）细管精液：目前牛冷冻精液多采用 0.25mL、0.5mL 的塑料细管。此方法适合于机械化生产，多采用自动细管冻精分装装置，装于细管中的精液不与外界环境接触，而且细管上标记有畜号、品种、日期和活率等，易于贮存，冻后效果好。

**2. 平衡**

将稀释的精液缓慢降温至 4～5℃，并在此环境中放置一定时间，以增强精子的耐冻性，这个处理过程称为平衡。

关于平衡的机理至今不很清楚。有关平衡处理的时间也尚不一致。有人认为平衡时间与冷冻速度、稀释液种类、冷冻方法及动物种类等有关。美国为 6～12h；加拿大为 6～18h；英国为 12～18h；前苏联为 3～4h；我国则为 2～4h。

（三）精液的冷冻

**1. 颗粒精液冷冻法**

将装有液氮的广口保温容器上置一铜纱网或铝饭盒盖，距液氮面 1～2cm，预冷数分钟，使网面温度保持在-120～-80℃。或用聚四氟乙烯凹板（氟板）代替铜纱网，先将其浸入液氮中几分钟后，置于距液氮面 2cm 处。然后将平衡后的精液定量而均匀地滴冻，每粒 0.1mL。停留 2～4min 后颗粒颜色变白时，将颗粒置入液氮中，取出 1～2粒解冻，检查精子活率，活率达 0.3 以上者则收集到小瓶或纱布袋中，并做好标记，于液氮罐中保存。滴冻时要注意滴管事先预冷，与平衡温度一致；操作要准确迅速，防止精液温度回升，颗粒大小要均匀；每滴完一头公畜精液后，必须更换滴管、氟板等用具。

**2. 细管精液冷冻法**

与颗粒熏蒸法相同，将冷冻样品平放在距液氮面 2～2.5cm 的铜纱网上，冷冻温度为–120～–80℃，停留 5～7min，待精液冻结后，移入液氮中，收集于大塑料管或纱布袋中，做好标记，置于液氮罐中保存。工厂化细管精液的冷冻方法是使用控制液氮喷量的自动记温速冻器，5℃到–60℃以 4℃/min 的速率下降，–60℃后尽快降温至–196℃。

**（四）精液的解冻**

解冻直接影响到解冻后精子的活率，是不可忽视的重要环节。目前，冷冻精液的解冻温度有三种：低温冰水解冻（0～5℃）、温水解冻（30～40℃）及高温解冻（50～80℃）。不同畜种及剂型的冷冻精液，其解冻温度和方法有差别。一般牛细管冷冻精液，可直接浸入（38±2）℃温水中解冻，颜色一变，即可取出，放在手心中来回搓动；颗粒冻精解冻，将装有 1mL 解冻液的灭菌试管置于（38±2）℃的温水中，当解冻液温度与温水温度相同时，投入一颗粒精液，摇动至融化，取出后即可用于输精。

羊细管精液可直接浸入不低于 20℃水浴中摇动 8s，取出待全部融化后即可用于输精；颗粒精液则将其放入灭菌的小试管中，每管一粒，迅速置于 70～80℃的水浴中融化至 1/3～1/2 时，取出放于手心中轻轻搓动，直至全部融化，即可用于输精。

猪的颗粒精液一般按一个输精剂量（几个颗粒精液一起）解冻，温度以 50～60℃为好。

原则上，输精前解冻，解冻后精子活率不低于 0.3，解冻后即输精，一般解冻后最长不超过 1～2h。实验证明，解冻后即输精与解冻后 4h 后输精，受胎率由 77%降到 51%。

**（五）冷冻精液的保存与运输**

冷冻精液的保存原则是精液不能脱离液氮，确保其完全浸入液氮中。由于每取用一次精液就会使整个包装的冷冻精液脱离液氮一次，如取用不当易造成精液品质下降，因而取用精液时一定要注意，不可将精液提筒超越液氮罐颈部下沿，脱离液氮时间不得超过 10s。保存中还要注意不能使不同品种、个体的精液混杂。

冷冻精液的运输应有专人负责，要查验所运输的冷冻精液的公畜的品种、畜号、数量及精子活率等是否符合要求后，方可运输，到达目的地后办好交接手续。要确保盛装精液的液氮容器的保温性能良好，运输之前充满液氮，容器外应罩好保护套，安放牢固，装卸时要轻拿轻放，严禁碰撞翻倒。运输中避免强烈震动和暴晒，随时检查并及时补充液氮。

（侯云鹏　李俊杰　朱士恩）

## 四、卵母细胞与胚胎冷冻保存方法

哺乳动物卵母细胞与胚胎的冷冻保存方法包括慢速冷冻和玻璃化冷冻保存。目前胚胎冷冻多采用的是慢速冷冻法，而卵母细胞多采用玻璃化冷冻法，并且玻璃化冷冻法具有简便、省时、高效等特点，在胚胎冷冻保存中的应用也愈来愈广。近年来，随着牛、羊胚胎移植技术的快速发展，胚胎冷冻保存技术已在生产中广为应用。下面首先对胚胎冷冻保存方法做一介绍。

（一）胚胎的冷冻保存方法

**1. 胚胎的慢速冷冻**

（1）胚胎慢速冷冻保存的技术程序

目前为止沿用的慢速冷冻法，在室温下用磷酸缓冲盐水（PBS）等生理性溶液配制成 1.0~2.0mol/L 的抗冻保护液，将胚胎置于此溶液中处理。采用的抗冻保护剂有 DMSO、丙三醇和乙二醇等。由于细胞外部的抗冻液渗透压比较高，为保持细胞内、外渗透压的平衡，细胞内的水分向外渗出，胚胎开始收缩。随后抗冻保护剂渗入，同时水分向细胞内回流，胚胎体积得以恢复（图 1-3-2）。平衡时间需 10~20min。

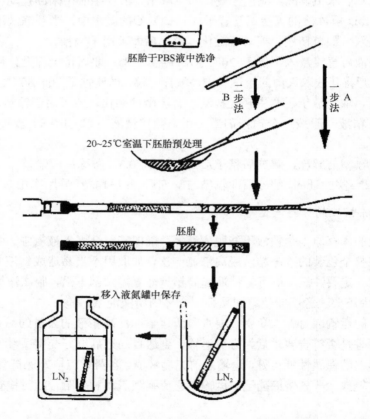

图 1-3-2　Kasai 的一步法和 Zhu 的二步法胚胎玻璃化冷冻保存示意图（朱士恩，2002）

将胚胎装入配置好抗冻保护液的 0.25mL（I.M.V., L'Aigle, France）塑料细管中，于程序降温仪中降温。当降温至冰点或稍低于冰点温度时（含有 1.5mol/L 抗冻保护液，约 –4℃），使用浸入液氮冷却后的镊子夹住细管的棉栓部，瞬间使抗冻液产生冰晶，这种强制性使细胞外液形成冰晶的操作称为诱发结冰，即植冰。若不实行植冰，在冰点下暂时没有结冰的状态下继续降温，此时细胞脱水速度很慢，当细胞外液冰晶形成时，细胞内的水分脱出不完全，使得细胞内部也产生冰晶，导致胚胎死亡。

植冰后细胞外液的冰晶形成和抗冻液的浓缩,使渗透压升高,形成细胞内、外液的渗透压差。在处于低温的情况下,抗冻保护剂不再通过细胞膜进行渗透。为保持渗透压的平衡,细胞内的水分向外渗出,使细胞收缩,胞质内抗冻液也被浓缩。

然后以 0.3~0.5℃/min 的速度降温至–35~–30℃,在降温过程中,细胞外液冰晶逐渐增加,溶液不断浓缩,为调节渗透压的平衡,细胞内的水分不断渗出并形成冰晶,使得细胞内、外液同时浓缩。胚胎与精子相比体积较大,但相对表面积较小,在低温条件下细胞内的水分向外渗出需要一定的时间,所以缓慢降温是非常必要的。如果降温速度过快,水分来不及渗出,在细胞内部便形成冰晶,对细胞产生物理性损伤。最初的胚胎冷冻方法是连续慢速降温到–75~–60℃时投入液氮中(Whittingham et al., 1972),随后,冷冻方法得到改进,慢速降温至–35~–25℃时投入液氮中冷冻保存(Willadsen, 1977)。至今上述冷冻方法仍被广泛使用。

缓慢降温使得细胞内液高度浓缩,即使降温到与液氮相同的温度,胞质内也不会有冰晶生成。另外,细胞外液的冰晶之间也有部分浓缩的溶液存在,这部分溶液也不会形成冰晶(图 1-3-2A)。无论是何种类型的抗冻保护剂溶液,在急速降温的情况下,溶液的黏性急剧增高,形成非结晶的固体的现象称为玻璃样状态,即玻璃化(vitrification)。溶液形成玻璃化的温度(玻璃化转相温度)为–130~–110℃。若快速通过此温度域,易造成胚胎破裂。所以当样品慢速降温至–35~–25℃(或–75~–60℃)时,不直接投入液氮中,而是在液氮气中熏蒸数分钟,使其缓慢通过玻璃化转相温度,然后再投入液氮中,冷冻效果较好。

胚胎在溶液中保存期间,随时间的延长,其生存能力逐渐下降。但是,当细胞外液形成玻璃化,即形成固态时,分子停止运动,可进行半永久性保存。若要进行长期保存必须在–130℃以下,通常使用液氮保存。液氮保存的温度为–196℃,长期冷冻保存的情况下,胚胎解冻后其生存力不会受到影响。

(2)胚胎慢速冷冻法的解冻方法

慢速冷冻法保存的细管,由液氮中取出并在空气中停留 10~15s 后,浸入室温水或 37℃水浴中解冻。空气中停留是为了慢速通过胚胎易产生破裂的温度域(即–130~–110℃)。由于此方法受冰晶生成的影响,彻底防止细胞破裂的发生有一定的困难。

慢速降温不论是–35~–25℃或–60℃以下冷冻保存的样本,其细胞内液的浓缩程度均不充分,在解冻升温过程中有冰晶形成现象,这种现象称为脱玻璃化(devitrification)。脱玻璃化的产生对细胞具有致命性的打击。产生脱玻璃化的温度域为–50~–80℃,升温速度越慢越容易产生此种现象。为避免脱玻璃化现象的产生,解冻时必须快速通过这个温度区域。所以细管在空气中停留后,应迅速浸入水浴中升温。

解冻后将细管中的内容物冲出,用 PBS 或其他等渗液稀释的 0.5mol/L 蔗糖液脱出细胞内部的抗冻保护剂,然后将胚胎移入等渗生理溶液中洗净备用。

但是回收的胚胎需在显微镜下操作,如牛等大家畜胚胎需要重新装入一支细管中移植给受体母畜。这种操作有些繁琐,操作过程中容易丢失胚胎。若像冷冻精液一样,解冻后胚胎不出细管直接移植,则在生产中会更实用。所以有研究者在细管内将冷冻保存液和稀释液用空气层隔开,解冻后用力甩动,两液混合后进行移植(Lehn-Jensen and Rall, 1983),近年来这种方法在生产中得到部分应用(Voelkel and Hu, 1992)。上述方法解冻后不经稀释，抗冻保护剂的脱出是在管内进行的，也称为一步细管法。为此应选用对细胞膜通透性强、化学毒性低的抗冻保护剂为宜。试验证明，乙二醇要比其他种类的抗冻保护剂效果好。

另外，慢速冷冻法使用的抗冻保护剂溶液的物质的量浓度较低，对胚胎的化学毒性影响较小，所以解冻后的胚胎在细管中放置数十分钟对其影响不大。

**2. 胚胎的快速冷冻**

1977 年，Willadsen 等发明了快速冷冻法，将冷冻过程缩短在 2h 之内。它是将胚胎放入抗冻保护液中平衡一定时间后，先以 1.0℃/min 的速率降温至-7～-5℃，诱发结晶，然后以 0.1～0.3℃/min 的速率降温至-35～-30℃，投入液氮保存。该法所使用的抗冻保护剂由浓度为 0.2～3.5mol/L 的渗透性的保护剂（如甘油和丙二醇）与浓度为 0.25～0.5mol/L 的非渗透性的保护剂（如蔗糖）混合而成。目前这种冷冻程序已比较成熟，应用此法冷冻的牛胚胎，解冻后形态正常率达 90% 以上，胚胎移植后受体妊娠率达 50%～60% 甚至更高。随后，在绵羊、山羊、家兔和马上应用此法冷冻桑椹胚和囊胚均获得成功。虽然快速冷冻法操作比较繁琐，需要专门的冷冻仪，但胚胎解冻存活率及移植成功率较高，为目前生产中常用的方法。但也有人认为在快速冷冻过程中胚胎在保护剂的作用下只经过一个短暂的平衡，脱水并不完全，易造成细胞内冰晶的形成，导致胚胎发生物理损伤。

**3. 胚胎的玻璃化冷冻**

（1）胚胎玻璃化冷冻法的技术程序

如上所述，慢速降温后使胚胎的内、外液充分浓缩，投入液氮后形成玻璃化，使其保持生存能力。那么如果胚胎在 0℃以上的温度条件下，置于高浓度且急速降温时易形成玻璃化的溶液中平衡后，直接投入液氮中，使细胞内、外液皆形成玻璃化状态，胚胎不会发生死亡（图 1-3-2B）。基于这种构思，1985 年 Rall 等利用小鼠的胚胎为实验材料，研发了胚胎玻璃化（vitrification）冷冻法。这种方法不需要程序降温仪进行慢速降温过程。另外，由于细胞外液不生成冰晶，几乎不产生物理性的损伤，操作简单且存活率高。之后，许多研究者对此方法进行不断改良，使其正朝着实用化方向发展（Morato et al.，2008；Kasai，1997，1990；Zhu et al.，1993）。

玻璃化冷冻法所采用的抗冻保护液，投入液氮中细胞内、外液皆无冰晶生成，即称为玻璃化溶液。此溶液是以 PBS 为基础液，添加高浓度的抗冻保护剂配制而成。当抗冻保护剂的浓度达到 50%（v/v），或 8.0mol/L 以上时，选择化学毒性较低的物质是非常必要的。到目前为止，研制出了多种改良的玻璃化溶液，抗冻保护剂的组合也多种多样。最近大多数研究采用乙二醇为主体抗冻保护剂配制成的玻璃化溶液，浓度约为 7.5mol/L（Kasai et al.，1990）。乙二醇具有化学毒性较低、渗透速度较快等特点，对胚胎短时间处理即可达到细胞内外抗冻保护剂的平衡，避免其对胚胎的化学毒性作用。

在玻璃化溶液中，添加渗透性抗冻保护剂的同时，有必要添加聚蔗糖、葡聚糖、聚乙烯吡咯烷酮（PVP）、聚乙烯乙二醇（PEG）、胎牛血清（FCS）和牛血清白蛋白（BSA）等高分子物质，以及蔗糖和海藻糖等非渗透性糖类物质（Kasai，1997）。这些物质化学毒性较低，高分子物质对溶液在降温过程中形成玻璃化具有重要作用。添加非渗透性物质也可以降低渗透性抗冻保护剂的浓度，因此起到降低玻璃化溶液毒性的作用。另外，蔗糖类物质的渗透压作用使细胞发生收缩，从而限制渗透性抗冻保护剂过量地渗入细胞内，间接地起到降低化学毒性的效果。

Kasai 等（1990）发明了胚胎一步法玻璃化冷冻保存（图 1-3-2A）。该方法利用乙二醇为主体抗冻保护剂，添加容易形成玻璃化的高分子聚蔗糖和渗透压较高的蔗糖，配制约 7.5mol/L 浓度的玻璃化溶液（EFS40），在室温（20℃）条件下，将胚胎直接装入含有玻璃化溶液的塑料细管（0.25mL）中，经 2min 平衡后投入液氮（表 1-3-2）。应用该方法，小鼠桑椹胚冷冻-解冻后的发育率达 98%，家兔桑椹胚冷冻-解冻后 100%发育到囊胚。

玻璃化冷冻成功与否与处理温度、时间、玻璃化溶液、动物品种及胚胎发育阶段有很大的关系（Kasai et al.，1990）。上述同样条件下，用一步法玻璃化冷冻保存小鼠囊胚则仅有 57%的发育率。为此，Zhu 等（1993，1994）研发了二步法玻璃化冷冻（图 1-3-2B）。分别采用乙二醇或甘油，以及乙二醇和 DMSO 为主体抗冻保护剂，配制成 EFS、GFS、EDT 玻璃化溶液，在室温（20～25℃）条件下，先将胚胎在 10%EG（或甘油或10%EG+10%DMSO）溶液中预处理 5min，然后再移入含有上述玻璃化溶液的细管中，平衡 30s 后将细管封口，投入液氮中冷冻保存（表 1-3-2）。小鼠、家兔、牛和羊体内生产的囊胚经冷冻-解冻后的继续发育率达 92%～98%。细管中溶液的配置如图 1-3-3 所示。

表 1-3-2　几种胚胎玻璃化冷冻保存方法的比较

| 作者 | 年份 | 处理方法 | | | | | | | |
|---|---|---|---|---|---|---|---|---|---|
| | | 一步 | | | 二步 | | | 三步 | | |
| | | 溶液 | 温度 | 时间 | 溶液 | 温度 | 时间 | 溶液 | 温度 | 时间 |
| Rall 和 Fahy | 1985 | 25%VS | ～22℃ | 15min | 50%VS | 4℃ | 10min | VS | 4℃ | 10min |
| Scheffen 等 | 1986 | 10%Gly+20%PG | 室温 | 10min | PG25 | 室温 | <30s | — | | |
| Nakagata | 1989 | DAP213 | 室温 | 5～10s | — | | | — | | |
| Kasai 等 | 1990 | EFS40 | 20℃ | 2～5min | — | | | — | | |
| Zhu 等 | 1993 | 10%EG | 25℃ | 5min | EFS40 | 25℃ | 30s | | | |
| Zhu 等 | 1994 | 10%Gly | 25℃ | 5min | GFS50 | 25℃ | 30s | | | |

资料来源：朱士恩，2002。

注：VS（vitrification solution），玻璃化液；Gly（glycerol），甘油；PG（propylene glycol），丙二醇

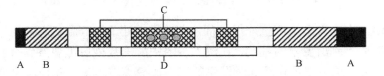

图 1-3-3　玻璃化冷冻法细管溶液配置示意图（朱士恩，2002）
A. 栓；B. 0.5mol/L 蔗糖；C. 玻璃化溶液；D. 空气

二步法冷冻处理的优点在于，具有腔体的囊胚，渗透性抗冻保护剂向细胞内渗透需要较长时间，如果在高浓度的玻璃化溶液中直接平衡，随着时间的延长，化学毒性对胚胎的影响加大。所以首先在低浓度抗冻保护剂溶液中预处理胚胎，使抗冻保护剂渗透到

细胞内部，然后再移入高浓度玻璃化溶液中平衡，短时间内细胞高度脱水，抗冻保护剂充分渗透后冷冻保存。这种做法既能使抗冻保护剂向细胞内部充分渗透，又能避免高浓度玻璃化溶液的化学毒性的损伤，同时又能很好地形成玻璃化状态，提高冷冻-解冻后的胚胎存活率。

（2）胚胎玻璃化冷冻-解冻方法

玻璃化冷冻保存的样本，解冻时和慢速冷冻法基本相同，细管在空气中停留10～15s后浸入室温（20～25℃）水浴中解冻（图1-3-4）。玻璃化冷冻法由于抗冻保护液的物质的量浓度较高，降温和升温过程中，玻璃化转相温度通过得比较缓和，可彻底防止胚胎的破裂现象发生（Kasai et al.，1996）。

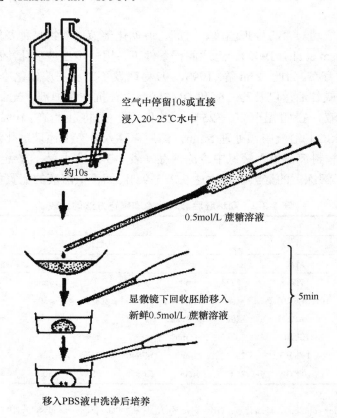

图1-3-4 解冻方法（玻璃化冷冻法）示意图（朱士恩，2002）

玻璃化溶液中含有高浓度抗冻保护剂，在液氮中处于超低温状态的情况下，若抗冻保护剂的浓度达不到所要求的程度，在浸入水浴中解冻数秒后可观察到有乳白色（脱玻璃化）现象产生。这种现象在解冻时发生的概率比冷冻过程多。脱玻璃化使细胞内产生冰晶，直接影响胚胎的存活。为此，在易产生脱玻璃化的温度域（−80～−50℃）应快速升温，对防止脱玻璃化现象的产生非常重要。

玻璃化溶液中抗冻保护剂的含量较高，对细胞的化学毒性影响也较大。解冻后若不经稀释，在室温下放置，短时间内胚胎就会死亡。所以解冻后应尽快将细管中的内容物冲出，并在0.3～1.0mol/L蔗糖溶液中稀释以脱出细胞内部抗冻保护剂。借助蔗糖溶液的渗透作用，使细胞进一步脱水而收缩，在脱水的同时将细胞内部的抗冻保护剂一同脱出。然后再于等渗生理溶液（或 PBS 液等）中洗净后供胚胎移植或其他实验使用。

牛胚胎经玻璃化冷冻保存后，也曾有人做过细管内部直接进行解冻（一步细管法）（Suzuki et al.，1996）。但是玻璃化溶液的黏滞性非常大，加之抗冻保护液和蔗糖溶液有多层空气段隔离，混合比较困难。另外，利用这种方法解冻，由于溶液的化学毒性较大，细胞内部抗冻保护剂不能及时、充分地脱出，使胚胎的存活率下降。为了提高胚胎管内解冻效率，Yang 等（2007）以小鼠桑椹胚为模型，利用 EG+Ficoll70+蔗糖配成的冷冻液研究了不同冷冻液和胚胎管内解冻时间对玻璃化冷冻胚胎解冻后存活率的影响，以便为牛羊等大家畜冷冻胚胎的管内解冻、移植提供参数。结果表明，管内解冻时使用 EFS30 比 EFS40 效果好，可以在较长时间（3～16min）操作不影响胚胎存活率和囊胚孵化率，且胚胎移植后的产仔率与鲜胚组无显著性差异，为此推断胚胎管内解冻可以应用于大家畜的胚胎移植，同时建议 EFS30 冷冻的胚胎移植操作应在 16min 内完成。

（3）影响胚胎玻璃化冷冻保存效果的因素

影响胚胎玻璃化冷冻保存效果的因素很多，归纳起来，主要有以下几方面。

1）玻璃化溶液中抗冻保护剂的种类。渗透性抗冻保护剂是一些低分子有机物质，它们在对胚胎脱水的同时又会对胚胎产生毒性，所以严格筛选和配制低毒、高效的玻璃化溶液是玻璃化冷冻胚胎的重要因素。Kasai 等（1981）通过对 5 种保护剂（二甲基亚砜、丙二醇、乙酰胺、乙二醇和甘油）进行毒性研究发现，乙二醇是一种毒性低、渗透速度快的抗冻保护剂。但乙二醇形成玻璃化的能力弱于 DMSO，为此，Zhu 等（1993）和 Cai 等（2005）分别以小鼠胚胎和兔卵母细胞进行研究，发现乙二醇和二甲基亚砜组合使用能明显提高玻璃化的形成速率，并且对卵母细胞的纺锤体结构及胚胎的发育毒性作用比较小，表明乙二醇与 DMSO 配合使用，可降低单一抗冻保护剂含量过高产生的毒性作用。迄今为止，已有 20 余种玻璃化冷冻溶液的报道，但是，目前尚无公认的最佳玻璃化溶液配方，寻求一种低毒、高效的适合不同发育阶段胚胎的玻璃化溶液和最适平衡时间仍在继续研究中（Wani et al.，2004）。

2）冷冻和解冻速率。冷却和解冻速率是玻璃化冷冻能否成功的另一关键因素，较高的冷冻和解冻速率可使细胞快速通过危险温区，从而减少或避免冰晶的形成。早期大多采用细管装胚胎，但冷却和解冻速率较低。为此，各国研究者对玻璃化冷冻载体进行了大量研究。以期减少玻璃化冷冻液的装载量，提高冷冻与解冻速度。其目的一是降低玻璃化冷冻所需抗冻保护剂溶液的浓度；二是降低对低温敏感的细胞结构的冷冻损伤程度，从而提高了玻璃化冷冻效果。如今常用的主要有以下几种玻璃化冷冻方法：冷冻环（Cryoloop）法、开放式拉长细管（open pulled straw，OPS）法、微细玻璃管（GMP）法、微滴（microdrops）法、电子显微镜铜网（electron microscope grid，EMG）法和半细管（hemi-straw）法等。

3）抗冻保护剂的浓度与处理时间。抗冻保护剂只有渗入到胚胎的胞质才能起到保护作用，但完全的渗透作用又会增加脱水时因化学毒性或高渗膨胀引起损伤的可能性。因此玻璃化冷冻保护剂的浓度和处理时间对胚胎的毒性和渗透损伤密切相关。抗冻保护剂浓度过高、预平衡时间过长将会增加胚胎的毒性作用，而若抗冻保护剂浓度过低、预平衡时间过短又不能对胚胎起到很好的冷冻保护作用。解决此问题的有效方法之一是分步平衡法，即先将胚胎放入较低浓度的抗冻保护剂中，平衡一定时间，使其渗入胞质。然后将胚胎移入较高浓度的玻璃化溶液中，这样既可缩短平衡时间，又可减小抗冻保护剂的毒性损伤作用。

4）抗冻保护剂的脱出。解冻过程中，胚胎内含有较高浓度的抗冻保护剂，稀释时极易遭受渗透压的剧烈变化而损伤。由于水渗透较快，当胞外渗入胞内达到渗透平衡时，细胞膨胀。所以合理地控制稀释速度可以使细胞内的抗冻保护剂渗出而不至于产生因膨胀导致的细胞损伤。这与胚胎的解冻程序密切相关，目前有两种解冻程序最有效：一是采用分步法稀释玻璃化溶液，逐步降低玻璃化溶液的浓度，直至全部被置换；二是采用蔗糖稀释法（Leibo，1984），即将解冻的胚胎直接移入高浓度的蔗糖溶液中，细胞暂时膨胀后，因保护剂渗出而又萎缩，约 5min 后，将胚胎移至室温的等渗液中，细胞很快吸水，恢复正常体积。此法因解冻液中添加了高浓度的非渗透性物质（蔗糖）从而避免了抗冻保护剂在渗透出细胞之前由于吸水而导致的过度膨胀。

5）胚胎发育时期。玻璃化冷冻保存的效果与胚胎发育阶段有关。Zhou 等（2005）用 OPS 法玻璃化冷冻了不同发育阶段的小鼠胚胎，结果发现，1-细胞原核期胚胎和 2-细胞胚胎经玻璃化冷冻-解冻后继续培养的囊胚发育率显著低于 4-细胞、8-细胞及桑椹胚。研究还发现，延迟生长的胚胎，对玻璃化冷冻耐受力下降。Mukaida 等（1998）研究表明，受精后第 2 天是 4-细胞或第 3 天是 8-细胞的人胚胎玻璃化后 85%的卵裂球形态正常，而受精后第 2 天是 2 或 3-细胞或第 3 天是 2～7-细胞的胚胎只有 58%的卵裂球正常。赵晓徽等（2004）研究结果表明，玻璃化冷冻保存小鼠桑椹胚的结果优于囊胚期胚胎。然而，玻璃化冷冻保存人桑椹胚和囊胚期胚胎的结果没有差别（Cremades et al.，2004）。Moragianni 等（2010）分别冷冻了人的原核胚、2-细胞、囊胚，解冻后进行移植，发现此三个阶段胚胎在移植妊娠率、怀双胎率、多胎率、男女比例等方面均无显著性差异。此外，囊胚体积的大小也是影响玻璃化冷冻保存效果的重要因素，研究发现，兔囊胚直径大的（≥300μm）冷冻效果优于直径小的（<200μm）（Cervera and Garcia-Ximenez，2003）。

6）解冻时脱玻璃化的避免。脱玻璃化是指已玻璃化的溶液几乎都含有极小的晶核，随着缓慢升温，在自然热转化的同时，晶核融化，重新结冰而形成晶体。胚胎在解冻时，温度上升，即使在玻璃化形成温度以下也可能在玻璃态固体中形成冰晶（Macfarlane，1986），产生去玻璃化，造成对胚胎的损伤。解冻时冰晶形成的数量取决于多个因素，尤为重要的是玻璃化溶液的浓度和组成及解冻速率。在溶液中增加溶质浓度或提高解冻速率可减少冰晶的形成数量。当解冻速率足够快时，就能有效地避免脱玻璃化。

（二）卵母细胞的冷冻保存

**1. 卵母细胞的慢速冷冻法**

1976 年 Tsunoda 等对小鼠卵母细胞的冷冻保存技术进行研究，1977 年 Whittingham 用慢速冷冻法对小鼠卵母细胞冷冻保存后进行体外受精，胚胎移植后获得产仔。此后，人们也开展了牛、羊等大家畜卵母细胞冷冻保存技术的研究。同时在人类辅助生殖领域也广泛开展了卵母细胞冷冻保存技术研究，并于 1986 年获得成功（Chen，1986）。

**2. 卵母细胞的玻璃化冷冻法**

玻璃化冷冻法自发明以来便是低温生物学领域的研究热点。人们对 Rall 和 Fahy（1985）的胚胎玻璃化冷冻方法进行改进，设计出多种玻璃化冷冻程序，以期望这种简捷快速的冷冻方法能够完全取代复杂费时的慢速冷冻法。Ciotti 等（2009）研究表明，人卵母细胞经玻璃化冷冻保存后纺锤体恢复快于慢速冷冻，并且不会增加胚胎非整倍性的风险（Forman et al., 2012）。在人类辅助生殖领域，玻璃化冷冻保存技术得到了充分认可并被认为优于慢速冷冻（Smith et al., 2010；Gook and Edgar, 2007；Oktay et al., 2006），是延续女性生殖能力的有效方法。

但突出问题是玻璃化冷冻法需要高浓度的抗冻保护剂，要求抗冻保护剂的浓度达到 6.0mol/L 或更高，远远高于传统冷冻法（1.0～2.0mol/L）的浓度。高浓度的玻璃化冷冻液可引起短时间内细胞高度脱水和抗冻保护剂充分渗透（图 1-3-5），同时，对卵母细胞的化学毒害作用较大。因此，一些玻璃化冷冻法采用低毒性的抗冻保护剂或者多种抗冻保护剂混合使用，以及冷冻前在多种预冷的高浓度溶液中分步平衡等措施来降低玻璃化冷冻液的毒性，从而提高冷冻效率。

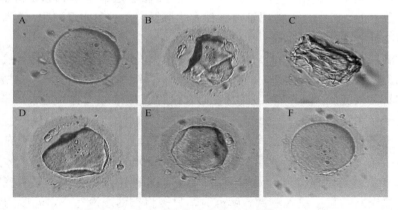

图 1-3-5　人 MⅡ期卵母细胞在玻璃化液中的形态变化（Varghese et al., 2009）
A. 进入玻璃化液前的形态；B. 在平衡液中的形态；C. 在玻璃化液中的形态；D. 在解冻液中的形态；
E. 在解冻后洗液中的形态；F. 在培养液中放置 5min 后的形态

另外，卵母细胞体积过大，冷冻时不易充分脱水。并且卵母细胞是单细胞，在胚胎冷冻过程中，一些细胞损伤死亡后，剩余的细胞仍有可能修复进行正常的胚胎发育，而作为单一细胞的卵母细胞，损伤后难以存活。另外，某些动物的卵母细胞含有特殊的内含物，如猪卵母细胞内含有大量脂滴，羊卵母细胞中含有大量囊泡，这些结构对冷冻很敏感（Gardner et al., 2007）。而且卵母细胞冷冻敏感性与卵龄或成熟阶段有关，卵母细胞所处的成熟阶段不同，对低温的敏感存在差异。研究发现，MⅡ期比 GV 期的卵母细胞在慢速冷冻后有更高的存活率、受精率和发育潜力（Tharasanit et al., 2006）。

因此，为提高卵母细胞的冷冻保存效果，多年来，各国研究人员创造性地发明了多种冷冻的承载物体，并由此命名了多种方法。如今常用的主要有以下几种方法：细管（straw）法、微滴（droplet）法、电子显微镜铜网（electron microscopic grids, EMG）法、开放式拉长细管（open pulled straw，OPS）法、玻璃微细管（glass micropipette，GMP）法和冷冻环（cryoloop vitrification，CV）法。这些方法的优点表现在：一是降低玻璃化冷冻所需抗冻保护剂溶液的浓度；二是降低对低温敏感的细胞结构的冷冻损伤程度。

（1）细管法

卵母细胞玻璃化冷冻保存最初主要采用 0.25mL 的细管。但细管法因管壁较厚，造成其降温和复温速率较低（约分别为 2500℃/min 和 1300℃/min）；另外该法所需的玻璃化液较多，对卵母细胞毒性较大，因此影响了玻璃化冷冻效果。在家畜卵母细胞冷冻保存方面，细管法至今未取得理想的效果。

（2）微滴法

塑料细管导热性能差，这限制了细管法的冷冻速度最高只能达到 2000℃/min。提高冷冻速度的最简单的方法是不用承载物，将冷冻液和胚胎/卵母细胞直接投入液氮，这便产生了微滴法。在微滴法冷冻过程中，胚胎/卵母细胞在冷冻液中平衡一段时间后，将含有胚胎/卵母细胞的冷冻液小滴（droplet，体积约为 6μL）直接滴入液氮中。然后将冷冻后的颗粒集中到一小管，置液氮罐中保存。解冻程序十分简单，只需将冷冻颗粒直接投入一定温度解冻液中，融化后进行回收和脱毒处理。微滴法最早由 Landa 和 Tepla（1990）用于冷冻小鼠胚胎，后来分别被用于冷冻保存牛胚胎、合子和卵母细胞，实验结果表明，这种方法的冷冻效率很高。

但是微滴法存在如下缺陷：①冷冻液小滴体积大，小滴在下沉之前漂浮在液氮面上，降低了冷冻速度；②没有承载物，不易进行胚胎/卵母细胞特性标记；③在往液氮中制作小滴时，容易丢失胚胎/卵母细胞；④冷冻液与液氮直接接触，容易造成污染。

（3）电子显微镜铜网法

本法以电子显微镜铜网作为承载胚胎/卵母细胞的工具，采用小体积冷冻液（<1μL）和液氮直接接触，冷冻速度可达到 3000℃/min（Martino et al.，1996）。具体操作如下：胚胎/卵母细胞在冷冻液中处理一定时间后，将它们和冷冻液移到电子显微镜铜网上，然后用镊子夹住铜网，直接浸入液氮。解冻时，只需将铜网浸没在一定温度的解冻液中，再进行胚胎/卵母细胞回收和脱毒。Martino 等（1996）采用该方法冷冻保存牛卵母细胞，解冻后形态正常率约为 60%。体外受精后，卵裂率和囊胚发育率分别达到 29%～32%和 10%～15%。

（4）开放式拉长细管法

开放式拉长细管法（简称 OPS 法）最早成功用于冷冻保存体外受精后 3～5d 得到的牛胚胎（Vajta et al.，1997）。OPS 由 0.25mL 细管拉制成，内径为 0.8mm，管壁厚度为 0.07mm。实验是在 25～27℃室温中、39℃恒温台上操作。冷冻时，将 OPS 的细端口垂直接触含有胚胎/卵母细胞的冷冻液小滴（1～2μL 中），利用虹吸效应将胚胎/卵母细胞及冷冻液装入 OPS，然后直接投入液氮保存。解冻时，只要将 OPS 细端浸入一定温度解冻液，1～2s 内冷冻液融化，解冻液进入细管中，胚胎/卵母细胞由于沉降作用离开 OPS 管，OPS 法的冷冻和解冻速度大于 20 000℃/min，是细管法的 10 倍，而且胚胎/卵母细胞与高浓度抗冻保护剂接触的时间极短（−180℃以上小于 30s），极大地降低了冷冻损伤。另外，与细管法和电子显微镜铜网法相比，OPS 法冷冻-解冻程序大大简化，提高了工作效率。

（5）玻璃微细管法

2000年，Kong等用玻璃微细管法（GMP法），即以毛细玻璃管拉制成直径为0.3mm玻璃微细管（GMP）作为冷冻载体冷冻保存小鼠囊胚，与OPS法相比较，两者间结果没有显著性差异。作者认为玻璃的导热性能比塑料好，而且GMP的直径小而质量较大，能够克服OPS在冷冻时漂浮在液氮面上的欠缺，冷冻速度要高于OPS。但是在低温条件下GMP很脆，容易断裂，造成胚胎/卵母细胞丢失。

（6）冷冻环法

冷冻环（cryoloop）法首先由Lane等（1999）提出，使用该方法玻璃化冷冻小鼠和牛胚胎均获得成功。用于玻璃化的冷冻环由尼龙环（20μm宽，环直径0.5~0.7mm）和金属管组成，尼龙环与金属管相连，金属管固定在盖子上。玻璃化处理时，把胚胎放到冷冻环上由抗冻保护剂制作成的薄膜之上，携带胚胎的冷冻环直接浸入装满液氮的冷冻管，冷冻管密封保存。因此，冷冻环技术处理卵母细胞和胚胎时更有优势，这是因为其处于开放的系统中，缺少隔热层，承载胚胎的液体体积小于1μL，在冷冻过程中热交换迅速均匀地进行。另外，使用冷冻环可减少胚胎在抗冻保护剂中的暴露时间，加快冷冻速度，因此降低了抗冻保护剂的毒性。Mukaida等（2001）应用冷冻环玻璃化冷冻保存了60枚囊胚，解冻后2h的成活率为63%，19名移植患者中有6名临床妊娠，最终有1例产下健康婴儿，1例流产。2003年，Mukaida报道采用冷冻环玻璃化冷冻人囊胚，解冻后存活率可达80.4%，移植后妊娠率达到37%。

（7）Cryotop法

该法于2000年由Kuwayama和Kato发明，目前该法在人类和哺乳动物的卵母细胞及胚胎的玻璃化冷冻保存中应用较为广泛，并被证明是承载玻璃化冷冻液较少的一种新方法（Kuwayama and Kato，2000；Kuwayama et al.，2005）。它主要是由一个0.4mm宽、0.1mm厚、20mm长的细长形聚丙烯条和一个较硬的塑料柄组成，同时为避免贮存时对聚乙烯条造成机械损伤，在其上套一个长约3cm的塑料套管（Hiraoka et al.，2004）（图1-3-6）。

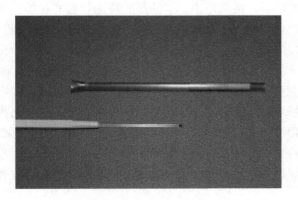

图1-3-6　Cryotop冷冻装置示意图（见图版）

在玻璃化冷冻时，胚胎或卵母细胞连带少于0.1μL冷冻液借助于虹吸作用被吸入聚丙烯条顶部，然后将塑料细管套上，直接投入液氮保存。解冻时，在液氮内将塑料细管取下，然后将聚丙烯条直接插入解冻液里进行解冻。由于其包含体积较小的冷冻液（＜0.1μL），大大地降低了抗冻保护剂的毒性，提高了冷冻-解冻的速率，尤其是解冻速率能达到

40 000℃/min，有效地抑制了解冻时冰晶的形成，从而提高卵母细胞或胚胎的存活率和后期发育能力（Kuwayama，2007）。这一方法主要应用在人卵母细胞和胚胎的玻璃化冷冻，并取得了较好的效果。利用 Cryotop 法冷冻人成熟卵母细胞，解冻后得到 100%的形态正常率，95%受精率和 50%的囊胚率。移植给 10 名患者后，平均移植 2.5 枚，得到 41%的妊娠率并且产下 11 个健康婴儿（Kuwayama et al.，2005）。

（8）Cryoleaf 法

在 Cryotop 的基础上，Chian 等（2005）发明了 Cryoleaf 法。采用 Cryoleaf 作为冷冻载体可有效将卵母细胞保持在原位，不易丢失。赵丽等（2010）采用 Cryoleaf 对 81 枚人成熟卵母细胞进行玻璃化冷冻保存，冻融后有 69 枚成功复苏，对其进行胞质内单精子注射（ICSI），结果 52 枚卵母细胞受精，其中 39 枚卵裂，将其移植后有 4 例患者获得妊娠。

上述微滴法、电子显微镜铜网法、OPS 法、GMP 法和冷冻环法等都使冷冻液和液氮直接接触，这可能造成胚胎/卵母细胞污染。为了解决这一问题，人们设计出几种解决方案。Vajta 等（1998）提出使用无菌液氮作为冷源，胚胎/卵母细胞冷冻后进行密封处理，再放入液氮罐中保存。但是这些操作程序对日常应用而言过于复杂。而 Hamawaki 等（1999）采用将含有胚胎的液滴滴在塑料细管的内壁，加热封口后投入液氮的冷冻方法。此方法可以避免污染问题，但降温速度减慢，操作稍复杂。Vajta 于 2000 年报道，用于冷冻的微细管内径和管壁厚度分别小于 400μm 和 40μm 时，开口端不必密封，并具有细管法的安全性和 OPS 法的冷冻速度。这表明，只要改进 OPS 的内径与管壁厚度，OPS 法将变得既实用又安全。

（三）胚胎与卵母细胞冷冻保存中存在的问题与应用前景

自 20 世纪 70 年代，哺乳动物胚胎与卵母细胞冷冻保存成功以来，人们通过不断探索，使得此项技术近 20 年内蓬勃发展。目前，已在多种实验动物和大多数家畜上试验成功，取得了可喜的进展。特别是牛、羊的胚胎冷冻保存和移植技术已基本成熟，一些发达的国家已进入产业化生产，近年来我国在畜牧业发达的地区推广速度较快。但就总体来说仍然存在诸多问题。目前，对冷冻保存的机理的研究尚未十分清楚，对一些冷冻现象的解释还存在分歧，尤其是在冷冻过程中对细胞超微结构（如膜结构、细胞骨架等）的损伤机制方面研究甚少。导致人们只能根据胚胎或卵母细胞冷冻-解冻后的发育来推测细胞冷冻效果的好坏，而没有一个理论依据充分的判定标准。另外，使用的抗冻保护剂对胚胎均有化学毒性，胚胎冷冻-解冻后体外培养和移植后的效果还不十分令人满意，且稳定性差，胚胎冷冻-解冻的程序仍较复杂，而且尚需进一步规范化。临床医学上已有应用玻璃化冷冻卵母细胞诞生的婴儿的报道，但其安全性仍存在争议，需要进一步深入研究。

可喜的是，当前这些方面的研究工作已有较大的起色，人们正逐步探索超低温生物学机理，尤其是冷冻造成的物理和化学损伤的机制，并已经积累了一定的经验。如果能够攻克这一难关，将为胚胎/卵母细胞的冷冻保存提供理论依据。另外，各国研究者也正在寻求一种适宜于各类动物、不同来源和不同发育阶段胚胎的抗冻保护剂，以及操作简便、成本低且效率高的冷冻-解冻程序。从目前的研究状况分析，玻璃化冷冻保存将会在未来的冷冻保存中起主导作用，而且卵母细胞的冷冻保存较胚胎冷冻保存有明显的优势。另外，人类辅助生殖领域中卵母细胞冷冻保存效率得以大幅度提高，与玻璃化冷冻保存技术的广泛应用密不可分。在不久的将来，卵母细胞与胚胎冷冻保存技术将会进一步完善和规范化，使其与其他胚胎工程技术相结合，必将在畜牧业生产、生物技术及人类医学等领域取得新的突破。

（侯云鹏　李俊杰　朱士恩）

## 参 考 文 献

秦鹏春, 石惠芝. 1997. 猪精子冷冻损伤的研究. 国外畜牧学(猪与禽), 1: 33～36.
宋洛文. 1997. 肉牛繁育新技术. 郑州: 河南科学技术出版社.
滕若冰. 2010. 人类精子冷冻保存的回顾与思考. 医学与哲学(临床决策论坛版), 31(2): 39～41.
王建辰. 1988. 防止通过胚胎移植传播疾病. 国外兽医学-畜禽疾病, (4): 24～26.
王军, 孙博, 吕文发. 2007. 哺乳动物胚胎冷冻保存研究进展. 安徽农业科学, 35(34): 11107～11109.
张一玲. 1982. 试论精液冷冻保存的冷冻机理. 国外畜牧学(草食家畜), 2: 1～9.
赵丽, 章志国, 邢琼, 等. 2010. 玻璃化冷冻人成熟卵母细胞的临床应用. 安徽医科大学学报, 45(2): 224～226.
赵晓徽, 岳天孚, 随笑琳. 2004. 玻璃化法冻融小鼠桑椹胚期和囊胚期胚胎的效果观察. 中华妇产科杂志, 39(8): 526～528.
朱士恩. 2002. 卵母细胞与胚胎保存//桑润滋. 动物繁殖生物技术. 北京: 中国农业出版社: 247～261.
朱士恩, 曾申明, 吴通义, 等. 2002. OPS 法玻璃化冷冻牛卵母细胞的研究. 中国农业科学, 35(6): 700～706.
Aigner S, Van der Elst J, Siebzehnrubl E, et al. 1992. The influence of slow and ultra-rapid freezing on the organization of the meiotic spindle of the mouse oocyte. Hum Reprod, 7(6): 857～864.
Alhasani S, Kirsch J, Diedrich K, et al. 1989. Successful embryo transfer of cryopreserved and *in vitro* fertilized rabbit oocytes. Human Reproduction, 4(1): 77～79.
Almodin C G, Minguetti-Camara V C, Paixao C L, et al. 2010. Embryo development and gestation using fresh and vitrified oocytes. Hum Reprod, 25(5): 1192～1198.
Anel L, de Paz P, Alvarez M, et al. 2003. Field and *in vitro* assay of three methods for freezing ram semen. Theriogenology, 60(7): 1293～1308.
Aono N, Abe Y, Hara K, et al. 2005. Production of live offspring from mouse germinal vesicle-stage oocytes vitrified by a modified stepwise method, SWEID. Fertility and sterility, 84 Suppl 2: 1078～1082.
Arav A, Shehu D, Mattioli M. 1993. Osmotic and cytotoxic study of vitrification of immature bovine oocytes. J Reprod Fertil, 99(2): 353～358.
Arav A, Yavin S, Zeron Y, et al. 2002. New trends in gamete's cryopreservation. Mol Cell Endocrinol, 187(1-2): 77～81.
Arav A, Zeron Y. 1997. Vitrification of bovine oocytes using modified minimum drop size technique (MDS) is effected by the composition and the concentration of the vitrification solution and by the cooling conditions. Theriogenology, 47(1): 341.
Arav A, Zeron Y, Leslie S B, et al. 1996. Phase transition temperature and chilling sensitivity of bovine oocytes. Cryobiology, 33(6): 589～599.
Asada M, Ishibashi S, Ikumi S, et al. 2002. Effect of polyvinyl alcohol(PVA)concentration during vitrification of *in vitro* matured bovine oocytes. Theriogenology, 58(6): 1199～1208.

Baguisi A, Arav A, Crosby T F, et al. 1997. Hypothermic storage of sheep embryos with antifreeze proteins: development *in vitro* and *in vivo*. Theriogenology, 48(6): 1017~1024.

Ball B A. 2008. Oxidative stress, osmotic stress and apoptosis: impacts on sperm function and preservation in the horse. Anim Reprod Sci, 107(3-4): 257~267.

Bank H, Maurer R R. 1974. Survival of Frozen Rabbit Embryos. Exp Cell Res, 89(1): 188~196.

Beebe L F, Bouwman E G, McIlfatrick S M, et al. 2011. Piglets produced from *in vivo* blastocysts vitrified using the Cryologic Vitrification Method(solid surface vitrification)and a sealed storage container. Theriogenology, 75(8): 1453~1458.

Berlinguer F, Succu S, Mossa F, et al. 2007. Effects of trehalose co-incubation on *in vitro* matured prepubertal ovine oocyte vitrification. Cryobiology, 55(1): 27~34.

Bilton R J, Moore N W. 1976. *In vitro* Culture, Storage and Transfer of Goat Embryos. Aust J Biol Sci, 29(1-2): 125~129.

Boryshpolets S, Dzyuba B, Stejskal V, et al. 2009. Dynamics of ATP and movement in Eurasian perch(*Perca fluviatilis* L.)sperm in conditions of decreasing osmolality. Theriogenology, 72(6): 851~859.

Bromfield J J, Coticchio G, Hutt K, et al. 2009. Meiotic spindle dynamics in human oocytes following slow-cooling cryopreservation. Hum Reprod, 24(9): 2114~2123.

Bunge R G, Sherman J K. 1954. Frozen human semen. Fertility and sterility, 5(2): 193~194.

Byrne G P, Lonergan P, Wade M, et al. 2000. Effect of freezing rate of ram spermatozoa on subsequent fertility *in vivo* and *in vitro*. Anim Reprod Sci, 62(4): 265~275.

Cai X Y, Chen G A, Lian Y, et al. 2005. Cryoloop vitrification of rabbit oocytes. Hum Reprod, 20(7): 1969~1974.

Candy C J, Wood M J, Whittingham D G, et al. 1994. Cryopreservation of immature mouse oocytes. Hum Reprod, 9(9): 1738~1742.

Carroll J, Depypere H, Matthews C D. 1990. Freeze-thaw-induced changes of the zona pellucida explains decreased rates of fertilization in frozen-thawed mouse oocytes. J Reprod Fertil, 90(2): 547~553.

Cervera R P, Garcia-Ximenez F. 2003. Vitrification of zona-free rabbit expanded or hatching blastocysts: a possible model for human blastocysts. Hum Reprod, 18(10): 2151~2156.

Checura C M, Seidel G E, Jr. 2007. Effect of macromolecules in solutions for vitrification of mature bovine oocytes. Theriogenology, 67(5): 919~930.

Chen C. 1986. Pregnancy after human oocyte cryopreservation. Lancet, 1(8486): 884~886.

Chen S U, Chien C L, Wu M Y, et al. 2006. Novel direct cover vitrification for cryopreservation of ovarian tissues increases follicle viability and pregnancy capability in mice. Hum Reprod, 21(11): 2794~2800.

Chen S U, Lien Y R, Chao K H, et al. 2003. Effects of cryopreservation on meiotic spindles of oocytes and its dynamics after thawing: clinical implications in oocyte freezing--a review article. Mol Cell Endocrinol, 202(1-2): 101~107.

Chen S U, Lien Y R, Chen H F, et al. 2000. Open pulled straws for vitrification of mature mouse oocytes preserve patterns of meiotic spindles and chromosomes better than conventional straws. Hum Reprod, 15(12): 2598~2603.

Chen S U, Lien Y R, Cheng Y Y, et al. 2001a. Vitrification of mouse oocytes using closed pulled straws(CPS)achieves a high survival and preserves good patterns of meiotic spindles, compared with conventional straws, open pulled straws(OPS)and grids. Hum Reprod, 16(11): 2350~2356.

Chen T, Acker J P, Eroglu A, et al. 2001b. Beneficial effect of intracellular trehalose on the membrane integrity of dried mammalian cells. Cryobiology, 43(2): 168~181.

Chian R C, Son W Y, Huang J Y, et al. 2005. High survival rates and pregnancies of human oocytes following vitrification: Preliminary report. Fertility and Sterility, 84: S36~S36.

Ciotti P M, Porcu E, Notarangelo L, et al. 2009. Meiotic spindle recovery is faster in vitrification of human oocytes compared to slow freezing. Fertil Steril, 91(6): 2399~2407.

Correa L M, Thomas A, Meyers S A. 2007. The macaque sperm actin cytoskeleton reorganizes in response to osmotic stress and contributes to morphological defects and decreased motility. Biol Reprod, 77(6): 942~953.

Coticchio G, Sciajno R, Hutt K, et al. 2010. Comparative analysis of the metaphase II spindle of human oocytes through polarized light and high-performance confocal microscopy. Fertil Steril, 93(6): 2056~2064.

Cremades N, Sousa M, Silva J, et al. 2004. Experimental vitrification of human compacted morulae and early blastocysts using fine diameter plastic micropipettes. Human Reproduction, 19(2): 300~305.

De Santis L, Coticchio G, Paynter S, et al. 2007. Permeability of human oocytes to ethylene glycol and their survival and spindle configurations after slow cooling cryopreservation. Hum Reprod, 22(10): 2776~2783.

Diez C, Duque P, Gomez E, et al. 2005. Bovine oocyte vitrification before or after meiotic arrest: effects on ultrastructure and developmental ability. Theriogenology, 64(2): 317~333.

Dinnyes A, Dai Y, Jiang S, et al. 2000. High developmental rates of vitrified bovine oocytes following parthenogenetic activation, *in vitro* fertilization, and somatic cell nuclear transfer. Biol Reprod, 63(2): 513-518.

Eroglu A, Toth T L, Toner M. 1998. Alterations of the cytoskeleton and polyploidy induced by cryopreservation of metaphase II mouse oocytes. Fertil Steril, 69(5): 944~957.

Esaki R, Ueda H, Kurome M, et al. 2004. Cryopreservation of porcine embryos derived from *in vitro*-matured oocytes. Biol Reprod, 71(2): 432~437.

Evans G, Maxwell W M C, Salamon S. 1987. Salamon's artificial insemination of sheep and goats. Sydney, Boston: Butterworths. p xi, 194 p.

Fiser P S, Ainsworth L, Fairfull R W. 1987. Evaluation of a new diluent and different processing procedures for cryopreservation of ram semen. Theriogenology, 28(5): 599~607.

Fletcher G L, Hew C L, Davies P L. 2001. Antifreeze proteins of teleost fishes. Annual review of physiology, 63: 359~390.

Forman E J, Li X Y, Ferry K M, et al. 2012. Oocyte vitrification does not increase the risk of embryonic aneuploidy or diminish the implantation potential of blastocysts created after intracytoplasmic sperm injection: a novel, paired randomized controlled trial using DNA fingerprinting. Fertility and Sterility, 98(3): 644~649.

Friedler S, Giudice L C, Lamb E J. 1988. Cryopreservation of embryos and ova. Fertil Steril, 49(5): 743~764.

Fu X W, Wu G Q, Li J J, et al. 2011. Positive effects of Forskolin(stimulator of lipolysis)treatment on cryosurvival of *in vitro* matured porcine oocytes. Theriogenology, 75(2): 268~275.

Fuller B J. 2004. Cryoprotectants: the essential antifreezes to protect life in the frozen state. Cryo Letters, 25(6): 375~388.

Gardner D K, Sheehan C B, Rienzi L, et al. 2007. Analysis of oocyte physiology to improve cryopreservation procedures. Theriogenology, 67(1): 64~72.

Gil L, Olaciregui M, Luno V, et al. 2014. Current status of freeze-drying technology to preserve domestic animals sperm. Reprod Domest Anim, 49 Suppl 4: 72~81.

Glazar A I, Mullen S F, Liu J, et al. 2009. Osmotic tolerance limits and membrane permeability characteristics of stallion spermatozoa treated with cholesterol. Cryobiology, 59(2): 201~206.

Gomes C M, Silva C A, Acevedo N, et al. 2008. Influence of vitrification on mouse metaphase II oocyte spindle dynamics and chromatin alignment. Fertil Steril, 90(4 Suppl): 1396~1404.

Gook D A, Edgar D H. 2007. Human oocyte cryopreservation. Human Reproduction Update, 13(6): 591~605.

Gook D A, Osborn S M, Johnston W I. 1993. Cryopreservation of mouse and human oocytes using 1, 2-propanediol and the configuration of the meiotic spindle. Hum Reprod, 8(7): 1101~1109.

Goud A, Goud P, Qian C, et al. 2000. Cryopreservation of human germinal vesicle stage and *in vitro* matured

M II oocytes: influence of cryopreservation media on the survival, fertilization, and early cleavage divisions. Fertil Steril, 74(3): 487~494.

Guenther J F, Seki S, Kleinhans F W, et al. 2006. Extra- and intra-cellular ice formation in Stage I and II Xenopus laevis oocytes. Cryobiology, 52(3): 401~416.

Guo N, Puhlev I, Brown D R, et al. 2000. Trehalose expression confers desiccation tolerance on human cells. Nat Biotechnol, 18(2): 168~171.

Hamawaki A, Kuwayama M, Hamano S. 1999. Minimum volume cooling method for bovine blastocyst vitrification. Theriogenology, 51(1): 165.

Hammarberg K, Carmichael M, Tinney L, et al. 2008. Gamete donors' and recipients' evaluation of donor counselling: A prospective longitudinal cohort study. Australian & New Zealand Journal of Obstetrics & Gynaecology, 48(6): 601~606.

Hayashi S, Kobayashi K, Mizuno J, et al. 1989. Birth of piglets from frozen embryos. The Veterinary record, 125(2): 43~44.

Hiraoka K, Hiraoka K, Kinutani M, et al. 2004. Blastocoele collapse by micropipetting prior to vitrification gives excellent survival and pregnancy outcomes for human day 5 and 6 expanded blastocysts. Human Reproduction, 19(12): 2884~2888.

Hochi S, Terao T, Kamei M, et al. 2004. Successful vitrification of pronuclear-stage rabbit zygotes by minimum volume cooling procedure. Theriogenology, 61(2-3): 267~275.

Holt C B. 2003. Substances which inhibit ice nucleation: A review. Cryoletters, 24(5): 269~274.

Huang W T, Holotz W. 2002. Effects of meiotic stages, cryoprotectants, cooling and vitrification on the cryopreservation of porcine oocytes. Asian Australasian Journal of Animal Sciences, 15: 485~493.

Ideta A, Aoyagi Y, Tsuchiya K, et al. 2015. Prolonging hypothermic storage(4 C)of bovine embryos with fish antifreeze protein. J Reprod Dev, 61(1): 1~6.

Inglis S R, Turner J J, Harding M M. 2006. Applications of type I antifreeze proteins: studies with model membranes & cryoprotectant properties. Curr Protein Pept Sci, 7(6): 509~522.

Isachenko V, Folch J, Isachenko E, et al. 2003. Double vitrification of rat embryos at different developmental stages using an identical protocol. Theriogenology, 60(3): 445~452.

Kasai M. 1997. Cryopreservation of mammalian embryos. Mol Biotechnol, 7(2): 173~179.

Kasai M, Hamaguchi Y, Zhu S E, et al. 1992. High survival of rabbit morulae after vitrification in an ethylene glycol-based solution by a simple method. Biology of reproduction, 46(6): 1042~1046.

Kasai M, Komi J H, Takakamo A, et al. 1990. A simple method for mouse embryo cryopreservation in a low toxicity vitrification solution, without appreciable loss of viability. J Reprod Fertil, 89(1): 91~97.

Kasai M, Niwa K, Iritani A. 1981. Effects of various cryoprotective agents on the survival of unfrozen and frozen mouse embryos. J Reprod Fertil, 63(1): 175~180.

Kasai M, Zhu S E, Pedro P B, et al. 1996. Fracture damage of embryos and its prevention during vitrification and warming. Cryobiology, 33(4): 459~464.

Kasiraj R, Misra A K, Mutha Rao M, et al. 1993. Successful culmination of pregnancy and live birth following the transfer of frozen-thawed buffalo embryos. Theriogenology, 39(5): 1187~1192.

Kazem R, Thompson L A, Srikantharajah A, et al. 1995. Cryopreservation of human oocytes and fertilization by two techniques: *in-vitro* fertilization and intracytoplasmic sperm injection. Hum Reprod, 10(10): 2650~2654.

Kharche S D, Sharma G T, Majumdar A C. 2005. *In vitro* maturation and fertilization of goat oocytes vitrified at the germinal vesicle stage. Small Ruminant Research, 57(1): 81~84.

Kleinhans F W, Guenther J F, Roberts D M, et al. 2006. Analysis of intracellular ice nucleation in Xenopus oocytes by differential scanning calorimetry. Cryobiology, 52(1): 128~138.

Kong I K, Lee S I, Cho S G, et al. 2000. Comparison of open pulled straw(OPS)vs glass micropipette(GMP) vitrification in mouse blastocysts. Theriogenology, 53(9): 1817~1826.

Kopeika J, Kopeika E, Zhang T, et al. 2003. Studies on the toxicity of dimethyl sulfoxide, ethylene glycol, methanol and glycerol to loach(*Misgurnus fossilis*)sperm and the effect on subsequent embryo development. Cryo Letters, 24(6): 365~374.

Kuwayama M. 2007. Highly efficient vitrification for cryopreservation of human oocytes and embryos: the Cryotop method. Theriogenology, 67(1): 73~80.

Kuwayama M, Kato O. 2000. All-round vitrificationmethod for human oocytes and embryos. J Assist Reprod Genet, 17: 477~485.

Kuwayama M, Vajta G, Ieda S, et al. 2005. Comparison of open and closed methods for vitrification of human embryos and the elimination of potential contamination. Reprod Biomed Online, 11(5): 608~614.

Landa V, Tepla O. 1990. Cryopreservation of mouse 8-cell embryos in microdrops. Folia Biol(Praha), 36(3-4): 153~158.

Lane M, Bavister B D, Lyons E A, et al. 1999. Containerless vitrification of mammalian oocytes and embryos-adapting a proven method for flash-cooling protein crystals to the cryopreservation of live cells. Nature, Biotechnology 17(12): 1234~1236.

Larman M G, Gardner D K. 2010. Vitrifying mouse oocytes and embryos with super-cooled air. Human Reproduction, 25: I265~I266.

Larman M G, Sheehan C B, Gardner D K. 2006. Calcium-free vitrification reduces cryoprotectant-induced zona pellucida hardening and increases fertilization rates in mouse oocytes. Reproduction, 131(1): 53~61.

Lee H H, Lee H J, Kim H J, et al. 2015. Effects of antifreeze proteins on the vitrification of mouse oocytes: comparison of three different antifreeze proteins. Hum Reprod, 30(9): 2110~2119.

Lehn-Jensen H, Rall W F. 1983. Cryomicroscopic observations of cattle embryos during freezing and thawing. Theriogenology, 19(2): 263~277.

Leibo S P. 1984. A one-step method for direct nonsurgical transfer of frozen-thawed bovine embryos. Theriogenology, 21(5): 767~790.

Liebermann J, Tucker M J, Graham J R, et al. 2002. The importance of cooling rate for successful vitrification of human oocytes: Comparison of the cryoloop with the flexipet. Biology of Reproduction, 66: 195.

Liu W X, Luo M J, Huang P, et al. 2009. Comparative study between slow freezing and vitrification of mouse embryos using different cryoprotectants. Reprod Domest Anim, 44(5): 788~791.

Macfarlane D R. 1986. Devitrification in glass-forming aqueous-solutions. Cryobiology, 23(3): 230~244.

Martino A, Songsasen N, Leibo S P. 1996. Development into blastocysts of bovine oocytes cryopreserved by ultra-rapid cooling. Biol Reprod, 54(5): 1059~1069.

Matsumoto H, Jiang J Y, Tanaka T, et al. 2001. Vitrification of large quantities of immature bovine oocytes using nylon mesh. Cryobiology, 42(2): 139~144.

Mavrides A, Morroll D. 2005. Bypassing the effect of zona pellucida changes on embryo formation following cryopreservation of bovine oocytes. Eur J Obstet Gynecol Reprod Biol, 118(1): 66~70.

Medeiros C M, Forell F, Oliveira A T, et al. 2002. Current status of sperm cryopreservation: why isn't it better? Theriogenology, 57(1): 327~344.

Men H S, Monson R L, Rutledge J J. 2002. Effect of meiotic stages and maturation protocols on bovine oocyte's resistance to cryopreservation. Theriogenology, 57(3): 1095~1103.

Men H, Monson R L, Parrish J J, et al. 2003. Detection of DNA damage in bovine metaphase II oocytes resulting from cryopreservation. Molecular Reproduction and Development, 64(2): 245~250.

Mo X H, Fu X W, Yuan D S, et al. 2014. Effect of meiotic status, cumulus cells and cytoskeleton stabilizer on the developmental competence of ovine oocytes following vitrification. Small Ruminant Research, 117(2-3): 151~157.

Moawad A R, Fisher P, Zhu J, et al. 2012. *In vitro* fertilization of ovine oocytes vitrified by solid surface vitrification at germinal vesicle stage. Cryobiology, 65(2): 139~144.

Moragianni V A, Cohen J D, Smith S E, et al. 2010. Outcomes of day-1, day-3, and blastocyst cryopreserved embryo transfers. Fertility and sterility, 93(4): 1353~1355.

Morato R, Izquierdo D, Albarracin J L, et al. 2008. Effects of pre-treating *in vitro*-matured bovine oocytes with the cytoskeleton stabilizing agent taxol prior to vitrification. Mol Reprod Dev, 75(1): 191~201.

Mukaida T, Nakamura S, Tomiyama T, et al. 2001. Successful birth after transfer of vitrified human blastocysts with use of a cryoloop containerless technique. Fertility and sterility, 76(3): 618~620.

Mukaida T, Wada S, Takahashi K, et al. 1998. Vitrification of human embryos based on the assessment of suitable conditions for 8-cell mouse embryos. Hum Reprod, 13(10): 2874~2879.

Muthukumar K, Mangalaraj A M, Kamath M S, et al. 2008. Blastocyst cryopreservation: vitrification or slow freeze. Fertility and sterility, 90: S426~S427.

Nagashima H, Hiruma K, Saito H, et al. 2007. Production of live piglets following cryopreservation of embryos derived from *in vitro*-matured oocytes. Biol Reprod, 76(5): 900~905.

Nagashima H, Kashiwazaki N, Ashman R J, et al. 1995. Cryopreservation of porcine embryos. Nature, 374(6521): 416.

Naik B R, Rao B S, Vagdevi R, et al. 2005. Conventional slow freezing, vitrification and open pulled straw(OPS)vitrification of rabbit embryos. Anim Reprod Sci, 86(3-4): 329~338.

Nakagata N. 1989. 超級速凍結法を用いた体外受精由来マウス初期胚の凍結保存について. 哺乳卵研誌, 6(1): 23~26.

Nishijima K, Tanaka M, Sakai Y, et al. 2014. Effects of type III antifreeze protein on sperm and embryo cryopreservation in rabbit. Cryobiology, 69(1): 22~25.

Noiles E E, Thompson K A, Storey B T. 1997. Water permeability, Lp, of the mouse sperm plasma membrane and its activation energy are strongly dependent on interaction of the plasma membrane with the sperm cytoskeleton. Cryobiology, 35(1): 79~92.

Oktay K, Cil A P, Bang H. 2006. Efficiency of oocyte cryopreservation: a meta-analysis. Fertility and Sterility, 86(1): 70~80.

Payne S R, Oliver J E, Upreti G C. 1994. Effect of antifreeze proteins on the motility of ram spermatozoa. Cryobiology, 31(2): 180~184.

Petyim S, Makemahar O, Kunathikom S, et al. 2009. The successful pregnancy and birth of a healthy baby after human blastocyst vitrification using Cryo-E, first case in Siriraj Hospital. J Med Assoc Thai, 92(8): 1116~1121.

Porcu E, Fabbri R, Seracchioli R, et al. 1997. Birth of a healthy female after intracytoplasmic sperm injection of cryopreserved human oocytes. Fertil Steril, 68(4): 724~726.

Portmann M, Nagy Z P, Behr B. 2010. Evaluation of blastocyst survival following vitrification/warming using two different closed carrier systems. Human Reproduction, 25: I261~I261.

Prathalingam N S, Holt W V, Revell S G, et al. 2006. Impact of antifreeze proteins and antifreeze glycoproteins on bovine sperm during freeze-thaw. Theriogenology, 66(8): 1894~1900.

Pugh P A, Tervit H R, Niemann H. 2000. Effects of vitrification medium composition on the survival of bovine *in vitro* produced embryos, following in straw-dilution, *in vitro* and *in vivo* following transfer. Anim Reprod Sci, 58(1-2): 9~22.

Puhlev I, Guo N, Brown D R, et al. 2001. Desiccation tolerance in human cells. Cryobiology, 42(3): 207~217.

Purohit G N, Meena H, Solanki K. 2012. Effects of vitrification on immature and *in vitro* matured, denuded and cumulus compact goat oocytes and their subsequent fertilization. J Reprod Infertil, 13(1): 53~59.

Rahman S M, Strussmann C A, Majhi S K, et al. 2011. Efficiency of osmotic and chemical treatments to improve the permeation of the cryoprotectant dimethyl sulfoxide to Japanese whiting(Sillago japonica)embryos. Theriogenology, 75(2): 248~255.

Rall W F, Fahy G M. 1985. Ice-free cryopreservation of mouse embryos at −196 degrees C by vitrification. Nature, 313(6003): 573~575.

Rall W F. 1987. Factors affecting the survival of mouse embryos cryopreserved by vitrification. Cryobiology,

24(5): 387～402.

Rho G J, Kim S, Yoo J G, et al. 2002. Microtubulin configuration and mitochondrial distribution after ultra-rapid cooling of bovine oocytes. Mol Reprod Dev, 63(4): 464～470.

Riggs R, Mayer J, Dowling-Lacey D, et al. 2010. Does storage time influence postthaw survival and pregnancy outcome? An analysis of 11, 768 cryopreserved human embryos. Fertility and sterility, 93(1): 109～115.

Rojas C, Palomo M J, Albarracin J L, et al. 2004. Vitrification of immature and *in vitro* matured pig oocytes: study of distribution of chromosomes, microtubules, and actin microfilaments. Cryobiology, 49(3): 211～220.

Rubinsky B, Arav A, Fletcher G L. 1991. Hypothermic protection--a fundamental property of "antifreeze" proteins. Biochem Biophys Res Commun, 180(2): 566～571.

Ruffing N A, Steponkus P L, Pitt R E, et al. 1993. Osmometric behavior, hydraulic conductivity, and incidence of intracellular ice formation in bovine oocytes at different developmental stages. Cryobiology, 30(6): 562～580.

Ruppert-Lingham C J, Paynter S J, Godfrey J, et al. 2003. Developmental potential of murine germinal vesicle stage cumulus-oocyte complexes following exposure to dimethylsulphoxide or cryopreservation: loss of membrane integrity of cumulus cells after thawing. Hum Reprod, 18(2): 392～398.

Rzucidlo S J, Gibbons J, Stice S L. 2001. Comparison by restriction fragment differential display RT-PCR of gene expression pattern in bovine oocytes matured in the presence or absence of fetal calf serum. Molecular Reproduction and Development, 59(1): 90～96.

Saha S, Otoi T, Takagi M, et al. 1996. Normal calves obtained after direct transfer of vitrified bovine embryos using ethylene glycol, trehalose, and polyvinylpyrrolidone. Cryobiology, 33(3): 291～299.

Saragusty J, Arav A. 2011. Current progress in oocyte and embryo cryopreservation by slow freezing and vitrification. Reproduction, 141(1): 1～19.

Scheffen B, Zwalmen P V D, Massip A. 1986. A simple and efficient procedure for preservation of mouse embryos by vitrification. Cryo Letters, 7(3): 260～269.

Shirazi A, Taheri F, Nazari H, et al. 2014. Developmental competence of ovine oocyte following vitrification: effect of oocyte developmental stage, cumulus cells, cytoskeleton stabiliser, FBS concentration, and equilibration time. Zygote, 22(2): 165～173.

Smith G D, Motta E E, Serafini P. 2011. Theoretical and experimental basis of oocyte vitrification. Reprod Biomed Online, 23(3): 298～306.

Smith G D, Serafini P C, Fioravanti J, et al. 2010. Prospective randomized comparison of human oocyte cryopreservation with slow-rate freezing or vitrification. Fertility and Sterility, 94(6): 2088～2095.

Steponkus P L, Myers S P, Lynch D V, et al. 1990. Cryopreservation of *Drosophila melanogaster* embryos. Nature, 345(6271): 170～172.

Succu S, Leoni G G, Berlinguer F, et al. 2007. Effect of vitrification solutions and cooling upon *in vitro* matured prepubertal ovine oocytes. Theriogenology, 68(1): 107～114.

Sugiyama R, Nakagawa K, Shirai A, et al. 2010. Clinical outcomes resulting from the transfer of vitrified human embryos using a new device for cryopreservation(plastic blade). J Assist Reprod Genet, 27(4): 161～167.

Sun X, Li Z, Yi Y, et al. 2008. Efficient term development of vitrified ferret embryos using a novel pipette chamber technique. Biol Reprod, 79(5): 832～840.

Suo L, Zhou G B, Meng Q G, et al. 2009. OPS vitrification of mouse immature oocytes before or after meiosis: the effect on cumulus cells maintenance and subsequent development. Zygote, 17(1): 71～77.

Suzuki T, Boediono A, Takagi M, et al. 1996. Fertilization and development of frozen-thawed germinal vesicle bovine oocytes by a one-step dilution method *in vitro*. Cryobiology, 33(5): 515～524.

Tachikawa S, Otoi T, Kondo S, et al. 1993. Successful vitrification of bovine blastocysts, derived by *in vitro* maturation and fertilization. Mol Reprod Dev, 34(3): 266～271.

Tharasanit T, Colenbrander B, Stout T A. 2006. Effect of maturation stage at cryopreservation on post-thaw cytoskeleton quality and fertilizability of equine oocytes. Mol Reprod Dev, 73(5): 627~637.

Thomas C A, Garner D L, DeJarnette J M, et al. 1998. Effect of cryopreservation of bovine sperm organelle function and viability as determined by flow cytometry. Biology of reproduction, 58(3): 786~793.

Tian S J, Yan C L, Yang H X, et al. 2007. Vitrification solution containing DMSO and EG can induce parthenogenetic activation of *in vitro* matured ovine oocytes and decrease sperm penetration. Anim Reprod Sci, 101(3-4): 365~371.

Tomczak M M, Hincha D K, Estrada S D, et al. 2002. A mechanism for stabilization of membranes at low temperatures by an antifreeze protein. Biophysical Journal, 82(2): 874~881.

Toner M, Cravalho E G, Karel M. 1990. Thermodynamics and kinetics of intracellular ice formation during freezing of biological cells. Journal of Applied Physics, 67(3): 1582~1593.

Tsang W H, Chow K L. 2009. Mouse embryo cryopreservation utilizing a novel high-capacity vitrification spatula. Biotechniques, 46(7): 550~552.

Tsunoda Y, Parkening T A, Chang M C. 1976. *In vitro* fertilization of mouse and hamster eggs after freezing and thawing. Experientia, 32(2): 223~224.

Vajta G, Holm P, Greve T, et al. 1997. Vitrification of porcine embryos using the Open Pulled Straw(OPS)method. Acta Vet Scand, 38(4): 349~352.

Vajta G, Holm P, Kuwayama M, et al. 1998. Open Pulled Straw(OPS)vitrification: a new way to reduce cryoinjuries of bovine ova and embryos. Mol Reprod Dev, 51(1): 53~58.

Vanderzwalmen P, Bertin G, Debauche C, et al. 2000. "*In vitro*" survival of metaphase II oocytes(MII)and blastocysts after vitrification in a hemi-straw(HS)system. Fertility and sterility, 74(3): S215~S216.

Varghese A C, Nagy Z P, Agarwal A. 2009. Current trends, biological foundations and future prospects of oocyte and embryo cryopreservation. Reprod Biomed Online, 19(1): 126~140.

Venketesh S, Dayananda C. 2008. Properties, potentials, and prospects of antifreeze proteins. Crit Rev Biotechnol, 28(1): 57~82.

Vincent C, Garnier V, Heyman Y, et al. 1989. Solvent effects on cytoskeletal organization and *in-vivo* survival after freezing of rabbit oocytes. J Reprod Fertil, 87(2): 809~820.

Voelkel S A, Hu Y X. 1992. Effect of gas atmosphere on the development of one-cell bovine embryos in two culture systems. Theriogenology, 37(5): 1117~1131.

Wani N A, Maurya S N, Misra A K, et al. 2004. Effect of cryoprotectants and their concentration on *in vitro* development of vitrified-warmed immature oocytes in buffalo(*Bubalus bubalis*). Theriogenology, 61(5): 831~842.

Wen Y, Zhao S, Chao L, et al. 2014. The protective role of antifreeze protein 3 on the structure and function of mature mouse oocytes in vitrification. Cryobiology, 69(3): 394~401.

Whittingham D G. 1975. Survival of rat embryos after freezing and thawing. J Reprod Fertil, 43(3): 575~578.

Whittingham D G, Leibo S P, Mazur P. 1972. Survival of mouse embryos frozen to −196 degrees and −269 degrees C. Science, 178(4059): 411~414.

Willadsen S M. 1977. Factors affecting the survival of sheep embryos during-freezing and thawing. Ciba Found Symp, (52): 175~201.

Willadsen S M, Polge C, Rowson L E A, et al. 1976. Deep freezing of sheep embryos. J Reprod Fertil, 46(1): 151~154.

Wilmut I, Polge C. 1977. The low temperature preservation of boar spermatozoa. 3. The fertilizing capacity of frozen and thawed boar semen. Cryobiology, 14(4): 483~491.

Wilmut I, Rowson L E. 1973. Experiments on the low-temperature preservation of cow embryos. Vet Rec, 92(26): 686~690.

Woelders H. 1997. Fundamentals and recent development in cryopreservation of bull and boar semen. Vet Q, 19(3): 135~138.

Yamada C, Caetano H V, Simoes R, et al. 2007. Immature bovine oocyte cryopreservation: comparison of different associations with ethylene glycol, glycerol and dimethylsulfoxide. Anim Reprod Sci, 99(3-4): 384～388.

Yamamoto Y, Oguri N, Tsutsumi Y, et al. 1982. Experiments in the freezing and storage of equine embryos. Journal of reproduction and fertility Supplement, 32: 399～403.

Yan C L, Fu X W, Zhou G B, et al. 2010. Mitochondrial behaviors in the vitrified mouse oocyte and its parthenogenetic embryo: effect of Taxol pretreatment and relationship to competence. Fertil Steril, 93(3): 959～966.

Yang Z Q, Zhou G B, Hou Y P, et al. 2007. Effect of in-straw thawing on *in vitro-* and *in vivo-*development of vitrified mouse morulae. Animal biotechnology, 18(1): 13～22.

Yavin S, Arav A. 2007. Measurement of essential physical properties of vitrification solutions. Theriogenology, 67(1): 81～89.

Yavin S, Aroyo A, Roth Z, et al. 2009. Embryo cryopreservation in the presence of low concentration of vitrification solution with sealed pulled straws in liquid nitrogen slush. Hum Reprod, 24(4): 797～804.

Younis A I, Rooks B, Khan S, et al. 1998. The effects of antifreeze peptide III(AFP)and insulin transferrin selenium(ITS)on cryopreservation of chimpanzee(Pan troglodytes)spermatozoa. J Androl, 19(2): 207～214.

Zech N H, Lejeune B, Zech H, et al. 2005. Vitrification of hatching and hatched human blastocysts: effect of an opening in the zona pellucida before vitrification. Reprod Biomed Online, 11(3): 355～361.

Zeilmaker G H, Alberda A T, van Gent I, et al. 1984. Two pregnancies following transfer of intact frozen-thawed embryos. Fertility and sterility, 42(2): 293～296.

Zeron Y, Pearl M, Borochov A, et al. 1999. Kinetic and temporal factors influence chilling injury to germinal vesicle and mature bovine oocytes. Cryobiology, 38(1): 35～42.

Zhu S E, Kasai M, Otoge H, et al. 1993. Cryopreservation of expanded mouse blastocysts by vitrification in ethylene glycol-based solutions. J Reprod Fertil, 98(1): 139～145.

Zhu S E, Sakurai T, Edashige K, et al. 1994. Optimization of the procedures for the vitrification of expanded mouse blastocysts in glycerol-based solutions. J Reprod Dev, 40(4): 293～300.

# 第二章 动物早期胚胎冷冻保存

## 第一节 家　　畜

早期胚胎的冷冻保存是哺乳动物胚胎生物工程的关键技术，是采取特殊的保护措施和降温程序使胚胎在-196℃温度条件下暂时停止代谢活动，而升温后又不失去代谢功能的一种长期保存技术。胚胎冷冻保存可以解决引种和运输种畜的困难，减少或防止传染病的传播，促进国内外种质资源贸易。此外，通过冷冻保存建立"胚胎库"可以为保存动物遗传资源及挽救濒危动物提供新方法和技术支撑。冷冻保存技术与胚胎移植技术相结合，使胚胎移植不受时间和空间的限制，是胚胎移植产业化的重要技术保障。

### 一、胚胎生物学特性

自世界上成功冷冻牛胚胎并移植后产犊（Wilmut and Rowson，1973a，1973b）以来，胚胎超低温保存技术已经广泛应用于多种家畜生产实践中。然而，一些种类的家畜或一些家畜的特定品种，其早期胚胎不适于冷冻保存。这些现象都与家畜胚胎的低温生物学特性紧密相关。

#### （一）低温敏感性

目前，数以万计的家畜是通过冷冻胚胎移植后获得的，说明这些胚胎能够耐受很低的温度。但是，在低于生理温度下，一些种类的胚胎就会发生结构的改变或损伤。一般而言，胚胎的低温敏感性和其冷冻耐受性相关。例如，体内获得的猪胚胎和体外获得的牛胚胎对低于14℃的温度极为敏感。这种低温敏感性与胚胎的发育阶段及发育环境有关（Pollard and Leibo，1994）。

不同物种胚胎的低温敏感性不同。如猪附植前胚胎对低于15℃的温度非常敏感（Pollard and Leibo，1994；Plante et al.，1993）。细胞超微结构的研究结果显示，与其他动物胚胎相比，猪胚胎细胞内含有大量的脂肪小滴，胚胎中脂肪大量的积累导致胚胎对低温更敏感，并且降低对冷冻的耐受性（Lonergan et al.，2003；McEvoy et al.，2001；Pollard and Leibo，1994），这可能是造成猪胚胎对冷冻敏感的重要原因之一（Nagashima et al.，1994a，1994b）。同一物种不同基因型的胚胎对低温的敏感性也有差异，如不同基因型的小鼠胚胎解冻后发育率不同（Schmidt et al.，1985）。而不同来源的胚胎低温敏感性也有差异，体外生产的牛胚胎比体内获得的胚胎对低温和冷冻敏感性更强（Hasler et al.，1995；Leibo and Loskutoff，1993）。不同发育阶段的胚胎对低温的敏感性也不同，对不同发育阶段的羊胚胎进行冷冻，结果发现，随着胚胎的发育，冷冻后存活能力提高（Abdalla et al.，2010）。

（二）渗透性

胚胎对抗冻保护剂的渗透性与胚胎的发育阶段、抗冻保护剂的类型及胚胎所处环境温度有关。随着胚胎卵裂球数目的增加，胚胎细胞相对渗透面积增大，对抗冻保护剂的渗透速度加快（Pedro et al.，2005）。不同抗冻保护剂渗入胚胎细胞的方式也不尽相同，一些抗冻保护剂通过易化扩散方式进出细胞，另外一些抗冻保护剂则只能靠单纯扩散方式进出胞内，因此导致抗冻保护剂通过胚胎细胞膜的速度不同，使细胞达到渗透平衡的时间也不同（Edashige et al.，2006）。此外，胚胎对抗冻保护剂的渗透性还与温度有关，温度每变化10℃，胚胎对抗冻保护剂的渗透速度改变2.5个温度系数（Schneider，1986）。两步法冷冻第一步和第二步分别在20℃和4℃条件下平衡，目的是限制玻璃化液渗入细胞内的速度，从而降低其毒性损伤（Rall，1987）。

（三）渗透压耐受性

胚胎可以耐受一定范围的渗透压，超过这个范围，胚胎将会受到渗透压打击，最终导致胚胎损伤或致死。附植前胚胎明显受到透明带的限制，其体积在低渗溶液中的扩张程度也受到限制。有证据显示，胚胎的发育阶段影响胚胎在渗透压上的敏感性，越是发育后期的胚胎对渗透压的敏感性越强（Men et al.，2005）。0.2×PBS中，小鼠胚胎处理30min后，合子的耐受力最高，胚胎存活率为88%，而2-细胞胚胎、8-细胞胚胎和桑椹胚存活率分别为72%、28%和1%（Pedro et al.，1997）。

## 二、冷冻对胚胎细胞及亚细胞结构的影响

（一）透明带

透明带是孵化前胚胎的重要组成部分，在冷冻-解冻过程中对胚胎有保护作用，且可防止胚胎冷冻时细胞外液形成的冰晶对胚胎细胞原生质的物理损伤。冷冻和解冻时降温、升温的速度，冷冻载体和抗冻保护剂等都会造成胚胎透明带损伤，进而影响胚胎的后续发育能力。Kasai等（2002）研究表明，冷冻时将细管直接投入液氮，解冻时直接投入水浴解冻，如此反复冻融10次，可导致大部分胚胎透明带及卵裂球碎裂，而透明带完整的胚胎仍可存活。其原因可能为EFS40液在玻璃化冷冻过程中的转相温度为–130℃左右，当胚胎冷冻不经过熏蒸转相、解冻不经过空气停留10s转相，会导致相变过于剧烈而损伤透明带。冷冻不仅会造成透明带本身破损、断裂或脱落，还可对其内在性质产生影响。冻融胚胎较新鲜胚胎透明带难以被蛋白酶消化，可能是冻融过程使胚胎透明带结构发生改变，使透明带变硬所致。用扫描电镜观察牛体外培养的桑椹胚和囊胚发现，新鲜、慢速冷冻和玻璃化冷冻胚胎其直径变化无明显差异，但各组透明带外表面的孔径顺次变小，且差异显著（Moreira et al.，2005）。

（二）细胞骨架

完整的细胞骨架在胞质分裂和有丝分裂过程中行使重要功能，如果细胞骨架被破坏或失去稳定性，胚胎细胞的有丝分裂周期就会停止，从而导致细胞死亡。抗冻保护剂可造成肌动蛋白的可逆性解聚，解冻脱毒后细胞中抗冻保护剂被稀释又会使肌动蛋白重新

聚合。

在胚胎冷冻过程中,抗冻保护剂在细胞内同微丝和微管相互作用,影响它们的动力学。若抗冻保护剂的使用不当,会引起微丝和微管不可逆的解聚,从而影响胚胎的存活。一些研究指出,在冷冻前或期间将胚胎进行微管与微丝的解聚处理或微管的稳定化处理,能够降低玻璃化冷冻造成细胞骨架结构的损伤(Shi et al.,2006;Park et al.,2001;Dobrinsky et al.,2000)。

细胞骨架是在胚胎冷冻保存过程中最容易损伤的部位,完整的细胞骨架是维持细胞功能和胚胎发育的关键。由于其与细胞膜相互作用,细胞骨架对于维持脱水或解冻后胚胎活力具有关键作用。在15℃至–5℃冷冻初始阶段,冷应激是导致早期胚胎微丝、微管、纺锤体等损伤的主要因素。当温度下降到–5～–80℃,细胞内外的冰晶是导致胚胎破坏的主要原因(Dasiman et al.,2013)。抗冻保护剂可造成肌动蛋白的可逆性解聚,解冻脱毒后细胞中抗冻保护剂被稀释又会使肌动蛋白重新聚合。在胚胎冷冻过程中,抗冻保护剂在细胞内同微丝和微管相互作用,影响它们的动力学。对人冷冻-解冻后的胚胎的研究表明,第五天囊胚冷冻-解冻后非正常纺锤体的比例显著升高(Chatzimeletiou et al.,2012;Hashimoto et al.,2013a)。

(三)其他

除了细胞骨架外,胚胎细胞的胞质中含有许多与细胞功能有关的细胞器。胚胎的冷冻保存干扰细胞质中某些细胞器的正常发育和自我平衡功能。有研究表明,细胞中的线粒体形态结构、功能和分布等均易受细胞内、外环境的影响而发生明显的变化,冷冻会对胚胎的线粒体膜等超微结构造成损伤,改变线粒体的分布状态,造成胚胎线粒体缺乏或含量降低,从而导致胚胎的发育阻滞或死亡(Fabian et al.,2005)。

细胞核主要由核膜、染色质及核仁组成。胚胎的慢速冷冻和玻璃化冷冻都会导致不同程度的核被膜崩解或扭曲,这可能中断核被膜蛋白间的相互作用,破坏后续的DNA复制和转录。冷冻造成猪体内胚胎RNA聚合酶Ⅰ与核仁的定位异常,使得产仔率降低(Hyttel et al.,2000)。

### 三、家畜胚胎冷冻保存研究进展

自1972年Whittingham等研究的胚胎冷冻保存技术首次成功以来,胚胎冷冻保存技术已成功地应用到家畜胚胎冷冻保存中。Rall等(1985b)发明了胚胎玻璃化冷冻方法,可以不使用冷冻仪,胚胎在高浓度抗冻保护剂(6mol/L)溶液中脱水,待保护剂充分渗入后直接投入液氮中保存,得到了较好的冷冻效果。此后,牛(Massip et al.,1986)、山羊(Yuswiati and Holtz,1990)、绵羊(Szell et al.,1990)、猪(Dobrinsky,1996)等家畜胚胎玻璃化冷冻也相继获得成功。

(一)猪

猪的胚胎冷冻保存技术,相对其他动物来说进展一直较为缓慢,直到1989年,Hayashi将猪胚胎保存至–35℃,移植后成功产仔。1991年,Kashiwazaki在液氮(–196℃)中冷冻保存猪胚胎也获成功。上述冷冻的猪胚胎均是以甘油为抗冻保护剂,采用慢速冷冻法冷冻保存后可发育到孵化期囊胚。

玻璃化冷冻技术使得猪胚胎超低温冷冻保存研究取得了突破。1994 年，Dobrinsky 等首次报道了玻璃化冷冻第 6、7 天的猪胚胎，解冻后在体外的发育率分别为 27%和 39%（Dobrinsky and Johnson，1994）。Vajta 等在 1997 年首次报道了利用 OPS 法冷冻体内生产的猪胚胎（桑椹胚至扩张囊胚）获得了 91%的存活率和 67%的囊胚孵化率，利用相同方法冷冻的 4~8-细胞阶段的猪胚胎，也获得了 58%的存活率和 33%的囊胚孵化率（Vajta et al.，1997a，1997b）。利用上述方法冷冻猪的体内囊胚，也获得了 82%的冻后存活率和 71%的囊胚孵化率，但将 257 枚解冻后的胚胎移植给 11 头受体，却无一产仔（Holm et al.，1999）。2000 年，Berthelot 等第一次报道了将猪胚胎经 OPS 法玻璃化冷冻后生下后代。去脂后的猪胚胎采用 OPS 法也获得成功，并且移植后产下仔猪（Beed et al.，2002）。Somfai 等（2009）采用固体表面玻璃化法（SSV）对成熟猪卵母细胞体外受精后获得的原核胚冷冻，解冻后的存活率与新鲜对照组无显著差异（93.4% vs. 100%）。虽然冷冻组的卵裂率和囊胚发育率显著低于新鲜对照组（71.7%和 15.8% vs. 86.3%和 24.5%，$P<0.05$），但冷冻组原核胚经移植后共产 17 头仔猪。采用冷冻环冷冻猪胚胎，扩张囊胚的解冻存活率要显著高于囊胚期（81.0% vs. 65.6%），移植后顺利产下健康仔猪（Mito et al.，2015）。

与其他家畜相比，猪胚胎冷冻的效率仍较低，其主要可能是猪胚胎胞质中高含量的脂质造成的。有研究者采用离心极化，再经显微操作机械去脂，能在一定程度上提高其冷冻耐受性，同时也获得了更高的冷冻存活率（Dobrinsky et al.，1999；Nagashima et al.，1994b）。也有研究在猪卵母细胞体外成熟过程中采用 Forskolin 处理，化学刺激脂肪降解方法处理体外成熟卵母细胞后体外受精获得的胚胎，其发育至囊胚进行冷冻，存活率显著提高［（71.2±2.8）% vs.（37.1±5.1）%］（Men et al.，2006）。脂质颗粒作为细胞膜和细胞质的重要成分之一，其在功能和代谢中有十分重要的作用，离心极化或去脂处理能影响胚胎的发育能力（Isachenko et al.，2001）。

通过稳定细胞骨架也可以提高猪胚胎冷冻后的发育潜力。Dobrinsky 等（2000）先将猪体内胚胎在添加 7.5μg/mL 细胞松弛素 B（cytochalasin，CB）的培养液中预处理 45min，使胚胎在冷冻前微丝去极化后，再放入含 6.5mol/L 甘油的玻璃化冷冻液中冷冻（Dobrinsky et al.，1998）。结果扩张囊胚和孵化囊胚冻后存活率分别为 60%和 90%，经胚胎移植后妊娠率达 60%，窝产仔数也从对照组的 5 头提高到 7.25 头，而且这些仔猪健康状况正常。

国内有关猪胚胎冷冻保存的报道较少。1993 年，冯书堂首先报道了将 42 枚猪囊胚和孵化囊胚在-20℃条件下冷冻后，移植于 3 头受体母猪，其中一头妊娠，产下 2 头仔猪。王祖昆（1998）等以甘油为抗冻保护剂，采用程序化冷冻的方法，冷冻保存猪胚胎 128 枚，解冻后形态正常胚胎 78 枚，形态正常率 61%，但移植后未产仔。2006 年，张德福等应用 OPS 玻璃化冷冻技术，将冷冻保存 3 个月的胚胎移植给 8 头受体母猪，其中 1 头妊娠产下 8 头活仔，这是我国首次采用超低温（-196℃）冷冻猪胚胎获得后代。张德福等（2008）报道使用 VitMaster 玻璃化冷冻仪，能使液氮温度降至-210~-205℃，即降温速率由 20 000℃/min（OPS 法）提高到 130 000℃/min，从而提高胚胎存活率，证明降温速率是影响猪胚胎玻璃化冷冻成功率的关键因素之一。许惠艳等（2013）对第 3 天孤雌激活胚进行离心处理，进行冷冻后所得复苏率及胚胎内细胞团数高于未处理组。

（傅祥伟　周艳华　房　义）

### （二）牛

牛胚胎冷冻保存技术由 Wilmut 和 Rowson 首次在 1973 年获得成功（Wilmut and Rowson，1973a，1973b）。此后，牛的胚胎冷冻技术发展迅速，现在已经成为应用最广的胚胎生物技术之一。根据世界胚胎移植协会 2009 年的统计数据，全世界 2008 年冷冻-解冻的牛胚胎移植的数量就已经超过 30 万枚（Thibier，2009）。

1978 年，Willadsen 等在胚胎冷冻中首次建立了快速冷冻法，非手术移植牛冻融胚胎后受体妊娠率达 50%~60%。1986 年，Massip 首次用玻璃化法冷冻牛胚胎获得成功。之后，玻璃化冷冻的方法在牛胚胎冷冻中不断得到改良和深入。1991 年，Landa 等成功地用最小滴冻（MDS）法对牛的胚胎进行了冷冻保存。Vajta 等（1997b）发明并成功运用了开放式拉长塑料细管法，即 OPS（open pulled straw）法。Lane 等（1999）首先采用冷冻环（Cryoloop）法对牛的胚胎冷冻保存获得成功。Hamawaki 等（1999）采用滴冻法与细管法结合的方法，将胚胎冷冻在 0.25mL 细管内壁的冷冻液微滴（约 1μL）内。这种方法的冷冻速度可能略低于滴冻法，但是减少了污染，更加安全可靠。

在胚胎解冻方面，Leibo（1984）报道了细管管内解冻的方法。细管法冷冻的牛胚胎在管内解冻后，即可直接将细管装入移植枪中实施胚胎移植。该方法将胚胎解冻和移植过程连续起来，使解冻过程不再需要显微镜，且省略了胚胎回收过程，防止了胚胎在解冻回收过程中的丢失，是一种适合生产上使用的方法。

除了通过提高升降温速率改进胚胎冷冻保存技术外，研究也发现，胚胎本身的特性也与胚胎冷冻的成功率有关。胚胎的脂肪含量与胚胎的抗冻性关系密切。将脂解剂（可有效分解吩嗪硫酸乙酯）（Barcelo-Fimbres and Seidel，2007；Pereira et al.，2007a）和共轭亚油酸（Pereira et al.，2007b）应用于牛胚胎冷冻，可显著提高冷冻-解冻存活率。培养在较低血清浓度的培养液中的胚胎，其脂肪含量也低。在含有较低血清浓度和一种抑制脂肪酸合成的代谢调节剂的培养液中培养的胚胎，其冷冻存活率也显著高于对照组（Sudano et al.，2011）。通过细胞松弛素处理和离心方法分离胚胎内脂肪，也可以提高冷冻胚胎的存活和发育能力（Pryor et al.，2011）。胚胎的来源和发育阶段也与胚胎冷冻的存活有关。通过精子注射和体外受精得到的胚胎，其在完全扩张阶段的冷冻存活率没有差异；而正在扩张的囊胚其冷冻保存后，精子注射组的存活率明显低于体外受精组（Abdalla et al.，2010）。

国内在牛胚胎冷冻方面也开展了大量研究。牛慢速冷冻胚胎和玻璃化冷冻胚胎移植分别于 1982 年、1998 年首次产犊。朱士恩研究团队在对小鼠胚胎冷冻保存的基础上，对牛胚胎的玻璃化冷冻保存进行了长期和大量的研究，利用玻璃化冷冻法在室温条件下，对牛的扩张囊胚采用一步法冷冻保存，其解冻后获得了较高的发育率，并经胚胎移植获得了较高的妊娠率及产仔率。并在此基础上采用两步法对牛的囊胚进行冷冻保存，使得这种方法进一步得到提高（朱士恩等，2000；朱士恩和葛西孙三郎，1996）。侯云鹏等又用这种方法冷冻保存牛卵母细胞，获得首例来自玻璃化法冷冻保存的卵母细胞的克隆牛（Hou et al.，2005）。桑润滋等（1999）采用玻璃化法冷冻保存牛囊胚，获得成功。1998年，石德顺等对牛体外受精胚胎进行了冷冻保存，获得了国内首批来自超低温冷冻保存的试管牛。谭世俭（2002）利用OPS法玻璃化冷冻牛体外囊胚，也获得了较高体外发育率。2003年，张秀芳等对水牛体外受精胚胎玻璃化冷冻技术进行研究，移植后产下国内首例冻胚移植的试管水牛。2015年，朱士恩等采用细管法玻璃化冷冻-管内直接解冻移植的方法移植了46头受体，妊娠率达56.5%，与对照组鲜胚移植率（58.8%）差异不显著。总之，目前我国牛冷冻胚胎移植妊娠率与发达国家仍然存在一定差距。

（曾 艳 孟庆刚）

### （三）羊

1976年，Bilton和Moore首次成功冷冻山羊胚胎，并进行胚胎移植后产生后代；Yuswiati和Holtz在1990年首次采用玻璃化冷冻方法成功冷冻山羊胚胎。羊胚胎冷冻技术的发展经历了一个从慢速冷冻到玻璃化冷冻的发展过程，而玻璃化冷冻大大缩短了冷冻时间，简化了操作步骤，不需要昂贵的冷冻设备，便于在生产上普及推广。

**1. 慢速冷冻/玻璃化冷冻**

目前，羊胚胎冷冻保存常采用慢速冷冻或玻璃化冷冻方法，但由于受到胚胎的来源和发育阶段等影响，其冷冻保存效果也不尽相同。El-Gayar和Holtz（2001）比较了慢速冷冻和OPS玻璃化冷冻对山羊囊胚冷冻保存效果的影响，其冷冻后囊胚存活率分别为42%和64%；并且OPS法冷冻囊胚移植后妊娠率和产羔率分别达到100%和93%，而慢速冷冻法仅有58%和50%。Yacoub等（2010）也分别用慢速冷冻法和OPS玻璃化冷冻法冷冻保存羊不同时期胚胎，当冷冻囊胚并进行胚胎移植后，OPS玻璃化法的妊娠率和产羔率显著高于慢速冷冻法（82% vs. 50%，82% vs. 40%）；而冷冻孵化囊胚并移植后，这两种方法的妊娠率和产羔率无显著性差异。此外，Varago等（2014）研究发现，绵羊胚胎经慢速冷冻和OPS玻璃化冷冻（EG为渗透性保护剂）后的恢复率和孵化率相似，但以DMSO为渗透性保护剂进行玻璃化冷冻却导致胚胎的孵化率明显降低，这表明渗透性保护剂EG比DMSO更适合于玻璃化冷冻绵羊囊胚。

**2. 玻璃化冷冻方案的选择**

不同冷冻方案的选择影响胚胎的冷冻保存效果。Zhu等（2001b）以EFS40（40% EG，18%聚蔗糖和0.5mol/L蔗糖）作为冷冻液，采用细管法玻璃化冷冻保存羊早期囊胚，结果发现两步平衡（10% EG中平衡5min后暴露于EFS40 30s）的效果好于一步法（直接暴露于EFS40 1min），胚胎的存活率（93.3% vs. 78.0%）和孵化率（49.3% vs. 28.0%）显著提高。Hong等（2007）研究不同冷冻液（EFS30、EFS40、EDFS30、EDFS40）、平衡时间（0.5～2.5min）和冷冻方法（一步细管法、两步细管法、OPS法）对波尔羊胚胎玻璃化冷冻保存效果的影响，结果发现，胚胎在10%EG中平衡5min后暴露于

EFS40 2min 的两步细管法或在 10% EG+10% DMSO 中平衡 30s 后暴露于 EDFS30 25s 的 OPS 法冷冻保存效果最好，冷冻胚胎经移植后产羔率达到与未冷冻胚胎相同水平。可见，采用多步平衡的方法，并使用降温速率较快的载体（如 OPS）更适合胚胎的冷冻保存。

### 3. 羔羊/成年羊体外胚胎的冷冻保存

Dattena 等（2000）将来源于羔羊和成年羊的卵母细胞经体外受精后所产的胚胎进行玻璃化冷冻保存，发现成年羊所得胚胎冷冻后的存活率显著高于羔羊（67.6% vs. 27.9%），但经胚胎移植后的妊娠率和产羔率在两者之间无显著性差异。Leoni 等（2006）也对来源于羔羊和成年羊的卵母细胞所获得的体外胚胎进行玻璃化冷冻研究，发现成年羊胚胎的发育速度与冷冻后存活率密切相关，胚胎在第 6～8 天形成囊胚，此时冷冻后存活率分别为 80.15%、49.35% 和 19.59%；而羔羊胚胎在第 7～9 天形成囊胚，冷冻后存活率分别为 46.15%、18.52% 和 11.54%。从整体上看，成年羊所得胚胎冷冻后平均存活率也显著高于羔羊（53.54% vs. 29.65%）。可见，羔羊卵母细胞所得胚胎对低温更为敏感，冷冻后存活率较低。

### 4. 体外/体内胚胎的冷冻保存

胚胎的冷冻耐受性与其来源有关，研究表明，体外产生胚胎对温度极为敏感，其冷冻耐受性明显低于体内产生胚胎。Dattena 等（2000）采用细管法玻璃化冷冻羊囊胚，发现解冻后体外产生胚胎的囊胚存活率明显低于体内产生胚胎（67.6% vs. 83.8%），进行胚胎移植后其妊娠率（50% vs. 70.3%）和产羔率（21.7% vs. 75%）也低于体内产生胚胎。Zhu 等（2001b）同样采用细管法玻璃化冷冻体内、外生产羊早期囊胚并移植，其妊娠率（58.3% vs. 35.7%）和产羔率（46.7% vs. 28.6%）也以体内生产胚胎为高。上述研究结果表明，羊体内生产的胚胎冷冻耐受性高于体外生产胚胎。

### 5. 不同发育阶段胚胎的冷冻保存

不同发育阶段胚胎其低温敏感性不同，冷冻保存效果也不尽相同，一般认为桑椹胚、早期囊胚和囊胚的冷冻耐受性要好于孵化囊胚。Yacoub 等（2010）采用 OPS 法玻璃化冷冻羊桑椹胚、囊胚和孵化囊胚并进行移植。其中桑椹胚移植后 9 头受体无一妊娠，而囊胚移植妊娠率和产羔率显著高于孵化囊胚（82% vs. 33%，82% vs. 22%）。又有研究表明：羊 4-细胞、8-细胞、16-细胞、桑椹胚和囊胚经冷冻保存后，存活率、囊胚发育率逐步提高，较高发育阶段的胚胎具有较强的冷冻耐受性（dos Santos Neto et al., 2015；Shirazi et al., 2010）。较高发育阶段的胚胎具有较多的细胞数且细胞体积也较小，相对表面积增加，使抗冻保护剂充分渗透，防止冰晶生成，从而提高冷冻耐受性（Naitana et al., 1996）。另外，胚胎内的脂肪含量影响其冷冻保存效果，而随着胚胎的发育，其内部脂肪含量逐渐降低，这也是较高发育阶段胚胎具有较强冷冻耐受性的原因之一（Menezo et al., 1992）。

### 6. 胚胎培养体系对冷冻效果的影响

体外培养体系影响冷冻胚胎移植后的产羔率和出生重。抗氧化剂对胚胎冷冻保存效果的改善作用已逐渐被证实（Mara et al.，2015）。在绵羊囊胚冷冻后体外恢复过程中添加 $10^{-9}$mol/L 褪黑素，可以显著提高冷冻囊胚的存活率和孵化率，且降低囊胚的氧化指数和细胞凋亡指数（Succu et al.，2014）。此外，降低羊胚胎内脂肪含量仍是提高其冷冻保存效果的重要手段。将绵羊囊胚进行离心和细胞松弛素 D 处理后再进行玻璃化冷冻保存，胚胎冻融后再扩张能力明显提高；$trans$-10, $cis$-12-共轭亚油酸作为降脂剂添加在绵羊胚胎体外培养液中，也可以提高所产生囊胚冻融后的再扩展能力（Romao et al.，2015）。

（吴国权　洪琼花）

## 四、实验操作程序

本部分重点介绍慢速冷冻法、开放式拉长细管（open pulled straw，OPS）法和细管法玻璃化冷冻。

（一）慢速冷冻

**1. 材料**

（1）胚胎

雌性供体家畜超数排卵或者体外受精获得的 7～8d 胚胎，发育阶段为致密桑葚胚、早期囊胚、囊胚及扩张囊胚，胚胎质量为 1 级和 2 级。

（2）主要仪器设备

体视显微镜（SMZ645，NIKON），冷冻仪（CL-8000，Cryogene），超净工作台（NUVE，LN-90），$CO_2$ 培养箱（Thermo Electron Corp.，Marietta，OH，USA），紫外线杀菌灯车（ZSZ-30W，空后高温复合材料厂），低速自动平衡微型离心机（Eppendorf，LDZ4-0.8），水浴锅，渗透压仪（P5520 VIESCOR2，Nikon，Japan），pH 计（INOLAB PH1），电子天平（BP211D SartoriusAG），超纯水仪（Biocell，USA），定时器，温度计。

（3）主要耗材

0.25mL 塑料细管（IMV，L'Aigle，France），细管塞（记录胚胎品种、来源、级别、日期等），0.22μm 滤器（Syringe filters，Corning corporation，PN-4612，USA），6 孔培养皿（Falcon），35mm×10mm 培养皿（Falcon，BD，France）。

（4）试剂与溶液

基础液：含有 0.4%牛血清白蛋白（10019-139，Gibco）的 PBS 液，作为配制冷冻液和解冻液等溶液的溶剂。

胚胎保存液：Holding（140811-1P，Bioniche），用于鲜胚或解冻后胚胎清洗等操作。

冷冻液：①1.5mol/L 乙二醇（E-9129，Sigma），或含 0.1mol/L 蔗糖的 1.5mol/L 乙二醇（140508-2P，Bioniche）；②10%甘油（G-9012，Sigma）。

解冻液：1mol/L 蔗糖（S-9378，Sigma）；0.5mol/L 蔗糖。

**2. 操作程序**

（1）牛胚胎冷冻

A. 冷冻前将胚胎在基础液中反复洗净。

B. 胚胎冷冻。

a）用乙二醇冷冻液：胚胎→1.5mol/L EG（或含 0.1mol/L 蔗糖），平衡 5min，同时装管→冷冻仪（–6℃）→在–6℃平衡 5min→植冰（7~10s）→继续平衡 5min→以 0.4~0.6℃/min 的速度降温→–32℃→平衡 5min→投入液氮。

b）用 10%甘油冷冻液：胚胎→10%甘油，平衡 10~15min，同时装管→冷冻仪（–6.5℃）→在–6.5℃平衡 5min→植冰（7~10s）→继续平衡 5min→以 0.4~0.6℃/min 的速度降温→–35℃→平衡 5min→投入液氮。

C. 胚胎解冻。

a）用 EG 冷冻液：胚胎→空气浴（18~25℃）5s→32℃水浴 10s→拭干细管→用 75%酒精棉球擦拭细管，晾干→剪去细管塞，将含胚胎的内容物推入 Holding 液，洗 3 遍→将胚胎装入另一细管移植或者继续培养。或者，解冻后剪去细管塞，直接将细管装入移植枪，在 5~8min 内将胚胎移植到受体牛子宫中。

b）用 10%甘油冷冻液：胚胎→空气浴（18~25℃）5s→32℃水浴 10s→拭干细管→用 70%酒精棉球擦拭细管→剪去细管塞→推出含胚胎的内容物→解冻液（1mol/L 蔗糖）4min→操作液，洗涤 3 次→将胚胎装入另一细管移植或者继续培养。

（2）羊胚胎冷冻

A. 冷冻前，将胚胎在基础液或保存液滴中洗涤 3 次。冷冻液采用甘油或 EG。

B. 平衡及装管。

a）用乙二醇冷冻：胚胎→0.5mol/L、1.0mol/L 乙二醇的溶液中各平衡 5min→1.5mol/L EG（或含 0.1mol/L 蔗糖），平衡 10~15min，同时装管。

b）用甘油冷冻：胚胎→3%、6%、10%甘油溶液中各平衡 5min→10%甘油，平衡 10~15min，同时装管。

C. 胚胎冷冻：平衡并装管后的胚胎→冷冻仪（–7℃）→植冰（7~10s）→继续平衡 10min→0.3℃/min 的速度降至–30℃→再以 0.1℃/min 降至–35℃→投入液氮保存。

D. 胚胎解冻。

a）用 EG 冷冻。

解冻液Ⅰ：0.5mol/L EG+0.33mol/L 蔗糖+基础液。

解冻液Ⅱ：0.33mol/L 蔗糖+基础液。

步骤：胚胎→空气浴（18~25℃）5s→32℃水浴 10s→拭干细管→用 75%酒精棉球擦拭细管，晾干→剪去细管塞，将含胚胎的内容物推入→解冻液Ⅰ，5min→解冻液Ⅱ，5min→Holding 液，洗 3 遍→移植或者继续培养。

b）用 10%甘油冷冻。

解冻液Ⅰ：6%甘油+0.33mol/L 蔗糖+基础液。

解冻液Ⅱ：3%甘油+0.33mol/L 蔗糖+基础液。

解冻液Ⅲ：0.33mol/L 蔗糖+基础液。

步骤：胚胎→空气浴（18～25℃）5s→32℃水浴 10s→拭干细管→用 75%酒精棉球擦拭细管，晾干→剪去细管塞，将含胚胎的内容物推入→解冻液Ⅰ，5min→解冻液Ⅱ，5min→解冻液Ⅲ，5min→Holding 液，洗 3 遍→移植或者继续培养。

以上胚胎冷冻采用六段法装管，先装入两段冷冻液，然后第三段装入胚胎，后面三段再装入冷冻液，最后塞入贴有标签的细管塞（图 2-1-1）。

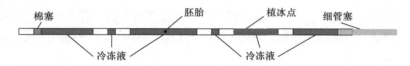

图 2-1-1　慢速冷冻胚胎装管示意图

（3）水牛胚胎冷冻

A. 冷冻液：10%甘油。

B. 将胚胎在胚胎保存液中清洗 3 次。

C. 冷冻程序：胚胎→10%甘油冷冻液，室温（23～25℃）中平衡 5min，装管→冷冻仪→1℃/min，降温至-7℃→植冰（-7℃）7～10s→继续平衡 10min→0.3℃/min 的速度降至-36℃，投入液氮保存。

D. 胚胎解冻。

解冻液Ⅰ：6%甘油+0.33mol/L 蔗糖+基础液。

解冻液Ⅱ：3%甘油+0.33mol/L 蔗糖+基础液。

解冻液Ⅲ：0.33mol/L 蔗糖+基础液。

步骤：胚胎→空气浴（18～25℃）5s→32℃水浴 10s→拭干细管→用 75%酒精棉球擦拭细管，晾干→剪去细管塞，将含胚胎的内容物推入→解冻液Ⅰ，5min→解冻液Ⅱ，5min→解冻液Ⅲ，5min→Holding 液，洗 3 遍→移植或者继续培养。

（4）猪胚胎冷冻

A. 冷冻液为甘油添加 20%胎牛血清的 PBS。

B. 将胚胎依次通过甘油浓度递增（0.3mol/L、0.6mol/L、0.9mol/L、1.2mol/L）的冷冻液中各停留 10min。

C. 将胚胎移入含有 1.5mol/L 甘油冷冻液的 0.25mL 的细管中平衡 20min，封口后装入冷冻仪。

D. 冷冻程序：冷冻仪温度调试至-6.8℃，平衡 10min→植冰（7～10s）→继续平衡 5min→0.3℃/min 的速度降至-35℃→再以 0.1℃/min 降至-36℃→投入液氮。

E. 解冻时，将细管置于 37℃水浴约 20s，然后将胚胎移入 1.5mol/L 甘油的冷冻液中，依次通过 1.5mol/L、1.25mol/L、0.9mol/L、0.6mol/L 和 0.3mol/L 甘油，每步平衡 10min，最后移至 Holding 液中备用。

（二）玻璃化冷冻

与慢速冷冻法相比，玻璃化冷冻虽然发展迅速，但目前尚未提出统一的操作步骤，本书重点介绍国际上比较通用的玻璃化冷冻方法。

**1. 材料**

超数排卵雌性供体家畜或体外受精获得的 7~8d，1、2 级胚胎。

**2. 主要仪器设备**

体视显微镜（SMZ645，NIKON），超净工作台（NUVE，LN-90），$CO_2$ 培养箱，紫外线杀菌灯车（ZSZ-30W，空后高温复合材料厂），低速自动平衡微型离心机（LDZ4-0.8 型，北京医用离心机厂），恒温水浴锅，渗透压仪，pH 计，电子天平，超纯水仪，计时器。

**3. 主要耗材**

0.25mL 塑料细管，细管塞（记录胚胎来源、级别），0.22μm 滤器，6 孔培养皿，35mm×10mm 培养皿。

OPS 制备：将 0.25mL 塑料细管的棉栓捅出，在细管中部加热，变软后拉成 OPS；待冷却后用手术刀片在其细端切开，细端长度约为 2.5cm，内径一般为 0.20mm，管壁厚度约为 0.02mm。

**4. 试剂与溶液**

EG（Sigma，E-9129），DMSO（Sigma，D-2650），聚蔗糖（Sigma，F-2878），蔗糖（Sigma，S-9378），牛磺酸（taurine）（Sigma，T-0625），葡萄糖（Sigma，G-8270），磷酸盐缓冲液（Sigma，P-3813）。

预处理液的配制：10% EG 和 10% EG+10% DMSO；基础液为 PBS，充分混匀后按 3mg/mL 添加 BSA（Albumin fraction V powder，roche diagnostics GmbH Mannheim，Germany）。

玻璃化液的配制：见表 2-1-1。

表 2-1-1　玻璃化冷冻液成分配比

| 玻璃化溶液 | EG 体积百分比/% | DMSO 体积百分比/% | FS 液*体积百分比/% |
|---|---|---|---|
| EDFS30 | 15 | 15 | 70 |
| EDFS40 | 20 | 20 | 40 |
| EFS30 | 30 |  | 70 |

*FS 液：30%（w/v）聚蔗糖（Ficoll 70000）添加 0.5mol/L 蔗糖（sucrose），经 M2 培养液溶解后制成 FS 溶液

解冻液：0.125mol/L、0.25mol/L、0.50mol/L 的蔗糖。

**5. 操作程序**

在操作前将室温调至 25℃，恒温台温度调至 38.5℃，充分平衡实验用具及试剂。胚胎在冷冻之前用基础液洗涤 3~5 次，待用。

（1）开放式拉长细管（OPS）法胚胎冷冻保存

1）牛胚胎冷冻

A. 将胚胎移入含有 10% EG+10% DMSO 的预处理溶液中平衡 30s。

B. 再迅速移入冷冻液 EDFS30 中。经换位后将胚胎及少量冷冻液吸入 OPS 中直接投入液氮保存（计 25s 完成）。每支管中装入 1 或 2 枚胚胎为宜。

C. 解冻时，OPS 管从液氮中取出后，立即将含有胚胎的部分浸入置于恒温台上（38.5℃）的含有 0.25mol/L 蔗糖解冻液的表面皿中。待完全溶解后将胚胎从 OPS 管中轻轻吹出，摇动混匀，回收后的胚胎移入新鲜 0.5mol/L 蔗糖液滴中平衡 1min。

D. 然后移入 0.25mol/L 的蔗糖解冻液中平衡 5min，最后在杜氏磷酸缓冲液（DPBS 液）中洗涤 2 次，待用。

2）羊胚胎冷冻

A. 将胚胎在预处理液 10% EG 中平衡 5min。

B. 在冷冻液 EFS40 中平衡 30s，直接投入液氮。

C. 解冻时，在体视显微镜下，将含有胚胎的 OPS 移入解冻液 0.5mol/L 蔗糖中，平衡 5min。

D. 最后在修正磷酸缓冲液（mPBS 液）中洗涤 2 次，待用。

3）水牛胚胎冷冻

A. 将胚胎在预处理液 10% EG+10% DMSO 中平衡 5min。

B. 转入玻璃化冷冻液 25% EG+25% DMSO+0.3mol/L 蔗糖中，装管，平衡 30s，直接投入液氮。

C. 解冻时，将回收的胚胎按顺序分别移入 0.5mol/L 和 0.25mol/L 的蔗糖溶液中各平衡 5min。

D. 胚胎转入 mPBS 液中洗涤 2 次，待用。

4）猪胚胎冷冻

A. 将胚胎在预处理液 10% EG+10% DMSO 平衡液中平衡 90s。

B. 转入冷冻液 EDFS40 中处理 30s，然后直接投入液氮。

C. 解冻时，将回收的胚胎按顺序分别移入 0.5mol/L、0.25mol/L 和 0.125mol/L 的蔗糖溶液中各平衡 2min。

D. 最后在 mPBS 液中洗涤 2 次，待用。

**注意事项**

A. 配制冷冻液时 EG 和 DMSO 要缓缓加入到 FS 中，并在等温条件下混合。

B. 保证 OPS 内径大小适宜，管壁厚度尽可能薄。

C. 为防止折断，将保存有胚胎的 OPS 收集到离心管并拧好盖，轻轻放入液氮中。

（2）细管法胚胎冷冻

1）一步法冷冻

装管方法：在 0.25mL 的塑料细管中依次吸入蔗糖溶液（5cm）—空气（1cm）—EFS30（0.5cm）—空气（0.5cm）—EFS30（1.5cm），然后细管水平放置于操作台上，待胚胎导入冷冻液节段后再依次吸入空气（0.5cm）—EFS30（0.5cm）—空气（1cm）—蔗糖溶液（约1cm），直至棉栓被管内溶液浸湿而封堵，最后将细管开口端用聚乙烯醇封口。然后直接投入液氮冷冻保存。自胚胎移入细管内 EFS30 冷冻液至投入液氮时间为 1~2min。

2）两步法冷冻

A. 将胚胎于 10% EG 中预处理 5min，然后同一步法，但胚胎自移入细管内 EFS30 冷冻液至投入液氮时间为 30s。

B. 解冻时，细管由液氮中取出，在空气中停留 10～15s 后，浸入水浴（20～25℃）中解冻。待细管内蔗糖段由白色变为透明时，剪去细管两端栓塞，用 0.5mol/L 蔗糖液将细管中的内容物冲出，回收胚胎。

C. 回收的胚胎于新鲜的 0.5mol/L 蔗糖液平衡 5min，脱出细胞内部的抗冻保护剂，然后移入基础液中洗净备用。

**注意事项**

解冻时，空气中停留约 10s 后的细管必须水平置于恒温水浴箱中并轻轻晃动，否则会因受热不均导致细管爆裂。

细管法玻璃化胚胎冷冻、解冻示意图请参照本书图 1-3-2A（一步法玻璃化冷冻保存）、图 1-3-2B（二步法玻璃化冷冻）、图 1-3-3（细管中溶液的配置）、图 1-3-4（解冻）。

（余文莉　李树静）

## 第二节　啮齿类实验动物

### 一、胚胎生物学特性

与家畜相同，啮齿类动物胚胎冷冻的效率也受到低温敏感性和渗透压耐受性的影响，总体而言，啮齿类动物胚胎细胞胞质内脂肪物质含量较家畜低，因此冷冻存活效率较高。

对大鼠（Han et al.，2003）、小鼠（Zhou et al.，2005）原核胚到囊胚进行玻璃化冷冻时发现，随着发育阶段的延长，胚胎冷冻后的存活率也逐渐升高。原核胚（2-PN）相对于其他发育阶段的胚胎对低温冷冻更为敏感（Bernart et al.，1994），这可能由于原核胚（2-PN）雌雄原核融合前线粒体系统极易受温度波动影响（Orief et al.，2005）。本实验室研究发现，玻璃化冷冻引起 2-PN 原核胚线粒体的分布发生了明显的变化，线粒体环状分布的比例明显减少 [（67.27±2.99）% vs.（84.91±3.02）%]，非环状分布的比例明显增加 [（33.33±2.99）% vs.（15.09±3.02）%]，这种变化可能会影响雌、雄原核间的融合及后期发育（Zhou et al.，2007）。

原核胚的胚胎细胞体积相对较大（Leibo et al.，1991），对抗冻保护剂的渗透性较低（Mazur et al.，1976）。随着胚胎的不断发育，卵裂球的增多，相对表面积的增大，抗冻保护剂的渗透能力也逐渐增强（Pedro et al.，2005；Jackowski et al.，1980）。对渗透压耐受性的研究表明，小鼠 8-细胞胚胎和早期囊胚在 0.35～4 个正常渗透压下暴露 20min，胚胎存活率为 60%～94%，而高于或者低于这个范围，胚胎存活力显著降低（Mazur，1986；Mazur and Schneider，1986）。

### 二、啮齿类胚胎冷冻保存研究进展

#### （一）慢速冷冻

慢速冷冻法最初由 Whittingham（1972）冷冻保存小鼠的胚胎获得成功。后来 Willadsen（1977）在此基础上进行了改进，在降温至 -35℃ 时直接投入液氮中冷冻保存羊的胚胎并获得成功。而后研究者参考 Willadsen 的方法对小鼠 2-细胞胚胎进行了冷冻，解冻后成活率最高达到 73.1%（Rayos et al., 1992a, 1992b; Shaw et al., 1991; Nakagata, 1990, 1989）。

Hernandez-Ledezma 和 Wright（1989）采用 1.5mol/L 丙二醇为抗冻保护剂的慢速冷冻法对小鼠原核胚进行冷冻，解冻后 2-细胞发育率为 83%。而 Van der Auwera 等（1990）采用相同的方法对小鼠原核胚进行冷冻保存，解冻后 2-细胞发育率达 89%，囊胚发育率为 37%。1991 年，Shaw 等采用 4.5mol/L 的 DMSO 对不同发育阶段的小鼠胚胎进行了冷冻保存，其中桑椹胚冷冻-解冻后囊胚发育率达 98.75%，而囊胚冷冻保存后的存活率达到 94.9%。

### （二）玻璃化冷冻

Rall 和 Fahy（1985b）发明玻璃化冷冻方法，对小鼠 8-细胞胚胎保存获得了成功。玻璃化冷冻会提高孵化前小鼠胚胎的收缩频率（frequencty of contraction），增加胚胎对能量的需求（Shimoda et al., 2016）。玻璃化冷冻要求抗冻保护剂的浓度达到 6mol/L 以上（Kasai, 1997）。高浓度的玻璃化冷冻液对胚胎的化学毒性较大；玻璃化冷冻会改变小鼠囊胚 microRNA 转录组表达（Zhao et al., 2015）。因此，采用低毒性的抗冻保护剂及多种抗冻保护剂组合使用，采用新型的冷冻载体，或者在冷冻前通过将浓度逐步升高的分步平衡措施来降低冷冻液的毒性作用，从而提高冷冻效率。

**1. 抗冻保护剂和冷冻步骤的改进**

最初 Rall 和 Fahy（1985b）采用的玻璃化溶液是以渗透性抗冻保护剂 DMSO 为主，添加乙酰胺（AA）、丙二醇（PG）和非渗透性抗冻保护剂聚乙二醇（PEG）组成，浓度约 13mol/L，在室温和 4℃条件下分三步平衡（计 35min），冷冻保存体外受精小鼠 8-细胞胚胎，解冻后存活率达到 90%。Kasai 等（1990）筛选了化学毒性较低、渗透性较强的抗冻保护剂乙二醇（EG）和非渗透性抗冻保护剂聚蔗糖（Ficoll 70）、蔗糖（sucrose）配制的玻璃化溶液 EFS，在 20℃下，采用细管法一步平衡后（2～5min）对小鼠桑椹胚进行冷冻保存，解冻后最高存活率可达 98%，移植后产仔。继而，Miyake（1993）参照 Kasai 的方法，将小鼠 8-细胞胚胎在 EFS 玻璃化冷冻液中仅平衡 2min，即投入液氮中冷冻保存，解冻后的囊胚发育率达到 90%。但采用这种方法对小鼠囊胚的冷冻后存活率不理想（约 50%）。然而 Zhu 等（1994）用 Gly 代替 Kasai 等（1990）方法中的 EG，配制成的 GFS 玻璃化溶液，在 25℃室温下，将胚胎在 10% Gly 中预处理 5min 后，移入 GFS 玻璃化溶液中平衡 30s 后以两步法保存，对小鼠扩张囊胚冷冻后的存活率达到 92%，移植后产仔。当使用激光脉冲的手段，将解冻速率提高到 $10^7$℃/min 时，使用正常浓度 1/3 的抗冻保护剂也能够保证绝大多数的细胞冷冻保存成功（Jin and Mazur, 2015）。由此可见，小鼠胚胎的玻璃化冷冻保存所使用的抗冻保护剂毒性越来越小，平衡时间越来越短，解冻后的存活率逐步提高。

**2. 冷冻载体的改进**

（1）OPS 法

1997 年，Vajta 发明了 OPS 法，并冷冻体外牛胚胎获得成功。2001 年，Nowshari 和

Brem 采用 OPS 法对小鼠原核期胚胎（pronuclear stage embryo）进行冷冻，胚胎解冻后的存活率不及细管法（91% vs. 65%）。Isachenko 等（2005）运用显微操作仪，取出小鼠原核胚一个极体之后，采用 OPS 法，以玻璃化冷冻液（20% EG，20% DMSO，5% Ficoll，0.75mol/L 蔗糖）对其进行冷冻，解冻后 2-细胞发育率、6,8-细胞发育率、囊胚发育率分别为 72%、54%和 25%。

（2）GMP 法

Kong 等（2000）首先采用微细玻璃管法（GMP）对小鼠的桑椹胚进行冷冻保存成功，胚胎解冻后的成活率几乎是 100%，此外，比较了 GMP 和 OPS 两种冷冻载体的冷冻效率，发现解冻后继续培养 24h 胚胎的孵化囊胚率无显著差异（95.0% vs. 93.5%）。玻璃的导热性能比塑料好，而且 GMP 的直径小而质量较大，能够克服 OPS 在冷冻时漂浮在液氮面上的欠缺，提高冷冻降温速度。但在超低温条件下，GMP 容易断裂，造成胚胎丢失。

（3）SSV 法

以 DPR（2.75mol/L DMSO+2.75mol/L 1,2-丙二醇+1mol/L 棉子糖）为抗冻保护剂，分别采用 SSV 法和冷冻管法对小鼠原核胚进行玻璃化冷冻，囊胚发育率分别为 58.3%、68.5%（Bagis et al.，2004）。采用固体表面玻璃化（SSV）法，用三种不同的玻璃化冷冻剂（SSV-EG，SSV-DMSO，SSV-PG）对小鼠原核胚进行玻璃化冷冻。解冻后恢复率分别为 93.3%、97.1%和 98.3%，2-细胞胚胎发育率分别为 92.8%、88.4%和 82.9%，3～8-细胞胚胎发育率分别为 77.5%、84.7%和 74.3%，囊胚发育率分别为 53.06%、31.1%和 29.9%（Bagis et al.，2005）。采用 SSV 玻璃化冷冻法和玻璃化冷冻管内解冻法，分别以 35%和 40% EG 为抗冻保护剂，对小鼠原核胚胎进行冷冻保存。解冻后体外培养，玻璃化冷冻管内解冻组囊胚发育率(35%)显著低于 SSV 玻璃化冷冻组(61%)和对照组(77%)（$P<0.05$），但后两者间无显著性差异（Boonkusol et al.，2006）。采用移液枪将在冷冻液中平衡好的胚胎直接吹入液氮中改进了微滴法，与 Cryoloop 和 Cryotech 法相比，存活率和囊胚发育率上无显著提高，但是囊胚孵化率得到了显著提高（76.1% vs. 64.0% vs. 67.3%）（An et al.，2015）。

（4）Cryoloop 和 Cryotop 法

以 Cryoloop 和 Cryotop 为冷冻工具，分别以 20% EG+20% DMSO+0.6mol/L 蔗糖+20%FBS、15% EG+15% DMSO+0.5mol/L 蔗糖+20% FBS 为冷冻液，对兔原核胚进行超低温冷冻保存，其存活率分别为 74%、93%，卵裂率分别为 5%、58%，扩张囊胚发育率分别为 0、24%（$P<0.05$）（Iwayama et al.，2004）。采用 Cryotop 冷冻了 2、4、8-细胞阶段的胚胎，结果发现：冷冻后存活率分别为 96.0%、96.8%和 97.1%；囊胚发育率为 69.4%、90.3%和 91.2%（Zhang et al.，2009）。2009年，Klambauer 等首次采用 Cryoloop 和新型组合的抗冻保护剂（EG，PG，Ficoll 和 Sucrose）对小鼠卵裂期（第 3 天）胚胎进行冷冻，解冻后存活率达 92.7%，囊胚发育率为 89.1%。

**3. 冷源**

目前，胚胎超低温冷冻保存所用冷源有液氮、液氦、浆氮（slush nitrogen）和干冰等，其中常用的是液氮和干冰。将小鼠 2-细胞，8-细胞和囊胚于液氮中冷冻，之后转移到–80℃的干冰中进行保存，4d 后还可以保持较高的存活率，这将使冷冻胚胎的短途运输更加便利（Jin et al.，2012）。

（傅祥伟　李秀伟　岳明星）

## 三、实验操作程序

根据 Kasai 实验室和朱士恩实验室多年的研究，对小鼠胚胎玻璃化冷冻保存实验方法进行描述。

（一）细管法玻璃化冷冻

**1. 材料**

（1）胚胎

小鼠桑椹胚或早期囊胚。

（2）主要仪器设备

体视显微镜，$CO_2$ 培养箱（Thermo Electron Corp.，Marietta，OH，USA），液氮罐（MVE，Taylor-Wharton Cryogenics），水浴锅、定时器、恒温板。

（3）主要耗材

0.25mL 塑料细管（IMV，L'Aigle，France），液氮，烧瓶（Dewar Flasks），记号笔，厚壁泡沫塑料盒，泡沫塑料盘，长柄钳，封口粉（PVA，Sigma P-8136 或 PVP，Sigma PVP-4），组织培养皿（Falcon），移液管，剪刀，镊子。

（4）试剂与溶液

乙二醇（EG，Sigma E-9129），二甲基亚砜（DMSO，Sigma D-2650），聚蔗糖（Ficoll 70000，Sigma F-2878），蔗糖（Sigma S-9378），牛磺酸（Sigma T-0625），葡萄糖（Sigma G-8270），磷酸缓冲生理盐水（Sigma P-3813 配制）。

以下溶液的配制引自 Kasai 实验室和朱士恩实验室（Zhu et al.，2001b，1996，1993；Kasai et al.，1992）。

10% EG：以 PBS 为基础液，添加 10%（$v/v$）EG 配制而成。

10% EG+10% DMSO：以 PBS 为基础液，添加 10%（$v/v$）EG 和 10%（$v/v$）DMSO 配制而成。

FS 液：30%（$w/v$）聚蔗糖（Ficoll 70000）添加 0.5mol/L 蔗糖（sucrose），经 PBS 溶解后制成 FS 溶液。

EG、DMSO 和 FS 液按体积比为 1.5∶1.5∶7 和 2∶2∶6 混合后即得玻璃化溶液 EDFS30 和 EDFS40。

EG 和 FS 液按体积比为 3∶7 和 4∶6 混合后即得玻璃化溶液 EFS30 和 EFS40。

mCZB：由 CZB（Chatot et al.，1989）改进而成，用 5mmol/L 牛磺酸替代 CZB 培养液中的葡萄糖。

解冻液：0.5mol/L 蔗糖溶液，以 PBS 为基础液。

**2. 胚胎冷冻**

（1）一步法冷冻保存

A. 将室温调至（25±0.5）℃，待所用溶液和器皿充分平衡（约 2h）。

B. 用 0.25mL 的塑料细管按顺序吸入 0.5mol/L 蔗糖（5.5cm）—空气（1.5cm）—玻璃化溶液（0.5cm）—空气（0.5cm）—玻璃化溶液（1.5cm），然后平行地置于操作台上。

C. 用 Pasteur 吸管将胚胎直接移入 1.5cm 的玻璃化溶液段中，将细管继续吸入空气（0.5cm）—玻璃化溶液（0.5cm）—空气（0.5cm）—0.5mol/L 蔗糖（约 1.0cm）。

D. 用封口粉或细管塞将细管封闭投入液氮。

E. 从胚胎装入细管到投入液氮的操作时间为 0.5min、1min 或 2min（图 1-3-3）。

（2）二步法冷冻保存

在 25℃室温下，于 10% EG 或 10% EG+10% DMSO 的溶液中平衡 5min（预处理），而后操作同一步法（图 1-3-2）。

（3）改进装管法冷冻保存

A. 将室温调至（25±0.5）℃，使溶液和器皿充分平衡（约 2h）。

B. 在塑料细管中依次吸入约 7.5cm 0.5mol/L 蔗糖溶液，约 0.4cm EFS30 液，约 0.6cm 的 EFS30（移入胚胎），各段之间以空气柱（约 0.5cm）隔开。待胚胎移入 EFS30 节段后，再吸入一段蔗糖溶液，细管封口（图 2-2-1，冷冻液/解冻液为 1~1.5/8.5~9.5）。

C. 将胚胎移入预处理液（10% EG）中 5min，再移入预先配好 EFS30（或 EFS40）液的细管中平衡 1min（EFS40 平衡 30s），细管封口后直接投入液氮中冷冻。

D. 每支细管装入 5~10 枚胚胎。

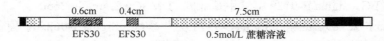

图 2-2-1 改进装管方法，棉栓端 0.5mol/L 蔗糖溶液的长度约 7.5cm，装载胚胎的一段 EFS30 长约 0.6cm，在胚胎和蔗糖溶液之间还有一小段 EFS30（约 0.4cm）（Yang et al.，2007b）

**3. 胚胎解冻**

（1）管外解冻（图 1-3-4）

A. 25℃室温下，将冷冻保存的细管样本从液氮中取出，先于空气中停留约 10s，然后平行地放入 25℃水浴中并轻轻晃动，待管中蔗糖溶液段由乳白变为透明时取出细管，拭去水珠。

B. 剪掉粉剂封口端，用金属推杆推动棉栓，使管中内容物连同胚胎流入含有 0.5mol/L 蔗糖溶液的表面皿中，体视显微镜下迅速回收胚胎。

C. 回收胚胎移入新鲜 0.5mol/L 蔗糖溶液中平衡 5min，以脱出抗冻保护剂，再用 mPBS 或 mCZB 洗净。

D. 胚胎移入 mCZB 培养小滴，于 $CO_2$ 培养箱中培养或移植。

（2）管内解冻（适用于改进式胚胎装管冷冻保存）

A. 室温［（25±0.5）℃］下，从液氮中取出细管，浸入 25℃水浴中平行晃动 10s，待细管内的蔗糖溶液融化后，取出细管，拭干表面水珠。

B. 手持细管的封口端（相对于棉栓端），如甩体温计一样快速甩动细管，离心力使管内液段在细管的端部融合，混合蔗糖溶液与EFS30溶液。

C. 换持细管的棉栓端，同样甩动细管，使处于棉栓一端的混合液移到细管的封口端。

D. 如此反复3~4次，即可使管内的冷冻液和解冻液充分混匀，然后将细管棉栓端垂直向下放置（图2-2-2）。

E. 待胚胎在管内混合液中的停留时间达3~16min后，剪开细管，将管内溶液推入培养皿中，在显微镜下回收胚胎并直接导入mPBS中。

F. 回收胚胎于$CO_2$培养箱中培养或直接移植。

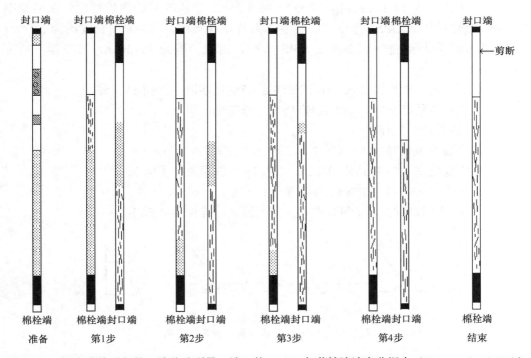

图2-2-2　管内液体反复从一端移动到另一端，使EFS30与蔗糖溶液充分混合（Yang et al.，2007b）

**4. 注意事项**

A. 管内解冻过程中，管内的冷冻液和解冻液必须充分混匀，否则会影响胚胎活力。

B. 管内或管外解冻时，空气中停留约10s后的细管须水平置于恒温水浴箱中并轻轻晃动，以防止因受热不均导致细管爆裂。

（二）开放式拉长细管（OPS）法玻璃化冷冻

**1. 材料**

（1）胚胎

同本节（一）细管法玻璃化冷冻。

（2）主要仪器设备

同本节（一）细管法玻璃化冷冻。

（3）主要耗材

同本节（一）细管法玻璃化冷冻。

（4）试剂与溶液

10% EG，10% EG+10% DMSO，EDFS30，EDFS40，EFS30，EFS40，mCZB，0.5mol/L 蔗糖溶液。

**2. 胚胎冷冻**

（1）一步法冷冻保存

A. 将室温调至（25±0.5）℃，操作台恒温为37℃。

B. OPS 管制备（Zhou et al., 2005）：将 0.25mL 塑料细管的棉栓捅出，在细管中部加热，变软后拉成 OPS；待冷却后用手术刀片在其细端切开，细端长度约为 2.5cm；按不同发育阶段胚胎直径大小决定 OPS 管径，内径一般为 0.10mm，管壁厚度约为 0.02mm。

C. 胚胎不需平衡直接移入 EFS 或 EDFS 玻璃化溶液中平衡 15～60s。

D. 将 5～10 枚胚胎吸入 OPS 中直接投入液氮冷冻保存。

（2）二步法冷冻保存

A. 将室温调至（25±0.5）℃，操作台恒温为37℃。

B. 胚胎首先在 10% EG 或 10% EG+10% DMSO 溶液中平衡 30s。

C. 然后移入 EFS 或 EDFS 玻璃化溶液中平衡 15～60s。

D. 将 5～10 枚胚胎吸入 OPS 中直接投入液氮冷冻保存（图 2-2-3）。

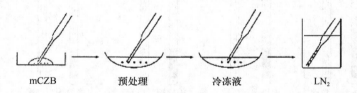

图 2-2-3　OPS 二步冷冻操作过程示意图

**3. 胚胎解冻**

（1）管外解冻

A. 由液氮中取出 OPS，将含有胚胎部分直接浸入 37℃恒温台上盛有 0.5mol/L 蔗糖溶液的表面皿中。

B. 解冻后将胚胎用 Pasteur 吸管轻轻吹出，将回收的胚胎立即移入新鲜 0.5mol/L 蔗糖溶液中平衡 5min（方法 A），或在 0.5mol/L 蔗糖溶液中平衡 2min 后，移入 0.3mol/L 蔗糖溶液中平衡 5min（方法 B），或在 0.3mol/L 蔗糖溶液中平衡 5min 后，移入 0.15mol/L 蔗糖溶液中平衡 2min（方法 C）。

C. 脱出抗冻保护剂后用 mPBS 或 mCZB 洗 2 或 3 次。

D. 移入 mCZB 培养小滴，于 $CO_2$ 培养箱中培养（图 2-2-4）。

（2）管内解冻

A. 将 OPS 插入含有 0.5mol/L 蔗糖溶液的离心管中浸泡 3min（图 2-2-5）。

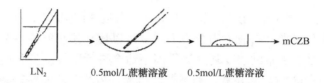

图 2-2-4　OPS 法（方法 A）解冻操作过程示意图

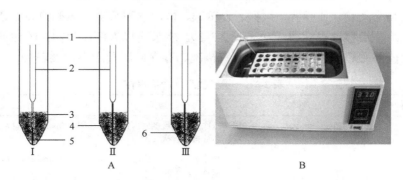

图 2-2-5　OPS 管内解冻方法（Yang et al.，2007a）（见图版）
A. 示意图：1. 离心管（12cm×2.5cm，截去一半）；2. OPS；3. 0.5mol/L 蔗糖溶液；4. 0.25mol/L 蔗糖溶液；5. 胚胎及玻璃化溶液；6. PBS。B. 恒温水浴锅

B. 再移到含有 0.25mol/L 蔗糖溶液的离心管中浸泡 2min，为方便操作和保持温度，12cm×2.5cm 离心管截去一半，提前 1h 置于恒温水浴锅中（37℃），在虹吸作用下蔗糖溶液吸入 OPS 内，通过渗透压调节以稀释抗冻保护剂。

C. 再移入含有 PBS 试管中浸 6min。

D. 然后将胚胎直接吹到 mCZB 液中洗 2 或 3 次，于 mCZB 培养液中培养。

**4. 注意事项**

A. 实验前须将胚胎预处理液、玻璃化溶液、解冻液和 PBS 液放到 37℃恒温台上或 25℃室温下充分平衡 2h 以上。

B. 胚胎培养液滴在使用前须在 $CO_2$ 培养箱中平衡 3h 以上。

（周光斌　杨其恩　杨中强）

# 第三节　灵长类动物

本节主要阐述灵长类动物胚胎冷冻保存研究进展及实验操作程序。

## 一、灵长类动物胚胎冷冻保存研究进展

1983 年，澳大利亚的 Trouson 和 Mohr 成功应用二甲基亚砜（DMSO）对人胚胎进行慢速冷冻，解冻后移植，获得世界首例人冷冻胚胎临床妊娠。1998 年，Mukaida 等以乙二醇（ethylene glycol，EG）为基本抗冻保护剂，首次玻璃化冷冻人 4～8 细胞的胚胎，解冻后移植，得到 1 例成功分娩双胞胎。这种冷冻胚胎移植（frozen-thawed embryo transfer，FET）是体外受精-胚胎移植（*in vitro* fertilization and embryo transfer，IVF-ET）

技术的重要补充。自 1983 年 FET 技术运用至今已有近 30 年历史，它将每个控制性促排卵周期中多余的优质胚胎冷冻保存并解冻移植，可以增加累积妊娠率从而减少促排卵的次数；对于因内膜因素或卵巢过度刺激等原因不适合进行新鲜周期移植的患者，FET 技术可以增加这些患者的妊娠率并减少卵巢过度刺激的发生，从而减轻患者的心理和经济负担（唐杰等，2011）。

其他灵长类动物，如狒狒、绒猴、食蟹猴、恒河猴和杂交短尾猴的胚胎通过慢速冷冻或玻璃化冷冻后移植也获得成功（表 2-3-1）。本节将以人胚胎为例，阐述灵长类动物不同发育阶段胚胎超低温冷冻保存的研究概况、存在问题及未来发展趋势。

表 2-3-1　灵长类胚胎冷冻保存

| 物种 | 学名 | 结果 | 首次报道文献 |
| --- | --- | --- | --- |
| 人（human） | *Homo sapiens* | 慢速冷冻 8-细胞胚胎（IVF），解冻后移植，首次妊娠 | Trounson and Mohr，1983 |
| | | 慢速冷冻 8～16 细胞胚胎（IVF），解冻后移植，婴儿出生 | Zeilmaker et al.，1984 |
| 狒狒（baboon） | *Papio* sp. | 慢速冷冻 12-细胞胚胎（IVF），解冻后移植，产活仔 | Pope et al.，1984 |
| 绒猴（marmoset monkey） | *Callithrix jacchus* | 冷冻保存 4～8-细胞胚胎和桑椹胚（IVF），解冻后移植，产活仔 | Hearn and Summers，1986 |
| 食蟹猴（cynomolgus monkey） | *Macaca fascicularis* | 慢速冷冻 4～8-细胞胚胎（IVF），解冻后移植，妊娠 | Balmaceda et al.，1986 |
| | | 玻璃化冷冻 2～8-细胞胚胎（IVF），未移植 | Curnow et al.，2002a，2002b |
| 恒河猴（rhesus macaque） | *Macaca mulatta* | 慢速冷冻 3～6-细胞胚胎（IVF），解冻后移植，产活仔 | Wolf et al.，1989 |
| | | 玻璃化冷冻囊胚（ICSI），解冻后移植，产活仔 | Yeoman et al.，2001 |
| 杂交短尾猴（hybrid macaque） | *Macaca nemestrina* 和 *Macaca silenus* | 冷冻 2-细胞胚胎（IVF），解冻后移植，产活仔 | Cranfield et al.，1992 |

注：ICSI，intracytoplasmic sperm injection，胞质内单精子注射

### 1. 原核期胚胎

采用慢速冷冻对受精后的人原核期胚胎（含雌雄原核各一）进行超低温保存已得到较为广泛的应用（Damario and Dumesic，2000；Damario et al.，2000；Veeck et al.，1993）。对于某些国家而言，一旦雌雄原核融合（合子）后再进行冷冻保存则为非法，因此人合子的超低温冷冻保存是个很重要的话题。如今，原核期胚胎经慢速冷冻-解冻后移植已产生大量婴儿。然而，这些冷冻-解冻后的原核期胚胎经移植，患者妊娠率要低于新鲜原核期胚胎。可喜的是，经慢速冷冻，原核期胚胎解冻后的存活率和临床结果要好于早期卵裂期胚胎（Salumets et al.，2003a，2003b；Damario and Dumesic，2000；Damario et al.，2000；Veeck et al.，1993）。在德国，人原核期胚胎慢速冷冻后移植，患者的总体妊娠率约为 17%（Liebermann et al.，2003）。

近年来，人原核期胚胎玻璃化冷冻后具有较高的存活率（81.0%～100%），移植后患者有妊娠的案例（Kuwayama et al.，2005a，2005b，2005c；Jelinkova et al.，2002；Park et al., 2000)。该阶段人胚胎（$n=5881$ 枚）玻璃化冷冻后，存活率、卵裂率和囊胚发育率分别为 100%、93% 和 52%，而慢速冷冻后（$n=1944$ 枚）则分别降为 89%、90% 和 41%（Kuwayama et al.，2005a；，2005b，2005c），并且胚胎移植后的临床妊娠率玻璃化冷冻（36.9%）要高于慢速冷冻（10.2%）（Al-Hasani et al.，2007）。

由此可见，从原核期胚胎解冻后的存活率、移植后的患者妊娠率分析，玻璃化冷冻的效果优于慢速冷冻。

### 2. 卵裂期胚胎（cleavage-stage embryo）

人卵裂期胚胎采用慢速冷冻保存，解冻后存活率为 76.0%～80.6%（Chi et al.，2002）；而玻璃化冷冻保存，解冻后的存活率高于 80%，移植后临床妊娠率为 22.0%～49%（Lin et al.，2010；Nakashima et al.，2010；Balaban et al.，2008；Kuwayama et al.，2005a，2005b，2005c；Raju et al.，2005）。

研究者比较了卵裂期胚胎两种冷冻保存方法的效率，人 4-细胞胚胎玻璃化冷冻后的存活率（98%）显著高于慢速冷冻（91%），但移植后的妊娠率没有显著差异（53% vs. 51%）（Klemetti et al.，2005a，2005b）。而人 8-细胞胚胎玻璃化冷冻后的存活率（95.3%）、移植后的妊娠率（35%）和着床率（14%）要显著高于慢速冷冻后的效果（60.4%、17.4% 和 4.2%）（Raju et al.，2005）。另一研究则显示：受精后第 3 天的人胚胎玻璃化冷冻后的存活率（222/234，94.8%）显著高于慢速冷冻（206/232，88.7%），丙酮酸摄入（pyruvate uptake）也显著高于慢速冷冻组，表明解冻后胚胎的代谢率高，囊胚发育率前者（134/222，60.3%）高于后者（106/206，51.5%），玻璃化冷冻后的胚胎移植后，妊娠率和着床率分别为 49% 和 30%（Balaban et al.，2008）。2014 年，Fasano 等的研究结果显示：玻璃化冷冻解冻后，卵裂期胚胎的存活率（87.6%～89.4%）极显著高于慢速冷冻（63.8%，$P<0.001$）。2013 年，Desai 等用一种新型的无菌封闭式的冷冻承载工具（Rapid-i）玻璃化冷冻保存人的 8～10-细胞胚胎，移植后的临床妊娠率高达 47%，着床率达 37%。由此可见，玻璃化冷冻逐渐取代了慢速冷冻，更适宜于人卵裂期胚胎的超低温冷冻保存。随着玻璃化冷冻保存方法的改进，保存人的卵裂期胚胎效率越来越高，临床应用也会越来越广泛。

### 3. 囊胚

囊胚期胚胎较卵裂期胚胎具有更好的着床潜力（Papanikolaou et al.，2005；Langley et al.，2001；Milki et al.，2000），特别是年轻患者，往往建议移植一枚第 5 天的囊胚（Papanikolaou et al.，2006），进而可避免多胎妊娠。因此，对于体外受精的胚胎，无论是新鲜移植，还是冷冻后移植，选择囊胚已成为一种需求。

在对比慢速冷冻与玻璃化冷冻两种方法保存人囊胚的研究中发现，玻璃化冷冻效率要显著高于慢速冷冻，且与新鲜囊胚移植后的临床妊娠率和着床率无显著差异，因而广泛应用于临床实践中（Achour et al.，2015；Desai et al.，2013；Ku et al.，2012；AbdelHafez et al.，2010；Kolibianakis et al.，2009；Loutradi et al.，2008；Vajta and Nagy，2006；Kuwayama et al.，2005c；Stehlik et al.，2005；Yokota et al.，2000）。玻璃化冷冻后的人囊胚，其解冻后的存活率（84.0%～100%）和移植后患者的妊娠率（46.1%～53.0%）高于慢速冷冻

(56.9%~92.1%和 16.7%~51.0%)(Son et al., 2009; Son and Tan, 2009)。

为进一步提高人囊胚冻融后的存活率及妊娠率,很多学者发明了新型冷冻载体。包括 Cryoloop(Takahashi et al., 2005)、电子显微镜铜网(electron microscope grid)法(Son et al., 2005)、半细管(hemi-straw)法(Vanderzwalmen et al., 2003)、Rapid-i Kit(Vitrolife Japan; Tokyo, Japan)和 Microsecure vitrification(μs-VTF)(Schiewe et al., 2015)等。其中封闭式冷冻载体 Rapid-i Kit 能够避免胚胎与液氮直接接触造成的微生物污染,使得胚胎冷冻保存的安全性极大提高,采用这种冷冻载体进行玻璃化冷冻人囊胚移植后的临床妊娠率(59%)和着床率(49%)与 Cryoloop(46%, 38%)相比无显著差异(Desai et al., 2013)。进一步与 Cryotop 相比,解冻后存活率(100% vs. 97%)和移植后着床率(54% vs. 53%)亦无显著差异(Hashimoto et al., 2013b),移植后产下健康胎儿(Iwahata et al., 2015)。

囊胚较卵裂期胚胎具有更多的细胞数,冷冻过程中少量细胞受损或死亡对胚胎后期发育的伤害可能会较小,这是囊胚冷冻保存过程中的一个优势。在第 5~6 天的人囊胚中挑选质量好的进行慢速冷冻,解冻后具有较高的存活率(76%~94%)(Liebermann and Tucker, 2006; Desai and Goldfarb, 2005a, 2005b; Anderson et al., 2004; Veeck et al., 2004; Behr et al., 2002; Langley et al., 2001),又有实验证明早期囊胚慢速冷冻后的存活率(形态正常)要高于扩张囊胚和孵化囊胚(Van den Abbeel et al., 2005)。在囊胚发育过程中,囊胚腔体积逐渐增大,渗透性抗冻保护剂向细胞内渗透需要的时间延长,这势必会增大化学毒性对胚胎的影响(Liebermann and Tucker, 2006),进而导致解冻后扩张囊胚和孵化囊胚的存活率低于早期囊胚。目前许多研究者采用半细管(hemi-straw)(Vanderzwalmen et al., 2002)、剂量注射针(29-gauge needle)(Son et al., 2003)、移液器吸头(pipette tip)(Hiraoka et al., 2004)和激光脉冲(laser)(Mukaida et al., 2006)等方法人为缩小囊胚腔,减少冰晶形成,从而达到提高人扩张囊胚玻璃化冷冻存活率的目的。

**二、灵长类动物胚胎冷冻保存的安全性**

目前,在玻璃化冷冻胚胎技术中,为了提高降温速度,避免冰晶形成损伤胚胎,大多采用开放性载体(Cryoloop、Cryotip、OPS、Cryotop 等),使含有胚胎的液滴直接和液氮接触,以加速玻璃化的形成,使其更有效地保护胚胎免受机械性损伤。这虽然达到了加快冷冻速率的目的,但不容忽视的是安全性问题,即冷冻过程中存在潜在的微生物污染问题。Morris(2005)认为液氮在制作过程中会含有少量微粒、水和微生物,他们对来自生殖中心临床使用了 7~10 年的 3 个杜瓦罐(Dewar)进行检查,在其沉淀中检测到的细菌数大于 $10^5$ 个/mL,其中包括麦芽单胞杆菌等影响标本质量的细菌。因此,目前普遍采用过滤液氮的方法保存胚胎,但仍有一些病毒可以通过无菌滤器。从低温生物学的角度讲,大多数病原微生物在低温环境下比被保存的组织细胞更容易存活。一般的生物体在没有添加抗冻保护剂的情况下经历低温之后是很难存活下来的,而有些结构简单的病毒、细菌等即使在没有保护剂存在的情况下,在低温环境中也能存活。

另外,胚胎玻璃化冷冻法由于使用了高浓度的渗透性抗冻保护剂,对人胚胎的安全性问题也是人们所关注的焦点。长时间暴露在玻璃化冷冻液中可损伤胚胎 DNA(Graves-

Herring and Boone，2006a，2006b），最近的研究也表明，玻璃化冷冻会造成人胚胎 DNA 的损伤（AbdelHafez et al.，2011）。Takahashi 等（2005）做了回顾性分析，玻璃化冷冻了 1129 个人囊胚，复苏后存活率、妊娠率、分娩率分别为 85.7%、44.1%和 22.0%，获得的婴儿出现先天性缺陷的比率（1.4%）与新鲜囊胚移植组无显著差异。Aflatoonian 等（2013）研究报道，冷冻保存胚胎的储存时间并不影响解冻移植后的临床妊娠率和着床率。 2015 年 11 月初，上海复旦大学附属妇产科医院将一枚超低温冷冻保存了 18 年的胚胎移植后，顺利诞下女婴，身体指标一切正常。因此，使用玻璃化冷冻保护液对胚胎是较为安全的。但是由于研究样本量较少，今后对新生儿的严密随访也是十分必要的。

### 三、问题与展望

由于胚胎的玻璃化冷冻较慢速冷冻更简单、高效，人胚胎的冷冻保存已由慢速冷冻进入玻璃化冷冻时代。虽然玻璃化法冷冻人胚胎在临床上已被广泛应用，但辅助生殖领域就目前是否可以进入"全胚冷冻的时代"还存有很大争议。经过冷冻技术的不断完善，人类各期胚胎冷冻后的存活率、着床率和妊娠率都获得了理想的水平，但冷冻过程是否对子代后期的健康具有长远影响尚不清楚。因此，有关于胚胎冷冻安全性的问题还需要多个生殖中心联合，长时期地对冷冻胚胎移植患者进行大样本的跟踪随访，对冷冻过程对子代的出生缺陷、健康指标等的影响进行综合评估后方可得出结论。

（莫显红　周光斌　侯云鹏）

### 四、实验操作程序

本部分介绍猕猴囊胚的慢速冷冻和玻璃化冷冻，人第 3 天胚胎和囊胚的玻璃化冷冻保存。

#### （一）猕猴囊胚慢速冷冻

该方法参考 Menezo 等（1992）和 Yeoman 等（2001）的研究，用于猕猴囊胚的慢速冷冻。

**1. 材料**

（1）囊胚的获取

选择成年猕猴，在月经开始后 1～4d 实施卵泡刺激。经期猕猴每天分早、晚两次肌肉注射 30 IU 重组人促卵泡素（rFSH；Ares 高级技术公司，Norwell，美国马萨诸塞州）和注射一次安泰®（促性腺激素释放激素拮抗剂；0.5mg/kg，Ares 高级技术公司）连续 8d。在注射 rFSH/安泰的最后 2d，同时每天注射两次 30IU 的促黄体素（LH；Ares 高级技术公司）。在激素处理的最后 1d，通过超声检查检测卵巢形态。对具有 3mm 以上卵泡的动物，肌肉注射 1000IU 的重组人绒毛膜促性腺激素。29～32h 后，通过腹腔镜技术收集卵丘卵母细胞复合体。并收集在 HEPES 缓冲的含有 3mg/mL 无脂肪酸的牛血清白蛋白（Sigma，密苏里州，美国）的 TALP 培养液（TH3）中。以透明质酸酶（1mg/mL）处理 1min，然后进行卵胞浆内单精子注射。在覆盖有矿物油的小滴中进行显微操作。

准备 2 个小滴：精子滴，为 4μL 的 10%的聚乙烯吡咯烷酮（PVP）加入 1μL 的精子（$3×10^6$/mL）悬液；20μL 的卵母细胞小滴。在显微操作仪下，使用 7μm 外径的显微操作针将单个的精子注射至卵母细胞的胞质内。注射的卵母细胞在含有 10%胎牛血清（Hyclone，Logan，美国犹他州）、10mmol/L L-谷氨酰胺、5mmol/L 丙酮酸钠、1mmol/L 乳酸钠、100IU/mL 的青霉素、100μg/mL 链霉素（Sigma）的 CMRL 培养液中与大鼠肝细胞（BRL）（美国菌种保藏中心，马纳萨斯，弗吉尼亚州，美国）共同培养。培养的温度和气相条件为 37℃，5%的二氧化碳。胚胎每隔 1d 转移到新的肝细胞饲养层的培养皿，以减少氮素积累。将形态良好的胚胎，经过致密化和囊胚腔扩大的发育过程，并有清晰可见的滋养层和内细胞团，用于胚胎冷冻保存。

（2）主要仪器设备

冷冻仪；显微镜；恒温台；液氮罐；水浴锅；$CO_2$ 培养箱。

（3）主要耗材

细胞冷冻管；Pasteur 吸管；组织培养皿；小镊子。

（4）试剂与溶液

胚胎培养液：CMRL。

TH3：HEPES 缓冲的含有 3mg/mL 无脂肪酸的牛血清白蛋白（Sigma）的 TALP 培养液。

预处理液：含有 0.68mol/L（5%体积比）的甘油的 TH3。

冷冻液：含有 1.22mol/L（9%体积比）的甘油的 TH3。

解冻液 1：TH3 中添加 0.5mol/L 的蔗糖。

解冻液 2：TH3 中添加 0.2mol/L 的蔗糖。

轻质石蜡油（Sigma，美国）。

用 CMRL 培养液制成的培养小滴，在其中加入大鼠肝细胞，使之长成 BRL 细胞饲养层。

**2. 胚胎冷冻**

A. 预先根据下面所需的控温步骤设计好冷冻仪的冷冻程序。将冷冻仪的温度调到室温（20℃），备用。

B. 在细胞冷冻管中提前加入约 1mL 的冷冻液。

C. 在三个组织培养皿中分别制好含 20% PPS 的 PBS、预处理液和冷冻液的小滴。

D. 选择 1~2 个囊胚；在 TH3 中洗涤一次。

E. 将胚胎移入预处理液中平衡 10min。

F. 将胚胎移入装有 1mL 冷冻液的细胞冷冻管。并将冷冻管装入冷冻仪。

G. 控制温度，以 3℃/min 的速率冷却降温至–8℃。

H. 在–8℃时停留 10min，在此阶段进行人工植冰。用液氮预冷的小镊子在冷冻管壁上轻轻接触，诱导冷冻管中的冷冻液结冰。

I. 以 0.3℃/min 的速率降到–30℃。

J. 最后将装有胚胎的冷冻管投入液氮中贮存，备用。

**3. 胚胎解冻**

A. 事先用 CMRL 培养液制成的培养小滴准备好 BRL 细胞饲养层，准备好 37℃的水浴。

B. 从液氮中取出冷冻管，直接浸入 37℃水浴中，直到冰晶完全融化。

C. 回收胚胎，在解冻液 1 中停留 10min。

D. 在解冻液 2 中停留 10min。

E. 在 CMRL 培养液中洗涤 2 次。

F. 在 CMRL 培养液中的 BRL 细胞饲养层上培养。

（二）猕猴囊胚玻璃化冷冻

该方法参考 Agca 等（1998）和 Yeoman 等（2001）的研究，用于猕猴囊胚的玻璃化冷冻。

**1. 材料**

（1）囊胚的获取

同上。

（2）主要仪器设备

同上。

（3）主要耗材

同上。

（4）试剂与溶液

TH20：HEPES 缓冲的含 20%胎牛血清 TALP 培养液。

预处理液 1：TH20 添加 1.36mol/L（10%体积比）甘油。

预处理液 2：TH20 添加 1.36mol/L 甘油+2.7mol/L（20%）乙二醇。

冷冻液：TH20 添加 3.4mol/L 甘油（25%）+4.5mol/L（25%）乙二醇。

解冻液 1：TH20 中添加 0.5mol/L 蔗糖。

解冻液 2：TH20 中添加 0.25mol/L 蔗糖。

解冻液 3：TH20 中添加 0.125mol/L 蔗糖。

轻质石蜡油（Sigma，美国）；透明质酸酶；胚胎培养液：CMRL。

**2. 胚胎玻璃化冷冻**

A. 制作并准备好冷冻环：在 0.7~1.0mm 直径的不锈钢环上固定 20μm 粗的尼龙丝环，再将不锈钢环固定在一个 1.8mL 冷冻管的盖子帽内。

B. 在 3 个组织培养皿中分别制好各含 2mL 预处理液 1、预处理液 2 和冷冻液的小滴。

C. 在保温杯中倒入液氮，备用。

D. 选择 1 或 2 个囊胚为一组。在 TH20 中洗涤 1 次。

E. 胚胎在预处理液 1 中于室温下预平衡 3min。

F. 胚胎在预处理液 2 中于室温下预平衡 3min。

G. 在完成上述步骤 F 的最后 20s 内，将冷冻环浸入冷冻液后取出，使环内形成一层薄液膜。

H. 将胚胎转移到玻璃化冷冻液中洗涤 1 次，立即转移到冷冻环的薄膜上。在 25s 内完成此步骤。

I. 携带胚胎的冷冻环被浸入液氮中；然后转移到 1.8mL 冷冻管内，并固定好冷冻环。
J. 将含有冷冻环的冷冻管放入液氮罐中贮存。

**3. 胚胎解冻**

A. 在 4 个组织培养皿中分别准备 1.0mL 解冻液 1、2.0mL 解冻液 2、2.0mL 解冻液 3、2.0mL 胚胎培养液（CMRL），备用。
B. 直接将含有胚胎的冷冻环浸入 1.0mL 室温的解冻液 1 中。停留 3min。
C. 将胚胎移入 2.0mL 的解冻液 2 中，在室温下停留 3min。
D. 将胚胎转移到 2.0mL 的解冻液 3 中，在室温下停留 3min。
E. 将胚胎移入 2.0mL 胚胎培养液中，在室温下停留 5min。
F. 重复步骤 E 一次。
G. 胚胎培养在 CMRL 的 BRL 细胞饲养层上。

经过 4h 培养后，通过卵裂球的形态和囊胚腔是否重新扩张来判断解冻后囊胚的存活。培养至 24h 时，记录囊胚的孵化情况；48h 后观察囊胚的向外生长。如果进行胚胎移植，将胚胎移植到发情期中的雌二醇高峰后 4～5d 的经产母猴的子宫。移植后，通过定期超声监测，检测体内激素的浓度，并通过超声波测量胎儿的发育程度来确定移植后的妊娠状况。

**（三）人第 3 天卵裂阶段的胚胎和囊胚玻璃化冷冻**

**1. 材料**

（1）体外囊胚的生产
卵母细胞的获取
体内成熟卵母细胞主要来源于年轻［平均年龄：（28.0±2.2）岁］、健康的妇女捐赠或试管婴儿实验的剩余卵。供卵者每天注射 200IU 的重组卵泡刺激素（rFSH）以刺激卵泡生长。从第 6 天起注射促性腺激素释放激素（GnRH）拮抗剂（ganirelix）以防止促黄体素（LH）峰的提前出现。在两个或两个以上卵泡达到 18mm 时，注射 10 000IU 的重组人绒毛膜促性腺激素（hCG）促进卵母细胞成熟。hCG 注射 36h 后经阴道超声波引导取卵。卵母细胞在透明质酸酶和 Pasteur 吸管吹打的机械作用下脱去卵丘颗粒细胞。带有第一极体的卵母细胞处于第二次减数分裂中期（MⅡ），是体内成熟的卵母细胞。

受精及胚胎培养：卵母细胞在收集后 3～4h 进行胞浆内精子注射或者通过传统的体外受精方法受精。受精后 15～18h，检查受精情况。受精的原核期胚胎（合子）培养在石蜡油覆盖下的 20μL 的小滴内，每个小滴内放 1 枚胚胎。胚胎培养液为含 10%合成血清替代品（SSS，Irvine Scientific，美国）的 G1/G2（IVF Sciences Scandinavian，Gothenburg，瑞典）或人合成输卵管液（HTF；Life Global，Ontario，加拿大）。胚胎培养在 37℃含 5.5% $CO_2$ 的培养箱中。培养至第 3 天，达到 6～8-细胞形态正常的胚胎可以用于玻璃化冷冻。胚胎培养至第 5～6 天，检查囊胚发育情况。选择形态正常的囊胚进行玻璃化冷冻。

（2）主要仪器设备
体视显微镜，液氮罐，$CO_2$ 培养箱。

（3）主要耗材

冷冻环（在 0.7~1.0mm 直径的不锈钢环上固定 20μm 粗的尼龙丝环，再将不锈钢环固定在一个 1.8mL 冷冻管的盖子帽内），玻璃吸管，组织培养皿，保温杯，小镊子。

（4）试剂与耗材

预处理液：HEPES 缓冲的 HTF 添加 7.5%的 DMSO 和 7.5%的乙二醇。

冷冻液：HEPES 缓冲的 HTF 添加 15%的 DMSO，15%的乙二醇，10mg/mL 的聚蔗糖（Ficoll 70，Sigma）及 0.65mol/L 蔗糖。

解冻液 1：HEPES 缓冲的 HTF 添加 0.25mol/L 蔗糖。

解冻液 2：HEPES 缓冲的 HTF 添加 0.125mol/L 蔗糖。

轻质石蜡油（Sigma，美国）；透明质酸酶；胚胎培养液：HTF 或者 G1/G2 培养液。

**2. 胚胎玻璃化冷冻**

A. 制作并准备好冷冻环。

B. 准备 2 个组织培养皿，在其中分别加入 2.0mL 预处理液和冷冻液。

C. 在保温杯中倒入液氮，备用。事先将 1.8mL 的冷冻管浸入液氮。

D. 选择 1 或 2 个胚胎为一组。

E. 胚胎在预处理液中于室温下预平衡 2min。

F. 在上述步骤的最后 20s 内，将冷冻环浸入冷冻液后取出，使环内形成一个薄膜。

G. 将胚胎转移到玻璃化冷冻液中洗涤 1 次，然后立即转移到冷冻环的薄膜上。在 30s 内完成此步骤。

H. 将冷冻环浸入液氮。然后转移到 1.8mL 冷冻管内，并固定好冷冻环。

I. 将冷冻管放入液氮罐中贮存。

**3. 胚胎解冻**

A. 在 4 个组织培养皿中分别准备 1.0mL 解冻液 1、2.0mL 解冻液 2、2.0mL 胚胎操作液（HEPES 缓冲的 HTF），备用。

B. 直接将含有胚胎的冷冻环浸入 1.0mL 室温的解冻液 1 中。停留 2min。

C. 将胚胎移入 2.0mL 的解冻液 2 中，于室温下停留 3min。

D. 胚胎在 HEPES 缓冲的 HTF 中洗涤 2 次。

E. 胚胎在 2.0mL 胚胎培养液中，于室温下停留 5min。

F. 在 G1/G2 培养液中培养胚胎。

G. 2h 后，鉴定胚胎的存活。形态正常，卵裂球细胞膜完整的胚胎认定为存活，可以继续培养或进行胚胎移植。

（孟庆刚）

# 参 考 文 献

冯书堂，李绍楷，张元钰，等. 1990. 猪胚胎移植研究. 中国畜牧杂志，26(3)：13~16.

桑润滋, 朱士恩, 郑德富, 等. 1999. 牛胚胎玻璃化冷冻保存研究初报. 中国畜牧杂志, 35(5): 24~25.
石德顺, 凌泽继, 韦英明, 等. 1998. 牛体外受精胚胎冷冻保存的研究. 广西农业大学学报, 17(4): 305~311.
谭世俭. 2002. OPS 法玻璃化冷冻牛卵母细胞和囊胚. 广西农业生物科学, 21(1): 1~7.
唐杰, 方丛, 李婷婷. 2011. 人早期胚胎解冻后氨基酸代谢变化的研究. 江苏农业科学, 4: 248~250.
王祖昆, 张守全, 陈平洁, 等. 1998. 母猪后期胚胎的获取与冷冻保存方法的研究. 广东畜牧兽医科技, 23(4): 13~14.
许惠艳, 胡林林, 吴胜芳, 等. 2013. 离心去脂处理对不同发育阶段猪孤雌激活胚胎冷冻保存效果的影响. 中国兽医学报, 33(12): 1923~1926.
张德福, 刘东, 吴华丽, 等. 2006. 猪胚胎开放式拉长细管玻璃化冷冻保存研究. 生物工程学, 22(5): 845~849.
张德福, 杨山亭, 王磊, 等. 2008. 猪胚胎冷冻研究概况及提高冷冻效率的若干方法. 猪业科学, 11(68~71).
张秀芳, 黄右军, 黄芬香 等. 2003. 水牛体外受精胚胎的玻璃化冷冻. 草食家畜, 1: 23~25.
朱世恩, 葛西孙三郎. 1996. 牛体外受精扩张囊胚的玻璃化超低温冷冻保存及移植技术的研究. 中国奶牛, (4): 17~19.
朱士恩, 左琴, 曾申明, 等. 2000. 乙二醇为主体的玻璃化溶液对小鼠桑葚胚的超低温保存. 中国实验动物杂志学, 10(3): 150~157.
Abdalla H, Shimoda M, Hara H, et al. 2010. Vitrification of ICSI- and IVF-derived bovine blastocysts by minimum volume cooling procedure: effect of developmental stage and age. Theriogenology, 74(6): 1028~1035.
AbdelHafez F F, Desai N, Abou-Setta A M, et al. 2010. Slow freezing, vitrification and ultra-rapid freezing of human embryos: a systematic review and meta-analysis. Reprod Biomed Online, 20(2): 209~222.
AbdelHafez F, Xu J, Goldberg J, et al. 2011. Vitrification in open and closed carriers at different cell stages: assessment of embryo survival, development, DNA integrity and stability during vapor phase storage for transport. Bmc Biotechnol, 11(2): 29.
Achour R, Hafhouf E, Ben A I, et al. 2015. Embryo vitrification: First Tunisian live birth following embryo vitrification and literature review. Tunis Med, 93(3): 181~183.
Aflatoonian N, Pourmasumi S, Aflatoonian A, et al. 2013. Duration of storage does not influence pregnancy outcome in cryopreserved human embryos. Iran J Reprod Med, 11(10): 843~846.
Agca Y, Monson R L, Northey D L. 1998. Normal calves from transfer of biopsied, sexd and vitrified IVP bovine embryos. Theriogenology, 50(1): 129~145.
Al Yacoub A N, Gauly M, Holtz W. 2010. Open pulled straw vitrification of goat embryos at various stages of development. Theriogenology, 73(8): 1018~1023.
Al-Hasani S, Ozmen B, Koutlaki N, et al. 2007. Three years of routine vitrification of human zygotes: is it still fair to advocate slow-rate freezing? Reproductive Biomedicine Online, 14(3): 288~293.
An L Y, Chang S W, Hu Y S, et al. 2015. Efficient cryopreservation of mouse embryos by modified droplet vitrification(MDV). Cryobiology, 71(1): 70~76.
Anderson A R, Weikert M L, Crain J L. 2004. Determining the most optimal stage for embryo cryopreservation. Reproductive Biomedicine Online, 8(2): 207~211.
Bagis H, Mercan H O, Kumtepe Y. 2005. Effect of three different cryoprotectant solutions in solid surface vitrification(SSV)techniques on the development rate of vitrified pronuclear-stage mouse embryos. Turk J Vet Anim Sci, 29(3): 621-627.
Bagis H, Sagirkaya H, Mercan H O, et al. 2004. Vitrification of pronuclear-stage mouse embryos on solid surface (SSV) versus in cryotube: Comparison of the effect of equilibration time and different sugars in the vitrification solution. Mol Reprod Dev, 67(2): 186~192.
Balaban B, Urman B, Ata B, et al. 2008. A randomized controlled study of human Day 3 embryo cryopreservation by slow freezing or vitrification: vitrification is associated with higher survival,

metabolism and blastocyst formation. Human Reproduction, 23(9): 1976~1982.

Balmaceda J P, Heitman T O, Garcia M R, et al. 1986. Embryo Cryopreservation in Cynomolgus Monkeys. Fertility and Sterility, 45(3): 403~406.

Barcelo-Fimbres M, Seidel G E. 2007. Effects of either glucose or fructose and metabolic regulators on bovine embryo development and lipid accumulation in vitro. Mol Reprod Dev, 74(11): 1406~1418.

Beeb L F, Cameron R D, Blackshaw A W, et al. 2002. Piglets born from centrifuged and vitrified early and peri-hatching blastocysts. Theriogenology, 57(9): 2155~2165.

Behr B, Gebhardt L, Lyon J, et al. 2002. Factors relating to a successful cryopreserved blastocyst transfer program. Fertility and Sterility, 77(4): 697~699.

Bernart W, Kamel M, Neulen J, et al. 1994. Influence of the Developmental Stage and the Equilibration Time on the Outcome of Ultrarapid Cryopreservation of Mouse Embryos. Human Reproduction, 9(1): 100~102.

Bilton R J, Moore N W. 1976. In virto culture, Storage and transfer of goat embryos. Aust J Biol Sci, 29(1-2): 125~129.

Boonkusol D, Gal A B, Bodo S, et al. 2006. Gene expression profiles and *in vitro* development following vitrification of pronuclear and 8-cell stage mouse embryos. Mol Reprod Dev, 73(6): 700~708.

Chatot C L, Ziomek C A, Bavister B D, et al. 1989. An improved culture medium supports development of random-bred 1-cell mouse embryos in vitro. J Reprod Fertil, 86(2): 679~688.

Chatzimeletiou K, Morrison E E, Panagiotidis Y, et al. 2012. Cytoskeletal analysis of human blastocysts by confocal laser scanning microscopy following vitrification. Hum Reprod, 27(1): 106~113.

Chi H J, Koo J J, Kim M Y, et al. 2002. Cryopreservation of human embryos using ethylene glycol in controlled slow freezing. Human Reproduction, 17(8): 2146~2151.

Cranfield M R, Berger N G, Kempske S. 1992. Macaque monkey birth following transfer of *in vitro* fertilized, frozen-thawed embryos to a surrogate mother. Theriogenology, 37(1): 197.

Curnow E C, Kuleshova L L, Shaw J M, et al. 2002a. Comparison of slow- and rapid-cooling protocols for early-cleavage-stage Macaca fascicularis embryos. Am J Primatol, 58(4): 169~174.

Curnow E C, Pawitri D, Hayes E S. 2002b. Sequential culture medium promotes the *in vitro* development of Macaca fascicularis embryos to blastocysts. Am J Primatol, 57(4): 203~212.

Damario M A, Dumesic D A. 2000. Relationship of embryo cryopreservation to cost-effectiveness of ART. Fertility and Sterility, 74(3): 613~614.

Damario M A, Hammitt D G, Session D R, et al. 2000. Embryo cryopreservation at the pronuclear stage and efficient embryo use optimizes the chance for a liveborn infant from a single oocyte retrieval. Fertility and Sterility, 73(4): 767~773.

Dasiman R, Rahman N S, Othman S, et al. 2013. Cytoskeletal alterations in different developmental stages of in vivo cryopreserved preimplantation murine embryos. Med Sci Monit Basic Res, 19: 258~266.

Dattena M, Ptak G, Loi P, et al. 2000. Survival and viability of vitrified in vitro and *in vivo* produced ovine blastocysts. Theriogenology, 53(8): 1511~1519.

Desai N N, Goldfarb J. 2005b. Comparison of day 5 vs. day 3 transfer outcomes and examination of embryo development in global blastocyst medium. Fertility and Sterility, 84: S251~S251.

Desai N, Goldfarb J. 2005a. Examination of frozen cycles with replacement of a single thawed blastocyst. Reproductive Biomedicine Online, 11(3): 349~354.

Desai N N, Goldberg J M, Austin C, et al. 2013. The new Rapid-i carrier is an effective system for human embryo vitrification at both the blastocyst and cleavage stage. Reprod Biol Endocrinol, 11: 41.

Dobrinsky J R. 1996. Cellular approach to cryopreservation of embryos. Theriogenology, 45(1): 17~26.

Dobrinsky J R, Johnson L A. 1994. Cryopreservation of Porcine Embryos by Vitrification - a Study of in-Vitro Development. Theriogenology, 42(1): 25~35.

Dobrinsky J R, Nagashima H, Pursel V G, et al. 1999. Cryopreservation of swine embryos with reduced lipid content. Theriogenology, 51(1): 164~164.

Dobrinsky J R, Pursel V G, Long C R, et al. 1998. Birth of normal piglets after cytoskeletal stabilization of embryos and cryopreservation by vitrification. Theriogenology, 49(1): 166.

Dobrinsky J R, Pursel V G, Long C R, et al. 2000. Birth of piglets after transfer of embryos cryopreserved by cytoskeletal stabilization and vitrification. Biology of Reproduction, 62(3): 564~570.

dos Santos Neto P C, Vilarino M, Barrera N, et al. 2015. Cryotolerance of Day 2 or Day 6 *in vitro* produced ovine embryos after vitrification by Cryotop or Spatula methods. Cryobiology, 70(1): 17~22.

Edashige K, Tanaka M, Ichimaru N, et al. 2006. Channel-dependent permeation of water and glycerol in mouse morulae. Biology of Reproduction, 74(4): 625~632.

El-Gayar M, Holtz W. 2001. Technical note: Vitrification of goat embryos by the open pulled-straw method. J Anim Sci, 79(9): 2436~2438.

Fabian D, Gjorret J O, Berthelot F, et al. 2005. Ultrastructure and cell death of *in vivo* derived and vitrified porcine blastocysts. Mol Reprod Dev, 70(2): 155~165.

Fang Y, Zeng S, Fu X, et al. 2014. Developmental competence in vitro and *in vivo* of bovine IVF blastocyst after 15 years of vitrification. Cryo Letters, 35(3): 232~238.

Fasano G, Fontenelle N, Vannin A S, et al. 2014. A randomized controlled trial comparing two vitrification methods versus slow-freezing for cryopreservation of human cleavage stage embryos. J Assist Reprod Genet, 31(2): 241~247.

Graves-Herring J E, Boone W R. 2006a. Embryo development after exposure to vitrification solution for 32 minutes. Biology of Reproduction: 182.

Graves-Herring J E, Boone W R. 2006b. Lengthy exposure to vitrification solution causes an increase in DNA damage. Fertility and Sterility, 86: S213~S213.

Hamawaki A, Kuwayama M, Hamano S. 1999. Minimum volume cooling method for bovine blastocyst vitrification. Theriogenology, 51(1): 165~165.

Han M S, Niwa K, Kasai M. 2003. Vitrification of rat embryos at various developmental stages. Theriogenology, 59(8): 1851~1863.

Hashimoto S, Amo A, Hama S, et al. 2013a. Growth retardation in human blastocysts increases the incidence of abnormal spindles and decreases implantation potential after vitrification. Hum Reprod, 28(6): 1528~1535.

Hashimoto S, Amo A, Hama S, et al. 2013b. A closed system supports the developmental competence of human embryos after vitrification: Closed vitrification of human embryos. J Assist Reprod Genet, 30(3): 371~376.

Hasler J F, Henderson W B, Hurtgen P J, et al. 1995. Production, freezing and transfer of bovine ivf embryos and subsequent calving results. Theriogenology, 43(1): 141~152.

Hayashi S, Kobayashi K, Mizuno J, et al. 1989. Birth of piglets from frozen embryos. Vet Rec, 125(2): 43~44.

Hearn J P, Summers P M. 1986. Experimental manipulation of embryo implantation in the marmoset monkey and exotic equids. Theriogenology, 25(1): 3~11.

Hernandez-ledezma J J, Wright R W. 1989. Deep freezing of mouse one-cell embryos and oocytes using different cryoprotectants. Theriogenology, 32(5): 735~743.

Hiraoka K, Hiraoka K, Kinutani M, et al. 2004. Blastocoele collapse by micropipetting prior to vitrification gives excellent survival and pregnancy outcomes for human day 5 and 6 expanded blastocysts. Human Reproduction, 19(12): 2884~2888.

Holm P, Booth P J, Schmidt M. 1999. High bovine blastovyst development in a static in vitro production system using SOFaa medium supplemented with sodium citrate and myo-inositol with or without serum-proteins. Theriogenology, 52(4): 683~700.

Hong Q H, Tian S J, Zhu S E, et al. 2007. Vitrification of boer goat morulae and early blastocysts by straw and open-pulled straw method. Reproduction in Domestic Animals, 42(1): 34~38.

Hou Y P, Dai Y P, Zhu S E, et al. 2005. Bovine oocytes vitrified by the open pulled straw method and used for somatic cell cloning supported development to term. Theriogenology, 64(6): 1381~1391.

Hyttel P, Vajta G, Callesen H. 2000. Vitrification of bovine oocytes with the open pulled straw method: ultrastructural consequences. Mol Rprod Dev, 56: 80~88.

Isachenko V, Isachenko E, Michelmann H W, et al. 2001. Lipolysis and ultrastructural changes of intracellular lipid vesicles after cooling of bovine and porcine GV-oocytes. Anat Histol Embryol, 30(6): 333~338.

Isachenko V, Montag M, Isachenko E, et al. 2005. Vitrification mouse pronuclear embryos after polar body biopsy without direct contact with liquid nitrogen. Fertil Steril, 84(4): 1011~1016.

Iwahata H, Hashimoto S, Inoue M, et al. 2015. Neonatal outcomes after the implantation of human embryos vitrified using a closed-system device. J Assist Reprod Genet, 32(4): 521~526.

Iwayama H, Hochi S, Kato M, et al. 2004. Effects of cryodevice type and donors' sexual maturity on vitrification of minke whale(Balaenoptera bonaerensis)oocytes at germinal vesicle stage. Zygote, 12(4): 333~338.

Jackowski S, Leibo S P, Mazur P. 1980. Glycerol permeabilities of fertilized and unfertilized mouse ova. J Exp Zool, 212(3): 329~341.

Jelinkova L, Selman H A, Arav A, et al. 2002. Twin pregnancy after vitrification of 2-pronuclei human embryos. Fertility and Sterility, 77(2): 412~414.

Jin B, Mazur P. 2015. High survival of mouse oocytes/embryos after vitrification without permeating cryoprotectants followed by ultra-rapid warming with an IR laser pulse. Sci Rep-Uk, 5: 9271.

Jin B, Mochida K, Ogura A, et al. 2012. Equilibrium vitrification of mouse embryos at various developmental stages. Mol Reprod Dev, 79(11): 785~794.

Kasai M, Ito K, Edashige K. 2002. Morphological appearance of the cryopreserved mouse blastocyst as a tool to identify the type of cryoinjury. Hum Reprod, 17(7): 1863~1874.

Kasai M. 1997. Cryopreservation of mammalian embryos. Mol Biotechnol, 7(2): 173~179.

Kasai M, Komi J H, Takakamo A, et al. 1990. A simple method for mouse embryo cryopreservation in a low toxicity vitrification solution, without appreciable loss of viability. Journal of Reproduction and Fertility, 89(1): 91~97.

Kasai M, Nishimori M, Zhu S E, et al. 1992. Survival of mouse morulae vitrified in an ethylene glycol-based solution after exposure to the solution at various temperatures. Biol Reprod, 47(6): 1134~1139.

Kashiwazaki N, Ohtani S, Miyamoto K, et al. 1991. Production of normal piglets from hatched blastocysts frozen at −196-Degrees-C. Vet Rec, 128(11): 256~257.

Khan F A, Bhat M H, Yaqoob S H, et al. 2014. In vitro development of goat-sheep and goat-goat zona-free cloned embryos in different culture media. Theriogenology, 81(3): 419~423.

Klambauer P, Keresztes Z, Kanyo K, et al. 2009. Vitrification of cleavage stage mouse embryos by the cryoloop procedure. Acta Vet Hung, 57(3): 399~410.

Klemetti R, Gissler M, Sevon T, et al. 2005a. Children born after assisted fertilization have an increased rate of major congenital anomalies. Fertility and Sterility, 84(5): 1300~1307.

Klemetti R, Sevon T, Gissler M, et al. 2005b. Women's complications after in vitro fertilization and ovulation induction, in 1996-2000 in Finland. Eur J Public Health, 15: 84.

Kolibianakis E M, Venetis C A, Tarlatzis B C. 2009. Cryopreservation of human embryos by vitrification or slow freezing: which one is better? Curr Opin Obstet Gynecol, 21(3): 270~274.

Kong I K, Lee S I, Cho S G, et al. 2000. Comparison of open pulled straw(OPS)vs glass micropipette(GMP) vitrification in mouse blastocysts. Theriogenology, 53(9): 1817~1826.

Ku P Y, Lee R K, Lin S Y, et al. 2012. Comparison of the clinical outcomes between fresh blastocyst and vitrified-thawed blastocyst transfer. J Assist Reprod Genet, 29(12): 1353~1356.

Kuwayama M, Ieda S, Zhang J, et al. 2005a. The CryoTip method: Aseptic vitrification of oocytes and embryos. Fertility and Sterility, 84: S187~S187.

Kuwayama M, Vajta G, Ieda S, et al. 2005b. Comparison of open and closed methods for vitrification of human embryos and the elimination of potential contamination. Reproductive Biomedicine Online, 11(5):

608~614.

Kuwayama M, Vajta G, Kato O, et al. 2005c. Highly efficient vitrification method for cryopreservation of human oocytes. Reproductive Biomedicine Online, 11(3): 300~308.

Lane M, Bavister B D, Lyons E A, et al. 1999. Containerless vitrification of mammalian oocytes and embryos - Adapting a proven method for flash-cooling protein crystals to the cryopreservation of live cells. Nat Biotechnol, 17(12): 1234~1236.

Langley M T, Marek D M, Gardner D K, et al. 2001. Extended embryo culture in human assisted reproduction treatments. Human Reproduction, 16(5): 902~908.

Leibo S P. 1984. A one-step method for direct nonsurgical transfer of frozen-thawed bovine embryos. Theriogenology, 21(5): 767~790.

Leibo S P, Demayo F J, Omalley B. 1991. Production of transgenic mice from cryopreserved fertilized ova. Mol Reprod Dev, 30(4): 313~319.

Leibo S P, Loskutoff N M. 1993. Cryobiology of *in vitro*-derived bovine embryos. Theriogenology, 39(1): 81~94.

Leoni G G, Succu S, Berlinguer F, et al. 2006. Delay on the *in vitro* kinetic development of prepubertal ovine embryos. Animal Reproduction Science, 92(3-4): 373~383.

Liebermann J, Dietl J, Vanderzwalmen P. 2003. Recent developments in human oocyte, embryo and blastocyst vitrification: where are we now? Reprod Biomed Online, 7(6): 623~633.

Liebermann J, Tucker M J. 2006. Comparison of vitrification and conventional cryopreservation of day 5 and day 6 blastocysts during clinical application. Fertility and Sterility, 86(1): 20~26.

Lin T K, Su J T, Lee F K, et al. 2010. Cryotop Vitrification as compared to conventional slow freezing for human embryos at the cleavage stage: survival and outcomes. Taiwan J Obstet Gyne, 49(3): 272~278.

Lindner G M, Anderson G B, BonDurant R H, et al. 1983. Survival of bovine embryos stored at 4 degrees C. Theriogenology, 20(3): 311~319.

Lonergan P, Rizos D, Gutiérrez-Adán A, et al. 2003. Effect of culture environment on embryo quality and gene expression-Experience form animal studies. Reproductive Biomedicine Online, 7(6): 657~663.

Loutradi K E, Kolibianakis E M, Venetis C A, et al. 2008. Cryopreservation of human embryos by vitrification or slow freezing: a systematic review and meta-analysis. Fertil Steril, 90(1): 186~193.

Mara L, Sanna D, Dattena M, et al. 2015. Different *in vitro* culture systems affect the birth weight of lambs from vitrified ovine embryos. Zygote, 23(1): 53~57.

Massip A, Vanderzwalmen P, Scheffen B, et al. 1986. Pregnancies following transfer of cattle embryos preserved by vitrification. Cryo-Lett, 7(4): 270~273.

Massip A, Zwalmen P V D, Scheffen B, et al. 1986. Pregnancies following transfer of cattle embryos presered by vitrification. Cryo letters, (7): 270~273.

Mazur P. 1986. Do embryos respond as ideal osmometers during slow freezing. Cryobiology, 23(6): 549~550.

Mazur P, Rigopoulos N, Jackowski S C, et al. 1976. Preliminary estimates of permeability of mouse ova and early embryos to glycerol. Biophys J, 16(2): A232~A232.

Mazur P, Schneider U. 1986. Osmotic responses of preimplantation mouse and bovine embryos and their cryobiological implications. Cell Biophys, 8(4): 259~285.

McEvoy T G, Robinson J J, Sinclair K D. 2001. Developmental consequences of embryo and cell manipulation in mice and farm animals. Reproduction, 122(4): 507~518.

Men H S, Agca Y, Riley L K, et al. 2006. Improved survival of vitrified porcine embryos after partial delipation through chemically stimulated lipolysis and inhibition of apoptosis. Theriogenology, 66(8): 2008~2016.

Men H, Agca Y, Mullen S F. 2005. Osmotic tolerance of *in vitro* produced porcine blastocysts assessed by theri morphological integrity and cellular actin filament organization. Cryobiology, 51(2): 119~129.

Menezo Y, Nicollet B, Herbaut N, et al. 1992. Freezing cocultured human blastocysts. Fertility and Sterility,

58(5): 977～980.

Milki A A, Hinckley M D, Fisch J D, et al. 2000. Comparison of blastocyst transfer with day 3 embryo transfer in similar patient populations. Fertility and Sterility, 73(1): 126～129.

Mito T, Yoshioka K, Noguchi M, et al. 2015. Birth of piglets from *in vitro*-produced porcine blastocysts vitrified and warmed in a chemically defined medium. Theriogenology, 84(8): 1314～1320.

Miyake T, Kasai M, Zhu S E, et al. 1993. Vitrification of mouse oocytes and embryos at various stages of development in an ethylene glycol-based solution by a simple method. Theriogenology, 40(1): 121～134.

Moreira D, Silva F, Metelo R. 2005. Relation between physical properties of the zona pellucida and viability of bovine embryos after slow-freezing and vitrification. Reproduction in Domestic Animals, 40(3): 205～209.

Morris G J. 2005. The origin, ultrastructure, and microbiology of the sediment accumulating in liquid nitrogen storage vessels. Cryobiology, 50(3): 231～238.

Mukaida T, Oka C, Goto T, et al. 2006. Artificial shrinkage of blastocoeles using either a micro-needle or a laser pulse prior to the cooling steps of vitrification improves survival rate and pregnancy outcome of vitrified human blastocysts. Hum Reprod, 21(12): 3246～3252.

Mukaida T, Wada S, Takahashi K, et al. 1998. Vitrification of human embryos based on the assessment of suitable conditions for 8-cell mouse embryos. Human Reproduction, 13(10): 2874～2879.

Nagashima H, Kashiwazaki N, Ashman R, et al. 1994a. Recent advances in cryopreservation of porcine embryos. Theriogenology, 41(1): 113～118.

Nagashima H, Kashiwazaki N, Ashman R J, et al. 1994b. Removal of cytoplasmic lipid enhances the tolerance of porcine embryos to chilling. Biology of Reproduction, 51(4): 618～622.

Naitana S, Loi P, Ledda S, et al. 1996. Effect of biopsy and vitrification on *in vitro* survival of ovine embryos at different stages of development. Theriogenology, 46(5): 813～824.

Nakagata N. 1989. Survival of 4-cell mouse embryos derived from *in vitro* fertilization after ultrarapid freezing and thawing. Exp Anim Tokyo, 38(3): 279～282.

Nakagata N. 1990. Cryopreservation of mouse strains by ultrarapid freezing. Exp Anim Tokyo, 39(2): 299～301.

Nakashima A, Ino N, Kusumi M, et al. 2010. Optimization of a novel nylon mesh container for human embryo ultrarapid vitrification. Fertility and Sterility, 93(7): 2405～2410.

Nowshari M A, Brem G. 2001. Effect of freezing rate and exposure time to cryoprotectant on the development of mouse pronuclear stage embryos. Human Reproduction, 16(11): 2368～2373.

Oberstein N, O'Donovan M K, Bruemmer J E, et al. 2001. Cryopreservation of equine embryos by open pulled straw, cryoloop, or conventional slow cooling methods. Theriogenology, 55(2): 607～613.

Orief Y, Nikolettos N, Al-Hasani S. 2005. Cryopreservation of two pronuclear stage zygotes. Rev Gynaecol Pract, 5: 39～44.

Papanikolaou E G, Camus M, Kolibianakis E M, et al. 2006. *In vitro* fertilization with single blastocyst-stage versus single cleavage-stage embryos. N Engl J Med, 354(11): 1139～1146.

Papanikolaou E G, D'haeseleer E, Verheyen G, et al. 2005. Live birth rate is significantly higher after blastocyst transfer than after cleavage-stage embryo transfer when at least four embryos are available on day 3 of embryo culture. A randomized prospective study. Human Reproduction, 20(11): 3198～3203.

Park S E, Chung H M, Lim J M, et al. 2001. Improved post-thawed preimplantation development after vitrification using Taxol(TM), a cytoskeleton stabilizer. Fertility and Sterility, 76(3): S5～S5.

Park S P, Kim F Y, Oh J H, et al. 2000. Ultra-rapid freezing of human multipronuclear zygotes using electron microscope grids. Human Reproduction, 15(8): 1787～1790.

Pedro P B, Yokoyama E, Zhu S E, et al. 2005. Permeability of mouse oocytes and embryos at various developmental stages to five cryoprotectants. J Reprod Develop, 51(2): 235～246.

Pedro P B, Zhu S E, Makino N, et al. 1997. Effects of hypotonic stress on the survival of mouse oocytes and embryos at various stages. Cryobiology, 35(2): 150~158.

Pereira R M, Baptista M C, Vasques M I, et al. 2007a. Cryosurvival of bovine blastocysts is enhanced by culture with trans-10 cis-12 conjugated linoleic acid(10t, 12c CLA). Animal Reproduction Science, 98(3-4): 293~301.

Pereira V J, Linden K G, Weinberg H S. 2007b. Evaluation of UV irradiation for photolytic and oxidative degradation of pharmaceutical compounds in water. Water Res, 41(19): 4413~4423.

Plante C P J, Kobayashi S, Leibo SP. 1993. Chilling sensitivity of porcine morulae. Theriogenology, 39: 285 [abstract].

Pollard J W, Leibo S P. 1994. Chilling sensitivity of mammalian embryos. Theriogenology, 41(1): 101~106.

Pope C E, Pope V Z, Beck L R. 1984. Live birth following cryopreservation and transfer of a baboon embryo. Fertility and Sterility, 42(1): 143~145.

Pryor J H, Looney C R, Romo S, et al. 2011. Cryopreservation of *in vitro* produced bovine embryos: effects of lipid segregation and post-thaw laser assisted hatching. Theriogenology, 75(1): 24~33.

Raju G A R, Haranath G B, Krishna K M, et al. 2005. Vitrification of human 8-cell embryos, a modified protocol for better pregnancy rates. Reproductive Biomedicine Online, 11(4): 434~437.

Rall W F. 1987. Factors affecting the survival of mouse embryos cryopreserved by vitrification. Cryobiology, 24(5): 387~402.

Rall W F, Fahy G M. 1985a. Cryopreservation of mouse embryos by vitrification. Cryobiology, 22(6): 603.

Rall W F, Fahy G M. 1985b. Ice-free cryopreservation of mouse embryos at −196-degrees-C by vitrification. Nature, 313(6003): 573~575.

Rall W F, Fahy G M. 1985c. Vitrification - a new approach to embryo cryopreservation. Theriogenology, 23(1): 220.

Rayos A A, Takahashi Y, Hishinuma M, et al. 1992a. Quick freezing of mouse 2-cell, 4-cell, and 8-cell embryos with ethylene-glycol plus sucrose or lactose - effects of developmental stage and equilibration period on survival *in vitro*. Animal Reproduction Science, 27(2-3): 239~245.

Rayos A A, Takahashi Y, Hishinuma M, et al. 1992b. Quick freezing of one-cell mouse embryos using ethylene-glycol with sucrose. Theriogenology, 37(3): 595~603.

Riha J, Landa V, Kneissl J, et al. 1991. Vitrification of cattle embryos by direct dropping into liquid nitrogen and embryo survival after nonsurgical transfer. Zivocisna Vyroba - UVTIZ, 36: 113~119.

Romao R, Marques C C, Baptista M C, et al. 2015. Cryopreservation of in vitro-produced sheep embryos: Effects of different protocols of lipid reduction. Theriogenology, 84(1): 118~126.

Salumets A, Hyden-Granskog C, Makinen S, et al. 2003a. Early cleavage predicts the viability of human embryos in elective single embryo transfer procedures. Human Reproduction, 18(4): 821~825.

Salumets A, Tuuri T, Makinen S, et al. 2003b. Effect of developmental stage of embryo at freezing on pregnancy outcome of frozen-thawed embryo transfer. Human Reproduction, 18(9): 1890~1895.

Schiewe M C, Zozula S, Anderson R E, et al. 2015. Validation of microSecure vitrification(muS-VTF)for the effective cryopreservation of human embryos and oocytes. Cryobiology, 71(2): 264~272.

Schmidt P M, Hansen C T, Wildt D E. 1985. Viability of frozen-thawed mouse embryos is affected by genotype. Biology of Reproduction, 32(3): 507~514.

Schneider U. 1986. Cryobiological principles of embryo freezing. Journal of *in vitro* Fertilization and Embryo Transfer, 3(1): 3~9.

Shaw J M, Diotallevi L, Trounson A O. 1991. A simple rapid 4.5-m dimethylsulfoxide freezing technique for the cryopreservation of one-cell to blastocyst stage preimplantation mouse embryos. Reprod Fert Develop, 3(5): 621~626.

Shi W Q, Zhu S E, Zhang D, et al. 2006. Improved development by taxol pretreatment after vitrification of *in vitro* matured porcine oocytes. Reproduction, 131(4): 795~804.

Shimoda Y, Kumagai J, Anzai M, et al. 2016. Time-lapse monitoring reveals that vitrification increases the frequency of contraction during the pre-hatching stage in mouse embryos. J Reprod Dev, 62(2): 187~

193.

Shirazi A, Shams-Esfandabadi N, Ahmadi E, et al. 2010. Effects of growth hormone on nuclear maturation of ovine oocytes and subsequent embryo development. Reproduction in Domestic Animals, 45(3): 530～536.

Somfai T, Ozawa M, Noguchi M. 2009. Live piglets derived from *in vitro*-produced zygotes vitrified at the pronuclear stage. Biology of Reproduction, 80(1): 42～49.

Son W Y, Chung J T, Gidoni Y, et al. 2009. Comparison of survival rate of cleavage stage embryos produced from *in vitro* maturation cycles after slow freezing and after vitrification. Fertility and Sterility, 92(3): 956～958.

Son W Y, Lee S Y, Chang M J, et al. 2005. Pregnancy resulting from transfer of repeat vitrified blastocysts produced by in-vitro matured oocytes in patient with polycystic ovary syndrome. Reproductive Biomedicine Online, 10(3): 398～401.

Son W Y, Tan S L. 2009. Comparison between slow freezing and vitrification for human embryos. Expert Rev Med Devic, 6(1): 1～7.

Son W Y, Yoon S H, Yoon H J, et al. 2003. Pregnancy outcome following transfer of human blastocysts vitrified on electron microscopy grids after induced collapse of the blastocoele. Human Reproduction, 18(1): 137～139.

Stehlik E, Stehlik J, Katayama K P, et al. 2005. Vitrification demonstrates significant improvement versus slow freezing of human blastocysts. Reproductive Biomedicine Online, 11(1): 53～57.

Succu S, Pasciu V, Manca M E, et al. 2014. Dose-dependent effect of melatonin on postwarming development of vitrified ovine embryos. Theriogenology, 81(8): 1058～1066.

Sudano M J, Paschoal D M, Rascado T D, et al. 2011. Lipid content and apoptosis of *in vitro*-produced bovine embryos as determinants of susceptibility to vitrification. Theriogenology, 75(7): 1211～1220.

Szell A, Shelton J N. 1986. Role of equilibration before rapid freezing of mouse embryos. Journal of Reproduction and Fertility, 78(2): 699～703.

Szell A, Zhang J, Hudson R. 1990. Rapid cryopreservation of sheep embryos by direct transfer into liquid-nitrogen vapor at −180-degrees-C. Reprod Fert Develop, 2(6): 613～618.

Takahashi K, Mukaida T, Goto T, et al. 2005. Perinatal outcome of blastocyst transfer with vitrification using cryoloop: a 4-year follow-up study. Fertility and Sterility, 84(1): 88～92.

Thibier E. 2009. Population exposure to environmental noise in Champlan. Environ Risque Sante, 8(3): 227～236.

Trounson A, Mohr L. 1983. Human-pregnancy following cryopreservation, thawing and transfer of an 8-Cell Embryo. Nature, 305(5936): 707～709.

Ushijima H, Yamakawa H, Nagashima H. 1999. Cryopreservation of bovine pre-morula-stage in vitro matured/in vitro fertilized embryos after delipidation and before use in nucleus transfer. Biol Reprod, 60(2): 534～539.

Vajta G, Booth P J, Holm P, et al. 1997a. Successful vitrification of early stage bovine *in vitro* produced embryos with the open pulled straw(OPS)method. Cryo-Lett, 18(3): 191～195.

Vajta G, Holm P, Greve T, et al. 1997b. Vitrification of porcine embryos using the open pulled straw(OPS) method. Acta Vet Scand, 38(4): 349～352.

Vajta G, Nagy Z P. 2006. Are programmable freezers still needed in the embryo laboratory? Review on vitrification. Reprod Biomed Online, 12(6): 779～796.

Valle M, Guimaraes F, Cavagnoli M, et al. 2012. Birth of normal infants after transfer of embryos that were twice vitrified/warmed at cleavage stages: report of two cases. Cryobiology, 65(3): 332～334.

Van den Abbeel E, Camus M, Verheyen G, et al. 2005. Slow controlled-rate freezing of sequentially cultured human blastocysts: an evaluation of two freezing strategies. Human Reproduction, 20(10): 2939～2945.

Van der Auwera I, Cornillie F, Ongkowidjojo R, et al. 1990. Cryopreservation of pronucleate mouse ova - slow versus ultrarapid freezing. Human Reproduction, 5(5): 619～621.

Van Landuyt L, Polyzos N P, De Munck N, et al. 2015. A prospective randomized controlled trial investigating the effect of artificial shrinkage (collapse) on the implantation potential of vitrified blastocysts. Hum Reprod, 30(11): 2509～2518.

Vanderzwalmen P, Bertin G, Debauche C, et al. 2002. Births after vitrification at morula and blastocyst stages: effect of artificial reduction of the blastocoelic cavity before vitrification. Human Reproduction, 17(3): 744～751.

Vanderzwalmen P, Bertin G, Debauche C, et al. 2003. Vitrification of human blastocysts with the Hemi-Straw carrier: application of assisted hatching after thawing. Human Reproduction, 18(7): 1504～1511.

Varago F C, Moutacas V S, Carvalho B C, et al. 2014. Comparison of conventional freezing and vitrification with dimethylformamide and ethylene glycol for cryopreservation of ovine embryos. Reproduction in Domestic Animals, 49(5): 839～844.

Veeck L L, Amundson C H, Brothman L J, et al. 1993. Significantly enhanced pregnancy rates per cycle through cryopreservation and thaw of pronuclear stage oocytes. Fertility and Sterility, 59(6): 1202～1207.

Veeck L L, Bodine R, Clarke R N, et al. 2004. High pregnancy rates can be achieved after freezing and thawing human blastocysts. Fertility and Sterility, 82(5): 1418～1427.

Whittingham D G, Leibo S P, Mazur P. 1972. Survival of mouse embryos frozen to –196 degrees and –269 degrees C. Science, 178(4059): 411～414.

Willadsen S M. 1977. Factors affecting the survival of sheep embryos during-freezing and thawing. Ciba Found Symp, (52): 175～201.

Wilmut I, Rowson L E A. 1973a. Experiments on low-temperature preservation of cow embryos. Vet Rec, 92(26): 686～690.

Wilmut I, Rowson L E A. 1973b. Successful Low-temperature preservation of mouse and cow embryos. Journal of Reproduction and Fertility, 33(2): 352～353.

Wolf D P, Vandevoort C A, Meyerhaas G R, et al. 1989. *In vitro* fertilization and embryo transfer in the Rhesus-monkey. Biology of Reproduction, 41(2): 335～346.

Yang Q E, Hou Y P, Zhou G B, et al. 2007a. Stepwise in-straw dilution and direct transfer using open pulled straws(OPS)in the mouse: A potential model for field manipulation of vitrified embryos. J Reprod Develop, 53(2): 211～218.

Yang Z Q, Zhou G B, Hou Y P, et al. 2007b. Effect of in-straw thawing on in vitro- and in vivo-development of vitrified mouse morulae. Anim Biotechnol, 18(1): 13～22.

Yeoman R R, Gerami-Naini B, Mitalipov S, et al. 2001. Cryoloop vitrification yields superior survival of Rhesus monkey blastocysts. Human Reproduction, 16(9): 1965～1969.

Yokota Y, Sato S, Yokota M. 2000. Successful pregnancy following blastocyst vitrification: case report. Hum Reprod, 15(8): 1802～1803.

Yuswiati E, Holtz W. 1990. Successful transfer of vitrified goat embryos. Theriogenology, 34(4): 629～632.

Zeilmaker G H, Alberda A T, Vangent I, et al. 1984. 2 pregnancies following transfer of intact frozen-thawed embryos. Fertility and Sterility, 42(2): 293～296.

Zhang X, Trokoudes K M, Pavlides C. 2009. Vitrification of biopsied embryos at cleavage, morula and blastocyst, stage. Reproductive Biomedicine Online, 19(4): 526～531.

Zhao X M, Hao H S, Du W H, et al. 2015. Effect of vitrification on the microrna transcriptome in mouse blastocysts. Plos One, 10(4).

Zhou C, Zhou G B, Zhu S E, et al. 2007. Open-pulled straw(OPS)vitrification of mouse hatched blastocysts. Anim Biotechnol, 18(1): 45～54.

Zhou G B, Hou Y P, Jin F, et al. 2005. Vitrification of mouse embryos at various stages by open-pulled straw(OPS)method. Anim Biotechnol, 16(2): 153～163.

Zhu L, Cheng S Z D, Calhoun B H, et al. 2001a. Phase structures and morphologies determined by self-organization, vitrification, and crystallization: confined crystallization in an ordered lamellar phase of PEO-b-PS diblock copolymer. Polymer, 42(13): 5829～5839.

Zhu S E, Kasai M, Otoge H, et al. 1993. Cryopreservation of expanded mouse blastocysts by vitrification in ethylene glycol-based solutions. J Reprod Fertil, 98(1): 139～145.

Zhu S E, Sakurai T, Edashige K, et al. 1994. Optimization of the procedures for the vitrification of expanded mouse blastocysts in glycerel-based solution. J Reprod Dev, 40: 293～300.

Zhu S E, Sakurai T, Edashige K, et al. 1996. Cryopreservation of zona-hatched mouse blastocysts. J Reprod Fertil, 107(1): 37～42.

Zhu S E, Zeng S M, Yu W L, et al. 2001b. Vitrification of *in vivo* and *in vitro* produced ovine blastocysts. Anim Biotechnol, 12(2): 193～203.

# 第三章 动物卵母细胞冷冻保存

## 第一节 家　畜

家畜胚胎的冷冻保存技术日趋成熟，而卵母细胞冷冻保存技术自 20 世纪末开展研究以来，进展非常缓慢，各种冷冻方案仍处于试验探索阶段，有待于进一步改良、完善。虽然慢速冷冻方案能成功保存胚胎，但不适用于卵母细胞的冷冻保存，而玻璃化冷冻似乎具有更明显的优势。因此，近年来对卵母细胞冷冻保存的研究重点集中在玻璃化冷冻保存技术的改良上，如抗冻保护剂的筛选，处理时间，冷冻和解冻步骤，冷冻载体的选择等。尽管卵母细胞的冷冻保存效果有一定程度的提高，但这些措施大多基于经验性的研究，很少与卵母细胞的低温生物学特性相联系，所以根据卵母细胞的生物学特性优化冷冻保存方案具有重要意义。

### 一、卵母细胞生物学特性

（一）卵母细胞渗透性

卵母细胞是哺乳动物体内最大的细胞，体积与表面积比值大，对水和抗冻保护剂的渗透能力差，导致在高渗溶液中所承受的渗透压损伤较大。卵母细胞内水分含量高达90%，其中 10%为结合水，存在于大分子之间，在–100℃下仍处于非冻结状态。而剩余水分为游离水，在–25℃就完全冻结。卵母细胞冷冻过程中需将胞内大部分游离水置换出胞外，并使渗透性抗冻保护剂渗入胞内代替游离水，这就会对卵母细胞膜和细胞器造成一定程度的损伤。

（二）渗透压耐受性

非渗透性抗冻保护剂浓度决定细胞内、外渗透压差，从而决定细胞体积的变化程度。研究表明，卵母细胞的体积与溶液渗透压的大小呈负相关，但达到一定限度后卵母细胞的体积将不再发生变化。卵母细胞能达到的最小体积约为原体积的 19%，再增加渗透压体积也不会再缩小；而卵母细胞的最大体积受透明带的限制，只能达到原体积的 1.54 倍（Newton et al.，1999；Mullen et al.，2007）。因此，在抗冻保护剂的添加或脱出过程中，需要考虑细胞体积的变化。当细胞膜脱水收缩至体积最小时，细胞膜的渗透率增加，非渗透性抗冻保护剂也可能进入胞内，导致细胞死亡。

（三）透明带和细胞膜特性

透明带（zona pellucida，ZP）是围绕在卵母细胞、受精卵和早期胚胎外周的一层半透明丝状体的酸性糖蛋白基质。在精卵识别、阻止多精受精、保护附植前胚胎等过程中起着十分重要的作用。所有哺乳动物的卵母细胞都有透明带，其厚度、韧性及蛋白质含量因动物种类而异，厚度为 1~25μm 不等，透明带是抗冻保护剂和水分进出细胞的屏障。另外，在卵母细胞冻融过程中，抗冻保护剂会使胞内钙离子浓度升高，如二甲基亚砜（dimethyl sulfoxide，DMSO）促进胞内钙库中的钙离子释放，乙二醇（ethylene glycol，EG）促进胞外的钙离子内流等；胞内的高钙离子浓度会导致透明带硬化，对蛋白酶的抵抗力增强而溶解性降低，最终影响精子穿卵及受精过程（Larman et al.，2006）。

卵母细胞质膜下肌动蛋白微管分布较少，使膜柔韧性降低，冷冻过程中易被破坏。而卵母细胞受精后，导致胞膜下的聚合丝状肌动蛋白的浓度升高、构象改变，这些变化有利于冷冻过程中水和渗透性抗冻保护剂的进出，提高脱水速率并减少冰晶形成，是胚胎冷冻保存能保持较高效率的关键所在（Gook et al.，1993）。卵母细胞对水和抗冻保护剂的渗透能力较弱，并且随着温度的降低，细胞膜的结构也随之发生改变，进一步降低了其渗透能力。

（四）卵母细胞内脂质含量

卵母细胞内脂质含量是衡量其质量和冷冻耐受性的重要指标，这些脂质是卵母细胞成熟、发育所必需的能量物质。细胞内脂肪和细胞膜脂成分均对低温敏感，冷冻会引起脂质发生物理性变化，这是造成卵母细胞低温损伤的重要原因之一。猪卵母细胞内存在大量的脂肪颗粒，其脂质的含量约为绵羊卵母细胞的 1.8 倍、牛卵母细胞的 2.4 倍和小鼠卵母细胞的 6.8 倍（Genicot et al.，2005）。研究证实，牛卵母细胞比猪卵母细胞的冷冻耐受性更高，这主要是由于牛和猪的卵母细胞内脂肪滴或囊泡的数目、结构，以及脂肪含量等的差异造成的（Isachenko et al.，2001）。玻璃化冷冻牛生发泡（germinal vesicle，GV）期卵母细胞，脂肪滴仍然具有同质的结构，并没有发现形态学上的改变；相反，猪 GV 期卵母细胞含有黑色和灰色两种脂肪滴，黑色的是同质的脂肪滴，灰色的脂肪滴带有半透明的电子条纹，在冷冻过程中这两种类型脂肪滴均会发生明显的形态学改变，从圆形转化成带有半透明条纹的球体。总之，卵母细胞内较高的脂质成分增加了其冷冻敏感性，是影响冷冻效率的主要原因之一。

（五）卵母细胞的成熟

卵母细胞成熟过程中伴随着生理和结构的变化，不同发育阶段卵母细胞相应地表现出冷冻耐受性的差异。MⅡ期卵母细胞已经完成核质成熟，形成纺锤体结构，排出第一极体；而 GV 期卵母细胞尚未形成纺锤体结构。一般认为，MⅡ期卵母细胞膜通透性较 GV 期卵母细胞高，因而可以拥有更好的冷冻保存效果。研究发现，在同等冷冻保存技术体系下，MⅡ期猪卵母细胞的存活率高于 GV 期卵母细胞，但后期发育能力却没有表现出明显优势（Wu et al.，2013）。近几年，科研工作者更关注于 GV 期卵母细胞的冷冻保存，不断对冷冻保存体系进行优化和改良。冷冻保存猪、牛、羊等家畜的 GV 期卵母细胞已取得了较大进展，冷冻存活率大幅提高，并且获得了第一头来源于冷冻 GV 期卵母细胞的健康仔猪，填补了低温生物学和繁殖生物学该方向的空白（Somfai et al.，2014）。另外，生发泡破裂（germinal vesicle breakdown，GVBD）时期的小鼠卵母细胞冷冻后，后期发育力要高于冷冻 GV 期和 MⅡ期的卵母细胞（Khosravi-Farsani et al.，2010）。总之，由于物种、冷冻条件等多方面因素影响，究竟哪一发育阶段卵母细胞适合超低温冷冻保存尚需进一步证实。

（吴国权）

## 二、猪卵母细胞冷冻保存研究进展

目前，猪卵母细胞的冷冻保存研究落后于其他家畜卵母细胞，这种状况很大程度上是由其自身生理特点决定的。猪卵母细胞内脂质含量非常高，使之对低温极为敏感，冷冻保存难度相对增大。科研人员经过不懈努力，在冷冻猪的 GV 期和 MⅡ 期卵母细胞研究上均取得了突破性进展。特别是猪 GV 期卵母细胞的冷冻保存方面，通过冷冻体系的优化，存活率达 80%以上，并且 GV 期卵母细胞冷冻后经体外成熟、受精等过程成功获得了世界首例健康仔猪（Somfai et al.，2014）。冷冻猪 MⅡ 期卵母细胞移植受体后也成功产下仔猪（Gajda et al.，2015）。可见，随着研究水平的不断深入，猪卵母细胞冷冻保存过程中的各种难题是可以逐一得到解决的。

### （一）猪卵母细胞的冷冻损伤

**1. 低温对猪卵母细胞的损伤**

冷冻损伤与细胞内的脂肪含量有关，猪和牛的卵母细胞及早期胚胎尤为明显（Wilmut，1972）。猪 GV 期卵母细胞在 15℃条件下处理 10min 后体外成熟，成熟率显著降低，大部分卵母细胞在体外成熟的 2~4h 内死亡，电镜分析发现低温应激的卵母细胞脂肪滴异常，线粒体-内质网-脂肪滴的空间结构破坏，影响了卵母细胞的能量代谢（Gerelchimeg et al.，2009）。猪 MⅡ 期卵母细胞在 5℃条件下处理 5min 就会发生纺锤体畸形或消失，染色体异常的比例明显增加，并且这种变化也很难恢复（Liu et al.，2003a）。可见，猪卵母细胞对低温极为敏感。

**2. 冷冻对猪卵母细胞线粒体和脂肪颗粒分布的影响**

线粒体是细胞内产生 ATP 和维持活力的重要功能单位，其活性和分布是胞质成熟的重要标志（Van Blerkom and Runner，1984）。猪、牛和马的卵母细胞在体外成熟过程中，线粒体聚集程度逐渐加剧，而猪体内卵母细胞的线粒体聚集程度更强，伴随有簇状线粒体的存在（Sun et al.，2001a）。猪卵母细胞玻璃化冷冻后，线粒体在胞质内的定位呈现不均匀的簇状分布（Shi et al.，2006）。微丝和微管对于调控卵母细胞的线粒体聚集和运动状态均具有重要作用，冷冻使微管、微丝受到损伤，因而不能正确地对线粒体进行转运。另外，冷冻猪 MⅡ 期卵母细胞也会引起线粒体的膜电位下降，导致线粒体功能障碍。

Fu 等（2011）采用尼罗红（Nile Red）荧光染色法标记脂肪颗粒并通过激光共聚焦显微镜观察，发现冷冻导致猪卵母细胞的脂肪颗粒碎裂、分布不均匀，并且碎裂的脂肪颗粒在胞质中呈均匀分布状态。通过电镜分析也发现，冷冻猪 MⅡ 期卵母细胞的脂肪滴分布明显异常（吴彩凤等，2014）。

### 3. 冷冻对猪卵母细胞骨架结构的影响

猪卵母细胞在 GV 期时胞质中存在大量微丝，当从 GVBD 期进入第一次减数分裂中期（MⅠ期）后，微丝数量减少。如果微丝遭到破坏，MⅠ期纺锤体的位置及随后的成熟过程会受到抑制（Sun et al., 2001b）。对于猪MⅡ期卵母细胞而言，冷冻破坏了微丝的正常分布，因此即使纺锤体和染色体正常，受精和胚胎发育也会受到影响；而猪 GV 期卵母细胞在冷冻后的体外成熟过程中，微丝是能够正确组装和分布的（Egerszegi et al., 2013）。猪卵母细胞内的纺锤体对外界环境变化较为敏感，即使只用抗冻保护剂处理，也会影响其正常形态。纺锤体一旦被破坏，卵母细胞受精后染色体的分离会发生异常，胚胎的非整倍体及多倍体发生率增加，正常发育受到影响。纺锤体结构异常可能是抗冻保护剂或冷冻造成微管蛋白解聚，破坏了正常的微管结构。有研究发现，猪 GV 期卵母细胞冷冻后经过体外成熟过程是完全可以形成纺锤体结构的，但猪MⅡ期卵母细胞冷冻后纺锤体结构受到损伤，并且难以恢复（Galeati et al., 2011；Egerszegi et al., 2013）。

### 4. 冷冻对猪卵母细胞超微结构的损伤

通过电镜扫描分析发现：猪 GV 期卵母细胞冷冻后主要表现为部分卵丘卵母细胞复合体（cumulus oocyte complex，COC）的卵丘颗粒细胞碎裂、脱落，卵丘颗粒细胞与卵母细胞之间的连接受到破坏，透明带破损，卵母细胞微绒毛断裂、消失、数量减少，部分线粒体肿胀、基质减少、嵴模糊，脂肪滴多呈均质状。猪MⅡ期卵母细胞冷冻后透明带也发生破损，微绒毛断裂或脱落，脂肪滴不均并空泡化，线粒体膨胀、电子致密度下降、嵴消失，但皮质颗粒仍单层排列于质膜下（Wu et al., 2006）。Fu 等（2009）发现，猪卵母细胞经抗冻保护剂处理就会导致线粒体变得表面粗糙，轮廓不清和破损；冷冻卵母细胞中线粒体更有发生变长和裂口的现象。

### 5. 冷冻对猪卵母细胞染色体和 DNA 的损伤

有研究发现，猪 GV 期卵母细胞经毒性处理或冷冻均对后期成熟过程中的染色体结构造成很大程度的损伤，导致体外成熟和受精率下降（Rojas et al., 2004）。随着冷冻技术的发展，猪 GV 期卵母细胞冷冻后体外成熟率能够与新鲜卵母细胞相当，细胞骨架结构呈正常分布，但染色体是否出现明显的结构异常，尚待进一步验证。另有研究证实，猪MⅡ期卵母细胞的染色体对抗冻保护剂和冷冻都特别敏感，均会导致染色体异常比例升高（Galeati et al., 2011）。采用单细胞凝胶电泳（彗星电泳）法检测发现，抗冻保护剂对猪MⅡ期卵母细胞 DNA 的损伤较为严重，异常率为 42.06%，而非处理的新鲜卵母细胞只有 12.28% 的异常率；冷冻对 DNA 也产生较大损伤，异常比例显著升高。对细胞基因组中定位特定 p53 基因进行断裂检测，发现冷冻的卵母细胞基因扩增有明显的条带，与预计的片段大小相符；而正常卵母细胞扩增却很少有片段产生，初步确认为冷冻造成 p53 基因损伤断裂（肖宇，2008）。

### （二）提高猪卵母细胞冷冻保存效果的措施

如何降低冷冻损伤，提高卵母细胞的存活率和发育能力，是冷冻保存面临的主要问题。解决上述问题应从以下两方面进行考虑：一是对冷冻方案的筛选，如降低抗冻保护剂的毒性、提高冷冻速率等；二是对卵母细胞进行特殊修饰以增强低温耐受性，如去除脂肪颗粒，稳定细胞骨架结构等。

**1. 冷冻方案**

（1）抗冻保护剂的选择

猪卵母细胞的冷冻保存，最常用的渗透性抗冻保护剂是 EG 和 DMSO。EG 分子质量小、毒性低，渗透速度快于其他抗冻保护剂，降低了对细胞的渗透性损伤；DMSO 具有很好的形成玻璃化的能力，但在常温下具有弱毒性，将其联合 EG 使用可以充分发挥各自优点，提高冷冻效率。Gupta 等（2007）用 EG、DMSO 或 EG 联合 DMSO 作为抗冻保护剂冷冻保存猪 GV 期卵母细胞，EG 或 EG 联合 DMSO 获得了较高的存活率和体外成熟率。Somfai 等（2013）用 EG 与 PROH 联合作为抗冻保护剂应用到猪 GV 期卵母细胞冷冻保存中，不但降低了毒性，还显著提高了卵母细胞的冷冻存活率。但也有研究者认为，EG 与 DMSO 组合在猪 GV 期卵母细胞的冷冻存活率上要优于 EG 与 PROH 组合（Nohalez et al., 2015）。目前，不同实验室所获结果各不相同，尚无定论。猪卵母细胞冷冻保存的非渗透性保护剂主要是二糖类，如蔗糖和海藻糖；或加入大分子物质，如胎牛血清（FCS）、聚乙烯吡咯烷酮（PVP）、聚蔗糖（ficoll）等。Huang 等（2008）用 EG 作为渗透性保护剂，联合不同浓度的葡萄糖、蔗糖、聚蔗糖和枸杞多糖 4 种非渗透性抗冻保护剂冷冻猪 GV 期卵母细胞，当添加 0.75mol/L 蔗糖，3.0g/mL 聚蔗糖或 0.10g/mL 枸杞多糖时均能获得较高的体外成熟率，其中枸杞多糖的作用效果最为显著。另有研究表明，蔗糖和海藻糖在冷冻保存猪 GV 期卵母细胞时的效果无明显差异（Somfai et al., 2015）。

（2）冷冻载体的选择

冷冻载体发展的大体趋势是由原来的卵母细胞与液氮隔离状态（载体包被式），逐步发展到与液氮接触（半包被式、裸露承载式），降温速率加快，冷冻效率提高。目前，猪卵母细胞玻璃化冷冻常用的方法有 OPS、SSV 和 Cryotop 等，这些方法使所需冷冻液的体积降低到最小，提高了降温速率，确保含有卵母细胞的冷冻液迅速形成玻璃化。Varga 等（2006）首次采用 OPS 法冷冻猪 GV 期卵母细胞，解冻后体外成熟并受精，可得到 22.35%的受精率。Somfai 等（2006）首先报道用 SSV 法冷冻猪 MⅡ期卵母细胞，孤雌激活后发育到囊胚阶段；此后，他们又用此方法冷冻猪 GV 期卵母细胞，解冻后体外成熟、受精产生了高质量的囊胚。Gupta 等（2007）采用 SSV 法冷冻猪 GV 期和 MⅡ期卵母细胞，同时获得了较好的存活和发育效果，卵裂率达 20%~26%，囊胚率达 3%~9%。Fujihira 等（2005）最早应用 Cryotop 法冷冻猪 GV 期卵母细胞，卵裂率达 42%，囊胚率达 6%。Liu 等（2008）比较了 Cryotop 和 OPS 对猪 MⅡ期卵母细胞的冷冻保存效果，发现 Cryotop 法优于 OPS 法，冷冻卵母细胞的后期发育能力显著提高。

**2. 卵母细胞修饰**

（1）稳定卵母细胞骨架结构

紫杉醇（taxol）能够降低微管蛋白组织时的临界浓度（Schiff et al., 1979），减少冷冻对微管的损伤，能维持纺锤体的正常结构，稳定线粒体和脂肪颗粒的空间分布，同时提高卵母细胞的发育能力（Shi et al., 2006; Fu et al., 2009）。Ogawa 等（2010）也证实紫杉醇处理能提高猪 MⅡ 期卵母细胞冷冻后的发育能力，孤雌激活囊胚发育率从 8.3%提升到 18.6%。

细胞松弛素 B（cytochalasin B，CB）可以引起细胞骨架结构的松弛，在某种程度上能减少因玻璃化冷冻导致的骨架系统的破坏（Bodo, 1996）。目前，CB 在冷冻保存中对卵母细胞的保护作用尚无定论。Fujihira 等（2004）冷冻猪 GV 期卵母细胞前用 7.5μg/mL CB 处理 30min，解冻后得到 37.1%的成熟率，显著高于未处理卵母细胞。但 Gupta 等（2007）研究认为，CB 预处理不能提高猪 GV 期和 MⅡ 期卵母细胞的冷冻保存效果。

（2）降低卵母细胞的脂质含量

去除或降低卵母细胞内脂肪的方法主要有机械去脂法和化学去脂法。Hara 等（2005）将猪 GV 期卵母细胞在含有 0.27mol/L 葡萄糖的处理液中离心，卵母细胞冷冻后有 7%的成熟率，而 Park 等（2005）将猪 GV 期卵母细胞离心后显微操作去脂，冷冻后体外成熟率提高到 15%。Ogawa 等（2010）发现，采用离心去脂和骨架稳定剂紫杉醇相结合的方法，猪 MⅡ 期卵母细胞可以有效地发育到囊胚阶段，且保持了发育至胎儿的潜力。化学去脂是指通过化学药品刺激，使细胞内脂肪发生脂解作用，从而达到降低脂肪的目的；通过 Forskolin 脂解作用降低卵母细胞内脂肪含量能够提高体外成熟猪卵母细胞的冷冻耐受性。Fu 等（2011）报道，成熟液中加入 Forskolin 能降低成熟后卵母细胞的脂肪含量，并且能提高冷冻后的存活率。

（3）提高卵母细胞的耐受性

Du 等（2008）采用高静水压力（high hydrostatic pressure，HHP）对猪 MⅡ 期卵母细胞进行预处理，冷冻后孤雌激活的卵裂率和囊胚发育率显著提高，并发现在 37℃条件下的 HHP 处理效果要优于 25℃。此外，高渗透压溶液预处理也能提高猪 MⅡ 期卵母细胞耐受性，猪 MⅡ 期卵母细胞经 593mOsm/kg 和 1306mOsm/kg 的 NaCl 预处理后玻璃化冷冻，其孤雌激活的卵裂率和囊胚发育率都有显著提高（Lin et al., 2009a）；另外采用高渗的（588mOsm/kg）蔗糖和海藻糖处理猪 MⅡ 期卵母细胞，同样也能够提高冷冻卵母细胞的发育能力（Lin et al., 2009b）。

（4）提高卵母细胞抗氧化能力

卵母细胞在冷冻过程中所遭受的氧化损伤非常严重，而降低氧化性损伤的较好办法是在低氧环境下培养，或加入谷胱甘肽、β-巯基乙醇、牛磺酸和维生素 E 等抗氧化物质来提高卵母细胞的质量（de Matos et al., 2002; Reis et al., 2003; Feugang et al., 2004）。Gupta 等（2010）报道，冷冻导致猪卵母细胞内活性氧（reactive oxygen species，ROS）水平显著升高，在冷冻操作液、体外成熟液和胚胎发育液中加入 β-巯基乙醇能有效降低冷冻卵母细胞内的 ROS 水平，提高其质量和胚胎发育能力。此外，白藜芦醇添加到猪 MⅡ 期卵母细胞的体外成熟和冷冻过程中的不同操作液也能够提高卵母细胞的冷冻存活率，降低凋亡比例（Giaretta et al., 2013）。

（5）调节线粒体内钙平衡

线粒体作为胞内钙库之一，在调节细胞内钙平衡方面扮演重要角色。过度氧应激或胞内钙离子超负荷会引起线粒体通透性转变（mitochondrial permeability transition，MPT），导致线粒体受损，引起细胞凋亡（Nabenishi et al., 2012）。当温度降低到 14℃

时，猪 GV 期卵母内钙离子浓度就会显著上升。冷冻液中钙离子及抗冻保护剂也能引起卵母细胞内钙离子浓度的升高，而线粒体是通过单输送体的方式吸收钙，进而调节胞内的钙离子浓度。猪 GV 期卵母细胞冷冻后体外成熟过程中加入环孢霉素 A（cyclosporin A，线粒体的通透性转变抑制剂）和过氧化乙酰苯甲酰（BAPTA-AM，细胞内钙离子螯合剂）可以降低线粒体内钙浓度，提高其存活率和体外成熟率，当加入钌红（ruthenium red，线粒体膜钙离子单输送体抑制剂）时，能够获得体外受精的囊胚（Nakagawa et al，2008）。

（史文清　刘　霖）

## 三、牛卵母细胞冷冻保存研究进展

在家畜中，牛卵母细胞的冷冻保存技术研究最早、最多，其特殊的生理特性使其比猪和羊的卵母细胞具有更高的冷冻耐受性，冷冻卵母细胞经体外受精产生的胚胎也可达到较高的囊胚发育率，并且获得了来自冷冻的牛 GV 期和 MⅡ期卵母细胞的犊牛。第一头玻璃化冷冻保存卵母细胞产生的犊牛于 1992 年出生（Fuku et al.，1992）。1998 年，Vajta 等首次采用 OPS 法玻璃化冷冻保存牛卵母细胞获得成功，体外受精后囊胚发育率达 11%~25%，此后超速冷冻和解冻的思路应用于牛卵母细胞的冷冻保存中。Hou 等（2005）证实冷冻卵母细胞可以支持重构胚的全程发育，胚胎移植后获得世界首例冷冻卵母细胞作为核受体的体细胞克隆牛。总体看来，牛卵母细胞冷冻保存的效果仍不稳定，冷冻损伤较大，致使冷冻卵母细胞的成熟率、受精率和囊胚发育率均低于未冷冻卵母细胞。目前，牛卵母细胞冷冻保存的研究主要集中在玻璃化方法的改良，但在低温生物学机理和冷冻损伤机制方面研究较少，还有待进一步研究。

### （一）牛卵母细胞的冷冻损伤

#### 1. 冷冻对牛卵母细胞超微结构的损伤

玻璃化冷冻会对牛卵母细胞的超微结构造成不同程度的损伤，GV 期主要表现为细胞膜破裂，微绒毛减少或消失，各种细胞器如线粒体、高尔基复合体、内质网及脂肪滴等受到损伤；MⅡ期卵母细胞表现为微绒毛变得较为稀疏并倒伏于质膜表面，质膜边缘模糊不清并且与透明带的间隙缩小，皮质颗粒大部分消失，仅有少量在质膜下分布，皮质区出现大囊泡，呈半透明的退化状态，并能观察到部分皮质颗粒出现胞吐现象，线粒体部分发生过度肿胀或收缩，嵴消失并出现空泡等（Fuku et al.，1995；Morato et al.，2008a）。

#### 2. 冷冻对牛卵母细胞骨架结构的损伤

温度是微管和微丝动力学中最敏感的因子之一。Aman 和 Parks（1994）研究降温和复温对纺锤体的影响，结果显示，卵母细胞置于 4℃条件下 1~60min 后，纺锤体缺失或退化，复温后仅有 7%能够恢复正常形态。牛 MⅡ期卵母细胞冷冻后赤道板大部分破裂、染色体分散或聚积成块、纺锤体紊乱、连接染色体的微管部分解聚（Morato et al.，2008b；Prentice et al.，2011；Diez et al.，2012）。虽然牛 GV 期卵母细胞冷冻后微丝和微管结构破坏，发生聚积并呈簇状分布于胞质中，但卵母细胞经过 24h 体外成熟与恢复后，微管和微丝重新聚合，其分布状态均能够达到正常卵母细胞的水平（Luciano et al., 2009）。

**3. 冷冻对牛卵母细胞 DNA 的损伤**

冷冻保存不但造成卵母细胞的胞质受损，也会对核物质产生影响。Men 等（2003）采用单细胞凝胶电泳比较了慢速冷冻、细管法和 OPS 法玻璃化冷冻对牛卵母细胞 DNA 损伤的影响，发现不同的冷冻方法均未影响带有彗星尾的卵母细胞比例，但慢速冷冻和 OPS 法冷冻后卵母细胞的彗星尾显著长于玻璃化冷冻细管法，提示这两种方法对 DNA 的损伤较为严重。Stachowiak 等（2009）同样采用此法，比较了滴冻法、OPS 法和细管法对牛卵母细胞 DNA 的损伤，发现滴冻法和 OPS 法明显优于细管法，对卵母细胞的 DNA 损伤较小。而 Luciano 等（2009）研究发现，冷冻牛 GV 期卵母细胞的细胞核和胞质均适合于生发泡移植技术（GVT），获得的重构卵母细胞能够发育至 MⅡ期，并与未冷冻的重构卵母细胞在成熟率上无显著差异，说明冷冻的细胞核也能够支持卵母细胞的成熟。另有研究表明，慢速冷冻和玻璃化冷冻后的牛卵母细胞 DNA 碎裂片段比例显著高于新鲜卵母细胞（Hu et al., 2012）。

**4. 冷冻对牛卵母细胞内凋亡基因及表观遗传的影响**

细胞凋亡是生物体内普遍存在的一种细胞选择性死亡，它发生于不同的生理和病理过程中，是多细胞生物体一种重要的自我稳定机制。细胞凋亡受凋亡相关基因调控，通过不同途径调控卵母细胞存活，影响其质量，也是冷冻卵母细胞发育能力下降的主要原因之一（Men et al., 2003）。Anchamparuthy 等（2010）将牛 GV 期和体外成熟 15h 的卵母细胞冷冻，解冻后继续培养至成熟，应用实时定量 PCR 技术检测卵母细胞内凋亡基因（*Fas*、*FasL*、*Bax*、*Bcl-2*）mRNA 的表达量，发现冷冻牛卵母细胞中上述凋亡基因的 mRNA 表达量均增加至同一时期正常卵母细胞的 1.2 倍，经过体外成熟后凋亡基因的 mRNA 表达量有一定程度下降。冷冻牛卵母细胞的表观遗传研究较少，Hu 等（2012）发现慢速冷冻和 DMSO 玻璃化冷冻后的牛卵母细胞全基因组甲基化水平显著低于新鲜卵母细胞，而 PROH 玻璃化冷冻的卵母细胞甲基化水平显著高于对照组。

**（二）提高牛卵母细胞冷冻保存效果的措施**

**1. 抗冻保护剂**

选择不同类型及组合的抗冻保护剂影响牛卵母细胞的存活和后期发育能力，DMSO、EG、PROH 和甘油作为常用的抗冻保护剂已经在卵母细胞和胚胎的冷冻保存中广泛应用。EG 分子质量小，具有高渗透和低毒性的特点，是理想的抗冻保护剂，而有学者认为混合型抗冻保护剂更有利于发挥各自优势。Mahmoud 等（2010）采用 OPS 法冷冻水牛 GV 期卵母细胞并对不同抗冻保护剂进行筛选，发现 EG 及 EG 和 DMSO 组合的抗冻保护剂毒性相对较小，卵母细胞经毒性处理后成熟至 MⅡ期的比率较高；而采用这两种抗冻保护剂冷冻卵母细胞后，虽然在存活方面无显著性差异，但以 EG 和 DMSO 组合的成熟率较高。Gautam 等（2008）采用玻璃化方法冷冻水牛成熟卵母细胞时，也证实单独使用 EG 的效果较差，而 EG 和 DMSO 联合获得了较高的存活率和囊胚发育率。

大分子聚合物通常添加在冷冻液中作为细胞外抗冻保护剂,虽然不能通过细胞膜,但能降低细胞外液渗透性抗冻保护剂的浓度、减小毒性,并能够改变冷冻液的降温速率,使其迅速达到玻璃化状态。目前,牛卵母细胞的冷冻液都含有一些大分子聚合物。Checura 和 Seidel(2007)研究不同大分子聚合物对牛卵母细胞冷冻保存效果的影响,发现 1%和 2%的 FAF-BSA、6%和 18%的 Ficoll、6%和 20%的 PVP、1% PVA+18% Ficoll+1% BSA,以及 6% PVP+1% BSA 的组合都能对卵母细胞起到较好的保护作用。

**2. 冷冻载体**

越来越多研究证实,慢速冷冻法已不再适用于牛卵母细胞的冷冻保存,而玻璃化冷冻法具有更明显的优势,其中冷冻载体决定玻璃化冷冻的降温速率,是影响卵母细胞冷冻保存效率的主要因素之一。有报道采用 Cryotop 和微量空气冷却(micro volume air cooling,MVAC)冷冻牛 MⅡ期卵母细胞,经体外受精后卵裂率和囊胚发育率分别为 53.1%和 56.6%,20.0%和 25.5%,二者无显著差异(Punyawai et al.,2015)。采用细管法和 Cryotop 法冷冻牛 GV 期卵母细胞时,在卵母细胞成熟率上 Cryotop 法明显优于细管法(Prentice et al.,2011)。Morato 等(2008a)研究牛 MⅡ期卵母细胞冷冻保存,证实经 Cryotop 法冷冻后卵母细胞的存活率和后期发育能力均显著高于 OPS 法;Checura 和 Seidel(2007)发现 Cryoloop 法冷冻牛 MⅡ期卵母细胞的效果也好于 OPS 法。可见,采用开放式的冷冻载体更有利于牛卵母细胞的冷冻保存。另外,Matsumoto 等(2001)发明了尼龙网冷冻法(nylon mesh),能够一次性装载大约 65 个牛 GV 期卵母细胞,并证实其冷冻保存效果与电镜铜网法(EM)相似;Abe 等(2005)运用此种方法冷冻牛 GV 期卵母细胞后成功产生健康犊牛。

冷冻载体也影响牛卵母细胞的超微结构。正常牛 MⅡ期卵母细胞的卵丘颗粒细胞突触深入透明带、卵周隙清晰可见,小囊泡分布于整个胞质中,其中大量分布于中心区域,微绒毛完整并深入卵周隙中,皮质颗粒整齐排列于卵黄膜下,线粒体具有较高膜电位和正常的嵴结构,内质网与线粒体紧密相连。经 SSV 法冷冻的牛卵母细胞卵黄膜和透明带有破裂现象,小囊泡不同程度增大,脂肪滴偏向一侧,皮质颗粒聚积,卵周隙的微绒毛部分缺失,线粒体的嵴结构减少。而经细管法冷冻后,卵母细胞内小囊泡和脂肪滴大量聚集在卵黄膜下,并且囊泡异常增大,明显可观察到大、小两种类型囊泡,并且特别大的卵泡与卵黄膜发生融合现象;大部分卵母细胞的卵黄膜破裂,卵周隙和微绒毛消失;线粒体明显膨胀变大,嵴结构消失,内膜出现一些明显的管状折叠(Boonkusol et al.,2007)。可见,SSV 法的冷冻效果明显优于细管法,卵母细胞受到的超微结构损伤较小。

**3. 卵丘颗粒细胞**

卵丘颗粒细胞的有无可能影响卵母细胞的冷冻保存效果。研究发现,采用 Cryotop 法冷冻牛 GV 期卵母细胞时,卵丘颗粒细胞包裹完整的卵母细胞冷冻后存活率、体外受精卵裂率和囊胚发育率均显著高于部分裸露的卵母细胞;冷冻牛 MⅡ期卵母细胞时,卵丘颗粒细胞的有无对卵母细胞的存活和后期发育能力无显著影响(Zhou,2010)。而 Chian 等(2004)则认为,去除卵丘颗粒细胞有利于牛 MⅡ期卵母细胞的冷冻保存,存活率和后期发育能力都有显著提高。另外,Gasparrini 等(2007)在冷冻保存水牛 MⅡ期卵母细胞时发现，卵丘颗粒细胞的作用受冷冻方法的影响，采用 SSV 法冷冻时，卵丘颗粒细胞的有无对卵母细胞的存活和后期发育无显著影响，而采用 Cryoloop 法冷冻时，脱除卵丘颗粒细胞有利于卵母细胞的冷冻保存。Attanasio 等（2010）将水牛的裸卵冷冻保存后在悬浮的卵丘颗粒细胞、单层卵丘颗粒细胞和与卵丘卵母细胞复合体（COC）的环境中进行体外受精，结果发现冷冻的裸卵与 COC 共孵育后，其卵裂率能够达到与新鲜 COC 相同的水平，但囊胚发育率却低于正常卵母细胞。Luciano 等（2009）也证实，冷冻牛 GV 期卵母细胞在体外成熟过程中与正常 COC 共培养后，其成熟率与正常未冷冻卵母细胞无显著差异。

**4. 卵母细胞成熟时期**

大量研究探讨了适合牛卵母细胞冷冻保存的减数分裂时期，但所得的结果却不尽一致。一般情况下，牛的 GV、GVBD 和 MⅡ期卵母细胞是较为常用的冷冻保存时期，但也有研究认为减数分裂阶段并不影响卵母细胞的冷冻保存效果。Otoi 等（1995）认为，牛 MⅡ期卵母细胞比 GV 期卵母细胞具有更高的冷冻耐受性，后期发育能力也更好。当冷冻液成分发生改变时，不同时期卵母细胞的冷冻保存效果也会发生变化，这有可能是各研究者得出不一致结论的原因。Magnusson 等（2008）研究也发现，用 40% EG 的冷冻液保存体外成熟 0h 的牛卵母细胞所获得的囊胚发育率高于体外成熟 18h 的卵母细胞；然而用 30% EG 冷冻保存各时期卵母细胞时，其后期发育能力无差异。此外，牛卵母细胞在体外成熟的 0h、8h 和 22h 进行 Cryotop 法冷冻保存，发现卵母细胞存活率以 0h 组最低，但是 22h 组的超微结构损伤最为严重（Spricigo et al.，2014）。出现这些情况可能是不同时期卵母细胞对抗冻保护剂的耐受能力不同导致的。

**5. 卵母细胞骨架结构**

维持卵母细胞骨架结构有利于降低冷冻损伤。牛 MⅡ期卵母细胞冷冻前采用紫杉醇（taxol）预处理能够维持纺锤体结构、提高染色体正常率、改善皮质颗粒分布、降低超微结构损伤，明显提高体外受精的卵裂率和囊胚发育率（Morato et al.，2008c）。最新研究表明，在冷冻牛卵母细胞之前采用细胞微管稳定剂多西紫杉醇（docetaxel）处理可以显著降低细胞骨架结构损伤，提高卵母细胞的冷冻存活率及受精胚胎的发育能力（Chasombat et al.，2015）。另外，使用高浓度的 NaCl 或者蔗糖预处理可以增强牛 MⅡ期卵母细胞的冷冻耐受力，进而提高冷冻卵母细胞微管和染色体的形态正常率（Arcarons et al.，2015）

**6. 细胞膜成分**

冷冻损伤是制约卵母细胞冷冻保存技术发展的主要原因之一，其中最主要的是胞质膜的损伤，特别是膜结构中的脂类物质。在低温环境下，脂类会不可逆地由液晶态转化成凝胶态，导致细胞的膜完整性降低，引起细胞死亡，并且这种现象受膜成分的影响。细胞膜内含有大量的胆固醇类物质，这些脂类物质分布于磷脂双分子层中间，而其中的短链脂肪酸对低温的敏感性较低，这也是季节和日粮变化引起牛卵母细胞冷冻保存效果不同的原因。因此，配子或胚胎膜成分的改变，有利于提高其冷冻保存效果。研究发现，胆固醇、卵磷脂、鞘磷脂与胚胎膜作用后并不能提高冷冻存活率（Pugh et al.，1998），而磷脂酰胆碱或二棕榈酰磷脂酰胆碱能够与细胞膜结合或融合，脂相转变温度发生改变，降低细胞膜的低温敏感性（Zeron et al.，2002）。亚油酸也能够改变膜性质，特别是多不饱和脂肪酸，其中含有两个双键，大量存在于卵泡液中；在培养液中添加亚油酸-白蛋白能提高牛桑椹胚或去核卵母细胞的冷冻保存效果（Hochi et al.，1999）。Horvath 和 Seidel（2006）也发现，β-环糊精胆固醇能够提高冷冻牛卵母细胞的卵裂率和 8-细胞胚胎率，但囊胚发育率无显著性影响。有研究表明，牛卵母细胞成熟培养过程中添加 trans-10, cis-12（CLA），可以减缓水和渗透性抗冻保护剂的流动速率，从而提高冷冻卵母细胞的存活率及受精后的胚胎发育能力（Matos et al.，2015）。

**7. 其他药物调节**

卵母细胞内大量脂滴的存在为其发育提供能量，但也是导致冷冻耐受性差的关键因素。一些研究者试图通过调控卵母细胞的脂质代谢来降低胞内脂肪含量，从而提高卵母细胞的冷冻保存效率。目前，能够加速胞内脂肪 β-氧化的 L-肉碱已用于牛卵母细胞的冷冻保存研究中，但所获结果不同。Chankitisakul 等（2013）研究证实，牛卵母细胞在含有 0.6mg/mL L-肉碱的成熟液中培养后再经冷冻与受精，囊胚发育率显著提高（34% vs. 20%）。然而，Phongnimitr 等（2013）的研究结果表明，L-肉碱并不影响牛卵母细胞的冷冻耐受性。

卵母细胞体外操作中产生的氧化应激，可以通过抗氧化药物处理降低氧化损伤，提高卵母细胞的冷冻保存效果。体外成熟过程中添加硫醇复合物可提高牛卵母细胞胞内谷胱甘肽（GSH）水平，促进冷冻卵母细胞的发育能力（de Matos et al.，2002；Hara et al.，2014）。牛卵母细胞冷冻后的恢复过程中添加抗氧化剂 α-生育酚可以显著提高其发育能力，使囊胚质量得到改善（Yashiro et al.，2015）。

冷冻牛 GV 期卵母细胞在体外成熟过程中会发生胞内 cAMP 水平和促成熟因子（MPF）活性下降，添加 cAMP 调节药物如腺苷酸环化酶激活剂或 3-isobutyl-1-methylxanthine 可以起到缓解作用，提高了冷冻卵母细胞的发育能力（Ezoe et al.，2015）。

（刘 颖 张瑞娜 刘 聪）

## 四、羊卵母细胞冷冻保存研究进展

羊卵母细胞冷冻保存的研究与人、小鼠和牛的相比进展较为缓慢，主要是由于羊大多为季节性发情动物，在非繁殖季节获取的卵母细胞相对较少。特别是在我国，羊在畜牧业生产中的规模化程度较低，卵巢的获取相对困难。另外，冷冻损伤也成为制约羊卵母细胞冷冻保存技术发展的主要瓶颈。随着畜牧业及胚胎生物技术的迅速发展，羊卵母细胞的冷冻保存显得尤为重要。因此，羊卵母细胞的冷冻损伤及提高冷冻后发育能力的研究成为该领域的热点。

（一）羊卵母细胞的冷冻损伤

**1. 冷冻对羊卵母细胞超微结构的损伤**

电镜扫描分析发现，羊 GV 期卵母细胞采用细管法玻璃化冷冻后，卵黄膜与透明带的间隙扩大，部分卵黄膜破裂，卵周隙的微绒毛减少，线粒体的膜电位发生改变并膨胀变大，脂肪滴和小囊泡破裂并侵入胞质的其他细胞器中。虽然卵丘颗粒细胞间的连接复合体仍然存在，但间隙增大，特别是在内层卵丘颗粒细胞与透明带之间尤为明显，卵丘颗粒细胞突触减少，透明带也失去同质性并有萎缩现象。卵丘颗粒细胞内的各种细胞器也发生空泡化。当采用 Cryotop 法玻璃化冷冻羊 GV 期卵母细胞时，卵周隙扩大但微绒毛仍然大量存在，卵黄膜完整，大部分脂肪滴和小囊泡的质膜完整并分布均匀，线粒体形态和分布与正常状态相似。不同类型的连接复合体仍存在于卵丘层之间，大多数内层细胞突触与透明带之间的距离没有发生变化，透明体也没有破裂现象。卵丘颗粒细胞内的线粒体、中心粒、内质网、脂肪滴清晰可见，但仍有部分细胞变性。当采用 SSV 法玻璃化冷冻 GV 期羊卵母细胞时，卵周隙正常并且微绒毛大量存在，除部分线粒体膨胀外，大部分呈正常的圆形或椭圆形分布于胞质中，大多数小囊泡膜完整，但脂肪滴分布有异常现象。虽然不同类型的连接复合体存在，但卵丘颗粒细胞与透明带之间的突触减少，并且部分透明带有破裂现象。在卵丘颗粒细胞质内，部分脂肪滴、线粒体等细胞器有空泡化，仍有退化的卵丘颗粒细胞存在。可见，Cryotop 法冷冻对 GV 期羊卵母细胞的微结构损伤最小（Ebrahimi et al.，2012）。

**2. 冷冻对羊卵母细胞纺锤体和染色体的影响**

抗冻保护剂处理和冷冻过程均可导致绵羊 MⅡ 期卵母细胞内纺锤体和染色体的结构异常（Succu.，2007a）。不同冷冻载体也会对此造成影响，当采用 OPS、Cryoloop 和 Cryotop 作为载体冷冻绵羊 MⅡ 期卵母细胞时，如果解冻后卵母细胞未经恢复，Cryoloop 法的纺锤体和染色体结构正常率显著高于 OPS 法和 Cryotop 法，而经过 2h 恢复后这三种方法无明显差异（Succu et al.，2007b）。有研究认为，绵羊 MⅡ 期卵母细胞冷冻后经 2h 恢复不能提高纺锤体和染色体结构的正常率（Asgari et al.，2011）。绵羊 GV 期卵母细胞冷冻后也会造成染色体异常比例上升（Ebrahimi et al.，2010）。核质互换实验结果显示，将冷冻绵羊 MⅡ 期卵母细胞的染色质移入新鲜卵母细胞中能够继续支持胚胎发育，囊胚发育率与新鲜卵母细胞差异不显著，说明冷冻对卵母细胞的遗传物质损伤较小（Hosseini et al.，2015a）。

**3. 冷冻保存对羊卵丘颗粒细胞的影响**

卵丘颗粒细胞在卵母细胞的体外成熟和受精过程中发挥重要作用，有助于卵母细胞的成熟并提高受精率。卵丘颗粒细胞的存在很可能阻碍抗冻保护剂的渗透，使卵母细胞内抗冻保护剂分布不均，最终影响卵母细胞的存活与减数分裂能力（Dhali et al.，2000b）。此外，冷冻会引起卵丘颗粒细胞丢失及部分卵丘颗粒细胞凋亡，这些都将直接影响卵母细胞的发育潜能。Bogliolo 等（2007）发现，玻璃化冷冻可引起卵丘颗粒细胞膜的损伤并降低卵母细胞与卵丘颗粒细胞间的联系，而冷冻前去除卵丘颗粒细胞则可提高卵母细胞的存活率与减数分裂能力。Zhang 等（2009）研究发现，成熟卵母细胞有无卵丘颗粒细胞对其冷冻后存活率和后期发育能力无显著影响，这可能是绵羊卵母细胞成熟后卵丘颗粒细胞与卵母细胞间的缝隙连接降低所致。Moawad 等（2012）研究表明，绵羊 GV 期卵母细胞仅经抗冻保护剂处理不会影响其体外成熟过程中的扩展能力，但冷冻会导致扩展指数明显下降。

**4. 冷冻对羊卵母细胞基因和蛋白表达的影响**

近年来，随着分子生物技术的快速发展，卵母细胞冷冻损伤的研究逐步转向对分子机制的探讨。目前，研究主要集中在冷冻对卵母细胞体外发育密切相关的基因、酶类和细胞因子的影响。成熟促进因子（maturation promoting factor，MPF）控制着细胞周期，与卵母细胞的体外发育关系密切。研究表明，绵羊成熟与未成熟卵母细胞玻璃化冷冻后均可引起 MPF 活性降低（Succu et al., 2007a; Bogliolo et al., 2007）。Succu 等（2008）随后报道，玻璃化冷冻后绵羊卵母细胞周期蛋白 B（cyclin B）、$P34^{cdc2}$、$Na^+$-$K^+$ATP 酶及钙黏素（E-Cad）的 mRNA 丰度均低于对照组；Cyclin B 与 $P34^{cdc2}$ 是 MPF 的两个亚基，进一步证实玻璃化冷冻会造成 MPF 活性降低；$Na^+$-$K^+$ATP 酶与细胞代谢有关，直接影响卵母细胞解冻后的活性；E-Cad 则与胚胎的致密化有关。此外，Hosseini 等（2015b）研究发现，冷冻绵羊 MⅡ 期卵母细胞会导致其胞内核重塑（CCNB）、新陈代谢（ATP1A1）和 poli-A 聚合酶（PAP）的 mRNA 表达量下降，而联结蛋白 43（CNX43）、热激蛋白 90（HSP90）、孪蛋白（GMMN）、核质蛋白（NPM）等基因表达则无明显变化。这些分子水平的变化很可能是羊卵母细胞冷冻后发育能力下降的重要原因之一。

细胞凋亡途径受 Bcl-2 家族与切冬酶（caspase）家族调控，其中 Bcl-2 家族又包括抗凋亡因子（Bcl-2 和 Bcl-XL）和诱导凋亡因子（Bax 和 Bid）。玻璃化冷冻过程中高浓度的抗冻保护剂、降温速率及渗透压应激等因素很可能导致卵母细胞凋亡（Men et al., 2003），但在冷冻绵羊卵母细胞内却没有发现 Bcl-2 和 Bax 的 mRNA 表达量发生明显变化（Ebrahimi et al., 2010）。另有研究发现，绵羊卵母细胞成熟相关基因（*GDF9*、*BMP15*）的 mRNA 表达量在冷冻后明显降低，很可能影响到颗粒细胞的增殖、扩展及卵母细胞的成熟和后期发育。此外，冷冻载体也影响卵母细胞的某些基因表达情况（Ebrahimi et al., 2010）。Rao 等（2012）采用不同载体冷冻山羊 GV 期卵母细胞，发现传统细管法（conventional straw）冷冻导致 *GDF9*、*BMP15*、*TGFBR1*、*BMPR2*、*BAX*、*BCL2*、*P53* 等基因的表达发生明显异常，而 OPS、Cryoloop、半细管法和 Cryotop 则对上述基因的影响不显著。

**（二）提高羊卵母细胞冷冻保存的措施**

**1. 冷冻载体与冷冻液**

为提高羊卵母细胞的冷冻保存效率，科研工作者对不同冷冻载体进行了比较，通常采用的载体有细管、OPS、SSV、Cryotop 及 Cryloop 等。Begin 等（2003）利用 Cryoloop 法和 SSV 法冷冻山羊 MⅡ 期卵母细胞，Cryoloop 法获得了较高的存活率，但两种方法体外受精的卵裂率无显著性差异。Succu 等（2007a）采用 OPS、Cryoloop 和 Cryotop 法冷冻绵羊 MⅡ 期卵母细胞，体外受精后以 Cryotop 组卵裂率最高，达 42.86%，但囊胚发育率则以 Cryoloop 组最高，为 12.5%。Ebrahimi 等（2010）比较了 Cryotop、SSV 和细管法对绵羊 GV 期卵母细胞的冷冻保存效果，发现也是以 Cryotop 冷冻效果最好，卵母细胞体外成熟率达 48.81%。Rao 等（2012）对山羊 GV 期卵母细胞采用不同载体（传统细管法、OPS、Cryoloop、半细管法、Cryotop）进行冷冻保存，其中 Cryoloop、半细管法和 Cryotop 获得的冷冻存活率最高，体外成熟后的极体排出率和到达 T I /M II 的比率以半细管法和 Cryotop 最高。由此可见，开放式冷冻载体的冷冻效果相对优于封闭或半封闭的冷冻载体。

羊卵母细胞冷冻保存一般采用 EG 或 EG 联合 DMSO 作为抗冻保护剂较为理想（Bhat et al., 2013）。其中，冷冻液中钙离子浓度影响卵母细胞的冷冻保存效果，Succu 等（2011）检测 TCM 199+20%胎牛血清（FCS）、PBS+20% FCS、DPBS（无钙镁）+20% FCS、PBS+0.4% BSA、DPBS+0.4% BSA 为基础液的钙离子浓度分别为 9.9mg/dL、4.4mg/dL、2.2mg/dL、3.2mg/dL、0.4mg/dL，发现采用 DPBS+20% FCS 作为基础液配制的冷冻液冷冻绵羊 M II 期卵母细胞，冷冻后存活率、体外受精的卵裂率和囊胚发育率均显著高于其他基础液组，且自发孤雌激活比例显著下降。另外，Marco-Jimenez 等（2012）采用冰晶抑制剂（1% SuperCool X-1000 和 1% SuperCool Z-1000）替代 20% FCS 冷冻绵羊成熟卵母细胞，其存活率和胚胎发育能力相似，证实冰晶抑制剂可以作为 FCS 的替代物。

**2. 卵母细胞成熟阶段**

羊卵母细胞的冷冻保存研究多集中于成熟阶段，特别是羔绵羊卵母细胞。Berlinguer 等（2007）采用 Cryoloop 法冷冻羔绵羊 M II 期卵母细胞，体外受精后卵裂率为 41.7%、桑椹胚发育率为 7.4%，但 Succu 等（2007a）采用此方法仅获得了 21.4%的卵裂率，也未能产生囊胚。田树军（2007）采用 OPS 法冷冻羔绵羊 M II 期卵母细胞，体外受精并将其中所生产的 52 枚胚胎进行移植，成功产下 4 只健康羔羊。另外，在研究冷冻绵羊 M II 期卵母细胞的发育能力时发现，体外受精的卵裂率和囊胚形成率严重下降，但采用孤雌激活和体细胞核移植方法则能获得与新鲜卵母细胞相似的发育能力（Hosseini et al., 2015b）。

研究者也对羊 GV 期卵母细胞的冷冻保存进行了尝试。当采用 OPS 法或 Cryotop 法冷冻绵羊 GV 期卵母细胞时，体外培养后有 30%左右的卵母细胞能够发育至 M II 期（Isachenko et al., 2001；Bogliolo et al., 2007）。Moawad 等（2013a）研究发现，绵羊 GV 期卵母细胞经 Cryoloop 冷冻后体外成熟率为 43.4%，体外受精后获得了高质量囊胚。另外，Silvestre 等（2006）采用 OPS 法冷冻羔绵羊 GV 期卵母细胞，体外培养后仅有 12.7%发育至 M II 期。

Hosseini 等（2012）研究了体外老化对绵羊卵母细胞冷冻保存效果的影响，通过观察冷冻存活、超微结构、染色体和微管骨架、基因表达、皮质颗粒状态及透明带硬化程度，发现老化卵母细胞（体外成熟 30～32h）与正常成熟卵母细胞（体外成熟 18～20h）冷冻后的各项检测指标均相似，但正常成熟卵母细胞冷冻后立即孤雌激活获得了较高的囊胚发育率，而老化卵母细胞却不具有这种能力。

**3. 稳定卵母细胞骨架结构**

羊卵母细胞冷冻保存过程中，常利用 CB 或紫杉醇处理来增强微丝、微管的稳定性，以提高冷冻保存效果。Zhang 等（2009）研究发现，7.5μg/mL CB 或 0.5μmol/L 紫杉醇预处理绵羊 M II 期卵母细胞，均可显著提高其冷冻保存效果。然而，在冷冻绵羊 GV 期卵母细胞时，CB 预处理却不能提高卵母细胞的存活及胚胎发育能力（Silvestre et al., 2006；

Moawad et al., 2013b)。另外,Shirazi 等(2014)研究发现,CB 预处理对绵羊 GV 期和 MⅡ期卵母细胞的冷冻保存均会产生不利影响,导致体外受精的卵裂率明显降低。

**4. 其他措施**

卵母细胞冷冻后生理状态会发生不同程度的改变,如胞内钙离子浓度异常,采用常规激活方法达不到理想效果,需进一步优化激活方案。Asgari 等(2012)比较了不同离子霉素浓度和处理时间对冷冻绵羊 MⅡ期卵母细胞激活效果的影响,发现采用 2.5μmol/L 离子霉素处理 1min 可以获得最高的囊胚形成率,达到 28.4%。

此外,Ariu 等(2014)研究发现,绵羊卵母细胞在咖啡因中孵育 3h 后进行玻璃化冷冻保存,其胞内 MPF 活性与新鲜卵母细胞相似,并且自发孤雌激活比率也明显降低。

(吴国权　洪琼花)

## 五、问题与展望

家畜卵母细胞的冷冻保存已取得了重大进步,能够从冷冻的猪、牛、羊卵母细胞经体外受精获得可移植胚胎,但冷冻保存技术仍属实验研究阶段,存在诸多问题,不能大规模应用于生产实践。目前,主要原因是冷冻保存机理尚不清楚,一些冷冻现象的解释还存在分歧,尤其是在卵母细胞冷冻损伤机制及解决办法方面的研究较少;同时,卵母细胞冷冻效果好坏的判断也没有充分的理论依据,冷冻保存过程中的技术环节有待于规范化和简单化,这些都是现阶段卵母细胞冷冻研究的难点。因此,研究卵母细胞的生理学和生物学特性,以及冷冻对卵母细胞超微结构、生理生化等指标的影响,甚至深入到蛋白质结构和功能等分子水平上,有助于减少和避免冷冻对卵母细胞的损伤,提高卵母细胞冷冻的成功率。从目前的研究现状分析,玻璃化冷冻比程序化冷冻更具可操作性和前瞻性,将会在未来的冷冻保存中起主导作用,在不久的将来,卵母细胞冷冻技术将会进一步完善和规范化,使其与其他胚胎工程技术相结合,必将在畜牧业生产、生物技术及人类医学等领域取得新的突破。

(吴国权)

## 六、实验操作程序

### (一)慢速冷冻

**1. 材料**

(1)卵母细胞

家畜(牛、羊、猪)未成熟或成熟卵母细胞。

(2)主要仪器设备

程序冷冻仪(ThermoForma Cryomed 7452),体视显微镜,电热恒温台(温度设置为 37℃),$CO_2$ 培养箱(Thermo Electron Corp., Marietta, OH, USA),水浴锅,防护设

备（如手套、面罩、氧监测仪等），保温杯。

（3）主要耗材

0.25mL 塑料细管，聚乙烯醇，Pasteur 玻璃吸管，培养皿，镊子，剪刀，注射器和针头，液氮。

（4）试剂与溶液

透明质酸酶，PBS（含 5%体积比 FBS），卵母细胞培养液，冷冻液（1.5mol/L 丙二醇及 1.5mol/L 丙二醇+0.2mol/L 蔗糖，PBS 为基础液），解冻液（1.0mol/L 丙二醇+0.2mol/L 蔗糖液或 0.5mol/L 丙二醇+0.2mol/L 蔗糖液，0.2mol/L 蔗糖液，PBS 为基础液）。

**2. 冷冻/解冻**

（1）冷冻

A. 在细管中吸入 0.2mol/L 蔗糖液（5cm）—空气（1cm）—1.5mol/L 丙二醇+0.2mol/L 蔗糖（0.5cm）—空气（0.5cm）—1.5mol/L 丙二醇+0.2mol/L 蔗糖液（1.5cm）。置于室温［(20±2)℃］备用。

B. 在培养皿中分别制 0.5mL 的 PBS 液滴，1.5mol/L 丙二醇液滴和 1.5mol/L 丙二醇+0.2mol/L 蔗糖液滴，并标记清楚。

C. 将总数不超过 5 枚卵母细胞于 PBS 中洗涤，然后移入 1.5mol/L 丙二醇液滴中平衡 10min，再转移到冷冻液中平衡 5min。

D. 将卵母细胞连同少量的冷冻液移入所准备细管中的 1.5cm 长的冷冻液柱中。然后在细管中依次吸入空气柱（0.5cm）—冷冻液（0.5cm）—空气（0.5cm）—0.2mol/L 蔗糖液（约 1cm）。直至棉塞栓被管内溶液浸湿而封堵，然后用聚乙烯醇封口。

E. 穿戴好防护设施，用 70%的乙醇消毒细管，将细管水平放入温度设置为 20℃的程序冷冻仪中。然后以 2℃/min 的速度降至−7℃，在此温度停留 10min，然后对含胚胎的冷冻液部分进行植冰，并在植冰后于−7℃保持 10min，再以 0.3℃/min 的速度降至−35℃，最后再以 50℃/min 的速度快速降至−150℃。在−150℃维持 10～12min 后，将细管从程序冷冻仪中转移至液氮罐中进行保存，直至解冻。

说明：植冰是启动冰核形成，有一些程序冷冻仪可自动植冰，否则用在液氮中预冷过的镊子接触细管进行人工植冰。

（2）解冻

A. 在解冻前，分别在培养皿中加入 0.5～1mL 的 1.0mol/L 丙二醇+0.2mol/L 蔗糖、0.5mol/L 丙二醇+0.2mol/L 蔗糖、0.2mol/L 蔗糖和 PBS 液，并标记清楚。

B. 穿好防护设施，用镊子持细管的一端，从液氮罐中将其取出，在空气中停留 30s，然后将细管水平浸入 30℃水中反复晃动 30s 解冻。

C. 将细管从水浴中取出，用 70%乙醇擦拭消毒，用灭菌剪刀剪开口端，将细管中的内容物排出至 1.0mol/L 丙二醇+0.2mol/L 蔗糖液中，于室温下停留 5min。

D. 将卵母细胞移入 0.5mol/L 丙二醇+0.2mol/L 蔗糖液中，于室温下停留 5min。

E. 然后将卵母细胞移入 0.2mol/L 蔗糖液中，于室温下停留 10min。

F. 再将卵母细胞移入 PBS 培液中停留 20min。其中前 10min 在室温下放置，后 10min 在 37℃恒温台上放置。

G. 将卵母细胞在 37℃ 5% $CO_2$ 培养箱中恢复培养 0.5~2h，进行受精或其他操作。

说明：卵母细胞解冻后，其微管及纺锤体功能需经过一段时间的培养才能得到恢复。因此解冻后卵母细胞需要恢复培养 0.5~2h。

（二）细管法玻璃化冷冻

**1. 材料**

（1）卵母细胞

家畜（牛、羊、猪）未成熟或成熟卵母细胞。

（2）主要仪器设备

体视显微镜，$CO_2$ 培养箱，热电偶温度计，电热恒温台（温度设置为 37℃），水浴锅，保温盒，防护设备（如手套、面罩、氧监测仪等），移液器，计时器。

（3）主要耗材

0.25mL 塑料细管，聚乙烯醇，Pasteur 玻璃吸管，组织培养皿，灭菌的剪刀，1mL 注射器，液氮（过滤灭菌）。

（4）溶液

玻璃化液（vitrification solution，VS）：由不同浓度 VSDP 液组成，VSDP 液含 6mol/L DMSO+1mg/mL 聚乙二醇（polyethylene glycol），用不含 $CaCl_2$ 的 PBS 配制而成。

玻璃化液 1（VS1），含 25%（v/v）的 VSDP；玻璃化液 2（VS2），含 65%（v/v）的 VSDP；玻璃化液 3（VS3），含 100%（v/v）的 VSDP。

解冻液（thawing solution，TS）：1mol/L 蔗糖液（用 PBS 配制）。

PBS（含 5%体积比 FBS）；卵母细胞培养液。

**2. 冷冻/解冻**

（1）冷冻

A. 在室温下，细管中依次吸入 1mol/L 蔗糖液（4cm）—空气（1cm）—VS3 液（0.5cm）。

B. 在组织培养皿中加入 25%、65%和 100%（v/v）玻璃化液各 1 滴，每个液滴的体积是 50μL，并标记清楚。

C. 在保温盒中倒入 90%容积的液氮。

D. 在 25%的玻璃化液中每次移入 10~25 枚卵母细胞，平衡 3min。

E. 将卵母细胞从 VS1 液中移入 VS2 液中，平衡时间约 1min。

F. 将卵母细胞从 VS2 中转移到 VS3 中，快速将卵母细胞移到事先装好的 0.5cm 液柱 VS3 液中，然后吸入空气（1cm），再吸入 1mol/L 蔗糖液直至棉塞栓被浸湿而封堵，然后用聚乙烯醇封口。操作在 1min 内完成。

G. 将细管在 –140℃液氮蒸气中停留 3min。

说明：–140℃是通过用热电偶温度计测量确定。

H. 将细管移入液氮罐中保存。

（2）解冻

A. 解冻前，在一个培养皿中制作 2 个 50μL 的蔗糖液滴和 2 个 50μL 的 PBS 滴，并加以标记。

B. 穿戴好防护设施，从液氮罐中取出细管，在空气中停留10s，然后将其浸入20℃水浴中，轻轻晃动10s解冻。

C. 用70%的乙醇消毒细管，用灭菌剪刀剪断细管两端封口，将细管的一端与含有1mL蔗糖液的注射器连接，将细管中的卵母细胞冲入1mol/L的蔗糖液中，充分混合。

D. 于体视显微镜下回收卵母细胞，并将卵母细胞移入一个新鲜的50μL蔗糖液滴中，然后再转移到第二个新鲜的蔗糖液滴中，使卵母细胞在蔗糖液中处理总时间为5min。

E. 将卵母细胞移入第一个PBS液滴中，并在室温下保持10min。然后移入第二个PBS液滴中，在恒温台上保持10min。

F. 将卵母细胞在37℃和5% $CO_2$ 培养箱中恢复培养0.5～2h，备用。

（三）OPS法玻璃化冷冻

**1. 材料**

（1）卵母细胞

家畜（牛、羊、猪）未成熟或成熟卵母细胞。

（2）主要仪器设备

体视显微镜，$CO_2$ 培养箱，电热恒温台（温度设置为37℃），水浴锅，防护设备（如手套、面罩、氧监测仪等），移液器，保温杯，小酒精灯（拉制OPS），计时器。

（3）主要耗材

0.25mL塑料细管，组织培养皿，灭菌剪刀，1mL注射器，Pasteur管，液氮。

（4）试剂与溶液

玻璃化冷冻液（VS）及解冻液（TS）。

VS1液：基础液为PBS，含7.5%（$v/v$）EG+7.5%（$v/v$）DMSO+20%（$v/v$）FBS。

VS2液：基础液为PBS，含15%（$v/v$）EG+15%（$v/v$）DMSO+18%（$w/v$）Ficoll（MW 70 000）+0.3mol/L蔗糖+20%（$v/v$）FBS。

TS1：基础液为PBS，含0.5mol/L蔗糖。

TS2：基础液为PBS，含0.25mol/L蔗糖。

TS3：基础液为PBS，含0.125mol/L蔗糖。

PBS（含5%体积比FBS），卵母细胞培养液。

**2. 冷冻/解冻**

（1）冷冻

A. OPS制备：将0.25mL塑料细管在小酒精灯上方加热软化，迅速拉成内径约为0.2mm、壁厚约0.02mm、细端长为2～3cm的OPS。

B. 玻璃化液及使用器材在室温（25℃）平衡至少30min。

C. 在保温杯中倒入90%容积的液氮。

D. 在培养皿中制作100～200μL的VS1和VS2液滴，并用记号笔进行标记。

E. 将卵母细胞（5枚为宜）在VS1液中平衡30s。

F. 将卵母细胞吸入到Pasteur管中（图3-1-1），移入VS2液中平衡20s。

G. 将卵母细胞连同少量的VS2玻璃化液吸入OPS中，并立即投入液氮中保存。

图 3-1-1　卵母细胞连同少量玻璃化液吸入 Pasteur 管（见图版）

（2）解冻

A. 解冻液及使用器材在室温（25℃）平衡 30min 以上。

B. 在保温杯中倒入 90%容积的液氮，将 OPS 从液氮罐中转移到保温杯中。

C. 在一个培养皿中加入 2mL 的 TS1 液，在另一个培养皿中分别制作 100μL 的 TS1、TS2 和 TS3 解冻液滴，置于 37℃电热恒温台上。

D. 将 OPS 从液氮中取出，快速插入盛有 TS1 的培养皿中，排出卵母细胞并计时。

E. 用 Pasteur 管回收卵母细胞，并将其移到 TS1 液边缘换位 5 次，平衡时间约 2min。

F. 将卵母细胞移到新鲜的 TS2 液滴中，平衡 2min。操作步骤如图 3-1-2 所示。

G. 将卵母细胞移到新鲜的 TS3 液滴中，平衡 1min。

H. 将卵母细胞在培养液中洗涤，置于 $CO_2$ 培养箱中培养 0.5~2h 备用。

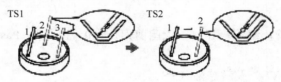

图 3-1-2　在 TS1 和 TS2 中解冻卵母细胞

1. OPS 管插入盛有 TS1/TS2 的培养皿，排出卵母细胞；2. Pasteur 管回收卵母细胞；
3. 将卵母细胞移到 TS1/TS2 液边缘，换位

（四）Cryotop 法玻璃化冷冻

**1. 材料**

（1）卵母细胞

家畜（牛、羊、猪）未成熟或成熟卵母细胞。

（2）主要仪器设备

体视显微镜，$CO_2$ 培养箱，电热恒温台（温度设置为 37℃），水浴锅，防护设备（如手套、面罩、氧监测仪等），保温杯，移液器，计时器。

（3）试剂与耗材

Cryotop 试剂盒（Kitazato BioPharma Co., Ltd），包括冷冻试剂盒和解冻试剂盒。冷冻试剂盒：基础液（base solution，BS，1×1.5mL），平衡液（equilibrium solution，ES，1×1.5mL），玻璃化液（VS，2×1.5mL），Cryotop（4 个），Repro 培养板（2 块）。解冻试剂盒：解冻液（TS，1×4mL），稀释液（dilution solution，DS，1×1.5mL），洗涤液（washing solution，WS，1×1.5mL），35mm×10mm 培养皿（1 个），Repro 培养板（6 孔，2 块）。Pasteur 玻璃吸管，液氮。

**2. 冷冻/解冻**

（1）冷冻

A. 将 BS、ES 和 VS 于室温（25~27℃）下平衡至少 30min。

B. 在 Cryotop 的标记处记录冷冻卵母细胞的相关信息（图 3-1-3）。

图 3-1-3　对 Cryotop 进行标记（见图版）

C. 在保温盒中添加 90%容积的液氮。

D. 在显微镜下检查卵母细胞的质量，并记录卵周隙和透明带厚度之间的比例（图 3-1-4）。

说明：这有助于准确判断卵母细胞在后面各种液体中进行平衡的时间是否足够。

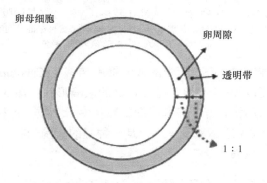

图 3-1-4　比较卵周隙和透明带的厚度并记录（见图版）

E. 在 6 孔板边缘标记 BS、VS1、VS2。在培养皿中制作 20μL 的 BS 滴，并分别制作 300μL 的 VS1 和 VS2 滴，备用。

F. 用 Pasteur 吸管将卵母细胞转移到 BS 液滴的底部。

G. 用微量移液器沿着培养板的孔壁移动，轻轻地将 20μL ES 液加到含有卵母细胞的 BS 液顶部。卵母细胞在其中平衡 3min（图 3-1-5）。

图 3-1-5　将 ES 加入到 BS 中（见图版）
1. 含有 20μL ES 液微量移液器；2. 含有卵母细胞的 BS 液顶部

H. 重复上一步的操作,再加入另外 20μL 的 ES 中,平衡 3min。

I. 移入 240μL 的 ES 液,平衡 9min。

说明:当卵母细胞的卵周隙宽度与其冷冻之前的卵周隙宽度相同,表明平衡完成。下面的 J~P 操作应在 60~90s 内完成。

J. 将卵母细胞移至 VS1 液中平衡,用 Pasteur 吸管在其中换位 5 次,并在卵母细胞周围轻轻搅动。

K. 将卵母细胞移入 VS2 液中。用 Pasteur 吸管在其中换位 2 次,并在卵母细胞周围轻轻搅动。

J、K 步骤的操作如图 3-1-6 所示。

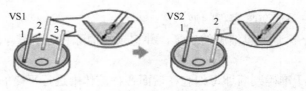

图 3-1-6　将卵母细胞从 VS1 转移到 VS2 中(见图版)
1. OPS 管插入盛有 VS1/VS2 的培养皿中,排出卵母细胞;2. Pasteur 管回收卵母细胞;
3. 将卵母细胞移到 VS1/VS2 液边缘,换位

L. 于显微镜下,将浸在 VS2 液中的卵母细胞转移至 Cryotop 的薄板上靠近黑色标记的位置。图 3-1-7A 所示液滴平坦,是一种好的液滴形状;图 3-1-7B 所示液滴呈立体状,是一种不好的液滴形状。若冷冻卵母细胞数量多于 2 枚,每枚卵母细胞排列放在一个 VS2 液滴中。图 3-1-8A 所示液滴平坦,是一种好的液滴形状;图 3-1-8B 所示液滴呈立体状,是一种不好的液滴形状。

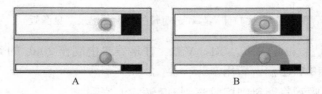

图 3-1-7　将 VS2 液中卵母细胞移至薄板后的液滴形状(见图版)
A. 好的液滴形状;B. 不好的液滴形状

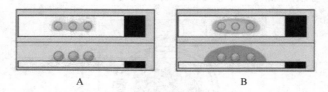

图 3-1-8　将 VS2 液中多于 2 枚卵母细胞移至薄板后的液滴形状(见图版)
A. 好的液滴形状;B. 不好的液滴形状

M. 用移液器移除每个液滴中多余的 VS2(图 3-1-9)。具体操作分为三步:操作 1,将移液枪头垂直放在 VS2 液滴边缘的底部;操作 2,向远离 VS2 液滴的方向水平移动移液枪头,使 VS2 液滴的高度变得更低;操作 3,吸走过多的 VS2 液,使含有卵母细

胞的液滴最小化。

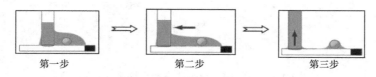

图 3-1-9　用移液器移除每个滴中多余的 VS2（见图版）

N. 在显微镜下确认卵母细胞已在 Cryotop 的薄板上，即可快速插入液氮中。

O. 将装有卵母细胞的 Cryotop 薄板套入浸于液氮中的外鞘内，并拧紧。

注：操作过程中，必须始终保持装有卵母细胞的 Cryotop 薄板浸在液氮中。

P. 将 Cryotop 移至液氮罐中贮存。

（2）解冻

A. 至少提前 1.5h，在 37℃培养箱中将 TS 液及培养皿预热。

B. 将 Cryotop 移入盛有液氮的保温盒中，检查上面的标记内容是否正确。

C. 在 Repro 板的边缘标记 DS、WS1 和 WS2。用移液器在 Repro 板上分别制作一个 300μL 的 DS、WS1 和 WS2 液滴，置于显微镜台面上。

D. 从培养箱中取出 TS 液瓶和培养皿，在培养皿中倒入 TS 液（图 3-1-10）。

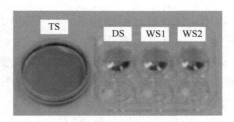

图 3-1-10　解冻液的准备（见图版）

E. 快速将带有冷冻卵母细胞的 Cryotop 薄板从液氮中取出，立即插入 TS 液中并回收卵母细胞。操作应在 1min 内完成。

F. 将回收的卵母细胞转移到 DS 液中（图 3-1-11），平衡 3min。

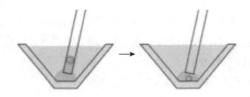

图 3-1-11　卵母细胞从 TS 转移到 DS（见图版）

G. 将 DS 液中的卵母细胞转移到 WS1 液中洗涤 5min（图 3-1-12）。

注：此步操作的目的是使 WS1 逐渐置换掉卵母细胞中的 DS。

H. 将卵母细胞从 WS1 液移入 WS2 液洗涤 1min。

I. 将卵母细胞移入培养液中。置于 37℃培养箱中恢复培养 0.5~2h。

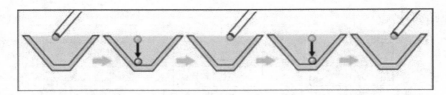

图 3-1-12　在 WS1 液中洗涤卵母细胞（见图版）

### （五）固体表面玻璃化冷冻（SSV）

以 CryoLogic Co., Ltd 所生产的 CVM（CryoLogic vitrification method）为例，介绍固体表面法玻璃化冷冻卵母细胞的方法。

**1. 材料**

（1）卵母细胞

家畜（牛、羊、猪）未成熟或成熟卵母细胞。

（2）主要仪器设备

体视显微镜，$CO_2$ 培养箱，电热恒温台（温度设置为 37℃），防护设备（如手套、面罩、氧监测仪等），移液器，计时器。

（3）主要耗材

CVM 工具箱：CVM 玻璃化块（带有手柄和盖子），CVM 纤维头及外套（未灭菌），保温盒（盛液氮用），解冻盒，CVM 工具箱手册。

玻璃化液试剂盒（K-SIBV-5000）：1 液（冷冻基础液），2 液［含有 8% DMSO（$v/v$）和 8% EG（$v/v$）的基础液］，3 液［含有 16% DMSO（$v/v$）+16% EG（$v/v$）+0.68mol/L 海藻糖的基础液］，4 液（DMSO）。

解冻试剂盒：解冻液（TS）（1×4mL），稀释液（DS）（1×1.5mL），洗液（WS）（1×1.5mL），35mm×10mm 培养皿（1个），Repro 培养板（6孔，2块）。

培养皿（Falcon 3037 Center-well Dishes），镊子，Pasteur 玻璃吸管，液氮。

**2. 冷冻/解冻**

（1）冷冻

A. 配制玻璃化液（VS）。将 4 液从冰箱冷藏中取出，在室温下融化（4 液在冷藏状态下为冰状固体）。取 1mL 的 4 液和 5.25mL 的 3 液，配成 VS3；取 400μL 的 4 液和 4.6mL 的 2 液，配成 VS2；2 液用作 VS1。

B. 在 37℃ 预热玻璃化液 VS1、VS2 和 VS3。

C. 分别吸 300μL 的 VS1、VS2 和 VS3，移至培养皿中。

D. 标记 CVM 纤维插头（CVM fibre plug），将其外套插入液氮中预冷。

E. 将卵母细胞移入 VS1 中，每次以 6 枚卵母细胞为宜。

F. 将卵母细胞移入 VS2 中，平衡 2min。

G. 将卵母细胞移入 VS3 中。

H. 将卵母细胞装到纤维插头上（图 3-1-13）。

说明：将卵母细胞装入纤维插头中较困难，必须保证卵母细胞带有尽可能少的液体，否则会影响解冻卵母细胞的存活能力。

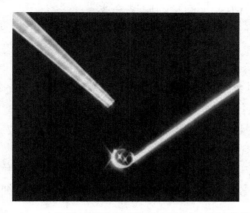

图 3-1-13　将卵母细胞装到纤维插头上（见图版）

I. 将带有卵母细胞的纤维插头放到 CVM 玻璃化块的表面。液滴快速玻璃化成类似玻璃珠样，G～I 操作共需要在 1min 完成。

J. 在液氮中将纤维插头装入套子，并用塞子封闭纤维插头的末端。

K. 将卵母细胞移入液氮罐中保存。

（2）解冻

A. 至少提前 1.5h，在 37℃培养箱中将 TS 液及培养皿预热。

B. 将含有卵母细胞的纤维插头及套子浸入盛有液氮的保温杯中。

C. 将纤维插头快速插入经预热的解冻液中实施解冻，具体过程参照 Cryotop 法。

（六）半细管法（Hemi-straw）

**1. 材料**

（1）卵母细胞

家畜（牛、羊、猪）未成熟或成熟卵母细胞。

（2）主要仪器设备

体视显微镜，$CO_2$ 培养箱，电热恒温台（温度设置为 37℃），水浴锅，防护设备（如手套、面罩、氧监测仪等），移液器，计时器，量尺。

（3）主要耗材

0.25mL 塑料细管，组织培养皿，灭菌剪刀，1mL 注射器，Pasteur 管，液氮。

（4）试剂与溶液

玻璃化冷冻液（VS）及解冻液（TS）如下。

VS1 液：基础液（HM）为 TCM199 +20% FCS（胎牛血清），含 7.5%（v/v）EG+7.5%（v/v）DMSO+20%（v/v）FBS。

VS2 液：基础液为 PBS，含 15%（v/v）EG+15%（v/v）DMSO+18%（w/v）Ficoll（MW 70 000）+0.3mol/L 蔗糖+20%（v/v）FBS。

TS1：基础液为 PBS，含 0.5mol/L 蔗糖。

TS2：基础液为 PBS，含 0.25mol/L 蔗糖。

TS3：基础液为 PBS，含 0.125mol/L 蔗糖。

PBS［含 5%（v/v）FBS］，卵母细胞培养液。

**2. 冷冻/解冻**

（1）冷冻

A. 半细管制备：用剪刀将 0.25mL 的细管一端裁剪成长 1~2cm、宽 0.5~0.8mm 的薄片，另一端保持原样不变，即为半细管。

B. 玻璃化液及使用器材在室温（25℃）平衡至少 30min。

C. 在保温杯中倒入 90%容积的液氮。

D. 在培养皿中制作 100~200μL 的 VS1 和 VS2 液滴，并用记号笔进行标记。

E. 将卵母细胞（5 枚为宜）在 VS1 液中平衡 30s。将卵母细胞吸入到 Pasteur 管中，移入 VS2 液中平衡 20s。

F. 将卵母细胞连同少量的 VS2 玻璃化液吸入半细管中，然后立即放入预冷的 CBS 管中，投入液氮中保存。具体过程详见图 3-1-14。

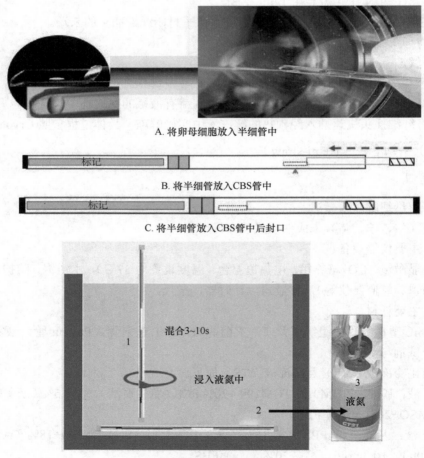

图 3-1-14　将含卵母细胞的半细管移入 CBS 管并投入液氮（见图版）

(2) 解冻

A. 解冻液及使用器材在室温（25℃）平衡 30min 以上。

B. 在保温杯中倒入 90%容积的液氮，将包含有半细管的 CBS 管从液氮罐中转移到保温杯中，剪开保护管的封口。

C. 将包含有半细管的 CBS 管从液氮中取出，立即将半细管从 CBS 管中拔出，快速插入盛有 TS1 的培养皿中，并排出卵母细胞，开始计时。

D. 在一个培养皿中加入 2mL 的 TS1 液，在另一个培养皿中分别制作 100μL 的 TS1、TS2 和 TS3 解冻液滴，置于 37℃电热恒温台上。

E. 用 Pasteur 管回收卵母细胞，并将其移到 TS1 液边缘，换位 5 次，平衡时间约 2min。

F. 将卵母细胞移到新鲜的 TS2 液滴中，平衡 2min。操作步骤如 OPS 载体（图 3-1-2）所示。

G. 将卵母细胞移到新鲜的 TS3 液滴中，平衡 1min。

H. 将卵母细胞在培养液中洗涤 3 次，置于 $CO_2$ 培养箱中培养 0.5～2h 备用。

解冻过程如图 3-1-15 所示。

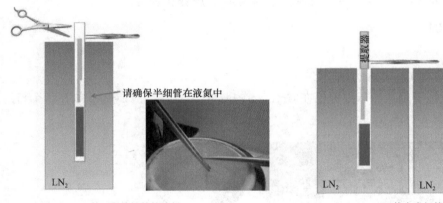

A. 剪开保护性外管的封口　　　　　　　B. 拔出半细管

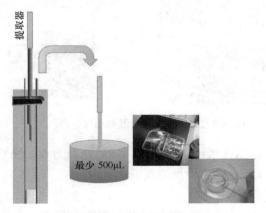

C. 卵母细胞转移至解冻液中复温

图 3-1-15　半细管法解冻过程（见图版）

提取器：镊子夹住的部位，以便将盛有卵母细胞的细管从液氮中取出

## （七）红外激光脉冲法

**1. 材料**

（1）卵母细胞

家畜（牛、羊、猪）未成熟或成熟卵母细胞。

（2）主要仪器设备

体视显微镜，$CO_2$ 培养箱，电热恒温台（温度设置为 37℃），水浴锅，防护设备（如手套、面罩、氧监测仪等），移液器，计时器，量尺。

（3）试剂与耗材

Cryotop 试剂盒（Kitazato BioPharma Co., Ltd），包括冷冻试剂盒和解冻试剂盒。冷冻试剂盒：基础液（base solution，BS，1×1.5mL），平衡液（equilibrium solution，ES，1×1.5mL），玻璃化液（VS，2×1.5mL），Cryotop（4 个），Repro 培养板（2 块）。解冻试剂盒：解冻液（TS，1×4mL），稀释液（dilution solution，DS，1×1.5mL），洗涤液（washing solution，WS，1×1.5mL），35mm×10mm 培养皿（1 个），Repro 培养板（6 孔，2 块）。Pasteur 玻璃吸管，液氮玻璃化溶液 EAFS（1×0.33mL）（ethylene glycol and acetamide，Ficoll，sucrose and salt）：乙二醇和乙酰胺、聚蔗糖、蔗糖和食盐。

**2. 冷冻/解冻**

（1）冷冻

步骤 A～M 见 Cryotop 方法。

N. 在显微镜下确认卵母细胞已在 Cryotop 的薄板上，然后将 Cryotop 放在一个特殊的低温架上（图 3-1-16）。

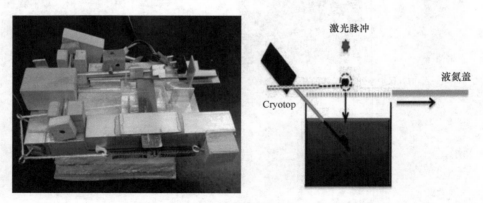

图 3-1-16 将 Cryotop 置于低温架上（见图版）

O. 在倒置显微镜下应用激光系统进行降温，降温速率为 69 000℃/min。

P. 将装有卵母细胞的 Cryotop 薄板快速浸于液氮中。

（2）解冻

A. 至少提前 1.5h，在 37℃培养箱中将 TS 液、PBI 液及培养皿预热。

B. 将 Cryotop 移入盛有液氮的保温盒中，检查上面的标记内容是否正确。

C. 在 Repro 板的边缘标记 DS、WS1 和 WS2。用移液器在 Repro 板上分别制作一个 300μL 的 DS、WS1 和 WS2 液滴，置于显微镜台面上。

D. 从培养箱中取出 TS 液瓶和培养皿，在培养皿中倒入 TS 液（图 3-1-10）。

E. 设定激光所使用的温度范围。

F. 将置于 Cryotop 中的卵母细胞从液氮中快速移出（约为 0.2s），置于激光显微镜中，以 $1.0×10^7℃/min$ 的升温速率使其温度升至 $-3.5℃$，然后迅速将载体末端置于盛有 EAFS 的培养皿中融化（图 3-1-17）。

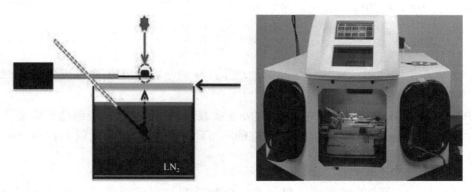

图 3-1-17 将 Cryotop 中的卵母细胞置于激光显微镜中（见图版）

注：激光脉冲时间持续约 1ms。

G. 将卵母细胞在含有 0.5mol/L 蔗糖的 PBI 溶液中静置 10min。

注：剩余步骤与（四）Cryotop 法玻璃化冷冻步骤 F～I 相同。

（刘爱菊　田树军　朱士恩）

## 第二节　啮齿类实验动物

啮齿类实验动物小鼠、大鼠、豚鼠、仓鼠和兔的卵母细胞冷冻保存研究中，小鼠卵母细胞文献最多，内容比较丰富，实验操作也比较成熟。因此，本节以小鼠卵母细胞超低温冷冻保存为例，阐述啮齿类实验动物卵母细胞生物学特性、冷冻过程中所造成的损伤、减少损伤的对策及实验操作程序。

### 一、小鼠卵母细胞生物学特性

（一）低温敏感性

正常的生理温度是保证卵母细胞生长发育的重要因素之一。低于正常生理温度，尤其是 0℃ 以下的某个温度，细胞内会形成冰晶，冰晶会对细胞器造成机械损伤。当小鼠卵母细胞在 1mol/L 的二甲基亚砜（dimethyl sulfoxide，DMSO）溶液中以 32℃/min 下降至 $-40℃$ 时会出现细胞内冰晶（Leibo et al.，1978）；当其在 1mol/L 的乙二醇（ethylene glycol，EG）溶液逐渐降温过程中，测得细胞内冰晶形成的温度为 $-33.3℃$（Seki and Mazur，2010）。这种降温过程中卵母细胞内冰晶形成的温度差异可能会与抗冻保护剂的种类有关，卵母细胞所处不同的发育阶段，对低温的敏感性也存在差异（Leibo et al.，1996）。

（二）渗透压耐受性

小鼠卵母细胞直径为 70～80μm，通过 Boyle van't Hoff plots 关系［方程（3-1）］（Prickett et al.，2008）测得的不可渗体积 $V_b$ 约为等渗时体积的 20%，小鼠卵母细胞的渗透压耐限为 50%～150%（Wang et al.，2011）。

$$\frac{V}{V_i} = \frac{M_i}{M}\left(1 - \frac{V_b}{V_i}\right) + \frac{V_b}{V_i} \tag{3-1}$$

式中，$V$ 表示细胞体积；$M_i$ 表示等渗时渗透压；$M$ 表示胞外渗透压；$i$ 是 isotonic 缩写，表示等渗。

Boyle van't Hoff plot 关系描述了胞外非渗透性溶剂的渗透压与细胞不可渗体积 $V_b$ 间的关系，与纵坐标的交点即为所测细胞的不可渗体积 $V_b$ 占等渗体积 $V_i$ 的百分率。

（三）膜渗透性

生物膜对小分子的跨膜渗透包括水、电解质和非电解质溶质。水分子和不带电荷的极性分子甘油跨膜运输是通过细胞膜上的水通道蛋白（aquaporin）实现的（Preston et al.，1992；Lee et al.，2004）。小鼠未成熟卵母细胞质膜上有水通道蛋白（Jo et al.，2011），但成熟后减弱或消失（Seki and Mazur，2010；Jo et al.，2011）。卵母细胞在超低温冷冻保存过程中，膜渗透性主要表现在对水和渗透性抗冻保护剂的通透能力。室温下，将小鼠成熟卵母细胞分别置于 DMSO、EG、乙酰胺（acetamide，AA）、丙二醇（propylene glycol，PG）和甘油（glycol，Gly）5 种抗冻保护剂（cryoprotective agents，CPA）中，渗透性强弱依次为：PG＞DMSO＞AA＞EG＞Gly（Pedro et al.，2005）。因此，冷冻小鼠成熟卵母细胞时可选择渗透性适度的抗冻保护剂。

（周光斌　闫长亮　刘满清）

## 二、卵母细胞冷冻损伤

1958 年，小鼠卵母细胞经冷冻-解冻后，首次被证实可以存活（Sherman and Lin，1958），揭开了哺乳动物卵母细胞低温冷冻保存的序幕（Ambrosini et al.，2006）。此后，科学家们开始系统地研究小鼠卵母细胞的低温生物学特性（Parkening et al.，1976；Leibo et al.，1978），并于 1977 年首次获得来源于冷冻小鼠卵母细胞（慢速冷冻法）经体外受精所产的后代（Whittingham，1977），1991 年，首次获得来源于玻璃化冷冻保存小鼠卵母细胞的后代（Kono et al.，1991）。

上述卵母细胞冷冻保存技术（慢速冷冻和玻璃化冷冻）是基于胚胎的冷冻保存发展起来的，那些适合于胚胎冷冻保存的方案应用到卵母细胞的超低温冷冻保存中不一定能获得良好的效果。由于卵母细胞特殊的生物学特性，与胚胎冷冻保存相比，卵母细胞冷冻保存仍存在存活率低、后期发育能力差等问题（Abedpour and Rajaei，2015；Li et al.，2015）。因此，研究卵母细胞冷冻的损伤及其机制对提高卵母细胞冷冻效率至关重要。

（一）卵丘颗粒细胞与卵母细胞分离

卵丘颗粒细胞包裹在卵母细胞周围，它与卵母细胞间存在着广泛的细胞连接，对未成熟卵母细胞起营养和保护作用。未成熟卵母细胞冷冻后的存活和发育能力与其外围的卵丘颗粒细胞层数多少密切相关，随着卵丘颗粒细胞层数的增多，卵母细胞的存活率升高（Pellicer et al.，1988）。玻璃化冷冻造成部分或全部卵丘颗粒细胞与小鼠卵母细胞分离（Trapphoff et al.，2010）是导致未成熟卵母细胞发育潜力下降的重要原因之一。然而，小鼠成熟卵母细胞的卵丘颗粒细胞存在与否对其冷冻后的发育能力影响不显著（Whittingham，1977）。

（二）透明带

透明带（zona pellucida，ZP）是卵母细胞的包被物，哺乳类动物卵的 ZP 除猪和兔外，均由 ZP1、ZP2 和 ZP3 共同组成。正常受精过程中，精子穿过透明带，与卵黄膜结合引发皮质反应，将皮质颗粒从卵母细胞的皮质胞吐到卵周隙，并且释放皮质颗粒酶。这些酶作用于透明带和卵黄膜，阻止多精受精。

卵母细胞在超低温冷冻保存过程中，透明带结构会出现各种变化，如透明带硬化、断裂或脱落等。当小鼠 MⅡ期卵母细胞暴露于 DMSO 中，可导致皮质颗粒（cortical granules，CG）发生受精前释放和透明带硬化（Vincent et al.，1990），从而影响精子穿透，降低受精率（Larman et al.，2007）。由于冷冻液的渗透压很高，在冷冻液中进行处理时细胞会发生迅速的形变，由圆形变为月牙形或者凹面镜形，可能会导致透明带断裂或脱落；解冻时若将卵母细胞直接移入等渗溶液中，抗冻保护剂未及时脱出，内部较高的渗透压使水分易渗入胞内，造成细胞过度膨胀，损伤透明带（Succu et al.，2008）。采用扫描电镜观察，小鼠成熟卵母细胞透明带表面多呈网状结构或不规则蜂窝状，表面粗糙，孔径较大且较深（袁佃帅等，2013；Nogues et al.，1988）（图 3-2-1A，B）；而当其经 OPS 冷冻保存后，可见透明带破损（图 3-2-1C），表面网状结构不明显，较平滑，孔数量减少，较浅或消失（图 3-2-1D）（袁佃帅等，2013）。尽管卵母细胞透明带在超低温冷冻过程中会发生上述现象，但它可以抵抗冷冻过程中由于冰晶形成所导致的机械压力，从而提高卵母细胞冻融后的存活率，透明带完整的鹿鼠（deer mice，*Peromyscus maniculatus*）卵母细胞冻融后的存活率为 92.1%，而未带透明带的卵母细胞解冻后的存活率只有 13.3%（Choi et al.，2015）。

（三）细胞膜

细胞膜对卵母细胞存活及受精过程中与精子质膜融合起重要作用。细胞膜对低温非常敏感，冷冻过程易引起损伤（Zeron et al.，2002）。冷冻可能引起脂质双层分子和蛋白质分布发生变化，使细胞膜变得脆弱（Sugimoto et al.，2000），膜表面出现水泡样结构（Hotamisligil et al.，1996）。当卵母细胞在冷冻液中平衡或解冻脱出抗冻保护剂时，渗透

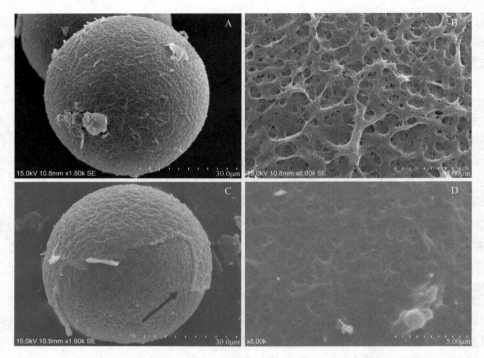

图 3-2-1 小鼠成熟卵母细胞透明带电镜扫描图（袁佃帅等，2013）
A，B. 新鲜卵母细胞；C，D. 冷冻卵母细胞（箭头所示为透明带）

压急剧变化，水和抗冻保护剂快速通过细胞膜，引起细胞过度膨胀或者收缩；抗冻保护剂与膜结构相互作用，以及细胞内冰晶的形成，都会引起细胞膜破裂（Friedler et al.，1988）。玻璃化冷冻和慢速冷冻均会破坏小鼠卵母细胞卵黄膜上的微绒毛或出现部分微绒毛消失，但玻璃化冷冻造成的损伤较小（Valojerdi and Salehnia，2005）。在猪（Wu et al.，2006）、牛（Fuku et al.，1995）和人（Nottola et al.，2008）卵母细胞超低温冷冻保存过程中也同样会出现卵母细胞微绒毛损伤的现象。

（四）细胞骨架

卵母细胞骨架的正常结构和功能对于染色体的正常分离、纺锤体的旋转、胞浆移动和原核形成是必需的（Howlett et al.，1985；Schatten et al.，1986b）。

微管是细胞骨架的重要组成部分，微管解聚为微管蛋白，经重组装形成纺锤体，介导染色体的运动。在其功能正常时，可保证染色体准确分离，避免非整倍体发生（Stachecki et al.，2004）。低温可造成微管解聚为微管蛋白，使成熟卵母细胞纺锤体发生解聚；当温度恢复到生理状态时，受损纺锤体恢复不完全会影响染色体的正常排列，产生非整倍体或多倍体（Eroglu et al.，1998），从而严重损伤卵母细胞、胚胎乃至胎儿的发育。此外，小鼠卵母细胞暴露于抗冻保护剂可能导致纺锤体和微管发生解聚和错误组装（Howlett et al.，1985；Tamura et al.，2013）。

微丝是细胞骨架的另一组成部分。微丝由肌动蛋白多聚体组成，肌动蛋白多聚体则由单个的肌动蛋白组成。小鼠卵母细胞中微丝的分布与皮质紧密联系，并且在毗邻纺锤体的区域密度更高（Longo and Chen，1984）。与微管和微管蛋白相似，微丝（肌动蛋白多聚体）和单个肌动蛋白处于一种动态平衡。在减数分裂和原核形成过程中，微丝的活性对于纺锤体的旋转、极体的排出、原核的迁移及胞浆分裂等都是十分必要的（Schatten et al., 1986a；Vincent and Johnson, 1992）。

当卵母细胞在超低温保存过程中，其中各个环节都可能打乱这一动态平衡，微丝正常功能不能得到发挥，进而影响卵母细胞的存活乃至其后续发育潜力。抗冻保护剂（尤其是 DMSO 和丙二醇）会破坏皮质层肌动蛋白的聚合，并且这种破坏程度会受温度变化影响，丙二醇在 37℃条件可使卵母细胞发生空泡化，空泡化区域缺乏微丝（Vincent et al., 1989；Vincent and Johnson, 1992）。低温可以显著改变微丝的聚合（Bernard and Fuller, 1996；Rojas et al., 2004）；低温所引起的纺锤体中微管的解聚，也会影响附近微丝的聚合（Howlett et al., 1985）。

中间纤维（intermediate filament）是细胞骨架的组成成分，在小鼠成熟卵母细胞超低温冷冻保存过程中也会受到损伤（Valojerdi and Salehnia, 2005）。作为中间纤维家族成员之一的细胞角蛋白（cytokeratin, CK）在小鼠 GV 期卵母细胞呈非均匀胞质分布（图 3-2-2A），在 MⅠ和 MⅡ期卵母细胞呈均匀颗粒状分布（图 3-2-2B，C）；小鼠 GV 期卵母细胞 OPS 法玻璃化冷冻后，其体外成熟过程中 CK 的正常分布会发生变化，并且蛋白质印迹法（Western blotting）实验表明：发育至 MⅡ期时，卵母细胞的 CK 表达量显著下降（Wei et al., 2013）。

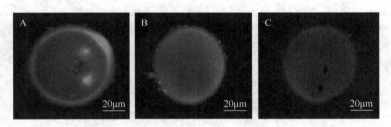

图 3-2-2　小鼠卵母细胞不同发育阶段角蛋白的分布（见图版）
A～C 分别代表 GV、MⅠ和 MⅡ期卵母细胞角蛋白的典型分布（绿色荧光），蓝色荧光是用 Hochest33342 染的卵母细胞核。其中 A 图中卵母细胞角蛋白呈非均匀胞质分布，B、C 图中则呈均匀颗粒分布。标尺 20μm

（五）线粒体

线粒体是细胞中含量最为丰富的细胞器之一，为细胞各项生命活动提供重要能量来源（ATP），并对于调节钙离子平衡和防止细胞凋亡具有重要的作用（Perez et al., 2000；Van Blerkom, 2004）。小鼠新鲜卵母细胞中，低膜电位（low Δψ）的线粒体主要均匀地定位于核周围并呈颗粒状分布，而高膜电位的线粒体（high Δψ）则在皮质下分布，即所谓的 J-Aggregates（图 3-2-3A～A″）。毒性处理（抗冻保护剂作用）后线粒体的定位与新鲜组类似（图 3-2-3B～B″）。然而，玻璃化冷冻后，卵母细胞线粒体在胞质内的定位则呈现不均匀状态（图 3-2-3C～C″），并伴随有大量的簇状线粒体的出现（图 3-2-3C 箭头所示）。与新鲜组卵母细胞相比，所有处理组的卵母细胞中 J-Aggregates 有减少的趋势，而且无论高膜电位还是低膜电位的线粒体都趋于向胞质核中央聚集（图 3-2-3 中双箭头所示）（Yan et al., 2010）。这种由于超低温冷冻保存所造成的线粒体在卵母细胞内未能及时或准确分布的现象，不但会影响卵母细胞成熟，而且在一定程度上难以满足受精过程中细胞内不同区域对 ATP 和离子（如钙离子）的需求，进而影响卵母细胞的后期发育潜力（Van Blerkom and Runner, 1984; Sun et al., 2001a; Nagai et al., 2006）。

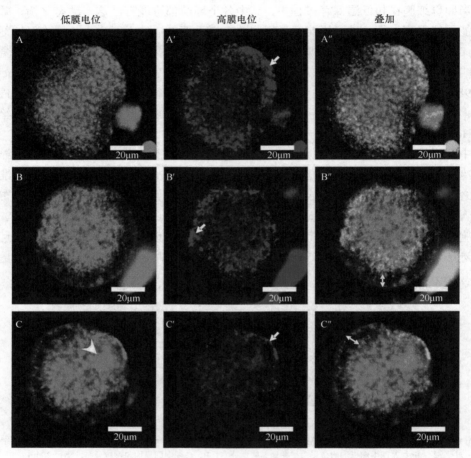

图 3-2-3　不同处理小鼠卵母细胞线粒体的空间分布（Yan et al., 2010）（见图版）
A～A″. 新鲜组卵母细胞；B～B″. 毒性组卵母细胞；C～C″. 玻璃化冷冻组卵母细胞

（六）内质网

内质网（endoplasmic reticulum，ER）是真核细胞细胞质内广泛分布的由扁囊、小管或小泡连接形成的连续的三维网状膜系统。分为粗面型内质网和滑面型内质网两种。ER 联系了细胞核、细胞质和细胞膜这几大细胞结构，使之成为通过膜连接的整体。ER 负责物质从细胞核到细胞质的转运过程。

超低温冷冻保存后，卵母细胞内 ER 会发生变化，如小鼠 GV 期卵母细胞，当其玻璃化冷冻后，ER 保持完整，但在体外培养条件下却不能像体内成熟过程那样发生重组，进而影响细胞质成熟（Lowther et al., 2009）。慢速冷冻则会引起人成熟卵母细胞滑面型内质网小泡隆起（Gualtieri et al., 2009），玻璃化冷冻会导致狗 GV 期卵母细胞滑面型内质网数目减少（Turathum et al., 2010）。这种超低温冷冻引起卵母细胞内质网的变化，可以通过在冷冻液中添加内质网应激抑制剂来提高卵母细胞的冷冻保存效率（Zhao et al.，2015）。

### （七）胞内 $Ca^{2+}$

卵母细胞受精过程中，精子穿入卵子引起胞内 $Ca^{2+}$ 瞬时升高，从而激活胞质内一系列的信号转导过程（Swann and Lai，1997；Malcuit et al.，2006）。研究表明，玻璃化冷冻保存过程中也有类似现象发生。小鼠 M II 期卵母细胞暴露于含 DMSO 和 EG 的玻璃化冷冻液中可引起胞内 $Ca^{2+}$ 瞬间增高，并且无论冷冻液中是否含 $Ca^{2+}$，DMSO 都会引起细胞内 $Ca^{2+}$ 增加，而不含 $Ca^{2+}$ 的玻璃化冻液中的 EG 并不引起显著性的 $Ca^{2+}$ 增加（Larman et al.，2006）。这种由于冷冻造成的 $Ca^{2+}$ 异常波动会引起卵母细胞异常激活或死亡（Takahashi et al.，2004；Kim et al.，2011a）。由此可见，优化冷冻液配方，尤其是对 DMSO 和 $Ca^{2+}$ 浓度进行进一步调整和优化对于提高卵母细胞冷冻保存效果显得十分重要。

### （八）蛋白表达异常

细胞内蛋白表达通常采用双向凝胶电泳进行分析，需要的样本量很大。这种方法不适合用于卵母细胞和胚胎内蛋白表达的分析。随着质谱技术的发展，卵母细胞和胚胎的蛋白表达分析成为可能。利用表面增强激光解析电离飞行时间质谱技术（surface enhanced laser desorption/ionization time-of-flight mass spectrometry，SELDI-TOF-MS），可以检测小样本量（$n=5$）卵母细胞或胚胎内的蛋白表达差异。小鼠成熟卵母细胞经慢速冷冻后的蛋白水平与新鲜卵母细胞相比明显异常，有的蛋白表达上调（图 3-2-4A），有的蛋白表达下调（图 3-2-4B），而玻璃化冷冻卵母细胞的蛋白表达与新鲜卵母细胞却极为相近（Gardner et al.，2007）。进一步的分析发现，慢速冷冻后所造成的蛋白表达异常主要是由于卵母细胞在抗冻保护剂丙二醇中长时间作用所导致（Katz-Jaffe et al.，2008）。

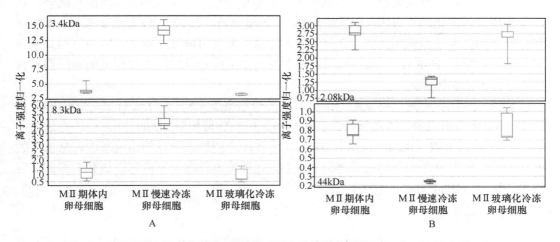

图 3-2-4  小鼠卵母细胞冷冻保存后特定蛋白表达发生变化（Gardner et al.，2007）

### （九）染色体（染色体、DNA、甲基化、乙酰化等）

染色体（chromosome）是细胞内遗传信息的载体，由 DNA、RNA 和蛋白质构成，其形态和数目具有种系的特性。在细胞间期核中,以染色质丝形式存在;在细胞分裂时,染色质丝经过螺旋化、折叠、包装成为染色体。

冷冻过程中,低温所造成的小鼠卵母细胞纺锤体解聚可导致细胞内染色体呈非整倍性或多倍性(Eroglu et al., 1998);而玻璃化冷冻也可引起小鼠未成熟卵母细胞内 DNA 链的断裂,但细胞内修复系统很快就会将其修补完整(Trapphoff et al., 2010)。

CpG 岛(CpG island)是基因组中长度为 300~3000bp 的富含 CpG 二核苷酸的一些区域,主要位于基因的启动子(promotor)和第一外显子区域,启动子区中 CpG 岛的未甲基化状态是基因转录所必需的。小鼠老年时期卵母细胞全基因组 DNA 甲基化水平与青年时期相比明显下降,4 种主要 DNA 甲基转移酶(Dnmt1、Dnmt3a、Dnmt3b、Dnmt3L)表达量均随年龄增加下降(Yue et al., 2012)。腔前卵泡经玻璃化冷冻保存后体外成熟培养所得的卵母细胞与体内成熟卵母细胞相比,*Oct4* 和 *Sox2* 基因启动子区域的甲基化水平显著降低(Milroy et al., 2011)。这种 CpG 序列中 C 的甲基化变化很可能会改变转录因子结合、DNA 甲基化转移酶募集水平、异染质蛋白募集程度或者非编码 RNA 转录,进而引起基因表达发生变化,最终影响卵母细胞的发育潜力(Geiman and Muegge, 2010; Odom and Segars, 2010)。有研究表明,OPS 玻璃化冷冻可导致小鼠 MⅡ期卵母细胞及其体外受精后原核胚至 8-细胞胚胎整体 DNA 甲基化水平显著下降(Liang et al., 2014),而且体外受精囊胚中印记基因(*H19*、*Peg3* 和 *Snrpn*)的 DNA 甲基化水平也下降(Cheng et al., 2014)。这种 DNA 甲基化水平的下降很可能与抗冻保护剂 DMSO 相关,因为它会作用于一种或多种 DNA 甲基转移酶,从而导致 DNA 甲基化的改变(Iwatani et al., 2006)。

在卵母细胞减数分裂和受精过程中,组蛋白乙酰化通过乙酰化转移酶和去乙酰化酶的平衡作用,在染色质凝集、DNA 复制及转录方面发挥着重要作用(Berger, 2002; Huang et al., 2007)。小鼠 MⅡ期卵母细胞经玻璃化冷冻保存后,组蛋白 H4K12 乙酰化水平显著升高,并且其受精后所形成的雄性配子中组蛋白 H4K12 出现提前乙酰化,雌雄原核周区乙酰化的"极化"现象明显降低(Suo et al., 2009),发育至 2-细胞、4-细胞和桑椹胚期,其乙酰化调节酶 HDAC1 的表达水平亦显著降低(Li et al., 2011)。这种受精前后组蛋白 H4K12 乙酰化模式的显著变化很可能是导致冷冻后卵母细胞后期发育能力下降的重要因素之一。

超低温冷冻保存后,小鼠卵母细胞基因的表达会发生变化(Liu et al., 2003b)。巢式定量 PCR 分析表明,玻璃化冷冻会引起小鼠成熟卵母细胞 *Mater* 和 *Hook1* 基因的下调,*Sod1* 基因上调(Habibi et al., 2010)。上述冷冻所造成卵母细胞内基因转录水平的变化与其后续发育潜力下降有很强的相关性,这种推测已在小鼠冷冻原核胚上得到一定程度的证实(Dhali et al., 2007, 2009)。

(十)能量代谢

正常的能量合成与代谢对细胞的各项生命活动至关重要。研究表明,冷冻保存会影响细胞的能量代谢活动(Lane and Gardner, 2001; Lane et al., 2002)。慢速冷冻后,小鼠卵母细胞对丙酮酸(重要能量底物)的摄入量显著低于新鲜卵母细胞;而玻璃化冷冻后,卵母细胞对丙酮酸的摄入量有所下降,但下降量显著低于慢速冷冻,这表明玻璃化冷冻对卵母细胞能量代谢系统的影响较小（Lane and Gardner，2001）。类似的现象也发生在小鼠2-细胞胚胎上，慢速冷冻后胚胎的氧化代谢能力明显低于玻璃化冷冻（Lane et al.，2002）。

（周光斌　闫长亮　刘满清）

### 三、卵母细胞冷冻保存方法改进

#### （一）优化组合抗冻保护剂

卵母细胞在超低温冷冻保存过程中，抗冻保护剂的优化组合在一定程度上可降低细胞的损伤，因为抗冻保护剂在稳定膜结构和保护细胞器等方面起着重要的作用（Dobrinsky，2001；Prentice and Anzar，2010）。

抗冻保护剂分为渗透性抗冻保护剂和非渗透性抗冻保护剂两类。渗透性抗冻保护剂渗透到细胞内与水分子形成氢键，可以减少冷冻过程中冰晶的形成和保护细胞免受溶液效应（solution effect）的影响。溶液效应是指由于细胞脱水引起的胞质内盐溶液浓度突然升高的现象。当细胞在抗冻保护剂中平衡或解冻时去除抗冻保护剂的过程中，渗透性抗冻保护剂可解聚微丝和微管，从而有益于保护细胞骨架（Dobrinsky，2001）。EG对细胞毒性低并具有高渗透性，而被认为是最有效的渗透性抗冻保护剂之一（Wu et al.，2006；Huang et al.，2008），它通常与DMSO联合用于小鼠、大鼠、猪、牛和羊卵母细胞的超低温冷冻保存（Hou et al.，2005；Shi et al.，2006；Tian et al.，2007；Meng et al.，2007；Fujiwara et al.，2010）。当EG和DMSO分别添加到玻璃化冷冻液中用于冷冻大鼠成熟卵母细胞时，解冻后存活率分别为79.4%和23.6%；当二者联合使用时，卵母细胞解冻后的存活率则升至90.7%（Fujiwara et al.，2010）。EG和DMSO联合使用不仅可以避免高浓度CPA对细胞的毒害作用，还能满足对玻璃化液浓度的要求，同时对细胞纺锤体有更好的保护作用，从而可提高卵母细胞冷冻保存效率（李秀伟等，2006；裴燕等，2010）。

糖（sugar）属于非渗透性抗冻剂，起到调节细胞内、外渗透压的作用。在降温过程中促使细胞脱水，解冻时，可起到脱出细胞内的抗冻保护剂和防止水分快速渗入细胞内等作用，从而降低冷冻对细胞的损伤。糖单独使用时，对卵母细胞的毒性低（Shaw et al.，1997）；当其与其他抗冻保护剂混合使用时，可有助于卵母细胞冷冻过程中玻璃化态的形成(Kuleshova et al.，1999)。如多糖［聚蔗糖（ficoll）］和二糖［蔗糖（sucrose）、海藻糖（trehalose）等］已添加到玻璃化冷冻液中，用于小鼠卵母细胞的超低温冷冻保存，并取得良好的效果（Lee et al.，2010；Meng et al.，2007）。

胎牛血清也属于非渗透性抗冻剂，当其添加到冷冻保存液中，能够缓解冷冻对透明带所造成的损伤（Vincent and Johnson，1992；Carroll et al.，1993），但其机制尚不清楚，推测可能是胎牛血清含有某种与皮质颗粒释放相关的酶。

#### （二）开发新型玻璃化冷冻承载工具

卵母细胞的两种超低温保存方法中，玻璃化冷冻由于其操作简便和解冻后细胞存活率较高而优于慢速冷冻（Valojerdi and Salehnia，2005；Kim et al.，2011b；Yamaji et al.，

2011)。玻璃化冷冻具有很高的降温速度，而使细胞内、外在较短时间内无法形成冰晶（Rall and Fahy，1985）。降温速度、抗冻保护剂的浓度和抗冻保护剂的体积影响着细胞内、外玻璃化态的形成，通过选择合适的冷冻承载工具则有利于提高卵母细胞冷冻保存后的发育潜力。

采用 OPS 载体对小鼠卵母细胞进行玻璃化冷冻，纺锤体的正常率（61%）显著高于细管法（16%）（Chen et al.，2001）。这种差异可能是由于 OPS 管承载的冷冻液体积更小、管壁更薄（Berthelot et al.，2001），其降温速度是细管法冷冻降温速度的 10 倍。此外，小鼠卵母细胞超低温冷冻保存中能提高降温速度的承载工具还有 Cryoloop（Wang et al.，2009）、Cryotop（Trapphoff et al.，2010）、电子显微铜网（electron microscope grid）（Park et al.，2001）和尼龙环（nylon loop）（Lane and Gardner，2001）等。由此可见，通过选择上述热传导性好的材质作细胞的承载工具，可减少装载液体的体积，从而提高冷冻过程中的降温速度，以形成更好的玻璃化态，减少冰晶对细胞器的物理（机械）损伤，提高冷冻保存效果。

（三）选用高效细胞骨架稳定剂

卵母细胞在冷冻过程中易造成细胞骨架的破坏，稳定细胞骨架系统对于提高冷冻存活率和发育潜力具有重要作用（Pereira and Marques，2008）。常用的细胞骨架稳定剂有紫杉醇（taxol）和细胞松弛素 B（cytochalasin B，CB）。

紫杉醇可增强 α，β-微管蛋白二聚体的紧密联系，增大微管交联，促进微管聚合和稳定，保证了染色体的正确分离，同时紫杉醇对微管的结合具有依赖性和可逆性，可以降低聚合所需的微管蛋白的临界浓度，使动态平衡向着微管装配的方向移动，促进微管重新组装。在较高的浓度时，它能使 α-微管和 β-微管蛋白二聚体结合得更紧密，而稳定微管结构，并且能避免低温导致的微管解聚。冷冻保存液中添加 1μg/mL 紫杉醇，小鼠成熟卵母细胞（含卵丘颗粒细胞）解冻后经体外受精，囊胚发育率显著提高（58.6% vs. 24.0%）（Park et al.，2001）。紫杉醇后来也被应用到猪、牛、羊和人的卵母细胞冷冻保存（Fuchinoue et al.，2004；Shi et al.，2006；Morato et al.，2008c；Zhang et al.，2009）。

CB 是微丝抑制剂，可以阻止肌动蛋白的聚集，使胞膜柔软、更富弹性。通常在显微操作中用于避免卵母细胞损伤，也可以应用到卵母细胞的冷冻保存当中（Fujihira et al.，2004；Mazur et al.，2005；Silvestre et al.，2006；Guo et al.，2010）。

（四）应用水通道蛋白及抗冻蛋白

哺乳动物细胞的超低温冷冻保存获得成功的必要条件之一是水分和抗冻保护剂能快速通过细胞膜（Edashige et al.，2003）。水通道蛋白（aquaporin，AQP）在哺乳动物中已被发现有 13 种亚型，即 AQP0～12，参与水及非极性小分子物质跨细胞膜的转运（Kozono et al.，2002；Verkman，2005）。小鼠 GV 期卵母细胞注射 AQP3 的 cRNA 后体外培养 12～14h，挑选成熟卵母细胞进行玻璃化冷冻，其存活率显著提高（Edashige et al.，2003），并且经体外受精和胚胎移植后可产生后代（Yamaji et al.，2011）。抗冻蛋白（antifreeze protein，AFP）是一种能抑制冰晶生长的蛋白质或糖蛋白质，可提高生物抗冻能力。最初是从南极与北极地区的海洋鱼类血清中发现的一种能与冰晶相结合的特异性蛋白质（DeVries and Wohlschlag, 1969），它能阻止体液内冰核的形成与生长，维持体液的非冰冻状态。小鼠成熟卵母细胞超低温冷冻保存过程中，当冷冻液与解冻液中添加 AFP 后，卵母细胞的存活率（85.0%～90.0% vs. 75.0%）、体外受精后的囊胚发育率（62.4%～78.0% vs. 30.7%）相比于对照组均显著升高（Lee et al., 2015）。

（五）其他对策

小鼠卵母细胞冷冻后因透明带变硬而导致受精困难，为此对透明带进行打孔或部分消化可提高卵母细胞的发育潜力（Meng et al., 2007；Fan et al., 2009）。采用 Piezo 显微操作系统对冷冻卵母细胞透明带进行打孔，与未打孔冷冻组相比，显著提高了卵母细胞的卵裂率（85.4%±7.3% vs. 45.0%±12.6%，$P<0.05$），并且与新鲜组无显著差异（85.4%±7.3% vs. 85.2%±6.8%，$P>0.05$）（Meng et al., 2007）。使用 pH3.1 的酸性台式液（acidic Tyrode's solution）对冷冻卵母细胞的透明带处理 30s 进行部分消化，体外受精后的卵裂率显著高于未消化透明带的冷冻组（50.8% vs. 22.1%，$P<0.05$）（Fan et al., 2009）。此外，采用无钙冷冻液可降低抗冻保护剂（DMSO 和 EG）所引起的透明带变硬程度，从而提高小鼠卵母细胞体外受精效率（Larman et al., 2006）。

在细胞内显微注射小量的棉子糖（raffinose），有益于提高小鼠成熟卵母细胞的超低温冷冻保存效果，细胞解冻后的存活率达 83.9%，体外受精后受精率和囊胚发育率分别为 90.0% 和 77.8%，与新鲜对照组无显著差异（98.8% vs. 83.6%）（Eroglu, 2010）。

小鼠成熟卵母细胞 OPS 法玻璃化冷冻后，采用 $10^{-4}$mol/L 肾上腺素处理，体外受精后的卵裂率（66.4% vs. 45.2%）和囊胚发育率（47.2% vs. 34.7%）显著升高（Wang et al., 2014）。褪黑素主要是由哺乳动物和人类的松果体产生的一种胺类激素，通过清除自由基、抗氧化和抑制脂质的过氧化反应，保护细胞结构，防止 DNA 损伤，降低体内过氧化物的含量。小鼠腔前卵泡体外成熟培养 7d，若培养液中添加褪黑素（10pmol/L），卵泡存活率显著升高，卵泡直径显著增大（Ganji et al., 2015）；倘若体外培养时间缩短至 1h，含有褪黑素（$10^{-9}$～$10^{-3}$mol/L）的培养液则不能显著提高冻融后的小鼠成熟卵母细胞的发育潜力（Li et al., 2015）。

（周光斌　闫长亮　刘满清）

## 四、问题与展望

慢速冷冻由于冰晶的形成会引起细胞损伤，而玻璃化冷冻可以通过提升降温速度和解冻过程中的升温速度而大大减少冰晶的形成，但由于卵母细胞结构的复杂性及其对低温的敏感性，进一步提高卵母细胞冷冻保存后的存活率和发育潜力受到严峻的挑战。此外，抗冻保护剂对细胞的毒性、溶液效应和冷冻过程渗透压变化都会对卵母细胞造成一定的损伤。因此，卵母细胞冷冻损伤仍是目前和将来较长时间内亟待解决的问题。

随着卵母细胞的冷冻保存技术的提高（如无损伤的活体观察与标记技术的应用），卵母细胞的冷冻损伤会降低在最小范围内。利用冷冻保存技术建立高质量的"卵子库"，不仅可以解决目前卵母细胞来源短缺的问题，还可以使其他生物技术如体外受精、克隆和转基因动物生产不受时间和地域的限制,并且为代替家畜的活体保种、濒危动物遗传种质资源保存和人类医学对生殖疾病的研究提供技术支撑。

(周光斌　闫长亮　刘满清)

## 五、实验操作程序

以小鼠成熟卵母细胞的冷冻保存为例,简单介绍几种常用的玻璃化冷冻保存方案。

### (一)细管法玻璃化冷冻

**1. 材料**

(1)卵母细胞

5~6周龄的昆明白系雌鼠(军事医学科学院实验动物中心),自由采食和饮水,控光(光照14h/d),经过一周的适应性饲养后,隔日腹腔注射孕马血清促性腺激素PMSG(宁波市激素制品厂)和hCG(宁波市激素制品厂)各10IU进行超数排卵,于hCG注射后13~16h处死采集输卵管。在体视显微镜下撕开输卵管膨大部,收集卵丘卵母细胞复合体(COC)。将COC移入含300IU/mL透明质酸酶的PBS中,在37℃恒温台上处理3~5min,脱去卵丘颗粒细胞的卵母细胞在mCZB或M2液中洗涤3次后待用。

(2)主要仪器设备

恒温台,液氮罐,水浴锅,体视显微镜,$CO_2$培养箱(Thermo,USA)。

(3)主要耗材

剪刀,镊子,1mL注射器,35mm×10mm培养皿,液氮杯,0.25mL塑料细管(IMV,L'Aigle,France),表面皿。

(4)溶液

PMSG(10IU/mL),hCG(10IU/mL),M2操作液,矿物油,透明质酸酶(300IU/mL),预处理液(10% EG+10% DMSO),玻璃化溶液(EDFS30),解冻液(0.5mol/L 蔗糖溶液)。

**2. 卵母细胞冷冻保存(图3-2-5)**

A. 细管中依次吸入0.5mol/L 蔗糖(5.5cm)、空气(1.5cm)、EDFS30(0.5cm)、空气(0.5cm)、EDFS30(1.5cm)。

B. 将8~10枚卵母细胞移入预处理液中5min,然后移入玻璃化溶液EDFS30中,1min内将卵母细胞装入细管内EDFS30中(1.5cm段)。

C. 依次吸入空气(0.5cm)、EDFS30(0.5m)、空气(0.5cm),最后吸满蔗糖,封口粉封口(参照图3-2-5)。

D. 直接投入液氮中冷冻保存。

**3. 卵母细胞解冻**

A. 从液氮中取出细管,在空气中停留10~15s,然后浸入25℃水中。

B. 待蔗糖段由乳白色变为透明时，剪去细管两端，将细管中的内容物用 0.5mol/L 蔗糖液冲出并回收卵母细胞。

C. 在 0.5mol/L 蔗糖液中平衡 5min 以脱出细胞内的抗冻保护剂，然后转入 M2 液中，洗涤 3 次备用。

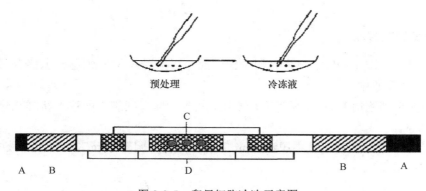

图 3-2-5　卵母细胞冷冻示意图
A. 栓；B. 0.5mol/L 蔗糖；C. 玻璃化溶液；D. 空气

**4. 注意事项**

A. 装好 1.5cm EDFS30 液的细管须平放在实验台上，防止液体流出。

B. 封口时，动作要轻，避免细管内液体混合。

C. 解冻时，细管须平行放入 25℃水中，避免局部受热不均，发生裂管。

D. 细管内容物回收后，应尽快将卵母细胞转移至 0.5mol/L 蔗糖溶液中迅速脱毒。

### （二）开放式拉长细管法玻璃化冷冻

开放式拉长细管（open pulled straw，OPS）法首先被用于牛体外第 6 天的胚胎冷冻保存，解冻后存活率和囊胚孵化率分别为 90%和 70%（Vajta et al.，1997）。此后，OPS 改良后成功应用到小鼠卵母细胞超低温冷冻保存（Meng et al.，2007）。下面简单介绍这一方法在小鼠卵母细胞超低温保存的操作流程。

**1. 材料**

（1）卵母细胞

同本节细管法玻璃化冷冻。

（2）主要仪器设备

同本节细管法玻璃化冷冻。

（3）主要耗材

同本节细管法玻璃化冷冻。

（4）溶液

同本节细管法玻璃化冷冻。

**2. 卵母细胞冷冻保存**

A. OPS 制备：由 0.25mL 细管（IMV，L'Aigle，France）加热变软后拉制而成，其

内径为 0.10～0.15mm、管壁厚度约为 0.02mm，细端长度为 2～2.5cm。

B. 将 6～8 枚卵母细胞于预处理液中处理 30s，然后转入玻璃化液中，25s 内连同少量玻璃化冷冻液吸入 OPS 细端。

C. 当卵母细胞在玻璃化冷冻液中平衡时间到达 25s 时，直接投入液氮中冷冻保存（图 3-2-6）。

**3. 卵母细胞解冻**

A. 由液氮中取出 OPS，将含有卵母细胞部分直接浸入 37℃恒温台上盛有 0.5mol/L 蔗糖溶液的表面皿中。

B. 将卵母细胞用 Pasteur 吸管轻轻吹出，回收的卵母细胞立即移入新鲜 0.5mol/L 蔗糖溶液中平衡。

C. 在 0.5mol/L 蔗糖溶液中脱毒 5min 后，将卵母细胞转入 mCZB 或 M2 液中洗涤 3 次备用（图 3-2-6）。

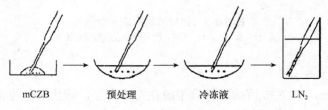

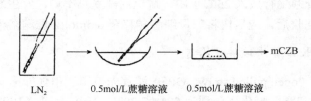

图 3-2-6　卵母细胞 OPS 法冷冻-解冻示意图

**4. 注意事项**

A. OPS 尖端较脆、细，投入液氮和取出时应注意，勿折断。

B. 卵母细胞在 OPS 尖端内尽可能紧密排列，减少溶液体积，有助于提高降温速率和解冻后存活率。

**（三）封闭式拉长细管法玻璃化冷冻**

封闭式拉长细管（closed pulled straw，CPS）法首先是由 Chen 等（2001）冷冻保存小鼠卵母细胞获得成功。此方法是在细管法与 OPS 法的基础上研制出的，既能阻止细胞与液氮直接接触，减少对细胞的污染，又具有高降温速率的优点，用作卵母细胞冷冻载体，具有广泛的应用价值。下面以小鼠卵母细胞为例，参照 Chen 等（2001）冷冻保存程序，简单介绍这一方法的操作流程。

**1. 材料**

（1）卵母细胞

同本节细管法玻璃化冷冻。

（2）主要仪器设备

同本节细管法玻璃化冷冻。

（3）主要耗材

同本节细管法玻璃化冷冻。

（4）溶液

以 DPBS 添加 20%的犊牛血清（FBS）为基础液，分别配制 1.5mol/L EG 和 EG5.5[含 1.0mol/L 的蔗糖溶液和 5.5mol/L EG（Ali and Shelton，1993）]，以及 0.5mol/L、0.25mol/L 和 0.125mol/L 的蔗糖溶液。

**2. 卵母细胞冷冻保存**

A. CPS 制备：同 OPS，由 0.25mL 细管（IMV，L'Aigle，France）加热变软后拉制而成，其头部细端内径约为 0.8mm、管壁厚度约为 0.07mm。

B. 卵母细胞（4~6 枚）经 1.5mol/L 的 EG 溶液处理 5min。

C. 转入含有 EG5.5 溶液（200μL）中平衡。

D. 用 1mL 注射器连接 CPS 上端，依次吸入 EG5.5（2mm）、空气（2mm）、含有卵母细胞的 EG5.5（2mm）、空气（2mm）、EG5.5（2mm），操作时间为 1min，如图 3-2-7 所示。

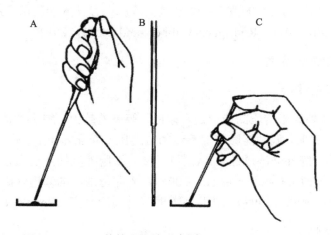

图 3-2-7　CPS 装管及解冻示意图（Chen et al.，2001）

E. 立即投入液氮中冷冻保存。

**3. 卵母细胞解冻**

A. 将 CPS 细端浸入预热的 0.5mol/L（400μL）蔗糖溶液中，用食指堵住 CPS 上端的开口，如图 3-2-7 C 所示。

B. 由于温度的变化，细管内的空气压力升高，迫使 CPS 细管内容物排出到解冻液中。

C. 将卵母细胞分别转入 0.5mol/L、0.25mol/L 和 0.125mol/L 的蔗糖溶液中，各处理 2.5min，之后转入 mPBS 或 M2 液中，备用。

**4. 注意事项**

A. 解冻时，卵母细胞应迅速由细管内容物中转移到 0.5mol/L 蔗糖液中。

B. 为避免室温对卵母细胞产生不利影响，解冻操作尽可能在 37℃恒温台上进行。

（王 亮 莫显红）

## 第三节 灵长类动物

灵长类动物卵母细胞冷冻保存以人研究较多，并且对于人类而言，卵母细胞冷冻保存技术具有更为重要的意义，可以为那些因遗传疾病引起卵巢功能早衰、肿瘤等恶性疾病或其他原因需保存生育潜力的妇女带来希望。另外，因伦理原因禁止人胚胎冷冻保存的国家，或辅助生殖过程中采卵成功但不能及时受精的情况下，均需要为卵母细胞的冷冻保存提供技术保障。尽管胚胎冷冻是人类生育力保存建立的最早方法（Roberts and Oktay，2005），但对于因各种原因希望推迟生育的育龄女性而言，卵母细胞冷冻保存是最佳选择（Cil and Seli，2013）。人卵母细胞冷冻保存在临床上成功应用主要得益于三项重要技术突破：①卵母细胞胞质内单精子注射（ICSI）的应用；②抗冻保护剂（cryoprotective agent，CPA）的改善；③玻璃化冷冻保存技术的应用（Agarwal，2009；Gook，2011；Boldt，2011；Rodriguez-Wallberg and Oktay，2012）。

### 一、卵母细胞生物学特性

#### （一）渗透压耐受性

卵母细胞耐受外界渗透压的能力是有限的，等渗差越大，细胞维持纺锤体正常结构的能力越差。研究表明，低钠能够降低溶液的渗透压（Goud et al.，2000；Stachecki et al.，2000）；而蔗糖是细胞外非渗透性 CPA，可以提高细胞外液的渗透压，使细胞脱水，发挥非特异性的保护作用（Mullen et al.，2004）。人卵母细胞的渗透性因抗冻保护剂种类不同而异（Newton et al.，1999），并且随着温度升高而升高（Paynter et al.，2001）。

#### （二）CPA 毒性

人卵母细胞直径约为 130μm，体积较大，冷冻过程中逐步脱水，胞内渗透性 CPA 的浓度也逐步增加，需要相对较长的处理时间才能使 CPA 达到渗透平衡（Grout and Morris，2009）。卵母细胞 CPA 对人卵母细胞也具有一定的毒性作用（Fahy et al.，1990），因此卵母细胞暴露于 CPA 的时间不宜过长。为此，在保证细胞充分脱水的同时，应尽量降低 CPA 的毒性作用。另有实验结果表明，暴露于 CPA 中 10min 的卵母细胞存活率比 15min 有明显提高（Fabbri et al.，2000；Paynter et al.，2001）。

## 二、灵长类动物卵母细胞冷冻保存研究进展

自 1986 年 Chen 首先采用慢速冷冻法保存人类成熟卵母细胞,并体外受精获得世界首例婴儿以来(Chen,1986),世界各国相继有 900 多例人冷冻卵母细胞获得婴儿的报道(Noyes et al.,2009),我国于 2004 年首次诞生了 2 例试管婴儿。目前,人卵母细胞常用的冷冻方法有慢速冷冻法和玻璃化冷冻法。

### (一)慢速冷冻

慢速冷冻是使卵母细胞内水分缓慢被渗透性 CPA 所置换,并需慢速降温的过程。为避免冷冻过程对卵母细胞造成的损伤,人卵母细胞冷冻保存常采用慢冻快融法。研究表明,慢冻快融法可以减少卵母细胞内冰晶的形成和结构损伤,并能够提高人卵母细胞的冷冻存活率(Trad et al.,1999;李晓红等,2004)。尽管 1986 年首例慢速冷冻人卵母细胞获得的胚胎经移植后成功妊娠、分娩(Chen,1986,),但慢速冷冻法的卵母细胞存活率仅为 25%~37%,随后报道成功获得后代的较少。(Paramanantham et al.,2015;Siebzehnruebl et al.,1989;Al-Hasani et al.,1987)。冷冻卵母细胞透明带变硬是影响受精率的重要原因。自 1995 年开始应用 ICSI 对冷冻卵母细胞进行授精(Kazem et al.,1995),1997 年首例慢速冷冻卵母细胞经 ICSI 后的婴儿成功降生(Porcu et al.,1997)。目前,应用 ICSI 后受精率在 50%以上(Paramanantham et al.,2015)。因此,ICSI 结合卵母细胞冷冻技术是提高辅助生殖效率的重要手段。

为提高卵母细胞慢速冷冻的存活率,在卵母细胞发育时期、抗冻保护剂优选等方面均进行了大量研究(表 3-3-1)。

表 3-3-1 慢速冷冻卵母细胞与新鲜卵母细胞 IVF 结果比较

| 患者总数 | 卵母细胞冻后存活率/% | 受精率/% | | 妊娠率/% | | 文献 | 结论 |
| --- | --- | --- | --- | --- | --- | --- | --- |
| | | 新鲜 | 冷冻 | 新鲜 | 冷冻 | | |
| 80 | 43.4 | — | 51.6 | 30.0 | 19.2 | Borini 等(2006a) | 未进行显著性分析 |
| 286 | 69 | 66.6 | 67.5 | 47.9 | 12.4 | Levi Setti 等(2006) | 妊娠率新鲜组显著高于冷冻组 |
| 749 | 68.1 | 79.1 | 76.1 | 37.8 | 14.9 | Borini 等(2006b) | 未进行显著性分析 |
| 2046 | 55.8 | 78.3 | 72.5 | 27.9 | 17.0 | Borini 等(2010) | 妊娠率新鲜组显著高于冷冻组 |
| 234 | 72.8 | 83 | 73 | — | — | Magli 等(2010) | 受精率新鲜组显著高于冷冻组 |

资料来源:Paramanantham et al.,2015。

注:表中数据均来自意大利研究人员结果。因为卵母细胞冷冻保存多来自于单个卵母细胞采集周期,而临床实践中为保证患者的高妊娠率,新鲜组常为高质量卵母细胞,用于冷冻保存的卵母细胞质量较低,卵母细胞质量的差异使结果比较意义不大。但 2004 年意大利立法规定,每个人工授精周期最多只允许生产 3 枚胚胎并且禁止冷冻胚胎,出现了大量卵母细胞冷冻保存的情况,使新鲜组和冷冻组卵母细胞 IVF 结果比较变得有意义

**1. 不同成熟阶段卵母细胞**

(1)成熟卵母细胞

成熟卵母细胞(MⅡ期)因细胞骨架柔韧性强、冷冻过程中不易受损伤等原因,较未成熟卵母细胞(GV 期)对冷冻保存具有更强的抗冻能力,人卵母细胞的冷冻保存研究因此多集中于成熟卵母细胞。Gook 等(1993)对 171 枚卵母细胞进行慢速冷冻保存,解冻后获得了 64%的存活率,并发现存活卵母细胞中 60%纺锤体和染色体形态正常,同

时发现裸卵的存活率高于 COC（69% vs. 48%）。总体来说，人卵母细胞冷冻保存前期研究主要采用与胚胎冷冻相似的冷冻液，因此解冻后的存活率较低，平均仅为 25%～34%（Tucker et al., 1998; Borini et al., 2004）。随着研究的逐步深入，有研究者对人卵母细胞冷冻保存液进行了改进，Porcu 等（2000）和 Fabbi 等（2001）分别将冷冻液中的蔗糖浓度提高至 0.2mol/L 和 0.3mol/L，解冻后分别获得了 59%和 82%的存活率。

但成熟卵母细胞的细胞器分布和排列非常不均匀，细胞膜对水的通透性变化也很大，影响了卵母细胞的形态学质量，以及冷冻保存的效果（Paynter et al., 2001）。

（2）未成熟卵母细胞

未成熟卵母细胞较成熟卵母细胞冷冻保存具有更为广泛的应用前景及意义（许孝凤等，2005）。这主要表现在以下几方面：①供卵者不必进行促排卵方案，减少了不必要的费用；②为建立"卵子库"提供了更为广阔的材料来源；③多囊卵巢综合征（PCOS）患者在进行 IVM 时可以将多余的未成熟卵母细胞冷冻，为其提供更多的受孕机会（Son et al., 2002）；④为卵巢组织冷冻或移植提供前期研究基础等。

因此，很多研究者开展了未成熟卵母细胞的慢速冷冻保存。Toth 等（1994a，1994b）在体外培养试验中发现，人类冷冻保存后的未成熟卵母细胞能够恢复减数分裂，并且在体外能够培养成熟，其体外受精和胚胎发育的能力与新鲜的未成熟卵母细胞无显著性差异。Son 等（1996）证实人未成熟卵母细胞冷冻前用 1.5mol/L 的丙二醇预处理，对其成熟率、受精率和卵裂率均无影响。1998 年，Tuker 等报道人类未成熟卵母细胞冷冻保存后首次获得了婴儿。

**2. 抗冻保护剂**

在冷冻保存中，造成损伤的主要因素是细胞内冰晶的形成。添加抗冻保护剂，使卵母细胞充分脱水，可以降低冰晶的形成，减少冷冻损伤。然而抗冻保护剂浓度、种类均可影响卵母细胞的冷冻效果。

（1）1.5mol/L PROH+0.1mol/L 蔗糖

自 Porcu 等（1997）第一次使用 1.5mol/L PROH 和 0.1mol/L 蔗糖冷冻保存人成熟卵母细胞并获得婴儿以来，临床医学上出现了大量应用此程序获得妊娠（Nawroth et al., 1998; Young et al., 1998; Chia et al., 2000; Allan, 2004）或胎儿出生（Wurfel et al., 1999; Huttelova et al., 2003; Miller et al., 2004）的相关报道。但上述结果很不稳定，解冻后卵母细胞存活率差异很大（表 3-3-2）。截至 2007 年，采用此程序冷冻保存人卵母细胞，解冻后经 ICSI，将获得的胚胎移植 64 例，怀孕 61 例，出生婴儿 38 例（Gook et al., 2007）。

（2）1.5mol/L PROH+0.2～0.3mol/L 蔗糖

蔗糖是细胞外非渗透性 CPA，可通过提高细胞外液的渗透压使细胞脱水。慢速冷冻过程中，1,2-PROH 的浓度大多为 1.5mol/L，目前变化较大的是蔗糖浓度。研究发现，0.2mol/L 蔗糖与 0.1mol/L 蔗糖相比，解冻后获得了更高的受精率和卵裂率，因此，CPA 中 0.2mol/L 的蔗糖较 0.1mol/L 蔗糖冷冻卵母细胞后将会产生更多的胚胎（Chen et al., 2004）。Bianchi 等（2007）报道，CPA 中添加 0.2mol/L 蔗糖解冻后受精率（76%）、卵裂率（94%）与新鲜卵母细胞（80% vs. 97%）结果相似。另有研究发现，冷冻液中蔗糖

表 3-3-2　使用 1.5mol/L PROH+0.1mol/L 蔗糖冷冻保存人卵母细胞的临床结果

| 供卵人数/个 | 解冻卵母细胞数 | 存活率/% | 移植人数/名 | 婴儿出生数/名 | 研究者 |
| --- | --- | --- | --- | --- | --- |
| 1 | 12 | 33 | 1 | 1 | Porcu 等（1997） |
| 10 | 81 | 25 | 2 | 0 | Tucker 等（1996） |
| 1 | 29 | 67 | 1 | 1 | Tucker 等（1998） |
| 43 | 335 | 56 | 2 | 1 | Antinori 等（1998） |
| 3 | 41 | 29 | 1 | 1 | Polak de Fried 等（1998） |
| 1 | 7 | 43 | 1 | 0 | Nawroth 和 Kissing（1998） |
| 1 | 9 | 89 | 3 | 0 | Young 等（1998） |
| 96 | 1502 | 54 | 16 | 13 | Porcu 等（2000） |
| 23 | 4 | 100 | 3 | 2 | Wurfel 等（1999） |
| 1 | 12 | 83 | 1 | 0 | Chia 等（2000） |
| 41 | 206 | >60 | 3 | 0 | Porcu 等（2002） |
| 3 | 38 | 89 | 1 | 1 | Huttelova 等（2003） |
| 1 | 14 | 57 | 1 | 1 | Notrica 等（2003） |
| 7 | 36 | 50 | 1 | 0 | Allan（2004） |
| 1 | 12 | 100 | 3 | 3 | Miller 等（2004） |
| 67 | 705 | 43 | 16 | 12 | Borini 等（2006a） |
| 65 | 506 | 24 | 5 | 2 | De Santis 等（2007） |

资料来源：Gook et al.，2007

浓度为 0.1mol/L、0.2mol/L 和 0.3mol/L 时，人卵母细胞解冻后的存活率分别为 39%、58% 和 83%，呈逐步上升趋势（Fabbi et al.，2001）。国内陈子江等（2004）报道称，0.3mol/L 蔗糖是人成熟卵母细胞冷冻的最佳浓度，甚至有研究将蔗糖浓度提高至 0.35mol/L（李晓红等，2004）。De Santis 等（2007）报道 CPA 中蔗糖浓度为 0.3mol/L 时，与 0.1mol/L 蔗糖相比解冻后人卵母细胞存活率（71% vs. 24%）、受精率（80% vs. 53%）和卵裂率（91% vs. 80%）均显著提高，并且可用胚胎数提高了 5 倍。Levi Setti 等（2006）也报道 CPA 中添加 0.3mol/L 的蔗糖，解冻后卵母细胞的受精率（67% vs. 67%）和卵裂率（89% vs. 98%）与新鲜对照组卵母细胞非常接近。尽管 CPA 中 0.2mol/L 和 0.3mol/L 蔗糖临床上均有应用（表 3-3-3），但 0.3mol/L 蔗糖应用更为广泛（Gook et al.，2007）。

（3）不含钠离子的 CPA

由于 CPA 中的钠离子在冷冻时有可能被泵入细胞质，而在解冻时不能泵出，易导致卵母细胞死亡。因此，有研究者采用不含钠离子的 CPA 冷冻保存人卵母细胞，均获得了婴儿（Quintans et al.，2002；Azambuja et al.，2005；Boldt et al.，2006；Petracco et al.，2006）。

（二）玻璃化冷冻

玻璃化冷冻技术是利用冷冻载体以极快的速度（>2000℃/min）使细胞内、外来不及形成冰晶而成为类玻璃态，从而减少了对细胞的损伤。澳大利亚研究者首先报道应用乙二醇（EG）作细胞内抗冻保护剂对人卵母细胞进行 OPS 玻璃化冷冻获得成功（Kuleshova et al.，1999），复苏后存活率及受精率明显改善。随后，人卵母细胞玻璃化冷冻保存后获得婴儿的报道越来越多（表 3-3-4）。因此，玻璃化冷冻日渐受到重视，该

表 3-3-3　使用 1.5mol/L PROH 和逐步增加的蔗糖浓度冷冻保存人卵母细胞的临床结果

| 蔗糖浓度 | 供卵人数/名 | 解冻卵母细胞数 | 存活率/% | 移植人数/名 | 出生婴儿数/名 | 研究者 |
| --- | --- | --- | --- | --- | --- | --- |
| 0.2mol/L 蔗糖 | 1 | 10 | 70 | 2 | 0 | Porcu 等（1999） |
| | 1 | 5 | 60 | 1 | 1 | Kyono 等（2001） |
| | 33 | 324 | 68 | 19 | 16 | Winslow 等（2001） |
| | 24 | 158 | 71 | 21 | 14 | Yang 等（2002） |
| | 1 | 12 | 42 | 1 | 1 | Montag 等（2006） |
| | 141 | 403 | 76 | 19 | 4 | Bianchi 等（2007） |
| | 1 | 6 | 67 | 1 | 1 | Gook 等（2007） |
| 0.3mol/L 蔗糖 | 7 | 88 | 90 | 5 | 5 | Fosas 等（2003） |
| | 22 | 159 | 75 | 8 | 5 | Chen 等（2005） |
| | 28 | 81 | 90 | 10 | 6 | Li 等（2005） |
| | 1 | 14 | 71 | 1 | 1 | Tjer 等（2005） |
| | 146 | 927 | 74 | 21 | 4 | Borini 等（2006b） |
| | 40 | 337 | 78 | 2 | 2 | Chamayou 等（2006） |
| | 414 | 1647 | 73 | 19 | 7 | La Sala 等（2006） |
| | 120 | 1087 | 69 | 20 | 13 | Levi Setti 等（2006） |
| | 4 | 79 | 86 | 6 | 0 | Barritt 等（2007） |
| | 66 | 396 | 71 | 7 | 1 | De Santis 等（2007） |
| | 25 | 87 | 80 | 7 | 3 | Konc 等（2007） |

资料来源：Gook et al.，2007

表 3-3-4　人卵母细胞玻璃化冷冻保存临床结果

| 供卵人数/名 | 解冻卵母细胞数 | 存活率/% | 移植人数/名 | 婴儿出生数量/名 | 研究者 |
| --- | --- | --- | --- | --- | --- |
| 4 | 17 | 65 | 1 | 1 | Kuleshova 等（1999） |
| 36 | 79 | 59 | 1 | 0 | Wu 等（2001） |
| 34 | 474 | 69 | 8 | 7 | Yoon 等（2003） |
| 16 | 51 | 80 | 1 | 0 | Kim 等（2003） |
| 6 | 46 | 94 | 2 | 2 | Katayama 等（2003） |
| 15 | 180 | 94 | 11 | 0 | Chian 等（2005） |
| 67 | 107 | 80 | 12 | 7 | Kuwayama 等（2005） |
| 1 | 5 | 100 | 1 | 1 | Kyono 等（2005） |
| 10 | 64 | 91 | 12 | 7 | Okimura 等（2005） |
| 23 | 159 | 75 | 13 | 0 | Lucena 等（2006） |
| 6 | 24 | 75 | 3 | 0 | Selman 等（2006） |
| 120 | 330 | 99 | 39 | 3 | Antinori 等（2007） |

资料来源：Gook et al.，2007

方法的特点是高浓度的 CPA 结合快速降温，使卵母细胞迅速通过了形成冰晶的有害温区，呈现玻璃化冻结。目前该技术成为了极具潜力的人卵母细胞冷冻保存技术。

现有研究表明，人卵母细胞玻璃化冷冻与慢速冷冻相比，存活率、受精率、卵裂率、妊娠率均显著升高（Smith et al.，2010）。从实际操作考虑，玻璃化冷冻较慢速冷冻也具有明显优势，突出表现在方法简单、耗时短、节省时间，且无需昂贵仪器等。2013 年，美国生殖医学学会与辅助生殖技术协会统计表明，人卵母细胞玻璃化冷冻存活率为 90%～97%，受精率 71%～79%，妊娠率 36%～61%。另外，多项研究显示，玻璃化冷冻卵母细胞与新鲜卵母细胞在受精率（Parmegiani et al.，2011；Chang et al.，2013）、胚胎发育能力（Rienzi et al.，2010）、临床妊娠率（Cobo et al.，2010；Forman et al.，2012；Hodes-Wertz et al.，2011）和婴儿出生率（Grifo and Noyes，2009；Goldman et al.，2013）等方面无显著性差异（表 3-3-5）。目前来看，玻璃化冷冻方法已经替代慢速冷冻法成为卵母细胞冷冻保存的主要方法。

表 3-3-5　玻璃化冷冻卵母细胞与新鲜卵母细胞 IVF 结果比较

| 患者总数 | 冻后存活率/% | 受精率/% | | 妊娠率/% | | 分组情况 | 结论 | 文献 |
|---|---|---|---|---|---|---|---|---|
| | | 新鲜 | 冷冻 | 新鲜 | 冷冻 | | | |
| 251 | 99.4 | 96.7 | 93.0 | 28.6 | 32.5 | 新鲜组移植 251 人，玻璃化冷冻组来自于其中的 120 人（新鲜组移植失败后进行冷冻组移植） | 受精率差异显著，妊娠率无差异 | Antinori（2007） |
| 30（受体） | 96.9 | 82.2 | 76.3 | 100.0 | 65.2 | 卵母细胞随机分为新鲜组和冷冻组 | 玻璃化冷冻组与新鲜组结果相似 | Cobo（2008） |
| 29（受体） | 89 | 67b | 87 | 56 | 75 | 20 个患者移植玻璃化冷冻卵母细胞，9 个移植新鲜卵母细胞 | 受精率差异显著，妊娠率无差异 | Nagy（2009） |
| 124 | 96.8 | 83.3 | 79.2 | 43.2 | 38.5 | 新鲜组移植 124 人，玻璃化冷冻组移植其中的 40 人（新鲜组移植失败后进行冷冻组移植） | 冷冻组与新鲜组无显著性差异 | Rienzi（2010） |
| 125 | 84.9 | 81.3 | 80.8 | 51.9 | 45.6 | 新鲜组移植 79 人，玻璃化冷冻组移植 46 人 | 冷冻组与新鲜组结果相似 | Almodin（2010） |
| 584（受体） | 92.5 | 73.3 | 74.2 | 55.6 | 55.4 | 患者随机接受新鲜组（$n=289$）或冷冻组（$n=295$）进行移植 | 冷冻组与新鲜组结果相似 | Cobo（2010） |
| 182 | 89.7 | 87.1 | 85.4 | 44.8 | 31.5 | 新鲜组移植失败的所有患者接受冷冻组移植 | 妊娠率新鲜组显著高于冷冻组 | Ubaldi（2010） |
| 119（受体） | 89.4 | 87.5 | 76.1 | 60.0 | 61.8 | 患者随机接受新鲜组（$n=85$）或冷冻组（$n=34$）进行移植 | 冷冻组与新鲜组结果相似 | Garcia（2011） |
| 65（受体） | 91.7 | — | — | 58.0 | 58.8 | 患者随机接受新鲜组（$n=31$）或冷冻组（$n=34$）进行移植 | 冷冻组与新鲜组妊娠率相似 | Dominguez（2013） |
| 189（受体） | 85.6 | 80.7 | 78.2 | 47.5 | 53.5 | 同一采卵周期部分卵母细胞作为新鲜组，另一部分作为冷冻组 | 冷冻组与新鲜组结果相似 | Solé（2013） |

资料来源：Paramanantham et al.，2015

### 1. 成熟卵母细胞

自从玻璃化冷冻被证实可成功用于人卵母细胞冷冻保存以来，研究人员对人成熟卵母细胞玻璃化冷冻保存进行了各方面的大量研究和实践（Kuleshova et al.，1999；Yoon et al.，2000）。Chen 等（2000）采用细管法对人成熟卵母细胞进行玻璃化冷冻保存，获得了较高的存活率、受精率和卵裂率。Lucena 等（2006）利用 Cryotop 作为载体，将成熟卵母细胞冷冻后用于卵母细胞捐赠，取得较好的结果，证明卵母细胞玻璃化冷冻技术可成功用于临床。Selman 等（2006）利用 OPS 法玻璃化冷冻 53 枚人成熟卵母细胞，解冻后存活率 75%，受精率 77.7%，妊娠率 33.3%。Chian 等（2009）报道 1 例输卵管疾病和多囊卵巢的患者，于月经自然周期的第 13 天阴道超声引导下获得的 GV 期卵母细胞，经 IVM 和玻璃化冻存，解冻后体外受精共获得 3 枚胚胎，移植后单胎分娩，这是第一例自然周期的 GV 期卵母细胞 IVM 后玻璃化冻存获得成功分娩的报道。另外，Kim 和 Hong（2011）采用电子显微镜铜网法玻璃化冷冻人 MⅡ期卵母细胞，贮存 5 年后解冻并进行 ICSI，获得了 100%的受精率，对其中两枚胚胎进行移植并产下一健康婴儿。Garcia 等（2011）对 283 枚人 MⅡ期卵母细胞进行玻璃化冷冻保存，解冻后获得了 89.4%的存活率，并且受精率、卵裂率、囊胚发育率和妊娠率均未受到影响。我国在此方面的研究进展也很快，于 2005 年采用玻璃化冷冻卵母细胞，使 1 名妇女成功分娩并获得健康的双胞胎（陈子江等，2006）。

**2. 未成熟卵母细胞**

由于成熟卵母细胞冷冻保存后易造成纺锤体损伤进而引起非整倍体、双雌受精（digyny）发生率增高（Trounson and Kirby，1989），而未成熟卵母细胞在生发泡（germinal vesicle，GV）期处于减数分裂双线期，尚未形成纺锤体，出现染色体异常的可能性很小。未成熟卵母细胞没有微管分布，所以冷冻过程不会对纺锤体造成影响，此时卵母细胞对冷冻的敏感度较低。故很多研究者开展了未成熟卵母细胞的冷冻保存研究，已有报道未成熟卵母细胞冷冻后能够受精并发育，移植后获得婴儿（Cha et al.，2000；Wu et al.，2001）。Asimakopoulos 等（2011）对 GV 期卵母细胞玻璃化冷冻，解冻后经 IVM 和 ICSI，并对 4-细胞进行移植获得妊娠。

另外，未成熟卵母细胞对冷冻更敏感，这可能是由于细胞膜的稳定性较差，形成了特殊的细胞骨架，而且在降温和复温过程中仍然会出现 ZP 变硬和细胞骨架损伤（Hong et al.，1999）。Fuchinoue 等（2004）报道，GV 期卵母细胞冷冻后出现细胞骨架不同程度的损伤，乃至细胞死亡；加之抗冻保护剂对未成熟卵母细胞的渗透能力较差，影响了 GV 期卵母细胞的分化能力。另外，未成熟卵母细胞冷冻后培养至成熟的效率较低，从而制约其在临床上的应用（Hovatta，2000；Amorim et al.，2003）。

**（三）人卵母细胞的冷冻损伤**

与其他哺乳动物相似，人卵母细胞冷冻保存的主要问题也是冷冻损伤（Ledda et al.，2001）。有报道表明，冷冻常会使卵母细胞出现骨架破坏、染色体异常、细胞膜不完整及透明带（zona pellucida，ZP）变硬等问题（Fabbri et al.，2000）。

**1. 纺锤体和染色体**

纺锤体是检测卵母细胞冷冻损伤的重要指标之一，其对温度特别敏感（Wang et al.，2001；Mandelbaum et al.，2004），当暴露于低温环境中，纺锤体会发生解聚（Sathananthan et al.，1988），纺锤体的解聚与温度降低的程度和时间密切相关（Wang et al.，2001；Zenzes et al.，2001），解聚的纺锤体经过复温可以重新聚合，但结构紧密性不能完全恢复到解聚前的程度（Bianchi et al.，2005）。这也是冷冻卵母细胞非整倍体发生率高（Trounson，1986；Pickering et al.，1990）、胚胎发育潜能降低（Park et al.，1997；Moon et al.，2003）的重要原因之一。

染色体的正确排列、分离及极体的排出均依赖于纺锤体微管的排列和运动，微管的任何损伤都有可能使染色体分离异常。目前普遍认为，卵母细胞的冷冻和解冻过程均会造成染色体异常比率的增加。早期研究表明，人 GV 期卵母细胞冷冻后经体外成熟培养，其染色体异常比率显著高于新鲜体外培养成熟的 GV 期卵母细胞（77.8% vs. 31.8%），提示冷冻保存会影响卵母细胞的染色体（Park et al.，1997）。近来的临床研究结果似乎不支持冷冻卵母细胞非整倍体比率增加（Stachecki et al.，2004；Bianchi et al.，2005），Stachecki 等（2004）发现，卵母细胞经慢速冷冻后，大部分受损纺锤体可恢复，染色体排列和数目正常。另有研究表明，适当的降温、升温速度可使冷冻成熟卵母细胞不受明显影响，继而完成第二次减数分裂，不会增加非整倍体胚胎比率（Fabbri et al.，2001；Mandelbaum et al.，2004）。

**2. 透明带**

透明带具有保护卵母细胞，促进精卵识别、结合和穿透，以及阻止多精受精等多种功能。研究表明，冷冻会引起人卵母细胞皮质颗粒提前释放和透明带变硬（Stachecki et al.，2004；Chen et al.，2005），这很可能与人卵母细胞冷冻后受精率低下密切相关。1995 年，Gook 等首次建议冷冻卵母细胞采用 ICSI 受精，以避免皮质颗粒提前释放和透明带变硬引起的受精率低下的问题。Kazem 等（1995）报道将 ICSI 应用于冷冻卵母细胞，其受精率比常规体外受精效率要高。为此，近年来 ICSI 技术在冷冻卵母细胞受精中被广泛应用（Yoon et al.，2000；Stachecki et al.，2004；Chen et al.，2005；Paynter et al.，2005）。

**3. 线粒体**

线粒体是卵母细胞细胞质中重要的细胞器之一，在成熟卵母细胞皮质区呈高度极性排列，其产生的 ATP 是卵母细胞能量的主要来源，为卵母细胞成熟和受精提供能量。Jones 等（2004）发现，冷冻人卵母细胞的近皮质区线粒体极性消失，进而将会影响线粒体为受精、卵裂提供能量。Manipalviratn 等（2011）发现，玻璃化冷冻可显著降低人卵母细胞 ATP 水平，这很可能是由于玻璃化冷冻影响了线粒体功能。

**4. 卵丘颗粒细胞**

冷冻可以造成卵丘颗粒细胞的损伤，影响卵母细胞与卵丘颗粒细胞间的缝隙连接，这种连接在卵母细胞的成熟过程中发挥着重要作用（Gilchrist et al.，2004）。研究表明，解冻后卵丘颗粒细胞大量丢失，将影响未成熟卵母细胞的发育潜能（Son et al.，1996；Tucker et al.，1998）。

**（四）人卵母细胞冷冻保存的安全性评估**

随着人卵母细胞冷冻保存后获得婴儿数量逐渐增加，对婴儿的生长发育及健康状况应倍加关注。2009 年，对 1986~2008 年冷冻卵母细胞所获得的 936 名婴儿健康状况进行统计，发现先天性异常的发生率为 1.3%，这与普通婴儿中因组织或遗传缺陷导致的 3%异常相差无几；并且这些异常婴儿中室间隔缺损比例最高，约占 0.3%，但低于自然出生婴儿 0.8%的异常比例（Noyes et al.，2009）。可见，卵母细胞冷冻保存并未造成婴儿先天性异常比例的增加，但今后应对 2008 年以来冷冻卵母细胞出生婴儿健康状况给予更多关注。

## （五）展望

目前，人卵母细胞的冷冻保存仍存在许多问题，将其进一步应用于临床仍有待于低温生物学及相关技术的研究。尤其是探讨卵母细胞的生理学和生物学特性及冷冻对卵母细胞超微结构、生理生化的各种影响，将有助于降低冷冻对卵母细胞的损伤，以提高卵母细胞冷冻后存活率、受精率、卵裂率和胚胎发育率。另外，还应关注此项技术的安全性，重视对应用此项技术出生婴儿的随访，以探明卵母细胞冷冻保存对后代造成的遗传学风险。相信随着卵母细胞体外成熟技术的不断改进和完善及低温生物学的发展，该技术必将会有更加广阔的应用前景。

（李俊杰）

## 三、实验操作程序

### （一）慢速冷冻

**1. 材料**

（1）卵母细胞来源

体内成熟卵母细胞：主要来源于妇女捐赠或试管婴儿实验剩余的卵母细胞。供卵者每天注射 200IU 的重组卵泡刺激素（rFSH）以刺激卵泡生长。从第 6 天起注射促性腺激素释放激素（GnRH）拮抗剂（ganirelix），以防止促黄体素（LH）峰的提前出现。在两个或两个以上卵泡直径达到 18mm 时，注射 10 000IU 的重组人绒毛膜促性腺激素（hCG）促进卵母细胞成熟。hCG 注射 36h 后经阴道超声波引导取卵。卵母细胞在透明质酸酶和机械吹打作用下脱去卵丘颗粒细胞。体内成熟的卵母细胞一般在取卵后继续培养 3~4h 进行冷冻保存。

体外成熟卵母细胞：处于 GVBD 或 MⅠ期未成熟的卵母细胞经体外培养 24~28h 后，排出第一极体的为成熟的卵母细胞，可用于冷冻保存。

（2）主要仪器设备

冷冻仪，体视显微镜，恒温台，液氮罐，热水浴箱，$CO_2$ 培养箱。

（3）主要耗材

塑料冷冻细管（Cryo Bio System，France），封口粉，Pasteur 管，组织培养皿，小镊子，小剪刀。

（4）溶液

卵母细胞培养液：人卵母细胞受精液（Cook IVF，Brisbane，Australia）。

杜氏磷酸盐缓冲溶液（Dulbecco's PBS；Invitrogen）：添加血浆蛋白（Plasma protein supplement，PPS）（Baxter AG，Wienna，Austria）或血清蛋白（Pacific Andrology，CGA/Diasint，Florence，Italy）。

预处理液：PBS+1.5mol/L 1，2-丙二醇+20% PPS。

冷冻液：PBS+1.5mol/L 1，2-丙二醇+0.3mol/L 蔗糖+20% PPS。

解冻液 1：PBS+1.0mol/L 1，2-丙二醇+0.3mol/L 蔗糖+20% PPS。

解冻液 2：PBS+0.5mol/L1，2-丙二醇+0.3mol/L 蔗糖+20% PPS。
解冻液 3：PBS+0.3mol/L 蔗糖+20% PPS。
矿物油（Sigma，USA）。

**2. 卵母细胞慢速冷冻（Coticchio et al.，2006）**

A. 预先设计好冷冻仪的冷冻程序。将冷冻仪的温度调到 20℃，备用。

B. 在冷冻细管中事先吸入约 1mm 冷冻液。

C. 在 3 个组织培养皿中分别制作好含 20% PPS 的 PBS、预处理液和冷冻液的小滴。

D. 选择 1~2 枚卵母细胞，在添加 20% PPS 的 PBS 中洗涤一次。

E. 然后移入预处理液中室温下平衡 10min。

F. 再转移到冷冻液中，平衡 5min。

G. 将卵母细胞连同冷冻液吸入冷冻细管，冷冻液充满细管后用封口粉封口，并将细管装入冷冻仪。

H. 控制温度以 2℃/min 的速率从 20℃降至–8℃。

I. 在–8℃时停留 10min，并实施人工植冰（用液氮预冷的小镊子在塑料细管壁上轻轻接触，诱导细管中的冷冻液结晶）。

J. 以 0.3℃/min 的速率降到–30℃。

K. 再以 50℃/min 的速率快速降到–150℃。

L. 最后将细管投入液氮中冷冻保存。

**3. 解冻**

A. 用无葡萄糖的卵母细胞培养液制作 20μL 的小滴，覆盖矿物油，在 $CO_2$ 培养箱中平衡至少 1h。

B. 从液氮中取出含有卵母细胞的细管，在空气中停留 30s。

C. 将细管平行浸入到 30℃的水浴中，轻轻摇动 40s。

D. 采用多步法在室温下脱除抗冻保护剂。即卵母细胞从细管中冲出到解冻液 1 中平衡 5min→解冻液 2 中平衡 5min→解冻液 3 中平衡 10min→将卵母细胞移入 PBS+20% PPS 中，在室温下停留 10min；然后在 37℃下再平衡 10min，

E. 再将解冻的卵母细胞移入 A 中，并置于 37℃条件下，含 5% $CO_2$ 培养箱中培养 3h，备用。

**（二）玻璃化冷冻**

参考 Kuwayama 等（2005）和 Chang 等（2008），介绍人卵母细胞 Cryotop 法玻璃化冷冻保存方法。

**1. 材料**

（1）卵母细胞来源
同慢速冷冻。

（2）主要仪器设备
体视显微镜，37℃恒温台，液氮罐，水浴锅，$CO_2$ 培养箱。

（3）主要耗材

保温杯，小镊子，塑料冷冻细管（Cryo Bio System，France），Cryotop（Kitazato Bio Pharma Co.，Japan），组织培养皿。

（4）溶液

人卵母细胞受精培养液（Cook IVF，Brisbane，Australia）；Quinn 氏胚胎培养液（Cooper Surgical，USA），添加 20%血清蛋白替代物（SPS，Quinn's，美国）；预处理液：胚胎培养液+7.5% EG+7.5% DMSO。

玻璃化冷冻液：胚胎培养液+15% EG+15% DMSO+0.5mol/L 蔗糖溶液。

解冻液 1：胚胎培养液+20% SPS+1.0mol/L 蔗糖。

解冻液 2：胚胎培养液+20% SPS+0.5mol/L 蔗糖。

矿物油（Sigma，USA）；透明质酸酶。

**2. 卵母细胞冷冻保存［参考 Kuwayama 等（2005）和 Chang 等（2008）的方法］**

A. 在两个组织培养皿中分别加入 2mL 预处理液和冷冻液。

B. 在透明质酸酶中，脱去卵母细胞周围的卵丘颗粒细胞。

C. 选择 1 或 2 枚卵母细胞，在胚胎培养液中洗涤一次。

D. 将卵母细胞移入预处理液中，在室温下平衡 15min。

E. 然后卵母细胞移入玻璃化冷冻液中，在室温下平衡 45~60s。

F. 立即将卵母细胞移到 Cryotop 上。

G. 将 Cryotop 投入液氮中，并在液氮中将其插入外鞘中并拧紧。

H. 最后导入液氮罐中冷冻保存。

**3. 解冻**

A. 在 3 个组织培养皿中分别准备 5mL 的解冻液 1、1mL 解冻液 2 和 1mL 胚胎培养液，于 37℃培养箱中预热，备用。

B. 直接将含有卵母细胞的 Cryotop 浸入到 5mL 37℃的解冻液 1 中，平衡 1min→然后将回收的卵母细胞于解冻液 2 中平衡 3min→再移入胚胎培养液中平衡 10min。

C. 最后将卵母细胞移入受精液中，于 5% $CO_2$ 培养箱中培养 3h，备用。

（孟庆刚）

## 参 考 文 献

陈子江, 李梅, 马金龙, 等. 2004. 不同成熟期人卵母细胞慢速冷冻的初步研究. 北京大学学报(医学版), 36(6): 571~574.

陈子江, 李媛, 胡京美, 等. 2006. 人卵母细胞玻璃化冷冻的临床应用及成功分娩. 中华医学杂志, 86(29): 2037~2040.

李晓红, 张晓, 武学清, 等. 2004. 冻融人卵子胞浆内单精子注射临床妊娠成功. 中华泌尿外科杂志, 25(3): 199~202.

李晓红. 2004. 人卵母细胞冻融的研究与应用. 北京大学学报(医学版), 36(6): 664~667.

李秀伟, 吴通义, 侯云鹏, 等. 2006. 小鼠卵母细胞的OPS法玻璃化冷冻保存技术. 中国比较医学杂志, 16(3): 55～60.

裴燕, 索伦, 王亮, 等. 2010. 乙二醇及二甲基亚砜对小鼠卵母细胞冷冻后纺锤体及孤雌激活后发育能力的影响. 中国畜牧杂志, 46(5): 13～16.

田树军. 2007. 绵羊卵母细胞玻璃化冷冻保存及胚胎体外生产技术研究. 中国农业大学博士学位论文.

吴彩凤, 戴建军, 张树山, 等. 2014. 3种冷冻方法对猪MII期卵母细胞冷冻后微丝分布和脂肪颗粒变化的影响. 畜牧兽医学报, (7): 1097～1103.

肖宇. 2008. 玻璃化冷冻保存对体外成熟猪卵母细胞与胚胎DNA的影响. 上海交通大学硕士学位论文.

邢琼, 曹云霞, 章志国, 等. 2008. 人类成熟卵母细胞玻璃化冷冻研究. 国际生殖健康/计划生育杂志, 27(5): 324.

许孝凤, 曹云霞, 丛林. 2005. 人未成熟卵母细胞冷冻技术进展. 生殖医学杂志, 14(4): 243～246.

袁佃帅, 莫显红, 王亮, 等. 2013. 玻璃化冷冻对小鼠卵母细胞透明带超微结构变化及体外受精效果的影响. 中国畜牧杂志, 49(3): 24～27.

袁佃帅, 王亮, 莫显红, 等. 2011. 玻璃化冷冻对小鼠卵母细胞透明带超微结构及受精效果的影响. 中国畜牧杂志, 49(3): 24～27.

Abe Y, Hara K, Matsumoto H, et al. 2005. Feasibility of a nylon-mesh holder for vitrification of bovine germinal vesicle oocytes in subsequent production of viable blastocysts. Biol Reprod, 72(6): 1416～1420.

Abedpour N, Rajaei F. 2015. Vitrification by cryotop and the maturation, fertilization, and developmental rates of mouse oocytes. Iran Red Crescent Med J, 17(10): e18172.

Agarwal A. 2009. Current trends, biological foundations and future prospects of oocyte and embryo cryopreservation. Reprod Biomed Online, 19: 126～140.

Al-Hasani S, Diedrich K, Van der Ven H, et al. 1987. Cryopreservation of human oocytes. Hum Reprod, 2: 695～700.

Ali J, Shelton J N. 1993. Design of vitrification solutions for the cryopreservation of embryos. J Reprod Fertil, 99(2): 471～477.

Allan J. 2004. Re: Case report: Pregnancy from intracytoplasmic injection of a frozen-thawed oocyte. Aust N Z J Obstet Gynaecol, 44(6): 588.

Almodin C G, Minguetti-Camara V C, Paixao C L, et al. 2010. Embryo development and gestation using fresh and vitrified oocytes. Hum Reprod, 25(5): 1192～1198.

Aman R R, Parks J E. 1994. Effects of cooling and rewarming on the meiotic spindle and chromosomes of in vitro-matured bovine oocytes. Biol Reprod, 50(1): 103～110.

Ambrosini G, Andrisani A, Porcu E, et al. 2006. Oocytes cryopreservation: state of art. Reprod Toxicol, 22(2): 250～262.

Amorim C A, Goncalves P B, Figueiredo J R. 2003. Cryopreservation of oocytes from pre-antral follicles. Hum Reprod Update, 9(2): 119～129.

Anchamparuthy V M, Pearson R E, Gwazdauskas F C. 2010. Expression pattern of apoptotic genes in vitrified-thawed bovine oocytes. Reprod Domest Anim, 45(5): e83～e90.

Antinori M, Licata E, Dani G, et al. 2007. Cryotop vitrification of human oocytes results in high survival rate and healthy deliveries. Reprod Biomed Online, 14: 72～79.

Arcarons N, Morato R, Spricigo J F, et al. 2015. Spindle configuration and developmental competence of *in vitro*-matured bovine oocytes exposed to NaCl or sucrose prior to Cryotop vitrification. Reprod Fertil Dev, 27(1): 116.

Ariu F, Bogliolo L, Leoni G, et al. 2014. Effect of caffeine treatment before vitrification on MPF and MAPK activity and spontaneous parthenogenetic activation of in vitro matured ovine oocytes. Cryo Letters, 35(6): 530～536.

Asgari V, Hosseini S M, Ostadhosseini S, et al. 2011. Time dependent effect of post warming interval on microtubule organization, meiotic status, and parthenogenetic activation of vitrified *in vitro* matured sheep oocytes. Theriogenology, 75(5): 904~910.

Asgari V, Hosseini S M, Ostadhosseini S, et al. 2012. Specific activation requirements of *in vitro*-matured sheep oocytes following vitrification-warming. Mol Reprod Dev, 79(7): 434~444.

Asimakopoulos B, Kotanidis L, Nikolettos N. 2011. *In vitro* maturation and fertilization of vitrified immature human oocytes, subsequent vitrification of produced embryos, and embryo transfer after thawing. Fertility and sterility, 95(6): 2123 e2121~2122.

Attanasio L, De Rosa A, De Blasi M, et al. 2010. The influence of cumulus cells during *in vitro* fertilization of buffalo (*Bubalus bubalis*) denuded oocytes that have undergone vitrification. Theriogenology, 74(8): 1504~1508.

Azambuja R, Badalotti M, Teloken C, et al. 2005. Successful birth after injection of frozen human oocytes with frozen epididymal spermatozoa. Reprod Biomed Online, 11(4): 449~451.

Begin I, Bhatia B, Baldassarre H, et al. 2003. Cryopreservation of goat oocytes and *in vivo* derived 2- to 4-cell embryos using the cryoloop(CLV)and solid-surface vitrification(SSV)methods. Theriogenology, 59(8): 1839~1850.

Berger S L. 2002. Histone modifications in transcriptional regulation. Curr Opin Genet Dev, 12(2): 142~148.

Berlinguer F, Succu S, Mossa F, et al. 2007. Effects of trehalose co-incubation on *in vitro* matured prepubertal ovine oocyte vitrification. Cryobiology, 55(1): 27~34.

Bernard A, Fuller B J. 1996. Cryopreservation of human oocytes: a review of current problems and perspectives. Hum Reprod Update, 2(3): 193~207.

Berthelot F, Martinat-Botte F, Perreau C, et al. 2001. Birth of piglets after OPS vitrification and transfer of compacted morula stage embryos with intact zona pellucida. Reprod Nutr Dev, 41(3): 267~272.

Bhat M H, Sharma V, Khan F A, et al. 2014. Comparison of slow freezing and vitrification on ovine immature oocytes. Cryo Letters, 35(1): 77~82.

Bhat M H, Sharma V, Khan F A, et al. 2015. Open pulled straw vitrification and slow freezing of sheep IVF embryos using different cryoprotectants. Reprod Fertil Dev, 27(8): 1175~1180.

Bhat M H, Yaqoob S H, Khan F A, et al. 2013. Open pulled straw vitrification of *in vitro* matured sheep oocytes using different cryoprotectants. Small Ruminant Research, 112(1): 136~140.

Bianchi V, Coticchio G, Distratis V, et al. 2007. Differential sucrose concentration during dehydration (0.2mol/l) and rehydration (0.3mol/l) increases the implantation rate of frozen human oocytes. Reprod Biomed Online, 14(1): 64~71.

Bianchi V, Coticchio G, Fava L, et al. 2005. Meiotic spindle imaging in human oocytes frozen with a slow freezing procedure involving high sucrose concentration. Hum Reprod, 20(4): 1078~1083.

Bodo M, Carinci P, Baroni T, et al. 1996. Collagen synthesis and cell growth in chick embryo fibroblasts: influence of colchicine, cytochalasin B and concanavalin A. Cell Biol Int, 20(3): 177~185.

Bogliolo L, Ariu F, Fois S, et al. 2007. Morphological and biochemical analysis of immature ovine oocytes vitrified with or without cumulus cells. Theriogenology, 68(8): 1138~1149.

Boldt J, Tidswell N, Sayers A, et al. 2006. Human oocyte cryopreservation: 5-year experience with a sodium-depleted slow freezing method. Reprod Biomed Online, 13(1): 96~100.

Boldt J. 2011. Current results with slow freezing and vitrification of the human oocyte. Reprod Biomed Online, 23: 314~322.

Boonkusol D, Faisaikarm T, Dinnyes A, et al. 2007. Effects of vitrification procedures on subsequent development and ultrastructure of *in vitro*-matured swamp buffalo (*Bubalus bubalis*) oocytes. Reprod Fertil Dev, 19(2): 383~391.

Borini A, Bonu M A, Coticchio G, et al. 2004. Pregnancies and births after oocyte cryopreservation. Fertility and sterility, 82(3): 601~605.

Borini A, Lagalla C, Bonu M, et al. 2006a. Cumulative pregnancy rates resulting from the use of fresh and frozen oocytes: 7 years' experience. Reprod Biomed Online, 12: 481~486.

Borini A, Levi Setti P E, Anserini P, et al. 2010. Multicenter observational study on slow-cooling oocyte cryopreservation: clinical outcome. Fertil Steril, 94: 1662~1668.

Borini A, Sciajno R, Bianchi V, et al. 2006b. Clinical outcome of oocyte cryopreservation after slow cooling with a protocol utilizing a high sucrose concentration. Hum Reprod, 21: 512~517.

Carroll J, Wood M J, Whittingham D G. 1993. Normal fertilization and development of frozen-thawed mouse oocytes: protective action of certain macromolecules. Biol Reprod, 48(3): 606~612.

Cha K Y, Chung H M, Lim J M, et al. 2000. Freezing immature oocytes. Mol Cell Endocrinol, 169(1-2): 43~47.

Chang C, Elliott T A, Wright G, et al. 2013. Prospective controlled study to evaluate laboratory and clinical outcomes of oocyte vitrification obtained in *in vitro* fertilization patients aged 30 to 39 years. Fertil Steril, 99: 1891~1897.

Chang C C, Shapiro D B, Bernal D P, et al. 2008. Human oocyte vitrification: *in-vivo* and *in-vitro* maturation outcomes. Reprod Biomed Online, 17(5): 684~688.

Chankitisakul V, Somfai T, Inaba Y, et al. 2013. Supplementation of maturation medium with L-carnitine improves cryo-tolerance of bovine *in vitro* matured oocytes. Theriogenology, 79(4): 590~598.

Chasombat J, Nagai T, Parnpai R, et al. 2015. Pretreatment of *in vitro* matured bovine oocytes with docetaxel before vitrification: Effects on cytoskeleton integrity and developmental ability after warming. Cryobiology, 71(2): 216~223.

Checura C M, Seidel G J. 2007. Effect of macromolecules in solutions for vitrification of mature bovine oocytes. Theriogenology, 67(5): 919~930.

Chen C. 1986. Pregnancy after human oocyte cryopreservation. Lancet, 1(8486): 884~886.

Chen S U, Lien Y R, Chao K, et al. 2000. Cryopreservation of mature human oocytes by vitrification with ethylene glycol in straws. Fertility and sterility, 74(4): 804~808.

Chen S U, Lien Y R, Chen H F, et al. 2005. Observational clinical follow-up of oocyte cryopreservation using a slow-freezing method with 1, 2-propanediol plus sucrose followed by ICSI. Hum Reprod, 20(7): 1975~1980.

Chen S U, Lien Y R, Cheng Y Y, et al. 2001. Vitrification of mouse oocytes using closed pulled straws (CPS) achieves a high survival and preserves good patterns of meiotic spindles, compared with conventional straws, open pulled straws (OPS) and grids. Hum Reprod, 16(11): 2350~2356.

Chen Z J, Li M, Li Y, et al. 2004. Effects of sucrose concentration on the developmental potential of human frozen-thawed oocytes at different stages of maturity. Hum Reprod, 19(10): 2345~2349.

Cheng K R, Fu X W, Zhang R N, et al. 2014. Effect of oocytes vitrification on deoxyribonucleic acid methylation of H19, Peg3, and Snrpn differentially methylated regions in mouse blastocysts. Fertil Steril, 102(4): 1183~1190.

Chia C M, Chan W B, Quah E, et al. 2000. Triploid pregnancy after ICSI of frozen testicular spermatozoa into cryopreserved human oocytes: case report. Hum Reprod, 15(9): 1962~1964.

Chian R C, Gilbert L, Huang J Y, et al. 2009. Live birth after vitrification of *in vitro* matured human oocytes. Fertility and sterility, 91(2): 372~376.

Chian R C, Kuwayama M, Tan L, et al. 2004. High survival rate of bovine oocytes matured *in vitro* following vitrification. J Reprod Dev, 50(6): 685~696.

Choi J K, Yue T, Huang H, et al. 2015. The crucial role of zona pellucida in cryopreservation of oocytes by vitrification. Cryobiology, 71(2): 350~355.

Cil A P, Seli E. 2013. Current trends and progress in clinical applications of oocyte cryopreservation. Curr Opin Obstet Gynecol, 25(3): 247~254.

Cobo A, Meseguer M, Remohi J, et al. 2010. Use of cryobanked oocytes in an ovum donation programme: a prospective, randomized, controlled, clinical trial. Hum Reprod, 25: 2239~2246.

Coticchio G, De Santis L, Rossi G, et al. 2006. Sucrose concentration influences the rate of human oocytes with normal spindle and chromosome configurations after slow-cooling cryopreservation. Hum Reprod, 21(7): 1771~1776.

de Matos D G, Gasparrini B, Pasqualini S R, et al. 2002. Effect of glutathione synthesis stimulation during *in vitro* maturation of ovine oocytes on embryo development and intracellular peroxide content. Theriogenology, 57(5): 1443~1451.

DeVries A L, Wohlschlag D E. 1969. Freezing resistance in some Antarctic fishes. Science, 163(3871): 1073~1075.

Dhali A, Anchamparuthy V M, Butler S P, et al. 2007. Gene expression and development of mouse zygotes following droplet vitrification. Theriogenology, 68(9): 1292~1298.

Dhali A, Anchamparuthy V M, Butler S P, et al. 2009. Effect of droplet vitrification on development competence, actin cytoskeletal integrity and gene expression in *in vitro* cultured mouse embryos. Theriogenology, 71(9): 1408~1416.

Dhali A, Manik R S, Das S K, et al. 2000a. Vitrification of buffalo (*Bubalus bubalis*) oocytes. Theriogenology, 53(6): 1295~1303.

Dhali A, Manik R S, Das S K, et al. 2000b. Post-vitrification survival and *in vitro* maturation rate of buffalo (*Bubalus bubalis*) oocytes: effect of ethylene glycol concentration and exposure time. Anim Reprod Sci, 63(3-4): 159~165.

Diez C, Duque P, Gomez E, et al. 2005. Bovine oocyte vitrification before or after meiotic arrest: effects on ultrastructure and developmental ability. Theriogenology, 64(2): 317~333.

Diez C, Munoz M, Caamano J, et al. 2012. Cryopreservation of the bovine oocyte: current status and perspectives. Reprod Domest Anim, 47 Suppl 3: 76~83.

Dobrinsky J R. 2001. Cryopreservation of swine embryos: a chilly past with a vitrifying future. Theriogenology, 56(8): 1333~1344.

Dominguez F, Castello D, Remohí J, et al. 2013. Effect of vitrification on human oocytes: a metabolic profiling study. Fertil Steril, 99(2): 565~572.

Dos S N P, Vilarino M, Barrera N, et al. 2015. Cryotolerance of Day 2 or Day 6 *in vitro* produced ovine embryos after vitrification by Cryotop or Spatula methods. Cryobiology, 70(1): 17~22.

Du Y, Pribenszky C S, Molnar M, et al. 2008. High hydrostatic pressure: a new way to improve *in vitro* developmental competence of porcine matured oocytes after vitrification. Reproduction, 135(1): 13~17.

Ebrahimi B, Valojerdi M R, Eftekhari-Yazdi P, et al. 2010. *In vitro* maturation, apoptotic gene expression and incidence of numerical chromosomal abnormalities following cryotop vitrification of sheep cumulus-oocyte complexes. J Assist Reprod Genet, 27(5): 239~246.

Ebrahimi B, Valojerdi M R, Eftekhari-Yazdi P, et al. 2012. Ultrastructural changes of sheep cumulus-oocyte complexes following different methods of vitrification. Zygote, 20(2): 103~115.

Edashige K, Yamaji Y, Kleinhans F W, et al. 2003. Artificial expression of aquaporin-3 improves the survival of mouse oocytes after cryopreservation. Biol Reprod, 68(1): 87~94.

Egerszegi I, Somfai T, Nakai M, et al. 2013. Comparison of cytoskeletal integrity, fertilization and developmental competence of oocytes vitrified before or after *in vitro* maturation in a porcine model. Cryobiology, 67(3): 287~292.

Eroglu A, Toth T L, Toner M. 1998. Alterations of the cytoskeleton and polyploidy induced by cryopreservation of metaphase II mouse oocytes. Fertil Steril, 69(5): 944~957.

Eroglu A. 2010. Cryopreservation of mammalian oocytes by using sugars: Intra- and extracellular raffinose with small amounts of dimethylsulfoxide yields high cryosurvival, fertilization, and development rates. Cryobiology, 60(3 Suppl): S54~59.

Ezoe K, Yabuuchi A, Tani T, et al. 2015. Developmental competence of vitrified-warmed bovine oocytes at the germinal-vesicle stage is improved by cyclic adenosine monophosphate modulators during *in vitro* maturation. PLoS One, 10(5): e126801.

Fabbri R, Porcu E, Marsella T, et al. 2000. Technical aspects of oocyte cryopreservation. Mol Cell Endocrinol, 169(1-2): 39~42.

Fabbri R, Porcu E, Marsella T, et al. 2001. Human oocyte cryopreservation: new perspectives regarding oocyte survival. Hum Reprod, 16(3): 411~416.

Fahy G M, Lilley T H, Linsdell H, et al. 1990. Cryoprotectant toxicity and cryoprotectant toxicity reduction: in search of molecular mechanisms. Cryobiology, 27(3): 247~268.

Fan Z Q, Wang Y P, Yan C L, et al. 2009. Positive effect of partial zona pellucida digestion on *in vitro* fertilization of mouse oocytes with cryopreserved spermatozoa. Lab Anim, 43(1): 72~77.

Feugang J M, de Roover R, Moens A, et al. 2004. Addition of beta-mercaptoethanol or Trolox at the morula/blastocyst stage improves the quality of bovine blastocysts and prevents induction of apoptosis and degeneration by prooxidant agents. Theriogenology, 61(1): 71~90.

Forman E J, Li X, Ferry K M, et al. 2012. Oocyte vitrification does not increase the risk of embryonic aneuploidy or diminish the implantation potential of blastocysts created after intracytoplasmic sperm injection: a novel, paired randomized controlled trial using DNA fingerprinting. Fertil Steril, 98: 644~649.

Friedler S, Giudice L C, Lamb E J. 1988. Cryopreservation of embryos and ova. Fertil Steril, 49(5): 743~764.

Fu X W, Shi W Q, Zhang Q J, et al. 2009. Positive effects of Taxol pretreatment on morphology, distribution and ultrastructure of mitochondria and lipid droplets in vitrification of in vitro matured porcine oocytes. Anim Reprod Sci, 115(1-4): 158~168.

Fu X W, Wu G Q, Li J J, et al. 2011. Positive effects of Forskolin(stimulator of lipolysis)treatment on cryosurvival of in vitro matured porcine oocytes. Theriogenology, 75(2): 268~275.

Fuchinoue K, Fukunaga N, Chiba S, et al. 2004. Freezing of human immature oocytes using cryoloops with Taxol in the vitrification solution. J Assist Reprod Genet, 21(8): 307~309.

Fujihira T, Kishida R, Fukui Y. 2004. Developmental capacity of vitrified immature porcine oocytes following ICSI: effects of cytochalasin B and cryoprotectants. Cryobiology, 49(3): 286~290.

Fujihira T, Nagai H, Fukui Y. 2005. Relationship between equilibration times and the presence of cumulus cells, and effect of taxol treatment for vitrification of *in vitro* matured porcine oocytes. Cryobiology, 51(3): 339~343.

Fujiwara K, Sano D, Seita Y, et al. 2010. Ethylene glycol-supplemented calcium-free media improve zona penetration of vitrified rat oocytes by sperm cells. J Reprod Dev, 56(1): 169~175.

Fuku E, Kojima T, Shioya Y, et al. 1992. *In vitro* fertilization and development of frozen-thawed bovine oocytes. Cryobiology, 29(4): 485~492.

Fuku E, Xia L, Downey B R. 1995. Ultrastructural changes in bovine oocytes cryopreserved by vitrification. Cryobiology, 32(2): 139~156.

Gajda B, Skrzypczak-Zielinska M, Gawronska B, et al. 2015. Successful production of piglets derived from mature oocytes vitrified using OPS method. Cryo Letters, 36(1): 8~18.

Galeati G, Spinaci M, Vallorani C, et al. 2011. Pig oocyte vitrification by cryotop method: Effects on viability, spindle and chromosome configuration and *in vitro* fertilization. Anim Reprod Sci, 127(1-2): 43~49.

Ganji R, Nabiuni M, Faraji R. 2015. Development of mouse preantral follicle after *in vitro* culture in a medium containing melatonin. Cell J, 16(4): 546~553.

Garcia J I, Noriega-Portella L, Noriega-Hoces L. 2011. Efficacy of oocyte vitrification combined with blastocyst stage transfer in an egg donation program. Hum Reprod, 26(4): 782~790.

Gardner D K, Sheehan C B, Rienzi L, et al. 2007. Analysis of oocyte physiology to improve cryopreservation procedures. Theriogenology, 67(1): 64~72.

Gardner D K, Weissman A, Howles C M, et al. 2009. Textbook of Assisted Reproductive Techniques: Laboratory and Clinical Perspectives. 3rd ed. London, UK: Informa Healthcare.

Gasparrini B, Attanasio L, De Rosa A, et al. 2007. Cryopreservation of *in vitro* matured buffalo (*Bubalus bubalis*) oocytes by minimum volumes vitrification methods. Anim Reprod Sci, 98(3-4): 335~342.

Gautam S K, Verma V, Palta P, et al. 2008. Effect of type of cryoprotectant on morphology and developmental competence of *in vitro*-matured buffalo (*Bubalus bubalis*) oocytes subjected to slow freezing or

vitrification. Reprod Fertil Dev, 20(4): 490~496.
Geiman T M, Muegge K. 2010. DNA methylation in early development. Mol Reprod Dev, 77(2): 105~113.
Genicot G, Leroy J L, Soom A V, et al. 2005. The use of a fluorescent dye, Nile red, to evaluate the lipid content of single mammalian oocytes. Theriogenology, 63(4): 1181~1194.
Gerelchimeg B, Li L Q, Zhong Z, et al. 2009. Effect of chilling on porcine germinal vesicle stage oocytes at the subcellular level. Cryobiology, 59(1): 54~58.
Giaretta E, Spinaci M, Bucci D, et al. 2013. Effects of resveratrol on vitrified porcine oocytes. Oxid Med Cell Longev, 2013: 920257.
Gilchrist R B, Ritter L J, Armstrong D T. 2004. Oocyte-somatic cell interactions during follicle development in mammals. Anim Reprod Sci, 82-83: 431~446.
Goldman K N, Noyes N L, Knopman J M, et al. 2013. Oocyte efficiency: does live birth rate differ when analyzing cryopreserved and fresh oocytes on a per-oocyte basis. Fertil Steril, 100: 712~717.
Gook D A. 2011. History of oocyte cryopreservation. Reprod Biomed Online, 23: 281~289.
Gook D A, Edgar D H. 2007. Human oocyte cryopreservation. Hum Reprod Update, 13(6): 591~605.
Gook D A, Osborn S M, Johnston W I. 1993. Cryopreservation of mouse and human oocytes using 1, 2-propanediol and the configuration of the meiotic spindle. Hum Reprod, 8(7): 1101~1109.
Goud A, Goud P, Qian C, et al. 2000. Cryopreservation of human germinal vesicle stage and *in vitro* matured M II oocytes: influence of cryopreservation media on the survival, fertilization, and early cleavage divisions. Fertility and sterility, 74(3): 487~494.
Grifo J A, Noyes N. 2009. Delivery rate using cryopreserved oocytes is comparable to conventional *in vitro* fertilization using fresh oocytes: potential fertility preservation for female cancer patients. Fertil Steril, 93: 391~396.
Grout B W W, Morris G J. 2009. The effects of low temperatures on biological systems. London: Edward Arnold Ltd.: p 512.
Gualtieri R, Iaccarino M, Mollo V, et al. 2009. Slow cooling of human oocytes: ultrastructural injuries and apoptotic status. Fertil Steril, 91(4): 1023~1034.
Guo J, Wang Z, Zhao Y. 2010. Effects of Cytochalasin B on vitrification of bovine mature oocytes. Progress in Veterinary Medicine, 31(3): 55~59.
Gupta M K, Uhm S J, Lee H T. 2007. Cryopreservation of immature and *in vitro* matured porcine oocytes by solid surface vitrification. Theriogenology, 67(2): 238~248.
Gupta M K, Uhm S J, Lee H T. 2010. Effect of vitrification and beta-mercaptoethanol on reactive oxygen species activity and in vitro development of oocytes vitrified before or after *in vitro* fertilization. Fertil Steril, 93(8): 2602~2607.
Habibi A, Farrokhi N, Moreira da Silva F, et al. 2010. The effects of vitrification on gene expression in mature mouse oocytes by nested quantitative PCR. J Assist Reprod Genet, 27(11): 599~604.
Hara H, Yamane I, Noto I, et al. 2014. Microtubule assembly and *in vitro* development of bovine oocytes with increased intracellular glutathione level prior to vitrification and *in vitro* fertilization. Zygote, 22(4): 476~482.
Hara K, Abe Y, Kumada N, et al. 2005. Extrusion and removal of lipid from the cytoplasm of porcine oocytes at the germinal vesicle stage: centrifugation under hypertonic conditions influences vitrification. Cryobiology, 50(2): 216~222.
Hochi S, Kimura K, Hanada A 1999. Effect of linoleic acid-albumin in the culture medium on freezing sensitivity of *in vitro*-produced bovine morulae. Theriogenology, 52(3): 497~504.
Hodes-Wertz B, Noyes N, Mullin C, et al. 2011. Retrospective analysis of outcomes following transfer of previously cryopreserved oocytes, pronuclear zygotes and supernumerary blastocysts. Reprod Biomed Online, 23: 118~123.
Hong S W, Chung H M, Lim J M, et al. 1999. Improved human oocyte development after vitrification: a comparison of thawing methods. Fertility and sterility, 72(1): 142~146.

Horvath G, Seidel G J. 2006. Vitrification of bovine oocytes after treatment with cholesterol-loaded methyl-beta-cyclodextrin. Theriogenology, 66(4): 1026～1033.

Horvath G, Seidel G J. 2008. Use of fetuin before and during vitrification of bovine oocytes. Reprod Domest Anim, 43(3): 333～338.

Hosseini S M, Asgari V, Hajian M, et al. 2015a. Cytoplasmic, rather than nuclear-DNA, insufficiencies as the major cause of poor competence of vitrified oocytes. Reprod Biomed Online, 30(5): 549～552.

Hosseini S M, Asgari V, Ostadhosseini S, et al. 2012. Potential applications of sheep oocytes as affected by vitrification and in vitro aging. Theriogenology, 77(9): 1741～1753.

Hosseini S M, Asgari V, Ostadhosseini S, et al. 2015b. Developmental competence of ovine oocytes after vitrification: differential effects of vitrification steps, embryo production methods, and parental origin of pronuclei. Theriogenology, 83(3): 366～376.

Hotamisligil S, Toner M, Powers R D. 1996. Changes in membrane integrity, cytoskeletal structure, and developmental potential of murine oocytes after vitrification in ethylene glycol. Biol Reprod, 55(1): 161～168.

Hou Y P, Dai Y P, Zhu S E, et al. 2005. Bovine oocytes vitrified by the open pulled straw method and used for somatic cell cloning supported development to term. Theriogenology, 64(6): 1381～1391.

Hovatta O. 2000. Cryopreservation and culture of human primordial and primary ovarian follicles. Mol Cell Endocrinol, 169(1-2): 95～97.

Howlett S K, Webb M, Maro B, et al. 1985. Meiosis II, mitosis I and the linking interphase: a study of the cytoskeleton in the fertilised mouse egg. Cytobios, 43(174S): 295-305.

Hu W, Marchesi D, Qiao J, et al. 2012. Effect of slow freeze versus vitrification on the oocyte: an animal model. Fertil Steril, 98(3): 752～760.

Huang J, Li Q, Zhao R, et al. 2008. Effect of sugars on maturation rate of vitrified-thawed immature porcine oocytes. Anim Reprod Sci, 106(1-2): 25～35.

Huang J C, Yan L Y, Lei Z L, et al. 2007. Changes in histone acetylation during postovulatory aging of mouse oocyte. Biol Reprod, 77(4): 666～670.

Huttelova R, Becvarova V, Brachtlova T. 2003. More successful oocyte freezing. J Assist Reprod Genet, 20(8): 293.

Isachenko V, Alabart J L, Nawroth F, et al. 2001. The open pulled straw vitrification of ovine GV-oocytes: positive effect of rapid cooling or rapid thawing or both? Cryo Letters, 22(3): 157～162.

Iwatani M, Ikegami K, Kremenska Y, et al. 2006. Dimethyl sulfoxide has an impact on epigenetic profile in mouse embryoid body. Stem Cells, 24(11): 2549～2556.

Jin B, Kleinhans F W, Mazur P. 2014. Survivals of mouse oocytes approach 100% after vitrification in 3-fold diluted media and ultra-rapid warming by an IR laser pulse. Cryobiology, 68(3): 419～430.

Jin B, Mazur P. 2015. High survival of mouse oocytes/embryos after vitrification without permeating cryoprotectants followed by ultra-rapid warming with an IR laser pulse. Sci Rep, 5: 9271.

Jo J W, Jee B C, Suh C S, et al. 2011. Effect of maturation on the expression of aquaporin 3 in mouse oocyte. Zygote, 19(1): 9～14.

Jones A, Van Blerkom J, Davis P, et al. 2004. Cryopreservation of metaphase II human oocytes effects mitochondrial membrane potential: implications for developmental competence. Hum Reprod, 19(8): 1861～1866.

Katz-Jaffe M G, Larman M G, Sheehan C B, et al. 2008. Exposure of mouse oocytes to 1, 2-propanediol during slow freezing alters the proteome. Fertil Steril, 89(5 Suppl): 1441～1447.

Kazem R, Thompson L A, Srikantharajah A, et al. 1995. Cryopreservation of human oocytes and fertilization by two techniques: *in vitro* fertilization and intracytoplasmic sperm injection. Hum Reprod, 10: 2650～2654.

Khosravi-Farsani S, Sobhani A, Amidi F, et al. 2010. Mouse oocyte vitrification: the effects of two methods on maturing germinal vesicle breakdown oocytes. J Assist Reprod Genet, 27(5): 233～238.

Kim B Y, Yoon S Y, Cha S K, et al. 2011a. Alterations in calcium oscillatory activity in vitrified mouse eggs impact on egg quality and subsequent embryonic development. Pflugers Arch, 461(5): 515~526.

Kim G A, Kim H Y, Kim J W, et al. 2011b. Effectiveness of slow freezing and vitrification for long-term preservation of mouse ovarian tissue. Theriogenology, 75(6): 1045~1051.

Kim T J, Hong S W. 2011. Successful live birth from vitrified oocytes after 5 years of cryopreservation. J Assist Reprod Genet, 28(1): 73~76.

Kono T, Kwon O Y, Nakahara T. 1991. Development of vitrified mouse oocytes after *in vitro* fertilization. Cryobiology, 28(1): 50~54.

Kozono D, Yasui M, King L S, et al. 2002. Aquaporin water channels: atomic structure molecular dynamics meet clinical medicine. J Clin Invest, 109(11): 1395~1399.

Kuleshova L L, MacFarlane D R, Trounson A O, et al. 1999. Sugars exert a major influence on the vitrification properties of ethylene glycol-based solutions and have low toxicity to embryos and oocytes. Cryobiology, 38(2): 119~130.

Kuwayama M, Vajta G, Ieda S, et al. 2005. Comparison of open and closed methods for vitrification of human embryos and the elimination of potential contamination. Reprod Biomed Online, 11(5): 608~614.

Lane M, Gardner D K. 2001. Vitrification of mouse oocytes using a nylon loop. Mol Reprod Dev, 58(3): 342~347.

Lane M, Maybach J M, Gardner D K. 2002. Addition of ascorbate during cryopreservation stimulates subsequent embryo development. Hum Reprod, 17(10): 2686~2693.

Larman M G, Katz-Jaffe M G, Sheehan C B, et al. 2007. 1, 2-propanediol and the type of cryopreservation procedure adversely affect mouse oocyte physiology. Hum Reprod, 22(1): 250~259.

Larman M G, Sheehan C B, Gardner D K. 2006. Calcium-free vitrification reduces cryoprotectant-induced zona pellucida hardening and increases fertilization rates in mouse oocytes. Reproduction, 131(1): 53~61.

Ledda S, Leoni G, Bogliolo L, et al. 2001. Oocyte cryopreservation and ovarian tissue banking. Theriogenology, 55(6): 1359~1371.

Lee H H, Lee H J, Kim H J, et al. 2015. Effects of antifreeze proteins on the vitrification of mouse oocytes: comparison of three different antifreeze proteins. Hum Reprod, 30(9): 2110~2119.

Lee H J, Elmoazzen H, Wright D, et al. 2010. Ultra-rapid vitrification of mouse oocytes in low cryoprotectant concentrations. Reprod Biomed Online, 20(2): 201~208.

Lee J K, Khademi S, Harries W, et al. 2004. Water and glycerol permeation through the glycerol channel GlpF and the aquaporin family. J Synchrotron Radiat, 11(Pt 1): 86~88.

Leibo S P, Martino A, Kobayashi S, et al. 1996. Stage-dependent sensitivity of oocytes and embryos to low temperatures. Anim Reprod Sci, 42(1-4): 45~53.

Leibo S P, McGrath J J, Cravalho E G. 1978. Microscopic observation of intracellular ice formation in unfertilized mouse ova as a function of cooling rate. Cryobiology, 15(3): 257~271.

Levi Setti P E, Albani E, Novara P V, et al. 2006. Cryopreservation of supernumerary oocytes in IVF/ICSI cycles. Hum Reprod, 21: 370~375.

Li J J, Pei Y, Zhou G B, et al. 2011. Histone deacetyl transferase1 expression in mouse oocyte and their *in vitro*-fertilized embryo: effect of oocyte vitrification. Cryo Letters, 32(1): 13~20.

Li W, Cheng K, Zhang Y, et al. 2015. No effect of exogenous melatonin on development of cryopreserved metaphase II oocytes in mouse. J Anim Sci Biotechnol, 6(1): 42.

Liang Y, Fu X W, Li J J, et al. 2014. DNA methylation pattern in mouse oocytes and their *in vitro* fertilized early embryos: effect of oocyte vitrification. Zygote, 22(2): 138~145.

Lin L, Du Y, Liu Y, et al. 2009a. Elevated NaCl concentration improves cryotolerance and developmental competence of porcine oocytes. Reprod Biomed Online, 18(3): 360~366.

Lin L, Kragh P M, Purup S, et al. 2009b. Osmotic stress induced by sodium chloride, sucrose or trehalose improves cryotolerance and developmental competence of porcine oocytes. Reprod Fertil Dev, 21(2):

338~344.

Liu H C, He Z, Rosenwaks Z. 2003b. Mouse ovarian tissue cryopreservation has only a minor effect on *in vitro* follicular maturation and gene expression. J Assist Reprod Genet, 20(10): 421~431.

Liu R H, Sun Q Y, Li Y H, et al. 2003a. Maturation of porcine oocytes after cooling at the germinal vesicle stage. Zygote, 11(4): 299~305.

Liu Y, Du Y, Lin L, et al. 2008. Comparison of efficiency of open pulled straw(OPS)and Cryotop vitrification for cryopreservation of *in vitro* matured pig oocytes. Cryo Letters, 29(4): 315~320.

Longo F J, Chen D Y. 1984. Development of surface polarity in mouse eggs. Scan Electron Microsc, (Pt 2): 703~716.

Lowther K M, Weitzman V N, Maier D, et al. 2009. Maturation, fertilization, and the structure and function of the endoplasmic reticulum in cryopreserved mouse oocytes. Biol Reprod, 81(1): 147~154.

Lucena E, Bernal D P, Lucena C, et al. 2006. Successful ongoing pregnancies after vitrification of oocytes. Fertility and sterility, 85(1): 108~111.

Luciano A M, Franciosi F, Lodde V, et al. 2009. Cryopreservation of immature bovine oocytes to reconstruct artificial gametes by germinal vesicle transplantation. Reprod Domest Anim, 44(3): 480~488.

Magli M, Lappi M, Ferraretti A, et al. 2010. Impact of oocyte cryopreservation on embryo development. Fertil Steril, 93(2): 510~516.

Magnusson V, Feitosa W B, Goissis M D, et al. 2008. Bovine oocyte vitrification: effect of ethylene glycol concentrations and meiotic stages. Anim Reprod Sci, 106(3-4): 265~273.

Mahmoud K G, Scholkamy T H, Ahmed Y F, et al. 2010. Effect of different combinations of cryoprotectants on in vitro maturation of immature buffalo(Bubalus bubalis)oocytes vitrified by straw and open-pulled straw methods. Reprod Domest Anim, 45(4): 565~571.

Malcuit C, Kurokawa M, Fissore R A. 2006. Calcium oscillations and mammalian egg activation. J Cell Physiol, 206(3): 565~573.

Mandelbaum J, Anastasiou O, Levy R, et al. 2004. Effects of cryopreservation on the meiotic spindle of human oocytes. Eur J Obstet Gynecol Reprod Biol, 113 Suppl 1: S17~23.

Manipalviratn S, Tong Z B, Stegmann B, et al. 2011. Effect of vitrification and thawing on human oocyte ATP concentration. Fertility and sterility, 95(5): 1839~1841.

Marco-Jimenez F, Berlinguer F, Leoni G G, et al. 2012. Effect of "ice blockers" in solutions for vitrification of *in vitro* matured ovine oocytes. Cryo Letters, 33(1): 41~44.

Matos J E, Marques C C, Moura T F, et al. 2015. Conjugated linoleic acid improves oocyte cryosurvival through modulation of the cryoprotectants influx rate. Reprod Biol Endocrinol, 13(1): 60.

Matsumoto H, Jiang J Y, Tanaka T, et al. 2001. Vitrification of large quantities of immature bovine oocytes using nylon mesh. Cryobiology, 42(2): 139~144.

Mazur P, Seki S, Pinn I L, et al. 2005. Extra- and intracellular ice formation in mouse oocytes. Cryobiology, 51(1): 29~53.

Men H, Monson R L, Parrish J J, et al. 2003. Detection of DNA damage in bovine metaphase II oocytes resulting from cryopreservation. Mol Reprod Dev, 64(2): 245~250.

Meng Q, Li X, Wu T, et al. 2007. Piezo-actuated zona-drilling improves the fertilisation of OPS vitrified mouse oocytes. Acta Vet Hung, 55(3): 369~378.

Miller K A, Elkind-Hirsch K, Levy B, et al. 2004. Pregnancy after cryopreservation of donor oocytes and preimplantation genetic diagnosis of embryos in a patient with ovarian failure. Fertility and sterility, 82(1): 211~214.

Milroy C, Liu L, Hammoud S, et al. 2011. Differential methylation of pluripotency gene promoters in *in vitro* matured and vitrified, *in vivo*-matured mouse oocytes. Fertil Steril, 95(6): 2094~2099.

Moawad A R, Fisher P, Zhu J, et al. 2012. *In vitro* fertilization of ovine oocytes vitrified by solid surface vitrification at germinal vesicle stage. Cryobiology, 65(2): 139~144.

Moawad A R, Zhu J, Choi I, et al. 2013a. Production of good-quality blastocyst embryos following IVF of ovine oocytes vitrified at the germinal vesicle stage using a cryoloop. Reprod Fertil Dev, 25(8): 1204~1215.

Moawad A R, Zhu J, Choi I, et al. 2013b. Effect of Cytochalasin B pretreatment on developmental potential of ovine oocytes vitrified at the germinal vesicle stage. Cryo Letters, 34(6): 634~644.

Moon J H, Hyun C S, Lee S W, et al. 2003. Visualization of the metaphase II meiotic spindle in living human oocytes using the Polscope enables the prediction of embryonic developmental competence after ICSI. Hum Reprod, 18(4): 817~820.

Morato R, Izquierdo D, Albarracin J L, et al. 2008c. Effects of pre-treating *in vitro*-matured bovine oocytes with the cytoskeleton stabilizing agent taxol prior to vitrification. Mol Reprod Dev, 75(1): 191~201.

Morato R, Izquierdo D, Paramio M T, et al. 2008b. Cryotops versus open-pulled straws (OPS) as carriers for the cryopreservation of bovine oocytes: effects on spindle and chromosome configuration and embryo development. Cryobiology, 57(2): 137~141.

Morato R, Mogas T, Maddox-Hyttel P. 2008a. Ultrastructure of bovine oocytes exposed to Taxol prior to OPS vitrification. Mol Reprod Dev, 75(8): 1318~1326.

Mullen S F, Agca Y, Broermann D C, et al. 2004. The effect of osmotic stress on the metaphase II spindle of human oocytes, and the relevance to cryopreservation. Hum Reprod, 19(5): 1148~1154.

Mullen S F, Rosenbaum M, Critser J K. 2007. The effect of osmotic stress on the cell volume, metaphase II spindle and developmental potential of *in vitro* matured porcine oocytes. Cryobiology, 54(3): 281~289.

Nabenishi H, Takagi S, Kamata H, et al. 2012. The role of mitochondrial transition pores on bovine oocyte competence after heat stress, as determined by effects of cyclosporin A. Mol Reprod Dev, 79(1): 31~40.

Nagai S, Mabuchi T, Hirata S, et al. 2006. Correlation of abnormal mitochondrial distribution in mouse oocytes with reduced developmental competence. Tohoku J Exp Med, 210(2): 137~144.

Nagy Z P, Chang C C, Shapiro D B, et al. 2009. Clinical evaluation of the efficiency of an oocyte donation program using egg cryo-banking. Fertil Steril, 92(2): 520~526.

Nakagawa S, Yoneda A, Hayakawa K, et al. 2008. Improvement in the *in vitro* maturation rate of porcine oocytes vitrified at the germinal vesicle stage by treatment with a mitochondrial permeability transition inhibitor. 57: 269~275.

Nawroth F, Kissing K. 1998. Pregnancy after intracytoplasmatic sperm injection(ICSI)of cryopreserved human oocytes. Acta Obstet Gynecol Scand, 77(4): 462~463.

Newton H, Pegg D E, Barrass R, et al. 1999. Osmotically inactive volume, hydraulic conductivity, and permeability to dimethyl sulphoxide of human mature oocytes. J Reprod Fertil, 117(1): 27~33.

Nogues C, Ponsa M, Vidal F, et al. 1988. Effects of aging on the zona pellucida surface of mouse oocytes. J In Vitro Fert Embryo Transf, 5(4): 225~229.

Nohalez A, Martinez C A, Gil M A, et al. 2015. Effects of two combinations of cryoprotectants on the *in vitro* developmental capacity of vitrified immature porcine oocytes. Theriogenology, 84(4): 545~552.

Nottola S A, Coticchio G, De Santis L, et al. 2008. Ultrastructure of human mature oocytes after slow cooling cryopreservation with ethylene glycol. Reprod Biomed Online, 17(3): 368~377.

Noyes N, Porcu E, Borini A. 2009. Over 900 oocyte cryopreservation babies born with no apparent increase in congenital anomalies. Reprod Biomed Online, 18(6): 769~776.

Odom L N, Segars J. 2010. Imprinting disorders and assisted reproductive technology. Curr Opin Endocrinol Diabetes Obes, 17(6): 517~522.

Ogawa B, Ueno S, Nakayama N, et al. 2010. Developmental ability of porcine *in vitro* matured oocytes at the meiosis II stage after vitrification. J Reprod Dev, 56(3): 356~361.

Otoi T, Yamamoto K, Koyama N, et al. 1995. *In vitro* fertilization and development of immature and mature bovine oocytes cryopreserved by ethylene glycol with sucrose. Cryobiology, 32(5): 455~460.

Pan Y, Cui Y, Baloch A R, et al. 2015. Association of heat shock protein 90 with the developmental competence of immature oocytes following Cryotop and solid surface vitrification in yaks (Bos grunniens). Cryobiology, 71(1): 33~39.

Paramanantham J, Talmor A J, Osianlis T, et al. 2015. Cryopreserved oocytes: update on clinical applications and success rates. Obstet Gynecol Surv, 70(2): 97~114.

Park K E, Kwon I K, Han M S, et al. 2005. Effects of partial removal of cytoplasmic lipid on survival of vitrified germinal vesicle stage pig oocytes. J Reprod Dev, 51(1): 151~160.

Park S E, Chung H M, Cha K Y, et al. 2001. Cryopreservation of ICR mouse oocytes: improved post-thawed preimplantation development after vitrification using Taxol, a cytoskeleton stabilizer. Fertil Steril, 75(6): 1177~1184.

Park S E, Son W Y, Lee S H, et al. 1997. Chromosome and spindle configurations of human oocytes matured *in vitro* after cryopreservation at the germinal vesicle stage. Fertility and sterility, 68(5): 920~926.

Parkening T A, Tsunoda Y, Chang M C. 1976. Effects of various low temperatures, cryoprotective agents and cooling rates on the survival, fertilizability and development of frozen-thawed mouse eggs. J Exp Zool, 197(3): 369~374.

Parmegiani L, Cognigni G E, Bernardi S, et al. 2011. Efficiency of aseptic open vitrification and hermeticalcryostorage of human oocytes. Reprod Biomed Online, 23: 505~512.

Paynter S J, Borini A, Bianchi V, et al. 2005. Volume changes of mature human oocytes on exposure to cryoprotectant solutions used in slow cooling procedures. Hum Reprod, 20(5): 1194~1199.

Paynter S J, O'Neil L, Fuller B J, et al. 2001. Membrane permeability of human oocytes in the presence of the cryoprotectant propane-1, 2-diol. Fertility and sterility, 75(3): 532~538.

Pedro P B, Yokoyama E, Zhu S E, et al. 2005. Permeability of mouse oocytes and embryos at various developmental stages to five cryoprotectants. J Reprod Dev, 51(2): 235~246.

Pellicer A, Lightman A, Parmer T G, et al. 1988. Morphologic and functional studies of immature rat oocyte-cumulus complexes after cryopreservation. Fertil Steril, 50(5): 805~810.

Pereira R M, Marques C C. 2008. Animal oocyte and embryo cryopreservation. Cell Tissue Bank, 9(4): 267~277.

Perez G I, Trbovich A M, Gosden R G, et al. 2000. Mitochondria and the death of oocytes. Nature, 403(6769): 500~501.

Petracco A, Azambuja R, Okada L, et al. 2006. Comparison of embryo quality between sibling embryos originating from frozen or fresh oocytes. Reprod Biomed Online, 13(4): 497~503.

Phongnimitr T, Liang Y, Srirattana K, et al. 2013. Effect of L-carnitine on maturation, cryo-tolerance and embryo developmental competence of bovine oocytes. Anim Sci J, 84(11): 719~725.

Pickering S J, Braude P R, Johnson M H, et al. 1990. Transient cooling to room temperature can cause irreversible disruption of the meiotic spindle in the human oocyte. Fertility and sterility, 54(1): 102~108.

Porcu E, Fabbri R, Damiano G, et al. 2000. Clinical experience and applications of oocyte cryopreservation. Mol Cell Endocrinol, 169(1-2): 33~37.

Porcu E, Fabbri R, Seracchioli R, et al. 1997. Birth of a healthy female after intracytoplasmic sperm injection of cryopreserved human oocytes. Fertility and sterility, 68(4): 724~726.

Prentice J R, Anzar M. 2010. Cryopreservation of Mammalian oocyte for conservation of animal genetics. Vet Med Int, 2011: 11.

Prentice J R, Singh J, Dochi O, et al. 2011. Factors affecting nuclear maturation, cleavage and embryo development of vitrified bovine cumulus-oocyte complexes. Theriogenology, 75(4): 602~609.

Prentice-Biensch J R, Singh J, Mapletoft R J, et al. 2012. Vitrification of immature bovine cumulus-oocyte complexes: effects of cryoprotectants, the vitrification procedure and warming time on cleavage and embryo development. Reprod Biol Endocrinol, 10(1): 73.

Preston G M, Carroll T P, Guggino W B, et al. 1992. Appearance of water channels in Xenopus oocytes expressing red cell CHIP28 protein. Science, 256(5055): 385~387.

Prickett R C, Elliott J A, Hakda S, et al. 2008. A non-ideal replacement for the Boyle van't Hoff equation. Cryobiology, 57(2): 130~136.

Pugh P A, Ankersmit A E, McGowan L T, et al. 1998. Cryopreservation of *in vitro*-produced bovine embryos: effects of protein type and concentration during freezing or of liposomes during culture on post-thaw survival. Theriogenology, 50(3): 495~506.

Punyawai K, Anakkul N, Srirattana K, et al. 2015. Comparison of Cryotop and micro volume air cooling methods for cryopreservation of bovine matured oocytes and blastocysts. J Reprod Dev, 61(5): 431~437.

Quintans C J, Donaldson M J, Bertolino M V, et al. 2002. Birth of two babies using oocytes that were cryopreserved in a choline-based freezing medium. Hum Reprod, 17(12): 3149~3152.

Rall W F, Fahy G M. 1985. Ice-free cryopreservation of mouse embryos at −196 degrees C by vitrification. Nature, 313(6003): 573~575.

Rao B S, Mahesh Y U, Charan K V, et al. 2012. Effect of vitrification on meiotic maturation and expression of genes in immature goat cumulus oocyte complexes. Cryobiology, 64(3): 176~184.

Reis A, Rooke J A, McCallum G J, et al. 2003. Consequences of exposure to serum, with or without vitamin E supplementation, in terms of the fatty acid content and viability of bovine blastocysts produced in vitro. Reprod Fertil Dev, 15(5): 275~284.

Rienzi L, Cobo A, Paffoni A, et al. 2012. Consistent and predictable delivery rates after oocyte vitrification: an observational longitudinal cohort multicentric study. Hum Reprod, 27: 1606~1612.

Rienzi L, Romano S, Albricci L, et al. 2010. Embryo development of fresh 'versus' vitrified metaphase II oocytes after ICSI: a prospective randomized sibling-oocyte study. Hum Reprod, 25: 66~73.

Roberts J, Oktay K. 2005. Fertility preservation: a comprehensive approach to the young woman with cancer. J Natl Cancer Inst Monogr, 34: 57~59.

Rodriguez-Wallberg K, Oktay K. 2012. Recent advances in oocyte and ovarian tissue cryopreservation and transplantation. Best Pract Res Clin Obstet Gynaecol, 26: 391~405.

Rojas C, Palomo M J, Albarracin J L, et al. 2004. Vitrification of immature and *in vitro* matured pig oocytes: study of distribution of chromosomes, microtubules, and actin microfilaments. Cryobiology, 49(3): 211~220.

Sathananthan A H, Trounson A, Freemann L, et al. 1988. The effects of cooling human oocytes. Hum Reprod, 3(8): 968~977.

Schatten G, Schatten H, Spector I, et al. 1986a. Latrunculin inhibits the microfilament-mediated processes during fertilization, cleavage and early development in sea urchins and mice. Exp Cell Res, 166(1): 191~208.

Schatten H, Schatten G, Mazia D, et al. 1986b. Behavior of centrosomes during fertilization and cell division in mouse oocytes and in sea urchin eggs. Proc Natl Acad Sci U S A, 83(1): 105-109.

Schiff P B, Fant J, Horwitz S B. 1979. Promotion of microtubule assembly *in vitro* by taxol. Nature, 277(5698): 665~667.

Seki S, Mazur P. 2010. Comparison between the temperatures of intracellular ice formation in fresh mouse oocytes and embryos and those previously subjected to a vitrification procedure. Cryobiology, 61(1): 155~157.

Selman H, Angelini A, Barnocchi N, et al. 2006. Ongoing pregnancies after vitrification of human oocytes using a combined solution of ethylene glycol and dimethyl sulfoxide. Fertility and sterility, 86(4): 997~1000.

Shaw J M, Kuleshova L L, MacFarlane D R, et al. 1997. Vitrification properties of solutions of ethylene glycol in saline containing PVP, Ficoll, or dextran. Cryobiology, 35(3): 219~229.

Sherman J K, Lin T P. 1958. Survival of unfertilized mouse eggs during freezing and thawing. Proc Soc Exp Biol Med, 98(4): 902~905.

Shi W Q, Zhu S E, Zhang D, et al. 2006. Improved development by Taxol pretreatment after vitrification of *in vitro* matured porcine oocytes. Reproduction, 131(4): 795~804.

Shirazi A, Taheri F, Nazari H, et al. 2014. Developmental competence of ovine oocyte following vitrification:

effect of oocyte developmental stage, cumulus cells, cytoskeleton stabiliser, FBS concentration, and equilibration time. Zygote, 22(2): 165～173.

Siebzehnruebl E R, Todorow S, van Uem J, et al. 1989. Cryopreservation of human and rabbit oocytes and one-cell embryos: a comparison of DMSO and propanediol. Hum Reprod, 4: 312～317.

Silvestre M A, Yaniz J, Salvador I, et al. 2006. Vitrification of pre-pubertal ovine cumulus-oocyte complexes: effect of cytochalasin B pre-treatment. Anim Reprod Sci, 93(1-2): 176～182.

Solé M, Santaló J, Boada M, et al. 2013. How does vitrification affect oocyte viability in oocyte donation cycles? A prospective study to compare outcomes achieved with fresh versus vitrified sibling oocytes. Hum Reprod, 28: 2087～2092.

Somfai T, Dinnyes A, Sage D, et al. 2006. Development to the blastocyst stage of parthenogenetically activated *in vitro* matured porcine oocytes after solid surface vitrification(SSV). Theriogenology, 66(2): 415～422.

Somfai T, Men N T, Noguchi J, et al. 2015. Optimization of cryoprotectant treatment for the vitrification of immature cumulus-enclosed porcine oocytes: comparison of sugars, combinations of permeating cryoprotectants and equilibration regimens. J Reprod Dev, 61(6): 571～579.

Somfai T, Nakai M, Tanihara F, et al. 2013. Comparison of ethylene glycol and propylene glycol for the vitrification of immature porcine oocytes. J Reprod Dev, 59(4): 378～384.

Somfai T, Yoshioka K, Tanihara F, et al. 2014. Generation of live piglets from cryopreserved oocytes for the first time using a defined system for *in vitro* embryo production. PLoS One, 9(5): e97731.

Son W Y, Park S E, Lee K A, et al. 1996. Effects of 1, 2-propanediol and freezing-thawing on the *in vitro* developmental capacity of human immature oocytes. Fertility and sterility, 66(6): 995～999.

Spricigo J F, Morais K, Ferreira A R, et al. 2014. Vitrification of bovine oocytes at different meiotic stages using the Cryotop method: assessment of morphological, molecular and functional patterns. Cryobiology, 69(2): 256～265.

Stachecki J J, Munne S, Cohen J. 2004. Spindle organization after cryopreservation of mouse, human, and bovine oocytes. Reprod Biomed Online, 8(6): 664～672.

Stachecki J J, Willadsen S M. 2000. Cryopreservation of mouse oocytes using a medium with low sodium content: effect of plunge temperature. Cryobiology, 40(1): 4～12.

Stachowiak E M, Papis K, Kruszewski M, et al. 2009. Comparison of the level(s)of DNA damage using Comet assay in bovine oocytes subjected to selected vitrification methods. Reprod Domest Anim, 44(4): 653～658.

Succu S, Bebbere D, Bogliolo L, et al. 2008. Vitrification of *in vitro* matured ovine oocytes affects *in vitro* pre-implantation development and mRNA abundance. Mol Reprod Dev, 75(3): 538～546.

Succu S, Berlinguer F, Leoni G G, et al. 2011. Calcium concentration in vitrification medium affects the developmental competence of *in vitro* matured ovine oocytes. Theriogenology, 75(4): 715～721.

Succu S, Leoni G G, Bebbere D, et al. 2007a. Vitrification devices affect structural and molecular status of *in vitro* matured ovine oocytes. Mol Reprod Dev, 74(10): 1337～1344.

Succu S, Leoni G G, Berlinguer F, et al. 2007b. Effect of vitrification solutions and cooling upon *in vitro* matured prepubertal ovine oocytes. Theriogenology, 68(1): 107～114.

Sugimoto M, Maeda S, Manabe N, et al. 2000. Development of infantile rat ovaries autotransplanted after cryopreservation by vitrification. Theriogenology, 53(5): 1093～1103.

Sun Q Y, Lai L, Bonk A, et al. 2001b. Cytoplasmic changes in relation to nuclear maturation and early embryo developmental potential of porcine oocytes: effects of gonadotropins, cumulus cells, follicular size, and protein synthesis inhibition. Mol Reprod Dev, 59(2): 192～198.

Sun Q Y, Wu G M, Lai L, et al. 2001a. Translocation of active mitochondria during pig oocyte maturation, fertilization and early embryo development *in vitro*. Reproduction, 122(1): 155～163.

Suo L, Zhou G B, Meng Q G, et al. 2009. OPS vitrification of mouse immature oocytes before or after meiosis: the effect on cumulus cells maintenance and subsequent development. Zygote, 17(1): 71～77.

Swann K, Lai F A. 1997. A novel signalling mechanism for generating $Ca^{2+}$ oscillations at fertilization in mammals. Bioessays, 19(5): 371~378.

Takahashi T, Igarashi H, Doshida M, et al. 2004. Lowering intracellular and extracellular calcium contents prevents cytotoxic effects of ethylene glycol-based vitrification solution in unfertilized mouse oocytes. Mol Reprod Dev, 68(2): 250~258.

Tamura A N, Huang T T, Marikawa Y. 2013. Impact of vitrification on the meiotic spindle and components of the microtubule-organizing center in mouse mature oocytes. Biol Reprod, 89(5): 112.

Tian S J, Yan C L, Yang H X, et al. 2007. Vitrification solution containing DMSO and EG can induce parthenogenetic activation of *in vitro* matured ovine oocytes and decrease sperm penetration. Anim Reprod Sci, 101(3-4): 365~371.

Trad F S, Toner M, Biggers J D. 1999. Effects of cryoprotectants and ice-seeding temperature on intracellular freezing and survival of human oocytes. Hum Reprod, 14(6): 1569~1577.

Trapphoff T, El Hajj N, Zechner U, et al. 2010. DNA integrity, growth pattern, spindle formation, chromosomal constitution and imprinting patterns of mouse oocytes from vitrified pre-antral follicles. Hum Reprod, 25(12): 3025~3042.

Trounson A. 1986. Preservation of human eggs and embryos. Fertility and sterility, 46(1): 1~12.

Trounson A, Kirby C. 1989. Problems in the cryopreservation of unfertilized eggs by slow cooling in dimethyl sulfoxide. Fertility and sterility, 52(5): 778~786.

Tucker M J, Morton P C, Wright G, et al. 1998a. Clinical application of human egg cryopreservation. Hum Reprod, 13(11): 3156~3159.

Tucker M J, Wright G, Morton P C, et al. 1998b. Birth after cryopreservation of immature oocytes with subsequent *in vitro* maturation. Fertility and sterility, 70(3): 578~579.

Turathum B, Saikhun K, Sangsuwan P, et al. 2010. Effects of vitrification on nuclear maturation, ultrastructural changes and gene expression of canine oocytes. Reprod Biol Endocrinol, 8: 70.

Ubaldi F, Anniballo R, Romano S, et al. 2010. Cumulative ongoing pregnancy rate achieved with oocyte vitrification and cleavage stage transfer without embryo selection in a standard infertility program. Hum Reprod, 25: 1199~1205.

Vajta G, Booth P J, Holm P, et al. 1997. Successful vitrification of early stage bovine *in vitro* produced embryos with the Open Pulled Straw (OPS) method. Cryo Letters, 18(3): 191~195.

Vallorani C, Spinaci M, Bucci D, et al. 2012. Pig oocyte vitrification by Cryotop method and the activation of the apoptotic cascade. Anim Reprod Sci, 135(1-4): 68~74.

Valojerdi M R, Salehnia M. 2005. Developmental potential and ultrastructural injuries of metaphase II(MII)mouse oocytes after slow freezing or vitrification. J Assist Reprod Genet, 22(3): 119~127.

Van Blerkom J. 2004. Mitochondria in human oogenesis and preimplantation embryogenesis: engines of metabolism, ionic regulation and developmental competence. Reproduction, 128(3): 269~280.

Van Blerkom J, Runner M N. 1984. Mitochondrial reorganization during resumption of arrested meiosis in the mouse oocyte. Am J Anat, 171(3): 335.

Varga E, Gardon J C, Papp A B. 2006. Effect of open pulled straw (OPS) vitrification on the fertilisation rate and developmental competence of porcine oocytes. Acta Vet Hung, 54(1): 107~116.

Verkman A S. 2005. More than just water channels: unexpected cellular roles of aquaporins. J Cell Sci, 118 (Pt 15): 3225~3232.

Vincent C, Garnier V, Heyman Y, et al. 1989. Solvent effects on cytoskeletal organization and *in-vivo* survival after freezing of rabbit oocytes. J Reprod Fertil, 87(2): 809~820.

Vincent C, Johnson M H. 1992. Cooling, cryoprotectants, and the cytoskeleton of the mammalian oocyte. Oxf Rev Reprod Biol, 14: 73~100.

Vincent C, Pickering S J, Johnson M H. 1990. The hardening effect of dimethylsulphoxide on the mouse zona pellucida requires the presence of an oocyte and is associated with a reduction in the number of cortical granules present. J Reprod Fertil, 89(1): 253~259.

Wang L, Fu X, Zeng Y, et al. 2014. Epinephrine promotes development potential of vitrified mouse oocytes. Pak J Biol Sci, 17(2): 254～259.

Wang L, Liu J, Zhou G B, et al. 2011. Quantitative investigations on the effects of exposure durations to the combined cryoprotective agents on mouse oocyte vitrification procedures. Biol Reprod, 85(5): 884～894.

Wang W H, Meng L, Hackett R J, et al. 2001. Limited recovery of meiotic spindles in living human oocytes after cooling-rewarming observed using polarized light microscopy. Hum Reprod, 16(11): 2374～2378.

Wang Z, Sun Z, Chen Y, et al. 2009. A modified cryoloop vitrification protocol in the cryopreservation of mature mouse oocytes. Zygote, 17(3): 217～224.

Wei X, Xiangwei F, Guangbin Z, et al. 2013. Cytokeratin distribution and expression during the maturation of mouse germinal vesicle oocytes after vitrification. Cryobiology, 66(3): 261～266.

Whittingham D G. 1977. Fertilization *in vitro* and development to term of unfertilized mouse oocytes previously stored at –196 degrees C. J Reprod Fertil, 49(1): 89～94.

Wilmut I. 1972. The low temperature preservation of mammalian embryos. J Reprod Fertil, 31(3): 513～514.

Wu C, Rui R, Dai J, et al. 2006. Effects of cryopreservation on the developmental competence, ultrastructure and cytoskeletal structure of porcine oocytes. Mol Reprod Dev, 73(11): 1454～1462.

Wu G, Jia B, Mo X, et al. 2013. Nuclear maturation and embryo development of porcine oocytes vitrified by cryotop: effect of different stages of *in vitro* maturation. Cryobiology, 67(1): 95～101.

Wu J, Zhang L, Wang X. 2001. *In vitro* maturation, fertilization and embryo development after ultrarapid freezing of immature human oocytes. Reproduction, 121(3): 389～393.

Wurfel W, Schleyer M, Krusmann G, et al. 1999. [Fertilization of cryopreserved and thawed human oocytes (Cryo-Oo) by injection of spermatozoa (ICSI) -medical management of sterility and case report of a twin pregnancy]. Zentralbl Gynakol, 121(9): 444～448.

Yamaji Y, Seki S, Matsukawa K, et al. 2011. Developmental ability of vitrified mouse oocytes expressing water channels. J Reprod Dev, 57(3): 403～408.

Yan C L, Fu X W, Zhou G B, et al. 2010. Mitochondrial behaviors in the vitrified mouse oocyte and its parthenogenetic embryo: effect of Taxol pretreatment and relationship to competence. Fertil Steril, 93(3): 959～966.

Yashiro I, Tagiri M, Ogawa H, et al. 2015. High revivability of vitrified-warmed bovine mature oocytes after recovery culture with alpha-tocopherol. Reproduction, 149(4): 347～355.

Yoon T K, Chung H M, Lim J M, et al. 2000. Pregnancy and delivery of healthy infants developed from vitrified oocytes in a stimulated *in vitro* fertilization-embryo transfer program. Fertility and sterility, 74(1): 180～181.

Young E, Kenny A, Puigdomenech E, et al. 1998. Triplet pregnancy after intracytoplasmic sperm injection of cryopreserved oocytes: case report. Fertility and sterility, 70(2): 360～361.

Yue M X, Fu X W, Zhou G B, et al. 2012. Abnormal DNA methylation in oocytes could be associated with a decrease in reproductive potential in old mice. Journal of assisted reproduction and genetics, 29(7): 643～650.

Zander-Fox D, Cashman K S, Lane M. 2013. The presence of 1 mM glycine in vitrification solutions protects oocyte mitochondrial homeostasis and improves blastocyst development. J Assist Reprod Genet, 30(1): 107～116.

Zenzes M T, Bielecki R, Casper R F, et al. 2001. Effects of chilling to 0 degrees C on the morphology of meiotic spindles in human metaphase II oocytes. Fertility and sterility, 75(4): 769～777.

Zeron Y, Tomczak M, Crowe J, et al. 2002. The effect of liposomes on thermotropic membrane phase transitions of bovine spermatozoa and oocytes: implications for reducing chilling sensitivity. Cryobiology, 45(2): 143～152.

Zhang J, Nedambale T L, Yang M, et al. 2009. Improved development of ovine matured oocyte following solid surface vitrification(SSV): effect of cumulus cells and cytoskeleton stabilizer. Anim Reprod Sci,

110(1-2): 46~55.

Zhao N, Liu X J, Li J T, et al. 2015. Endoplasmic reticulum stress inhibition is a valid therapeutic strategy in vitrifying oocytes. Cryobiology, 70(1): 48~52.

Zhao X M, Du WH, Wang D, et al. 2011. Effect of cyclosporine pretreatment on mitochondrial function in vitrified bovine mature oocytes. Fertil Steril, 95(8): 2786~2788.

Zhou X L, Al N A, Sun D W, et al. 2010. Bovine oocyte vitrification using the Cryotop method: effect of cumulus cells and vitrification protocol on survival and subsequent development. Cryobiology, 61(1): 66~72.

# 第四章 动物精液冷冻保存

精液冷冻保存技术最早可追溯到1787年，意大利科学家Spallazani将人和马的精液在-17℃的雪地中进行了首次冷冻尝试，解冻后发现有极少数精子仍然存活；1886年，Mantegazza发展了精子低温保存的方法，在-15℃的条件下冻存精子取得成功。1949年，随着Polge发现甘油对人和家禽精子的保护作用后，精液的冷冻保存技术取得了突破性的发展，这是低温生物学发展的一个重大突破。液氮作为冷源的应用，又极大地推动了精液冷冻保存技术的发展。

虽然在精液冷冻保存上取得了重要成果，但冷冻过程中不可避免地产生损伤。造成细胞冷冻受损的重要原因可能是：①冷冻速率太慢时，保存的细胞暴露于高浓度溶液中，易受到溶液pH和溶质脱水的影响而遭到伤害或导致死亡（称溶液效应）；②冷冻速率过快时，细胞内液体易导致结冰现象，对细胞造成物理或化学损伤（Mazur et al.，1972）。

迄今为止，低温生物学技术已经广泛应用于动物种质资源的保存，与胚胎的低温保存相比，精液的低温保存技术方便、快捷而且更加经济。精液冷冻保存技术可以将特殊的遗传及突变资源通过单倍体的方式充分保存，当需要时，复苏后体外受精得到基因型杂合的合子，再进行回交即可以重新建立种群。随着种质资源保存需求的持续增加和遗传变异动物的不断开发，精液冷冻保存的意义和应用前景将更为广阔。

## 第一节 家 畜

### 一、精子的生物学特性

哺乳动物射出体外的精子，在形态和结构上有共同的特征，可分为头、颈和尾三个部分，表面被质膜覆盖，是携带父方遗传物质，并具有活动能力的雄性配子（图4-1-1）。

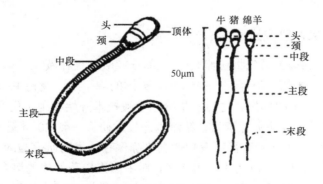

图4-1-1 几种主要家畜的精子形态与结构（改自张忠诚，2004）

精液冷冻保存技术已成为体外生产早期胚胎、人工授精等生物技术不可或缺的基础保障，精子结构的特殊性是影响其冷冻损伤的内在因素，精子的细胞核中核苷酸的含水量较低,且构成尾部中段和主段的轴丝、线粒体鞘膜及皮质鞘膜的蛋白质结构坚实,因而不易受冻伤,而精子的顶体膜和细胞膜是由脂蛋白类物质构成的,脂蛋白具有较强的亲水性,含水量多,因此,其低温敏感性较高。牛精子对低温不敏感,而猪和羊的精子对外界温度的改变非常敏感,迅速冷却时易失去活力,尤其是在 5~22℃时更易产生"冷休克",这些差别可能来源于猪、牛、羊这三种家畜精子质膜成分及精子细胞内成分的差异。

(一)质膜成分

猪精子膜的卵磷脂含量偏低,低于牛,降温过程很容易破坏精子质膜正常的流动性,而脑磷脂和鞘磷脂含量高于牛(Johnson et al., 2000)。其次,牛、羊、猪精子质膜中,多不饱和脂肪酸含量高于兔、犬、人等物种(Janice et al., 2000),多不饱和脂肪酸本身易氧化,加之冷冻过程中抗氧化酶类物质的大量损失,使猪精子更易遭受过氧化损伤,进而引起质膜的损伤。另外,猪精子膜上胆固醇与磷脂的比例低于牛,且胆固醇的分布不均衡,外膜分布量较高,因而,内膜对冷休克敏感性更高。

(二)精子细胞内成分

精子细胞内成分在冷冻前后的变化与其受精能力相关,冻后精子细胞内与受精有关的酶类、脂糖蛋白类、氨基酸等物质的散失可能是影响家畜精子冷冻保存效果的重要因素。

Huang 等(1999)发现冻融前后猪精子中热应激蛋白 90(HSP90)的表达量发生了明显下调。Zeng 和 Terada(2001)进一步研究发现,与猪新鲜精液相比,当温度降至 5℃时,HSP90 降低幅度达 64%。因此,推断 HSP90 水平的降低可能与解冻后精子活力降低有关。此外,利用自动氨基酸分析仪测定了冷冻前后不同处理阶段的牛、山羊精子细胞内的氨基酸的变化,推测精液冷冻后损失的氨基酸来自顶体,这与冷冻对精子的顶体损伤最大的论断相符。

(杜 明 任 康 阿布力孜·吾斯曼)

## 二、牛精液冷冻保存研究进展

Salisbury 等(1941)最先将含卵黄的卵黄-柠檬酸钠稀释液(egg yolk-sodium citrate diluent,EYC)用于牛的精液保存。1950 年,英国的瑞丁人工授精中心诞生了世界首例冷冻精液人工授精产下的犊牛。之后,牛冷冻精液技术开始应用于生产。

我国 1958 年首次成功进行了家畜精液冷冻技术研究,到 20 世纪 60 年代已普及了奶牛人工授精。1972 年开始进行精液超低温冷冻保存技术的研究与应用,1977 年在全国开展了广泛研究及推广,以奶牛应用最多,对中国黑白花奶牛的培育起到了极其重要的作用。20 世纪 80 年代后期从国外引进生产细管冷冻精液的技术和设备,90 年代逐步由颗粒型转向细管型。目前我国牛精液的冷冻保存技术已形成一套规范化的工艺流程,并制定和实施牛冷冻精液生产的国家标准。

**1. 冻精剂型**

牛的冷冻精液最初采用安瓿进行保存，然后出现的颗粒冻精法（Nagase and Niwa，1964；Nagase et al., 1964）和细管冻精法逐渐用到牛的精液冷冻保存实践中（Cassou，1950；Jondet，1965）。最初，利用细管冷冻精液是在干冰上进行的（Jakobsen，1956）。Adler（1960）首次利用细管在液氮中冷冻牛精液。随后经 Cassou（1964）和 Jondet（1965）修改和完善，0.25mL 和 0.5mL 塑料细管开始在牛冷冻精液中广泛使用。

**2. 抗冻保护剂**

目前，牛冷冻精液生产中常用的渗透性抗冻保护剂是甘油，甘油浓度随稀释液成分及保存方法的不同而不同（Woelders，1997）。牛精液冷冻过程中，甘油浓度范围一般为 2.25%～9%（Fahy，1986）。生产上通常采用卵黄-柠檬酸盐稀释液和 Tris-卵黄稀释液，在 0.5mL 和 0.25mL 塑料细管中冷冻牛精液，此时，最佳的甘油浓度为 7%（Pickett and Berndtson，1974，1978；Rodriguez et al., 1975；De Leeuw et al., 1993）。Johnson 等（2000）认为：以 30℃/min 降温时，用 3%的甘油作为抗冻保护剂效果最好，但甘油的浓度高于 0.5mol/L（9.2%）时对精子非常有害。非渗透性抗冻保护剂方面，糖类通过稳定精子膜结构，从而起到稳固和修复保护作用。Woelders（1997）报道，海藻糖和蔗糖都可减缓精子冷冻造成的伤害，但蔗糖的效果明显好于海藻糖。近年来，人们开始探索开发可以取代甘油的新的抗冻保护剂。Kobayashi（2003）等报道，奶或其他外分泌腺分泌物中的乳铁蛋白可以明显提高精子的活率，也可促进精子的获能。

**3. 精液稀释液**

牛精液稀释液可分为含卵黄的稀释液和不含卵黄的稀释液。Phillips（1939）发现精液稀释液中添加卵黄有利于精液保存，利用添加卵黄和 PBS 的精液稀释液具有抵御低温打击作用（Phillips and Lardy，1940）。随后，Salisbury 等（1941）将含卵黄的卵黄-柠檬酸钠稀释液（egg yolk-sodium citrate diluent，EYC）用于牛的精液保存，一般以 20%的卵黄和 80%的柠檬酸盐缓冲液效果最好。卵黄-柠檬酸盐稀释液已成为一种标准的稀释液，如柠檬酸盐-卵黄-果糖-甘油（citrate-yolk-fructose-glycerol）（Steinbach and Foote，1964）。同时，研究表明，在精液保存过程中柠檬酸盐优于磷酸盐，因为磷酸盐在精液保存过程中抑制了乳酸的氧化，造成乳酸积累（White，1956）。为了更好地保存牛精液，Davis 等（1963a，1963b）又开发了 Tris-卵黄稀释液（Tris-buffered egg yolk extender，TRIS-EY），这种稀释液是由 20%的新鲜卵黄和 80%的 Tris 缓冲液混合均匀而成，如 Tris-yolk-glycerol（Davis et al., 1963a，1963b）、Tris-fructose yolk-glycerol（Steinbach and Foote，1964）。此后卵黄与 Tris、柠檬酸盐成为牛精液冷冻稀释液的主要成分，并被广泛使用。尽管牛冷冻精液稀释液中添加卵黄具有保护精子避免冷休克和保护精子质膜稳定的作用，但卵黄内可能存在的病原菌会在稀释液的携带下进行区域内传播，从而限制卵黄稀释液在国际间的种质交流。

不含卵黄的牛精液冷冻稀释液主要是全脂乳或脱脂乳精液稀释液，这种稀释液是由 10%的全脂乳或脱脂乳和 7%的甘油混合而成，如全脂奶（或脱脂乳）-甘油［whole milk (or skim milk)-glycerol〕(Salisbury and Van Demark, 1961; Melrose, 1962)。目前牛精液冷冻液主要采用含卵黄的冷冻稀释液,而全脂乳精液稀释液逐渐被淘汰。应用全乳的主要缺点是显微镜检查视野不清晰,很难观察精子运动状态,使得对精液解冻后活力的评估造成困难。

在无动物成分稀释液的研究与开发上,Leeuw 等(2000)和 Thun 等(2002)分别用含大豆提取物的稀释液处理牛精液,效果都不理想。Wagtendonk 等(2000)用 Tris+卵黄和 Tris+大豆磷脂的稀释液冷冻牛精液,输精后,在 56d 的不返情率分别为 67.5%~69.9%和 60.2%~66.7%,Tris+磷脂稀释液不返情率虽低于对照组,但仍然高于 60%,Nabiev 等(2003)和 Aires 等(2003)报道采用含有大豆磷脂的商品化 AndroMedR 稀释液,牛精液冷冻后,精子活率高于卵黄稀释液,说明大豆卵磷脂取代卵黄的可行性。Muino 等(2007)对多种含有磷脂的商品化的牛精液稀释进行比较,结果表明,使用 Biladyl 稀释液冷冻牛精液,冻后活率和存活时间均高于使用 AndroMedR 组和 Biociphos 组。用大豆卵磷脂代替卵黄,一方面可以在冷冻、解冻过程中保护精子,另一方面可以克服应用动物源物质加入稀释液带来的不足。此外,低密度脂蛋白(LDL)对精子抗冷休克的作用成为研究的热点。Moussa 等(2002)报道利用 LDL 取代卵黄在牛上冷冻精液效果比商业用的稀释液好。Amirat 等(2004)比较 Biociphos、LDL 和 Triladyl 对精子的作用,发现精子在 Biociphos(64%)和 LDL(61%)中的活力显著高于在 Triladyl(32%),且精子细胞在 LDL 中结构变化不明显。Amirat-Briand 等(2010)报道,采用含有 LDL 的牛冷冻精液稀释液冷冻精液后,解冻后人工授精受胎率为 59.2%,与对照组(含有 20%卵黄的 Tris 稀释液)65.3%差异不显著。目前已出现许多商业化的牛精液冷冻稀释液,如 Biladyl(Minitub,Germany)、Triladyl(Minitub,Germany)、Biociphos(IMV,L'Aigle,France)和 Tris concentrate(Gibco BRL,The Netherlands)等。

**4. 其他添加物质**

冷冻解冻过程中会产生对精细胞有害的活性氧物质(ROS),从而影响精子冷冻保存效果(Bilodeau et al.,2000)。维生素 E 是机体中重要的抗氧化剂,能提高精子顶体完整率、精子活力和降低精子畸形率(Zhao et al.,2015;Ollero et al.,1998)。添加褪黑激素可以抑制诱发的精子氧化损伤,提高精子活力、质膜完整性和顶体完整性,进而提高牛精液保存质量和延长保存时间(Ashrafi et al.,2013;Martín-Hidalgo et al.,2011)。

**5. 冷冻性控精液**

性别控制技术是继人工授精技术和胚胎移植技术之后的又一重大创新,牛性控精液的广泛使用提高了优秀种公畜的使用效率。

目前,精液分离方法有 H-Y 抗原分离法(Bennett and Boyse,1973)、密度梯度离心法(Lin et al.,1998)、电泳法(Engelmann et al.,1988)、蛋白免疫学分离法(Ellis et al.,2011)、流式细胞分离法(Garner and Seidel,2008)等。流式细胞分离技术可分离牛 X、Y 型精子,获得 X 型精子准确率可达 93%,从而实现受精前的性别控制,是目前唯一一项可以有效、相对精确地分离哺乳动物精液的技术。

性控精液的冷冻与常规冷冻相似,冷冻会对精子质膜、顶体、线粒体、获能状态造成损伤。性控冷冻精液（每剂量含精子数 $1.0×10^6$～$10×10^6$）的受胎率是常规冷冻精液（每剂量含精子数 $15×10^6$～$20×10^6$ 个）的 70%～80%（Dejarnette et al.，2011，2010；Norman et al.，2010；Chebel et al.，2010）。而当每剂性控冷冻精液的精子数增加时，与常规冷冻精液相比，受胎率未显著增加（表 4-1-1），其原因主要是精子的分离过程对精子造成了损伤。当采用同一头公牛的常规冷冻精液和性控冷冻精液对同期发情的牛群进行人工授精，情期受胎率显著低于常规冷冻精液（Mallory et al.，2013）；而将同期发情后定时输精时间晚于正常程序 20h 左右，可以显著增加母牛的受胎率（Thomas et al.，2014）。

目前，尽管美国 XY 公司应用流式细胞仪进行牛精子分离的技术实现了产业化，英国、美国、日本、中国、加拿大和阿根廷等国家进行了推广应用，但性控精液的受精能力提升还有很大空间，尚需进一步的探索。

**表 4-1-1 性控冷冻精液和常规冷冻精液人工授精后受胎率差异比较**

| 母牛类别 | 性控冻精剂量/（个/支） | 常规冻精剂量/（个/支） | 性控冻精受胎率（输精头数） | 常规冻精受胎率（输精头数） | 性控冻精受胎率和常规之比/% | 数据来源 |
|---|---|---|---|---|---|---|
| 青年母牛 | $2.1×10^6$ | $2.1×10^6$ | 0.38（2 319） | 0.55（2 282） | 69 | Dejarnette et al.，2011 |
| 青年母牛 | $10×10^6$ | $10×10^6$ | 0.44（2 279） | 0.60（2 292） | 73 | |
| 青年母牛 | $2.1×10^6$ | | 0.44（2 089） | | 72 | Dejarnette et al.，2010 |
| 青年母牛 | $3.5×10^6$ | $15×10^6$ | 0.46（2 089） | 0.61（2 089） | 75 | |
| 泌乳母牛 | $2.1×10^6$ | | 0.23（1 822） | — | 72 | |
| 泌乳母牛 | $3.5×10^6$ | $15×10^6$ | 0.25（1 822） | 0.32（1 822） | 78 | |
| 青年母牛 | $2.1×10^6$ | $15×10^6$ | 0.45（28 980） | 0.56（25 042） | 80 | Dejarnette et al.，2009 |
| 青年母牛 | $2.1×10^6$ | $15×10^6$ | 0.41（105 382） | 0.56（718 101） | 73 | Norman et al.，2010 |
| 泌乳母牛 | $2.1×10^6$ | $15×10^6$ | 0.26（17 616） | 0.32（4 446 036） | 81 | |
| 青年母牛 | $2.1×10^6$ | $2.1×10^6$ | 0.40（343） | 0.52（1 028） | 77 | Chebel et al.，2010 |

（任　康　杜　明　徐振军）

## 三、羊精液冷冻保存研究进展

最早关于绵羊精液冷冻保存可以追溯到 1937 年（Bernstein and Petropavlovsky，1937）。Smirnov（1949，1950）在未使用甘油的情况下，成功地冷冻了体积为 0.05～0.1mL 的绵羊精液。后来，研究者又将牛的冷冻稀释液和冷冻方法应用到绵羊精液中，结果不理想，只有 5% 的产羔率（Blackshaw，1953；Dauzier et.al.，1956）。但由于绵羊精液的特异性，绵羊冷冻精液技术应用进展远比牛的缓慢。20 世纪 60 年代绵羊冷冻精液受胎率为 37.9%～66.2%（Mackepladze，1960；Feredean and Brăgaru，1964）。70 年代以后，有关绵羊冷冻精液试验发表的研究报告较多，有不少试验的受胎率有所提高，但仍有一些结果较低，大多集中在 47.9%～57.4%（Salamon，1971；Colas，1975）。前苏联对绵羊精液冷冻方法进行了大量研究，1978 年一个情期输精母羊 2655 只，产羔 1768 只，产羔率 67%；1979 年一个情期输精母羊 20 500 只，产羔率 65%。90 年代以后，绵羊冷冻精液制作和应用的研究报道不多，虽然也取得了一定的成绩，但未见重大突破，特别是未能有效地把受胎率稳定在 60% 以上（杨健，2006）。

山羊的精液冷冻保存技术的研究，国外始于 20 世纪 70 年代中期，但精液冷冻-解冻后的受精率却各不相同，从 3%～5%的低水平到 20%～48%的中等水平，也有报道达到 70%以上较高水平的（Corteel，1973）。在国内，1981 年中国农业科学院畜牧所开始进行小规模试验。金花等（2003）研究白虎台绒山羊精液冷冻保存，并用活率达到 0.3 以上的解冻精液进行人工授精，受胎率达到了 64%。毛凤显等（2004）对波尔山羊精液进行冷冻保存研究，解冻精液活率达到了 0.42，给母羊进行人工授精后不返情率达到了 65.77%。而徐振军等（2009）研究辽宁绒山羊精液冷冻，精液解冻后活率达 0.52，试情期受胎率高达 75%。虽然目前情期受胎率为 45%～76.4%，但结果不稳定，且可重复率低。

**1. 精液稀释液**

精液稀释液可减少精液在冷冻过程中的损伤，对精液的冷冻效果起决定性作用。冷冻-解冻过程对精子的损伤主要来源于渗透损伤（John Morris et al.，2012），大多数研究者发现，提高稀释液的渗透压可增加冻精的存活率。例如，等渗的柠檬酸盐溶液里添加戊糖（pentose）可提高冻精的存活率，这是由于补偿了甘油引起的溶液渗透压下降。绵羊精子能耐受两倍于等渗液的葡萄糖液，因为葡萄糖（单糖）能渗入到精细胞内，而使精细胞内外保持等渗，双糖则没有这种性质。Salamon 和 Lightfoot（1969）研究证实，稀释液的最适渗透压因稀释液成分的种类而异，冷冻绵羊颗粒精液以高渗液的效果为好。

精液稀释液的主要组成包括糖类、乳类、抗冻保护剂等物质。最早的绵羊冻精稀释液是缓冲剂柠檬酸盐和糖的溶液，因为这种液已在牛冻精中取得良好应用效果。但是试验结果表明，其用于绵羊冻精效果并不理想。最常用的为柠檬酸-葡萄糖-卵黄溶液和柠檬酸-果糖-卵黄溶液，利用这两种稀释液冷冻的绵羊精液，并进行 1～3 次的人工授精，产羔率为 17%～40%（Maxwell and Salamon，1993）。Nauk（1991）发现几种糖类稳定细胞膜蛋白质-脂质复合物性能的大小顺序为棉子糖＞蔗糖＞乳糖＞果糖＞葡萄糖，且与另一种糖配合使用的效果比单一使用的好。棉子糖是一种大分子多糖。Nagase 和 Nawa（1964）首先提出用棉子糖作稀释液成分。Nagase 和 Nawa（1964）用牛精液试验发现在快速冷冻中，棉子糖对精子的保护性能高于低分子质量糖类。棉子糖类稀释液主要包括：raffinose-citrate-yolk 稀释液和 raffinose-glucose-saccharose 稀释液。蔗糖被用作合成稀释液主要成分是因为蔗糖对精子顶体保护性能优于葡萄糖、果糖或乳糖（Milovanov et al.，1974），如 saccharose（9.8%）-EDTA-CaNa$_2$（0.84%）-DTBK antioxidant（0.5%）-egg yolk（10%）-glycerol（5%）+antibiotics。由于奶液乳糖用作牛冻精稀释液主要成分效果较好，因而也开始将其用于绵羊精液保存。乳糖类稀释液是以乳糖为基础，添加其他稀释液成分，如卵黄、糖类和缓冲盐等。Mathur（1989）将乳糖与其他成分如阿拉伯糖、柠檬酸盐配合应用，其冷冻效果比单纯用乳糖有提高。Platov（1988）试验发现，双糖（乳糖和蔗糖）对冷冻过程中精液的保护高于单糖。Platov（1977）总结了以乳糖类稀释液为基础的两步法稀释流程，先用 non-glycerolated lactose-yolk 进行第一步稀释，然后再用乳糖-阿拉伯树胶-卵黄-甘油或者乳糖-卵黄-EDTA-Na$_2$-甘油稀释液进行第二步稀释。Aboagla 和 Terada（2003）采用海藻糖作为保护剂冷冻保存山羊精子，解冻后，精子活力随着海藻糖浓度的升高而逐步增加，活力最高可达 60%以上，而且海藻糖也可以有效保护精子的质膜和顶体完整性。

奶用于绵羊精液冷冻时，稀释液中还要加糖类或卵黄（Blackshaw，1953）。乳类内含多种有利于维持精子活力的成分，因而较早用于绵羊冻精稀释液中（Maxwell and Salamon，1993）。奶类冷冻稀释液主要包括：巴氏杀菌全乳（脱脂乳）稀释液和乳-葡萄糖-卵黄稀释液等。在奶液中冷冻的精液受精率差异较大，不同实验室呈现不同的结果：0～23%，30%～45%和50%～75%（Maxwell and Salamon，1993）。

甘油是常用的抗冻保护剂之一，甘油作为冷冻精液保护剂可以引起质膜蛋白和脂类的重排，从而提高精子质膜的流动性和低温下更高的脱水效率（Purdy，2006）。多数研究者认为绵羊精液在慢速冷冻时稀释液中甘油的最适浓度范围为6%～8%。也有研究者认为甘油的最适浓度范围为4%～6%或10%～12.5%（Salamon 和 Maxwell，2000；Branny et al.，1966）。Quan 等（2012a）认为3%甘油可以获得较好的冷冻保存效果；但甘油浓度高于6%对精子解冻后活力的恢复不利（Graham et al.，1978）。最适甘油浓度还与冷却和冷冻的速率、稀释液的成分特别是渗透压有关（Lightfoot and Salamon，1969）。

Tris 类稀释液具有良好的缓冲性，1972 年，Salamon 等将其用于绵羊精液冷冻。采用 Tris（300mmol/L）-葡萄糖（27.75mmol/L）-柠檬酸（94.7mmol/L）-卵黄（15%）-甘油（5%）+抗生素稀释液冷冻的绵羊冻精，人工授精后，产羔率为30%～57%（Salamon and Visser，1973）。

另外，无动物源精液稀释液也成为近年来的研究新热点，主要集中于大豆卵磷脂（Forouzanfar et al.，2010；Pellicer-Rubio and Combarnous，1998）和高分子聚合物（Kundu et al.，2002，2001，2000）。其产品主要由德国、日本、法国等国家商品化生产。尽管我国辽宁绒山羊育种中心采用自主研发的无动物源绒山羊精液稀释液，但尚未商品化。

**2. 精浆**

相对于绵羊而言，山羊精浆成分特殊，会造成其冷冻程序较复杂。山羊精浆主要由尿道球腺分泌，内含卵黄凝聚酶（磷脂酶 A），引起卵黄凝聚，将卵黄卵磷脂水解成脂肪酸和溶血卵磷脂（Shipley et al.，2007），造成精子顶体反应和染色体解聚（Purdy，2006）。为了克服山羊精浆的不利影响，通常精子离心洗涤次数为1～2次（Ritar and Salamon，1982）。有研究表明，去除精浆有利于提高冷冻精子的存活率和维持精子的顶体完整性（Purdy，2006；Ritar and Salamon，1982）。当卵黄浓度低于2.5%时，冷冻前不去除精浆也可以获得较好的精子活率（Cseh et al.，2012）。

**3. 精液稀释与平衡**

目前，山羊精液和冷冻稀释液的体积比通常为1∶1～1∶5；而绵羊目前采用1∶2～1∶5稀释（Evans，1988）。冷冻前，精液和稀释液混合后要在4～5℃冰箱内平衡1.5～4h（Purdy，2006）。目前采用两种平衡方法：一种是精液按照一定比例和同温度的、含有甘油等渗透性保护剂的稀释液混合，而后缓慢降温至4～5℃并在此温度下平衡一定时间，然后进行冷冻。第二种是首先将精子和不含甘油等渗透性有机溶剂的稀释液混合，并在4～5℃平衡一定时间，再与含有甘油等渗透性有机溶剂的稀释液混合，平衡后进行冷冻保存。第一种方法操作简单，但精子与甘油长时间接触，活性氧产物不断积累，对精子质膜造成氧化损伤（Salamon and Maxwell，2000）；而第二种方法操作较复杂，对低温条件要求较高，精子损伤小。

**4. 冻精剂型**

在冻精剂型方面，羊的精液冷冻方式包括安瓿、颗粒和细管。目前主要使用颗粒和细管冷冻保存羊精液。其中颗粒法剂量为 0.1~0.2mL。采用滴冻法进行操作时用滴管把平衡后的精液滴在一个已经预冷的平面上（承冻面），常用铜网、聚四氟乙烯（氟板）等作承冻面，采用的低温容器为 5L 的广口液氮罐。该法的优点是简便、易于制作、体积小、便于大量贮存。但缺点是剂量不标准、不易标记，易受污染，解冻使用不方便，需用解冻液解冻稀释。而细管法具有卫生安全、易于标记、剂量标准、体积小、便于大量保存、适合快速冷冻、精子复苏率高和受胎效果好等诸多优点，也是当前广泛普及应用的一种方法。

**5. 解冻**

颗粒精液所用的解冻稀释液为 2.9%柠檬酸钠、肌醇-柠檬酸盐、葡萄糖-柠檬酸盐和果糖-柠檬酸盐，也可用维生素 $B_{12}$ 及其他复方制剂。Pontbriand 等（1989）认为颗粒冻精在 35~40℃或 50~70℃解冻，对精子活率或顶体完整性和产羔率无影响（Evans，1988）。而冷冻细管直接投入 38~42℃的水浴中 20~30s 进行解冻。也有人认为山羊冷冻精液的解冻温度以 40~50℃为宜（杨素芳等，2008）。总之，解冻温度和速度对冷冻精子存活力的影响目前尚缺乏系统、深入的研究。

（权国波　任　康　阿布力孜·吾斯曼）

## 四、猪精液冷冻保存研究进展

1956 年，英国科学家 Polge 开始研究猪精液的冷冻保存。在 1950~1960 年的研究中，Polge 利用牛精液冷冻方法来冷冻猪精液，解冻后的精子具有一定活力，但没有受精能力。虽然在 1970 年之前有猪冷冻精液成功受胎的报道，但其结果不能被重复。1970 年，Polge 等首次报道利用外科手术法将解冻后的精子直接注入输卵管并获得 83%的受精卵。1971 年后，相继有报道称用解冻精液以常规的子宫颈输精法（intra-cervical insemination，intra-CAI）输精成功妊娠并获得仔猪（Pursel and Johnson，1971；Crabo and Einarsson，1971；Graham et al.，1971），证实超低温冷冻后猪的精子仍具有一定的受精能力（Crabo and Einarsson，1971；Osinowa and Salamon，1976）。随后，大量成功猪精液冷冻方法相继出现（Crabo et al.，1972；Pursel and Johnson，1972a，1972b；Richter and Liedicke，1972；Wihnut and Polge，1972；Salamon and Visser，1973；Paquignon and Buisson，1973）。此后各国研究者为了把猪的精液冷冻技术应用到养猪生产实践中做了大量的工作，并对操作程序进行不断优化。

精液冷冻受到冷冻速率、解冻速率、冷冻液成分（抗冻保护剂）及浓度四方面因素影响。这四方面因素共同决定精液冷冻的成败（Johnson et al.，2000）。猪精液冷冻过程中，不同甘油浓度所对应的最佳冷冻速率是不同的（Fiser and Fairfull，1990）。以抗冻保护剂甘油为例，为了保证冷冻后猪精子的活率和顶体完整，最佳的冷冻组合为：3% 浓度的甘油、30℃/min 的降温速率（在–50～0℃的温区内）和 1200℃/min 的解冻速率（Johnson et al.，2000）。冷冻精液的解冻过程与冷冻过程一样，必须通过精子冰晶化的危险温度区，而这个过程同样会对精子造成损伤，合适的解冻速率可以减少解冻过程对精子的损伤（Fiser and Fairfull，1990；Pursel and Johnson，1976；Salamon et al.，1973），因此能够迅速越过危险温区的解冻速率是影响精子存活的一个重要因素。而有效的解冻速率与精液冷冻速率存在相关性（Mazur，1985）。

**1. 精液稀释液**

精液稀释液是精子保存过程中的保护剂，对精液的冷冻效果起决定性作用。目前全球各国已经研制了多种猪精液冷冻稀释液，但因冷冻方法的不同，其冷冻稀释液的组成成分也不尽相同。猪精液冷冻稀释液可分为不含缓冲盐的冷冻稀释液与含缓冲盐的冷冻稀释液。不含缓冲盐的冷冻稀释液主要包括：卵黄-葡萄糖（Baier，1962；Polge et al.，1970）、卵黄-蔗糖-EDTA 及镁和钙盐（Milovanov et al.，1974）、卵黄-乳糖（Richter et al.，1975；Westendorf et al.，1975）等；含缓冲盐的冷冻稀释液主要包括：甘氨酸-磷酸和葡萄糖-磷酸（Iida and Adachi，1966）、卵黄-葡萄糖-柠檬酸（Serdiuk，1970）、Tes-Tris-果糖-柠檬酸-卵黄（TEST）（Graham et al.，1971）、Beltsville F3（BF3）（Pursel and Johnson，1971）、Beltsville F5（BF5）（Pursel and Johnson，1975）、卵黄-葡萄糖-citrate-EDTA-钾-unitol-urea（Shapiev et al.，1976）、Tes-NaK-葡萄糖-卵黄（Crabo and Einarsson，1971；Larsson et al.，1977）、Tris-果糖-EDTA-卵黄（Salamon and Visser，1973）、Tris-葡萄糖-EDTA-卵黄（Park et al.，1977）等。在许多以葡萄糖作为稀释液成分的研究中，葡萄糖和果糖能直接被精子分解产生能量，但有报道指出，葡萄糖与果糖相比，前者较易被精子吸收。可部分充当精子能源，同时也是一种抑制卵磷脂酶 A 活性，防止精液中溶血卵磷脂积累的阻氧剂，在稀释液中适当增加葡萄糖含量并相应减少柠檬酸钠含量，会对精液有较好的保护作用（王肖克和杨健，2002）。低浓度的葡萄糖（2%～3%）与乳糖（2%～3%）混合使用效果较好（李青旺等，2004）。此外，为了提高冷冻效果，稀释液中添加乙酰基-D-葡糖胺和氨基一钠十二烷基硫酸酯（Fernando et al.，2005）、2-丙羟基-B-环式糊（Zeng and Terada，2001）、类透明质酸（hyaluronan）（Pena et al.，2004）、胆固醇包合物（Lee et al.，2015）、丁羟甲苯（Trzcinska et al.，2015）等物质，并将精液稀释、pH 调至 8 时，冷冻精液质量最好（Tomas et al.，2015）。冷冻保护剂的研究中，0.09g/mL 的低密度脂蛋白取代卵黄，冷冻精液质量较好（Wang et al.，2014）；采用甘油与酰胺的组合作为抗冻保护剂冷冻猪精子后冷冻精液质量要好于单独使用甘油保护剂组（Pinho et al.，2014）。

**2. 冻精剂型**

在冻精剂型方面，猪的精液最初采用玻璃瓶（Polge，1956）或玻璃试管（Settergren，1958）和较高浓度的甘油溶液进行冷冻保存。后来，牛的精液粒状干冰冷冻方法（Nagase and Niwa，1964）被应用到猪的精液冷冻保存，把甘油溶液浓度降到 1%～3%的范围，可以实行快速冷冻降温操作（Pursel and Johnson，1975）。随后猪精液冷冻又采用 5mL 冷冻管（大型细管）（maxi-straw）（Westendorf et al.，1975）、5mL 不同类型的塑料袋（plastic bag）（Eriksson et al.，2002；Rodriguez-Martinez et al.，1996；Bwanga，1991；Larsson et al.，1977）、4~5mL 铝箔袋（Waide，1975）、1.7~2.0mL 扁平细管（flat straw）（Weitze et al.，1988；Ewert，1988）、0.5mL 中型细管（medium-straw）（Berger and Fischerleitner，1992）和 0.25mL 微型细管（mini-straw）（Bwanga et al.，1990）等方式进行保存。这些保存方式均存在优缺点，使用表面积/容积较大的精液冷冻保存方式，可以达到较好的冷冻和解冻速率，提高冷冻效果。但从生产应用的方面考虑，大剂量猪精液的冷冻保存方式才能满足生产需要。虽然 5mL 大型细管保存精子解冻后活率低于颗粒冻精，但因其在实践中易于操作，不会引起交叉污染和使用方便等原因，与颗粒相比使用更加广泛（Almlid and Hofmo，1996）。研究者已证实，微型、小型、中型细管、扁平细管和塑料袋保存的冻精样品经解冻后，直线运动的精子、顶体完整性、活力等方面均优于大型细管（Simmet，1993）。这主要是因为大型细管在冷冻过程中管周与细管中央的冷冻速率不一致，精子受冷不均匀，导致冷冻保存精子质量下降（Weitze et al.，1987）。但从受精率考虑，活力并不是唯一的决定性因素，有研究者也证实，颗粒、大型、中型、扁平细管保存冻精的受精率无明显的差异（Fazano，1986；Stampa，1989）。尽管资料显示，利用扁平细管或 5mL 塑料袋保存的冻精与大型细管相比有更高的受精力、输卵管富余精子更多，但这些保存方法在生产实践中均没有被广泛使用（Simmet，1993；Bwanga，1991）。随着研究的不断发展，近年来冻精剂型的选择主要围绕在 5mL 细管（Fraser et al.，2007）、0.5mL 细管和 0.25mL 细管。目前生产实践中，以 0.5mL 中型细管为主。

**3. 冷冻方法**

目前猪的商业化冷冻精液生产中，主要使用 Beltsville 冷冻法（Pursel and Johnson，1975）、Westendorf 冷冻法（Westendorf et al.，1975）及其改良型保存方法（装置）（Almlid and Hofmo，1996；Bwanga et al.，1990；Almlid and Johnson，1988）进行猪精子的冷冻和保存。其中，Beltsville 冷冻法适用于猪颗粒冻精生产，而 Westendorf 冷冻法更适用于猪细管冻精的生产。

随着冷冻保存方法的改进，猪冷冻精液的输精效果也逐步提高。采用猪颗粒冷冻精液输精后的产仔率和平均窝产仔数仅分别为 40%和 6.4 头（Didion and Schoenbeck，1996）；而采用 5mL 冷冻管（maxi-straw）冷冻猪精液，得到 62.6%的产仔率和 9 头的平均窝产仔数（Hofmo and Grevle，2000）；到 2002 年，Eriksson 等用 5mL 扁平袋（flat-pack）冷冻猪精液，冻后质膜完整率平均为 60%，活率为 49%~53%，人工授精后的产仔率达到 72.2%，平均窝产仔数达到 10.7 头。

但是目前猪精液冷冻液量偏少，而猪的子宫颈输精法要求较大的输精剂量。并且猪冻精的受胎率、产活仔数等繁殖指标明显低于液态保存精液（Johnson，1985），繁殖成绩不理想。因此在生产中使用子宫颈输精法进行猪冷冻精液输精没有得到大范围推广，用猪冷冻精液输精的母猪数量还不到猪人工授精总量的 1%（Johnson et al.，2000）。

随着人工授精技术的发展，产生了新的人工输精方法：子宫体输精法（post-cervical insemination，post-CAI）和子宫角输精法（deep uterine insemination，DUI）。新的输精方法使猪冷冻精液的输精剂量降为 10 亿精子/次，而不影响输精效果。其中，采用外源激素同期发情处理，进行一次冷冻精液的人工授精，母猪平均产仔率（窝产仔数）为 77.55%（9.31 头）（Roca et al., 2003）；而自然发情母猪进行两次冷冻精液的人工授精，平均产仔率与窝产仔数可达到 70.1%，9.18 头（Bolarin et al., 2006）。新的输精法最大限度地降低了猪精液的输精剂量，适合冷冻精液在人工授精中的应用，将进一步加快猪冷冻精液在生产中的推广。

（任 康 杜 明 徐振军）

## 五、实验操作程序

（一）牛精液冷冻保存

牛的冷冻精液最初采用安瓿进行保存，后来又出现了颗粒冻精法和细管冻精法。目前，牛精液主要是采用细管法冷冻保存。

**1. 材料**

（1）精液

用假阴道法采集公牛精液。

（2）主要仪器设备

体视显微镜，应配备恒温加热板（预热载玻片、盖玻片等），精子密度测定仪（法国 IMV 公司），电子天平，恒温水浴锅，液氮罐，冰箱，超净工作台，程序冷冻仪（Planer R204 programmable biological freezer, ThermoSonics, Inc., Quakertown, PA, USA），或者 IMV-Digitcool5300/1400（L'Aigle, France），量筒或烧杯，镊子，pH 计或 pH 试纸，温度计，移液器，精子计数器，玻璃棒，假阴道和集精管，高压灭菌锅。

（3）主要耗材

纱布、乳胶手套、蒸馏水、离心管、纸巾、冷冻细管（0.5mL、0.25mL）PVC 细管（0.25mL）（Biovet, France）、封口粉、载玻片、盖玻片。

（4）试剂与溶液

甘油、蔗糖、卵黄、乳糖、果糖、柠檬酸钠、葡萄糖、青霉素、链霉素、α-淀粉酶、Optidyl®（Biovet：BP 62，32500 Fleurance, France）、三羟甲基氨基甲烷。

**2. 精液冷冻及解冻**

（1）细管法冷冻（液氮熏蒸法）

1）稀释液准备

常用细管分为 0.25mL 和 0.5mL 两种。

0.25mL 细管法所用稀释液为商业化冷冻稀释液：Optidyl®（Biovet：BP 62，32500 Fleurance, France）。在精液稀释前将 Optidyl® 稀释液置于恒温水浴箱中预热，使稀释温度保持在 36～38℃。

0.5mL 细管法所用稀释液需进行配制（Robbins et al., 1976），将 2.9g 柠檬酸钠溶入

100mL 超纯水中，取 80mL 与 20mL 卵黄混匀，然后将其分成两份。其中一份添加青霉素（1000IU/mL）、链霉素（1000μg/mL）和 α-淀粉酶（0.01μg/mL），配制成 I 液（蛋黄-柠檬酸盐稀释液）；另一份添加 14%甘油，配制成 II 液（蛋黄-柠檬酸盐-甘油冷冻稀释液）。在精液稀释前将稀释液 I 液（蛋黄-柠檬酸盐稀释液）在恒温水浴箱中预热，使稀释温度保持在 32~35℃。II 液（蛋黄-柠檬酸盐-甘油冷冻稀释液）置于 4℃冰箱预冷，使温度保持 4~5℃。

2）精液品质检查

对采集的牛精液进行显微镜检查，包括精子的活率、密度、形态、颜色和气味等指标。

3）精液稀释与平衡

根据精液质量（密度、活率）检查结果确定稀释倍数。

0.25mL 细管法：在 37℃条件下，将 Optidyl®稀释液缓慢倒入精液，进行等温稀释，将精液浓度稀释至 $1.2\times10^8$ 个/mL。将稀释后的精液从 37℃降温至 4℃（90min）。然后分装于 0.25mL 冷冻细管，在 4℃条件下再次平衡 2h，准备冷冻。

0.5mL 细管法：需要进行两步稀释。第一步稀释，在 32℃条件下，将 I 液（稀释量的一半）缓慢倒入精液，进行等温稀释。然后将稀释后的精液放入 32℃水浴中，降温至 5℃（5℃，75min），然后用 I 液进一步将精子稀释至浓度为 $1.0\times10^8$ 个/mL。第二步稀释，在 5℃条件下，用等体积的 II 液对精液作进一步稀释，稀释后精子浓度为 $5\times10^7$ 个/mL，甘油浓度为 7%，然后分装于 0.5mL 细管，再次平衡 4h，准备冷冻。

4）冷冻

采用液氮熏蒸法冷冻。将细管冷冻架置于装有液氮的冷冻箱内，使细管距液氮面 4cm（-120℃）处，熏蒸 10min 后投入液氮。

5）解冻

从液氮中取出冷冻精液，迅速在 37℃循环水浴中解冻 45s。

（2）细管法冷冻（程序化冷冻法）

1）稀释液准备

将 3.028g Tris、1.7g 一水柠檬酸、1.25g 葡萄糖溶入 100mL 超纯水中，取 80mL 与 20mL 卵黄混匀，然后将其分成两份。其中一份添加抗生素，配制成 I 液；另一份添加 14%甘油，配制成 II 液。

在精液稀释前将稀释液 I 液在恒温水浴箱中预热，使稀释温度保持在 25℃。II 液置于 5℃冰箱预冷，使温度保持 4~5℃。

2）精液品质检查

对采集的牛精液进行显微镜检查，包括精子的活率、密度、形态、颜色和气味等指标。

3）精液稀释与平衡

同 0.5mL 细管法，但第二步稀释无需再次平衡 4h。

4）冷冻

采用程序冷冻仪冷冻。将封装好的细管置于程序冷冻仪内（5℃），以 15℃/min 的降温速率，从 5℃降温至-100℃，然后投入液氮。

5）解冻

从液氮中取出冷冻精液，迅速在35℃循环水浴中解冻60s。

## （二）牛性控精液冷冻保存

**1. 材料**

（1）精液

牛性控冷冻精液。

（2）主要仪器设备

同上。

（3）主要耗材

同上。

（4）试剂与溶液

甘油、蔗糖、卵黄、乳糖、果糖、柠檬酸钠、氯化钠、碳酸氢钠、丙酮酸钠、六水氯化镁、磷酸氢二钠、葡萄糖、青霉素、链霉素、庆大霉素、Optidyl®（Biovet：BP 62，32500 Fleurance，France）、三羟甲基氨基甲烷。

**2. 性控精子冷冻**

1）稀释液准备

采用 TrisA 和 TrisB 对精液进行稀释。

TrisA：796mL $H_2O$+Tris（30.44g）+柠檬酸（17.21g）+果糖（12.65g）+204mL 卵黄。

TrisB：770mL $H_2O$ +Tris（35.75g）+柠檬酸（19.98g）+果糖（14.71g）+270mL 卵黄+136mL 甘油。

2）精液品质检查

对分离的精液进行显微镜检查，包括精子的活率、密度、形态等指标。

3）精子平衡

分离收集到的精子，采用 600mL Nalgene 烧杯冷却系统，从环境温度（22℃）移至4℃条件下平衡90min。

4）离心及精子稀释

采用低温离心机，4℃ 850g 离心 20min，弃上清，在 4℃条件下，将 TrisA 液（稀释量的一半）缓慢倒入精液，进行等温稀释。之后用等体积的 TrisB 液对精液作进一步稀释，稀释后精子浓度为 480 万个/mL，然后分装于 0.25mL 细管，准备冷冻。

5）冷冻

采用程序冷冻仪冷冻。将封装好的细管置于程序冷冻仪内（5℃），以 15℃/min 的降温速率，从5℃降温至–100℃，然后投入液氮。

6）解冻

从液氮中取出冷冻精液，迅速在38℃循环水浴中解冻15s。

## （三）羊精液冷冻保存

羊的精液冷冻方式包括安瓿、颗粒和细管。而不同的冷冻方法，所使用的冷冻稀释液也各不相同，同时冷冻效果也存在差异。目前主要采用颗粒和细管冷冻保存。

**1. 材料**

（1）精液

用假阴道法采集公羊精液。

（2）主要仪器设备

程序冷冻离心机（Centra MP4R，IEC，MN，USA）、聚四氟乙烯凹板、细管封口机自动填充（MRS 3，IMV，L'Aigle）、其他仪器设备同牛精液冷冻保存。

（3）主要耗材

纱布、乳胶手套、蒸馏水、离心管、纸巾、冷冻细管（5mL、0.5mL、0.25mL，IMV，L'Aigle）、载玻片、盖玻片。

（4）试剂与溶液

甘油、蔗糖、卵黄、乳糖、脱脂乳、柠檬酸钠、葡萄糖、青霉素、链霉素、三羟甲基氨基甲烷、柠檬酸、果糖、EDTA-$Na_2$、阿拉伯胶（gum arabic）、干冰。

**2. 精液冷冻及解冻**

（1）细管法冷冻（程序冷冻法）

1）冷冻稀释液

先配成11%（w/v）脱脂乳溶液，再加入5%（v/v）卵黄和青霉素、链霉素，配制成Ⅰ液；取部分Ⅰ液添加14%甘油，配制成Ⅱ液。

在精液稀释前将稀释液Ⅰ液在恒温水浴箱中预热，使稀释温度保持在35℃。Ⅱ液置于5℃冰箱预冷，使温度保持在5℃。

2）精液品质检查

对采集的精液进行显微镜检查，包括精子的活率、密度、形态和色味等指标。

3）精液稀释与平衡

第一步稀释：在35℃条件下，用Ⅰ液进行等温稀释，将精液稀释4~6倍。

第二步稀释：将稀释后的精液用纱布包裹，30min内降温至5℃。在5℃条件下，用Ⅱ液对精液作进一步等体积稀释，平衡60~90min。然后，对平衡后精液进行离心（1000g，10min），去除部分上清液，使精子浓度达到$1×10^9$个/mL。然后分装于0.25mL细管。

4）冷冻

采用程序冷冻仪冷冻。将封装好的细管置于程序冷冻仪内（5℃），以5℃/min的降温速率，从5℃降温至–10℃，然后以60℃/min的降温速率，从–10℃降温至–130℃，最后投入液氮储存。

5）解冻

从液氮中取出冷冻精液，迅速在35℃循环水浴中解冻12s或者在50℃循环水浴中解冻9s。

（2）颗粒法冷冻

参照Platov（1988）方法。

1）冷冻稀释液

采用配方（一）或配方（二）对精液进行稀释。

配方（一）

Ⅰ液：lactose（9%）-dextran（5%）-EDTA-Na$_2$（0.135%）-Tris（0.105%）-yolk（20%）+ antibiotics

Ⅱ液：Ⅰ液+14% glycerol

配方（二）

Ⅰ液：lactose（12%）-yolk（20%）+antibiotics

Ⅱ液：17% glycerol -lactose（14.5%）-gum arabic（6%）-Tris（0.6%）-citrate（0.27%）- yolk（20%）+antibiotics

2）精液品质检查

对采集的精液进行显微镜检查，精子的活率、密度、形态和色味正常，用于冷冻保存。

3）精液稀释平衡

第一步稀释：在28℃条件下，用Ⅰ液进行等温稀释，将精液稀释1.5～2倍。

第二步稀释：在24℃条件下，用Ⅱ液对精液作进一步稀释，将精液稀释2倍。然后，将精液降温至2℃并平衡2h。

4）冷冻

采用颗粒冻精法，制成0.2mL颗粒冻精，最后投入液氮（−196℃）贮存。

5）解冻

将颗粒冻精放入2mL试管中，在37℃水浴中解冻。

（3）山羊精液细管法冷冻

1）冷冻稀释液

用Tris（254mmol/L）、柠檬酸（78mmol/L）、果糖（70mmol/L）、卵黄[15%（$v/v$）]、glycerol[6%（$v/v$）]配制冷冻稀释液，最终pH为6.8。在精液稀释前将稀释液在恒温水浴箱中预热，使稀释温度保持在37℃。

2）精液品质检查

对采集的精液进行显微镜检查，精子的活率、密度、形态、颜色和气味正常，用于冷冻保存。

3）精液稀释平衡

在37℃条件下，用冷冻液对精液进行等温稀释，使精子浓度达到$4\times10^8$个/mL。然后分装于0.25mL塑料细管，降温平衡至5℃（3h），准备冷冻。

4）冷冻

采用液氮熏蒸法冷冻。将细管冷冻架置于装有液氮的冷冻箱内，使细管距液氮面4cm处，熏蒸15min后投入液氮储存。

5）解冻

从液氮中取出冷冻精液，迅速在37℃循环水浴中解冻20s。

（四）猪精液冷冻保存

猪精液因冷冻保存方式[颗粒、细管及扁平袋（flat-pack）]的不同，冷冻及解冻方法分为很多种。目前猪的商业化冷冻精液生产中，主要使用 Beltsville 冷冻法（Pursel and Johnson，1975）、Westendorf 冷冻法（Westendorf et al.，1975）及其改良型保存方法（装置）（Almlid and Hofmo，1996；Bwanga et al.，1990；Almlid and Johnson，1988）进行猪精液的冷冻和保存。其中，Beltsville 冷冻法适用于猪颗粒冻精生产，而 Westendorf 冷冻法更适用于猪细管冻精的生产。

**1. 材料**

（1）精液

以手握法采集体况良好、性欲旺盛的公猪的精液，精液经滤纸过滤于集精杯，镜检后精子活率应＞70%，畸形率＜20%。

（2）主要仪器设备

冷冻离心机（Centra MP4R，IEC，MN，USA）、聚四氟乙烯凹板，其他仪器设备同牛精液冷冻保存。

（3）主要耗材

纱布、精液过滤纸、乳胶手套、采精袋、蒸馏水、离心管、纸巾、冷冻细管（5mL、0.5mL、0.25mL）、冷冻扁平袋（5mL）、载玻片、盖玻片。

（4）试剂与溶液

甘油、蔗糖、卵黄、乳糖、Equex STM（Nova Chemicals Sales Inc.，Scituate，MA，USA）、柠檬酸钠、葡萄糖、青霉素、链霉素、Beltsville 解冻液（BTS，IMV，L'Aigle，France）、TES-N-三（羟甲基）甲基-2-氨基乙磺酸、三羟甲基氨基甲烷。

1）Westendorf 冷冻法冷冻稀释液

Ⅰ液：取 80mL β-乳糖（11%）溶液与 20mL 卵黄混合，配成乳糖-卵黄稀释液（LEY）。

Ⅱ液：取 89.5mL Ⅰ液与 9mL 甘油、1.5mL Equex STM 进行混合，配成冷冻稀释液。

2）Beltsville 冷冻法冷冻稀释液

在 100mL 蒸馏水中分别加入 2-三（羟甲基）甲基氨基乙磺酸 1.2g、三羟甲基氨基甲烷 0.2g、葡萄糖 3.2g、20mL 卵黄和 0.5mL Equex STM，配制成 Beltsville F5 稀释液。

**2. 冷冻**

（1）Westendorf 冷冻法

1）精液品质检查

对刚采集的精液进行质量检查。精液需活率大于 70%，精子形态正常率大于 80%，密度较高，颜色与气味正常者用于冷冻保存。

2）精液稀释

第一步稀释：精液采集后，用 BTS 进行等温稀释（1∶3，v/v），放入冷冻离心机（15℃，3h），然后离心（800g，10min），并弃除上清。

第二步稀释：在 15℃条件下，用乳糖-卵黄稀释液（LEY）稀释（1/2∶1，v/v），稀释后精子浓度为 $1.5×10^9$ 个/mL，然后冷却至 5℃，保存 2h。

第三步稀释：在 5℃条件下，用稀释液（89.5mL LEY+9mL 甘油+1.5mL Equex STM）再次稀释，稀释后甘油浓度为 3%，精子浓度为 $1.0×10^9$ 个/mL，然后分装于 5mL 扁平袋或 5mL 细管或 0.5mL 细管。

3）冷冻

稀释分装后的精液，置于冷冻支架上并移入程序冷冻仪内，初始温度为 5℃，以 3℃/min 从 5℃降到−5℃，在−5℃条件下保持 1min 结晶，然后以 50℃/min 从−5℃降到 −140℃，最后投入液氮（−196℃）贮存。

4）解冻

从液氮中取出冷冻精液，迅速在循环水浴锅中解冻。解冻条件：5mL 扁平袋，50℃，13s；5mL 细管，50℃，40s；0.5mL 细管，50℃，12s 或 37℃，20s。然后在室温（20～25℃）下，用预热的 BTS 根据检测所需比例重新进行稀释。

（2）Beltsville 冷冻法

1）精液品质检查

对刚采集的精液进行质量检查。精液需精子活率大于 70%，精子形态正常率大于 80%，密度较高，颜色与气味正常者用于冷冻保存。

2）精液稀释

第一步稀释：精液采集后，在保温瓶中静置 105～135min，使得精液温度逐渐降至室温（24℃）。然后将精液分装于离心管中，在室温下离心（300$g$，10min），离心后去除精清，并用 Beltsville F5 稀释液重悬稀释精液。

第二步稀释：稀释后的精液置于装有 50mL 水的烧杯中，并将烧杯置于 5℃冰箱中，保存 2h，使得精液温度降至 5℃。然后，用含 2%甘油的 Beltsville F5 稀释液再次稀释精液（按 1∶1 比例）。

3）冷冻

稀释后的精液采用颗粒法进行冷冻，制成 0.15～0.2mL 颗粒冻精，最后投入液氮（−196℃）贮存。

颗粒精液冷冻法：在装有液氮的广口保温容器上置一铜纱网或铝饭盒盖，距液氮面 1～2cm，预冷数分钟，使网面温度保持在−120～−80℃。或用聚四氟乙烯凹板（氟板）代替铜纱网，先将其浸入液氮中几分钟后，置于距液氮面 2cm 处。然后将平衡后的精液定量而均匀地滴冻，每粒 0.1～0.2mL。停留 2～4min 后颗粒颜色变白时，将颗粒置入液氮中保存。

4）解冻

从液氮中取出颗粒冷冻精液，置于室温 3min，然后迅速投入装有 BTS 解冻液的烧杯中（50℃，20s）进行解冻。

（任　康　王彦平）

## 第二节　灵长类动物

人和猴是灵长类动物的典型代表。据世界卫生组织统计，在育龄夫妇中不孕不育者所占比例为 10%～15%，且仍有上升趋势。在不孕不育症中，男性因素所占比例约为 40%。随着低温生物学及生殖医学的发展，人类精液冷冻保存及人类精子库的建立为解决男性因素所致的不育,以及男性生殖保险提供了现实的技术支持。

另外,猴是生物学和医学研究中使用最为广泛的实验动物之一。对猴精子冷冻的研究有利于降低该物种的繁殖成本,并促进猴胚胎学的研究。目前,人类疾病的转基因猴模型已成功建立(Yang et al., 2008),可以预期,未来将有大量的人类疾病的转基因猴模型被创建,而这些动物的维护与保种将耗费大量的资源。猴精子的冷冻将会为这些珍贵遗传资源的保护提供一种有效的方法,因此越来越受到科研人员的关注,但是灵长类动物精子非常脆弱,而且对于人和猴精子的基本生物学特性及其低温生物学机理缺乏足够的了解,因此还需要进一步加强人和猴精子冷冻保存技术的研究。

## 一、人和猴精子的生物学特性

人和猴精子具有典型的真哺乳亚纲动物精子的特征,头部均呈卵圆形,分为头部和尾部,尾部又可分为颈段、中段、主段和末段4个节段,猴精子比人精子的总长度要长。人精子与猴精子在低温生物学特性上有很多共同点,下面以恒河猴为例,阐述人和猴精子的低温生物学特性。

### (一)冷冻前后精子细胞体积的变化

Agca 和 Mullen(2005)验证了 Boyle van't Hoff 的假说[方程(4-1)],测得不同猴精子胞外非渗透性溶剂的渗透压与细胞不可渗体积 $V_b$ 间的关系,恒河猴精子非渗透性细胞体积为 $(27.7\pm3.0)$ $\mu m^3$(mean±SEM)。在 160~860mOsm 的范围内,恒河猴精子的细胞体积和渗透压呈线性关系(相关系数为 0.99)。

$$\frac{V}{V_{iso}} = \frac{M_{iso}}{M} \cdot \left(1 - \frac{V_b}{V_{iso}}\right) + \frac{V_{iso}}{V_{iso}} \tag{4-1}$$

式中,$V$ 表示在等渗透度 $M$ 条件下的细胞体积。$V_{iso}$ 表示在非等渗透度 $M_{iso}$ 条件下细胞的体积,$V_b$ 表示细胞不可渗体积。

### (二)膜渗透性

精子的一些基本的生物物理学参数与其低温生物学特性密切相关,同样适用 Kedem 和 Katchalsky 等(1958)基于不可逆热力学理论所建立的膜通透性理论模型[方程(4-2)和方程(4-3)]。

$$\frac{dV}{dt} = L_p ART[(M_n^i - M_n^e) + \sigma(m_n^i - m_s^e)] \tag{4-2}$$

$$\frac{dm_s^i}{dt} = \frac{(1+\overline{V_s}m_s^i)^2}{(V-V_b)}\left[\left[\overline{m_s}(1-\sigma) - m_s^i \frac{m_s^i}{(1+\overline{V_s}m_s^i)}\right] \times \frac{dV}{dt} + AP_{CPA}(m_s^e - m_s^i)\right] \tag{4-3}$$

注:$0 < \sigma < 1 - \dfrac{P_{CPA}\overline{V}}{RTL_p}$ 时。

基于此方程测定恒河猴精子的水膜渗透系数($L_p$)和几种常见抗冻保护剂(cryoprotective agent, CPA)($P_{CPA}$)膜渗透系数。方程(4-2)和方程(4-3)用来描述精子的体积和细胞内溶质浓度随着时间而变换的关系,两个方程之间没有线性关系。

### (三）猴精子对不同渗透压的耐受性

经规范化的非等渗处理后，在 220～400mOsm/L 范围内对比等渗处理组，恒河猴精子没有表现出显著的失活；在 80～160mOsm/L 低渗处理及 600mOsm/L、880mOsm/L 和 1200mOsm/L 高渗处理时，对比等渗组差异极显著。在 80mOsm/L、1200mOsm/L 的条件下，仅有极少数的精子能运动。将精子重新置于等渗溶剂中时，在 80～400mOsm/L 范围内的精子仍能重新获得活力。

（杜 明 范志强）

## 二、人精液冷冻保存研究进展

1949 年，Polge 等在冷冻鸡精子时发现甘油具有良好的冷冻保护性质，这一发现使常规的冷冻精子成为可能。1954 年，Bunge 和 Sherman 报道保存于干冰中（-78℃）的人类精子解冻后可用于输精，受精后的卵子可以正常发育。1963 年，Sherman 优化了人精液的冷冻方法，研究结果证实，将精液冷冻于液氮（-196℃）可以获得理想效果，至此，人精子冷冻及解冻的基本参数已经确立。继而，美国、英国、法国、丹麦、瑞士、意大利等国先后建立了人类精子库。目前，人精子库的发展十分迅速，仅美国就有 100 多家。1981 年，我国在湖南医科大学建立了第一个人类精子库。1983 年我国第一例用冷冻精液输精的婴儿诞生。

### （一）人精液的冷冻

人精液冷冻前需检查精液的质量，通常情况下，精子活率及形态正常率越高，冷冻效果越好。针对精液的不同类型采取不同的冷冻保存方法，具体的冷冻保存方法如下。

#### 1. 常规精液冷冻

目前已有商业化的人精液冷冻保存液出售，得到广泛认可的有 HSPM、SpermFreeze 及 TEST-Yolk 等。基于临床应用的需要，商品化冷冻液的使用方法简单，重复性好。例如，使用 HSPM 冷冻精子时，只需将 HSPM 冷冻液与精液按规定的比例混合，直接放于液氮气相冷冻即可。另外两种冷冻液的操作步骤与 HSPM 液相似，主要差别是冷冻液的组成成分不同。需注意的是，不同冷冻液冷冻精子的效果存在差异：HPSM 液在解冻后精液的活动精子数、直线运动速度等参数方面优于 TEST-Yolk 液（Centola et al.，1992）。在低温冷冻过程中，冷冻保护剂孵育、降温、超低温储存和解冻复温等造成的物理及化学效应可导致精浆中 ROS 大量产生，使精子处于氧化应激状态，在精液冷冻保存液中添加如氧化氢酶、谷胱甘肽、褪黑素等抗氧化剂后，冻融后的精子活力改善（Karimfar et al.，2015；Zribi et al.，2012；Gadea et al.，2011）。另外，应用含有病原菌的动物源性稀释液会给人类造成巨大的威胁，因此，采用大豆卵磷脂和胆固醇来替代冷冻液中动物源性的卵黄，冷冻精液活率不受影响（Mutalik et al.，2014）。

**2. 少精或弱精症患者精液的冷冻**

常规的精液冷冻方法不适用于冷冻少精及弱精症患者的精液,因为冷冻过程进一步降低了精液的浓度。Kobayashi 等(1991)冷冻前通过离心浓缩精子,提高了解冻后活动的精子数。该方法在精子冷冻前使用 Percoll 连续密度梯度离心浓缩精子,浓缩后的精子与等体积的冷冻液混合,先将冷冻管在液氮气相中冷冻,而后保存于液氮中。使用本方法冷冻的精子进行人工授精,怀孕率为 50%,有 2 例婴儿成功诞生。Zhang 等(2015)在冷冻稀释液中添加 L-肉碱冷冻精子可显著提高解冻后的精子活率及形态的完整性。

**3. 小量及单个精子的冷冻**

小量及单个精子的冷冻适用于手术获得的睾丸及附睾精子,并结合 ICSI 技术辅助受精解决男性不育的难题。

(1)使用空透明带冷冻精子

Palermo 等在 1992 年首次使用 ICSI 技术将解冻的人精子注入人卵母细胞并成功诞生了婴儿,这一成果促使科研人员探索冷冻小量或单个人类精子的方法,单精子冷冻的概念最早由 Cohen 和 Garrisi(1997)报道。他们使用空透明带作为载体冷冻保存单个精子,解冻后活动精子率 82%。新鲜和冷冻精子 ICSI 后的受精率分别为 53.2%和 50.0%,无显著差异。Walmsley 等(1998)使用透明带作为载体冷冻 34 位少精症患者的精子,共冷冻 1056 个精子,使用 193 个人及仓鼠的透明带,每个透明带内冷冻 5~6 个精子。解冻后精子的回收率≥75%,回收精子中活动精子占 67%~100%。ICSI 后,受精率为 65%,90%的受精卵正常卵裂。共移植 16 枚胚胎,成功诞生 5 例婴儿,移植成功率为 31%。这项技术首先需要获得动物或人的透明带,通过显微操作技术去除透明带的内容物,而后将筛选出的单个精子导入空透明带内。冷冻前将装有精子的透明带,先在含卵黄和甘油的冷冻液中平衡,后吸入细管中,将细管置于液氮气相中,然后投入液氮中冷冻保存。冷冻操作也可在程序冷冻仪中进行。小鼠、仓鼠及人卵母细胞或胚胎的透明带均可用于冷冻人类精子。

虽然使用本方法冷冻的人类精子经 ICSI 后成功地诞生了婴儿,但使用空透明带作为载体有明显的缺点。人卵母细胞透明带的来源有限;出于生物安全的原因,使用异种生物材料作为人类精子冷冻的载体会受到严格限制;已有研究显示,冷冻于人透明带中的精子解冻后存活率及受精率偏低,这可能是由于精子与 ZP3 蛋白结合并发生了顶体反应所致。

(2)使用细管冷冻小量精子

这种方法使用胚胎冷冻用细管(0.25mL),冷冻前在无菌条件下将细管切成 2.5cm 长度的小段,一端用塑料塞密封。将 15~20μL 精子与冷冻液混合物装入细管并使用塑料塞封口。5 个或 6 个细管置于常规的 1.8mL 冷冻管中。将冷冻管在液氮气相下放置 30min,然后投入液氮中保存。与此类似,Isachenko 等(2005)报道了使用开放式拉长细管(open-pulled straw,OPS)冷冻 1~5μL 的精子悬液,为了保持无菌的封闭体系,其将含有精子的 OPS 置于直径 90mm 的细管中。

使用细管作为载体冷冻小剂量的精子操作简单,实用性强。但是,对于严重缺乏精子的患者，这种方法不适用，因为精子会附着于管壁导致样品保存失败。此外，与空透明带相比，细管的容积过大，不适用于冷冻单个精子。

（3）微滴法冷冻精子

为了防止附着于冷冻载体壁所导致的精子丢失及有效地冷冻小剂量的精子，科研人员探索了使用微滴冷冻精子的技术。方法是将 50～100μL 精液与冷冻液混合，直接置于干冰或预冷的不锈钢平板的表面，然后投入液氮。Gil-Salom 等（2000）成功使用这种方法冷冻睾丸精子，冷冻精子 ICSI 后的妊娠率（28.2%）及着床率（12.2%）与使用新鲜精子的结果（妊娠率 27.8%，着床率 13.1%）相比差异不显著。

微滴法也可以用于冷冻选出的单个精子。Quintans 等（2000）将微滴置于培养皿中，以石蜡油覆盖微滴，在微滴中冷冻 4～6 个精子。培养皿用封口膜包裹，水平放置于液氮槽中。解冻后精子的回收率为 90%～100%。Sereni 等（2008）使用相同的微滴技术冷冻通过睾丸穿刺获得的单个精子，实验结果显示，解冻后精子的回收率为 100%（431/431），解冻后 67%的精子保持了运动能力。实验人员使用冷冻精子共注射于 51 枚卵，其中 9 枚卵成功受精，进行了 3 例胚胎移植，其中一例怀孕。

微滴法冷冻精子至今未被广泛接受。将精子直接放于干冰表面增加了交叉感染的可能性。以培养皿作为载体也存在一些问题，制造培养皿的聚苯乙烯材料不能在液氮中长期保存，且培养皿无法完全密封。此外，培养皿的大小及形状也不适于在通用的液氮罐中操作。

（4）使用 ICSI 针冷冻精子

Gvakharia 和 Adamson（2001）使用 ICSI 针作为载体冷冻精液精子及睾丸精子。先用 ICSI 针收集活动的精子，将精子转移至冷冻液中，而后重新吸入 ICSI 针的尖部，最后转移至液氮气相冷冻。每支针尖含有 5～50 个精子。解冻后精子的回收率及活动精子的比率分别为 92%和 52%。

使用 ICSI 针作为载体的方法简单，但不适用于长期保存精子。ICSI 针的针尖易折断且精子直接暴露于液氮中增加了交叉感染的机会。

（5）冷冻环法保存小量精子

冷冻环最初用于胚胎的冷冻保存。冷冻环具有可容纳微量的冷冻液的特性，可用于玻璃化冷冻胚胎，在冷冻过程中可以保证高的降温速率以防止冰晶形成。Schuster 等（2003）使用冷冻环法冷冻小量精子，冷冻前活动精子比例为（55±2.2）%，冷冻后降至（45±3.4）%，与慢速冷冻法相比无显著差异。Desai 等（2004）使用冷冻环代替透明带冷冻个位数精子，采用 ICSI 针选取数个精子，直接放于尼龙环的冷冻膜上冷冻。实验结果显示，与传统的使用冷冻管冷冻精子相比，冷冻环法解冻精子的运动能力无显著差异，73%的精子保持了运动能力。将解冻的精子注入人卵母细胞，可以观察到精子头解聚及原核形成。进一步研究证实，使用冷冻环法冷冻人附睾精子及睾丸精子，解冻后精子能够使人卵母细胞受精。Isachenko 等（2004）探索了利用冷冻环玻璃化冷冻精子的可能性，冷冻后精子的运动能力与慢速冷冻法相比无显著差异。冷冻环法保存的精子操作过程中不易丢失，因为冷冻环无可供精子附着的表面。

目前认为，冷冻环可以替代透明带用于冷冻小量或单个精子。冷冻环保存不会造成精子的提前获能，并可方便地保存于现有的液氮贮存容器中。不足之处是冷冻环也是一个开放的系统，存在交叉污染的可能。科研人员已研制出了冷冻环密封技术，可以封闭冷冻环并保证其在贮存、冷冻及运输环节的封闭性。

另外，使用 Cell Sleeper（Endo et al., 2012）、中空琼脂糖胶囊、Cryoleaf（Peng et al., 2011）作为载体冷冻少量人精子也获得了很好的结果。

### （二）冷冻损伤

**1. 对精子活动能力的影响**

冷冻可导致精子运动能力受损，Zribi 等（2010）实验结果显示，冷冻后精子的活率由 45.0% 降至 30.6%，运动能力由 77.2% 降至 45.6%。Donnelly 等（2001）分别冷冻精液精子及使用 Percoll 密度梯度离心获得的精子，结果显示，精液精子冷冻后的直线运动精子比例下降至 50%，梯度离心获得的精子冷冻后该比例下降至 70%。

**2. 顶体损伤**

冷冻可导致精子顶体的损伤，顶体损伤程度直接影响冷冻精子的受精能力。冷冻后部分精子出现顶体肿胀及破损。顶体损伤主要发生于解冻时，严重时可致精子死亡。与新鲜精子相比，冷冻精子获能及顶体反应提前。对于已提前发生顶体反应的精子是否可以使透明带完整的卵子受精尚存争议，有实验证实，发生顶体反应的精子仍具有与透明带结合的能力。

**3. 精子质膜损伤**

冷冻和解冻过程可导致精子质膜受损，进而损害精子的运动能力。膜损伤的程度可以通过测定细胞膜不饱和脂肪酸的脂类过氧化值（lipid peroxidation，LPO）确定。有研究显示，解冻后精子的 LPO 上升 1~3 倍，LPO 值与精子的运动能力呈负相关。

**4. DNA 损伤**

冷冻和解冻过程可引起精子 DNA 损伤。Spanò 等（1999）使用吖啶橙对精子头进行 DNA 染色，发现冷冻后精子头荧光强度下降，表明精子 DNA 的完整性受损。Chohan 等（2004）进一步证实上述结果，同时发现不同个体精子 DNA 在冷冻后的损伤程度不同，因个体差异，部分个体的精子 DNA 更易因冷冻受损。有研究报道，当 DNA 受损的精子超过 30% 时精子无法正常受精，因此，Chohan 等（2004）建议在使用冷冻精子进行人工授精前应检测精子 DNA 的损害程度。

（杜　明　范志强）

## 三、猴精液冷冻保存研究进展

### （一）猴精液冷冻

恒河猴（rhesus monkey）精子冷冻可追溯至 40 多年前，Roussel 和 Austin（1967）成功使用含甘油和卵黄的冷冻液冷冻了恒河猴精子，解冻后精子的活力（motility）和活率分别为27%和50%。但是灵长类动物精子非常脆弱，而且对于猴精子的基本生物学特性及其低温生物学机理缺乏足够的了解，因此还需要继续加强猴精液冷冻保存技术的研究。

**1. 常规精液冷冻方法**

目前，常规的精液冷冻操作程序如下：首先将精液稀释，分装于冷冻管（或细管）中，冷冻管先在液氮气相中冷冻，后投入液氮中保存（Dong et al., 2008b；Leibo et al., 2007；Si et al., 2000）。Si 等（2000）证实解冻的恒河猴精子与新鲜卵母细胞体外受精，受精率达到 82%，39%的受精卵发育至囊胚期。使用常规精液冷冻及人工授精技术，Sánchez-Partida 等（2000）成功获得 3 只源自冷冻精液的恒河猴后代。需注意的是，即使使用相同的冷冻方案，不同实验室间解冻后精子的存活率也有较大差异。其原因一方面是由于动物存在个体差异，另一方面也可能与操作过程中的技术细节不同有关。例如，当冷冻管在液氮气相中冷冻时，支架的大小及样品与液氮表面的距离会影响冷冻速率，进而影响最后的冷冻效果（Si et al., 2010）。

**2. 定向冷冻（directional freezing technique）**

这种冷冻方法使用多级梯度降温技术，可以精确控制降温速度，在很大程度上避免了冷冻时所形成的冰晶对精子的损伤（Saragusty et al., 2007）。Si 等（2010）使用本方法冷冻了恒河猴精液，并与传统方法进行了比较。结果显示，两种冷冻方法解冻后精子的活力无显著差异（63.7% vs. 53.9%，$P>0.05$），使用直接冷冻方法冷冻的精子可以使恒河猴卵母细胞正常受精并发育至囊胚。

**3. 附睾精子的冷冻**

与精液冷冻类似，附睾精子冷冻也可以达到对非人类灵长类动物保种的目的。对于不具有自然交配能力或突然死亡的雄性动物，附睾精子的冷冻显得尤为重要，可以防止有重要价值的遗传信息的丢失。Dong 等（2008a）使用 TEST-卵黄冷冻液冷冻新鲜及冷藏 24~48 h 后的恒河猴附睾精子，解冻后精子的活力分别为 42%和 35%。

**4. 影响冷冻的因素**

（1）精子浓度

精液样品的精子浓度影响解冻后精子的运动能力。目前报道的非人灵长类动物冷冻精子的浓度范围差别很大，为 $(1～100)×10^7/mL$。对松鼠猴（squirrel monkey）精子冷冻的研究显示，适于冷冻的精子浓度为 $(6～9)×10^7/mL$（Denis et al., 1976）。Dong 等（2008b）的研究证实，恒河猴精子冷冻适宜的浓度为 $(5～10)×10^7/mL$，且在此范围内，当精子浓度较高时解冻后的精子具有更好的运动能力。

（2）抗冻保护剂

抗冻保护剂是恒河猴精子冷冻保存的关键因素之一，开发高效、低毒的抗冻保护剂也是精子冷冻保存研究的一个重要方向。甘油是灵长类动物精子冷冻使用最广泛的渗透性抗冻保护剂，已有研究用 5%甘油作为渗透性抗冻保护剂保存恒河猴精子并成功地进行了体外受精（Si et al., 2000），受精率达到（82±13）%，人工授精后妊娠率达到 62.5%

（Sánchez-Partida et al.，2000）。司维等（2004）研究结果显示，乙二醇具有和甘油相似的保护作用，效果较好，而二甲基亚砜和丙二醇不适合恒河猴精子的冷冻保存。

（3）冷冻液

冷冻液的成分对冷冻效果有显著的影响。Li 等（2005）比较了 11 种冷冻液对食蟹猴（cynomolgus monkey）精子的冷冻效果，发现其中 6 种冷冻液（TTE、DM、mDM、LG-DM、G-DM 和 TCG）的冷冻效果较好，解冻后活动精子比率约为 45%。进一步研究发现，使用 TCG 冷冻液冷冻后的精子，运动速度快于其他 5 种冷冻液，与获能精子的速度相近，且精子顶体完整率低于其他 5 种冷冻液。研究人员认为产生这种现象的原因在于，与其他 5 种冷冻液相比，TCG 液更易导致精子提前获能（Li et al.，2006）。

Si 等（2000）比较了两种基于卵黄-Tris 的冷冻液（TTE 和 TEST）对恒河猴精子的冷冻保护效果，发现用 TEST 冻存的精子复苏后运动度很差（20%或更少），超微结构明显受到破坏，而 TTE 能较好地保护精子的结构和功能。这种差异的主要原因一方面可能在于 TEST 稀释液中单一的糖成分不能完全保护精子避免低温损伤（李喜龙等，2001），另一方面可能是因为恒河猴精子对高渗透压敏感而对低渗透压有一定程度的耐受。采克俊等（2005）也证实，高渗是导致恒河猴精子在 TEST 冷冻液中存活率低的主要原因，等渗、适当高渗或低渗的稀释液适合恒河猴精子的冷冻保存。

（4）氨基酸

Li 等（2003）报道了在 TTE 冷冻液中添加氨基酸对食蟹猴精子冷冻效果的影响。结果显示，在冷冻液中分别添加 5mmol/L 脯氨酸、10mmol/L 谷氨酸、10mmol/L 甘氨酸，均可以提高解冻后精子的运动性及精子膜和顶体的完整性。这种保护作用可能与氨基酸分子阻止精子膜的脂质过氧化反应有关。

（5）平衡时间与降温速率

平衡是指将精液样品置于冷冻液中到冷冻前的间隔时间，对精子的冷冻效果有很大的影响。通常情况下，精液样品在 4℃平衡一段时间可在一定程度上避免低温对精子的冷打击。食蟹猴精子冷冻的研究显示，在 4℃平衡 30min 可提高解冻后精子的存活时间（Sankai et al.，1994）。Dong 等（2008b）也证实将样品在 4℃平衡 2～4h 后冷冻，解冻后的精子具有更好的运动能力。

精子对 3～5℃区间的降温速率特别敏感，Martorana 等（2014）报道，当精子从室温缓慢降低到 0℃时（0.5℃/min），精子活率、顶体完整率及具有高能线粒体精子的比例高于快速降温组（45℃/min，93℃/min），并且 0℃以上的降温速率对精子的影响要比 0℃以下精子降温速率影响大。

（6）个体差异

在相同的冷冻条件下，不同恒河猴个体精液的冷冻效果存在差异，但同一个体不同时间收集的样品检测结果差别不大（Leibo et al.，2007）。繁殖季节与非繁殖季节猴精液的冷冻效果是否存在差异尚有待实验证实。

**5. 冷冻损伤**

（1）对精子活力的影响

精子活力是评价精子冷冻效果的重要指标。通常情况下，冷冻过程不可避免地使精子活力受损。例如，Tollner 等（1990）分别使用 EYC、TEST 和 TSM 液冷冻恒河猴精子，解冻后精子的活力分别为 12%、56%和 67%，均低于新鲜精子（91%）。但是 Sánchez-Partida 等（2000）却未观察到解冻后精子活力的下降，与新鲜精子相比（87.1%），冷冻的恒河猴精子活力为 85.0%，二者之间无显著差异，使用冷冻精子成功地进行了人工授精。他们认为，冷冻精子活力较高是由于在冷冻过程中使用干冰冷冻样品，而不是在液氮气相冷冻，前者可以获得更加理想的降温速率。

（2）顶体损伤

精子穿过透明带与卵母细胞受精前会发生顶体反应。如果顶体反应发生于精子与透明带接触前，受精将受到影响，甚至不能正常受精。精液冷冻前的处理及冷冻-解冻过程会影响顶体的完整性。Sánchez-Partida 等（2000）使用异硫氰酸荧光素-花生凝集素作为探针检测冷冻恒河猴精子顶体的完整性，结果显示，与新鲜精子相比，冷冻精子顶体完整率下降（92.7% vs. 74.1%）。Okada 等（2001）使用透射电镜技术（transmission electron microscopy，TEM）观察到冷冻食蟹猴精子的顶体膜发生结构的改变，表现为肿胀及囊泡化，表明冷冻可以导致精子提前发生顶体反应。

（3）精子质膜损伤

冷冻可以使精子质膜的完整性受损。Li 等（2003）研究显示，与新鲜精子相比，食蟹猴精子冷冻后质膜的完整性下降（78% vs. 59%）。

（4）DNA 损伤

Li 等（2007）使用彗星试验分析了冷冻精子的 DNA 损伤程度，结果显示，冷冻可以造成精子 DNA 的损伤，使用传统冷冻方法冷冻精子 DNA 损伤的比例为 25.3%～43.7%，而新鲜精子为 0～2.7%。但是，具有直线运动能力的冷冻精子与新鲜精子在染色体损伤方面不存在差异。

（王彦平　范志强）

## 四、实验操作程序

### （一）以精子冷冻液冷冻人精液精子及睾丸精子

本方法为目前广泛使用的人精液冷冻方法，精子冷冻液（sperm freeze solution）可从厂家购买（Vitrolife），按操作说明进行人精液冷冻。冷冻液为含15%甘油的 HEPES 缓冲液，不含有卵黄成分，易于保存。冷冻方法简单，适用于常规人精液（精子）样品的冷冻保存。

**1. 精液的采集与处理**

供精者采精前禁欲 3～5d，手淫法采精。精液在 37℃液化 30min。取出少量精液样品，分析精子的浓度、运动性、存活率及形态。

**2. 精液的品质检查**

冷冻前检查精液的品质，按世界卫生组织（World Health Organization）标准，正常

### 3. 精液的稀释

用移液器吸取 200μL 精液样品,转移至冷冻管中,按 1∶0.7 的比例逐滴加入冷冻液,轻轻混匀,避免产生涡流及气泡。

对于少精症患者的精液样品,使用 Percoll 不连续梯度(95.0%及 47.5%)分离精子,回收的精子悬浮于 Biggers-Whitten-Whittingham(BWW)精子培养液中。

冷冻附睾精子时,将样品放入冷冻管中,冷冻管内加有充分混合的 30μL BWW 精子培养液和 21μL 精子冷冻液。

### 4. 冷冻

将精子与冷冻液的混合液在室温下平衡 10min,先在液氮气相(距离液氮液面 10cm)冷冻 15min,然后投入液氮保存。

### 5. 解冻

将冷冻管从液氮中取出,在室温下放置 15min 解冻。取少量解冻后的精子进行精液质量分析。将解冻后的样品与 BWW 液混合,200g 离心 6min,去除冷冻液,用适量(~400μL)BWW 液重新悬浮精子,备用。

## (二)以透明带为载体冷冻单个或多个人精子

参照 Cohen 和 Garrisi(1997)建立的方法。

### 1. 材料

人输卵管液(human tubal fluid,HTF)添加 HEPES 和人血清白蛋白,作为显微操作使用液。显微操作使用浅皿(Falcon1006),分别制作 5μL 的 HTF、含 10%和 12% PVP 的 HTF 微滴数个,含 10% PVP 的 HTF 溶液用于吸精子及将精子放入空的透明带,含 12% PVP 的 HTF 溶液用于从解冻的透明带中回收精子。ICSI 操作在 37℃进行,其他操作在室温下进行,目的是降低精子的运动速度。显微操作使用倒置的 Olympus 显微镜(IX-70,×40 物镜,Hoffman 干涉光学系统)。吸取卵内容物的针需特制,拉制参数与制备 ICSI 针大致相同,在煅烧仪上断针,使针细端内径为 15μm,在磨针仪上将针尖开口处磨制成 45°的斜面。

### 2. 精子的准备

采用 Percoll 在 1800g 离心分离精子,然后用 HTF 液悬浮精子,置于 37℃、5% $CO_2$ 条件下短期培养,备用。

### 3. 空透明带的制备

空透明带的来源有以下 4 种:人未成熟卵、异常受精或发育异常的 ICSI 胚胎、小鼠卵的透明带和仓鼠卵的透明带。

通过显微操作,在卵透明带上开两个小孔,目的是在吸出细胞质及注入精子时,防止透明带因过分变形而损坏。目前,可使用 Piezo 显微操作系统在透明带上钻孔。操作时，使用开口为斜面、内径为 15μm 的显微操作针吸出细胞质。

**4. 将精子注入空透明带**

吸取 1μL 精子悬液，放于 10% PVP 操作液中。使用显微操作针将 1~15 个精子注入空透明带内。为防止透明带胀破，注入精子时应缓慢操作。

**5. 冷冻**

将注射后的透明带置于含 3% 人血白蛋白和 8% 甘油的 PBS 中，使用 0.25mL 灭菌塑料细管冷冻透明带。分三段吸取冷冻液，以气泡隔开，含透明带的液柱处于中间。冷冻操作过程与精液冷冻相似，先将细管放在液氮气相中冷冻，120min 后投入液氮保存。

**6. 解冻**

将含透明带的细管从液氮中取出，直接在 37℃水浴解冻 30s。使用灭菌的剪刀剪去细管两端，一端插入操作液中，另一端连接注射器，轻轻将冷冻液推入操作液中，并洗涤 4 次，去除冷冻液。

使用持卵针固定透明带，通过旋转透明带计数精子并评估精子的运动能力。使用显微操作针吸取少量含 12% PVP 操作液，从透明带开口处插入透明带并吸出精子，供 ICSI 等实验使用（图 4-2-1）。

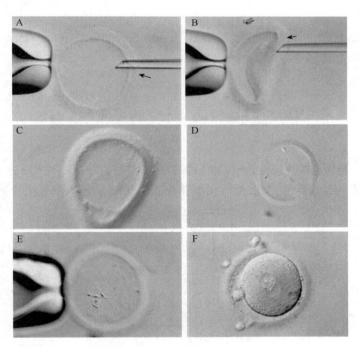

图 4-2-1 使用透明带作为载体冷冻精子

A. 受精前人透明带，透明带上有两个小孔，箭头所示为其中一个小孔。将显微操作针从小孔处插入，去除细胞质及极体。显微操作针尖端呈 45°斜面，内径为 15μm。B. 吸力过大会导致透明带变形，此时，可以抽出操作针，吸取少量操作液并将液体注入透明带内使其恢复原状，如果变形不严重，透明带也可自动恢复原来形状。C. 已去除细胞内容物和极体的人卵空透明带，此透明带已注入一个精子，位于 3 点钟位置。D. 含有两个人精子的鼠卵透明带。E. 解冻的鼠卵透明带，可见精子聚集在一起。F. 正常受精的体外成熟的人卵，该卵已注射使用透明带作为载体冷冻的精子

**7. 注意事项**

A. 透明带钻孔时应避免透明带开口过大,过大的开口会导致精子的丢失。

B. 解冻透明带取出精子时,应从透明带原孔处插入操作针,吸精子动作要轻,避免精子丢失。

C. 冷冻过程中不使用 TEST-卵黄或其他精液冷冻液,目的是防止透明带漂浮于这些黏性冷冻液表面导致在操作时丢失。

D. 尽量使用异种动物透明带冷冻精子,与人源透明带相比,异种动物透明带降低了人精子与透明带受体结合的机会,可以提高精子的回收率。

(三)冷冻环法冷冻小量人精子

参照 Schuster 等(2003)建立的方法。

**1. 精液样品**

供精者禁欲 3d,手淫法采精。精液在室温下液化 30min,取少量样品进行精液质量分析。分析项目包括精液体积、pH、黏度、液化状态、精子数目、精子运动性、精子聚合、精子形状及细胞污染情况。将精液参数处于正常范围内的样品(体积 2~6mL,pH7.2~8.0,精子数>$2\times10^7$/mL)冷冻。

**2. 冷冻液**

使用含 12%甘油的 TEST-卵黄冷冻液(Irvine Scientific,Santa Ana,CA,USA),冷冻前将精液与冷冻液 1:1 混合。

**3. 冷冻环**

使用尼龙冷冻环(Hampton Research,USA)冷冻精子。

**4. 冷冻**

吸取约 5μL 精液与冷冻液混合液,加入冷冻环内,然后将冷冻环放入冷冻管中(图 4-2-2)。先将冷冻管距离液氮液面约 3cm 处气相熏蒸冷冻,5min 后浸入液氮中冷冻保存。

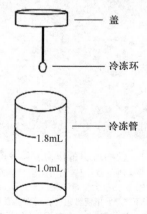

图 4-2-2 用于精子超速冷冻的冷冻环及冷冻管
将含 100~200 个精子的精液与冷冻液混合液放于冷冻环中,再将冷冻环放于冷冻管内冷冻

**5. 解冻**

解冻时,将冷冻环由液氮中取出,浸入适量精子培养液中,重新悬浮精子。

**(四)使用 Cell Sleeper 作为载体冷冻少量人精子**

此方法由 Endo 等(2012)发表,使用特殊的类似于细胞冷冻的容器——Cell Sleeper,玻璃化冷冻人睾丸精子,解冻后精子的活率及运动能力好于传统方法。

**1. 精液样本的处理**

采集精液样品。使用 Percoll 密度梯度离心分离精子。在 760g 离心 15min 后,去除上清。转移约 0.5mL 含精子的液体于离心管,在 37℃ 孵育 20min 后,利用上游法收集精子。

**2. 玻璃化冷冻容器**

Cell Sleeper 是一种类似细胞冷冻管的容器(图 4-2-3)。冷冻样品放置于托盘中,将托盘放入冷冻管后,使用旋盖密封。

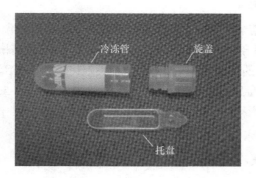

图 4-2-3 Cell Sleeper 冷冻容器

**3. 冷冻程序**

取 100μL 处理后的精子样品,与 70μL 含 20% 血清替代物的 SpermFreeze 液体混合。吸取 3.5μL 样品,滴加在 Cell Sleeper 的托盘中(图 4-2-4A)。将托盘放入冷冻管并密封。冷冻管置于距液氮液体表面 0.5cm 处(图 4-2-4B),放置 2.5min 后,将冷冻管浸入液氮(图 4-2-4C)。

图 4-2-4 使用 Cell Sleeper 冷冻少量人精子

### 4. 解冻

将 Cell Sleeper 从液氮中取出，于室温解冻 1min，之后，立即取出托盘，覆盖石蜡油（图 4-2-4D），并在 37℃孵育托盘 2min。

### （五）使用中空琼脂糖胶囊冷冻单个人精子

参照 Araki 等（2015）方法。前期研究表明，少量或单个精子可以使用人或小鼠卵的透明带作为承载容器冷冻。但是，人卵的透明带来源有限，使用动物卵来源的透明带存在安全问题。因此，使用中空的琼脂糖胶囊替代人或动物的透明带冷冻人精子（Araki et al.，2015；Endo et al.，2012）。

#### 1. 人精子样本的收集

人精液与等体积的 HEPES-HFF99 液体混合。HEPES-HFF99 含有 12%的甘油及 0.1%甲基纤维素。将混合物放入 2mL 管中，在液氮气体中冷冻，保存于液氮中。精液样品在 37℃水浴解冻。使用密度梯度离心分离精子。最后，使用上游技术收集活动的精子。

#### 2. 琼脂糖胶囊的制备

将 0.5%的碳酸钙溶解于 4%的藻酸盐水溶液中。此溶液与含 3%卵磷脂及 0.5%乙酸的石蜡油混合。此时混合物中形成小球。小球逐渐发展成凝胶珠。回收凝胶珠并用纯水洗涤，后将其移入 2%的琼脂糖溶液。将含有凝胶珠的琼脂糖溶液再次与石蜡油混合，此时，通过在冰上冷冻形成凝胶球，即琼脂糖胶囊（图 4-2-5）。最后，将胶囊置于 50mmol/L 的柠檬酸钠溶液中。通过尼龙网收集胶囊。胶囊具有中空的结构及琼脂糖壁，外径 80～120μm，内径 60～100μm。

#### 3. 使用琼脂糖胶囊冷冻精子

利用传统的 ICSI 技术将精子注入琼脂糖胶囊中。将数个胶囊浸于含 0.3%人血清白蛋白的 HEPES-HFF99 培养液中。利用注射针吸取活动的精子，采用类似注射卵子的 ICSI 技术将注射针插入胶囊中（图 4-2-5B），而后排出精子。将胶囊移入冷冻液及 HEPES-HFF99 的混合液中，该液体含有 6%的甘油及 0.05%甲基纤维素。通过液滴中转移胶囊将胶囊中的液体完全替换为冷冻液。之后，将含有胶囊的冷冻液放置于特殊薄片的顶端。有两种类型的薄片可供选择。一种是聚碳酸酯薄片，厚度为 0.1mm，长度和宽度分别为 8～10mm 和 0.8～1.0mm。薄片插入并固定在塑料管中。另一种是尼龙网薄片，形状与聚碳酸酯薄片类似。将含胶囊的 0.25～0.5μL 冷冻液滴在薄片上。使用尼龙薄片时，冷冻液的使用量可以调整。

冷冻时，需要使用苯乙烯泡沫制备一种特殊的盒子。在泡沫盒的底部有一方形边长约 2.5cm 的孔。将泡沫盒倒置并漂浮在液氮中。冷冻前，孔中心的温度需要调整为 0℃。将含胶囊的薄片平置于漂浮的盒子上，其位置恰好在孔的上方。放置 10～30s，待液氮气体将冷冻液冷冻后，将薄片浸入液氮。

#### 4. 解冻

将 20μL 含 0.3%人血清白蛋白的 HEPES-HFF99 液体滴加在培养皿的底部，并覆盖石蜡油。在液氮中取出薄片，将薄片含胶囊的一端浸入 37℃ 预热的石蜡油中，解冻后，将薄片移入液滴中，保持数秒，此时胶囊与薄片脱离并进入液体中（图 4-2-5D）。

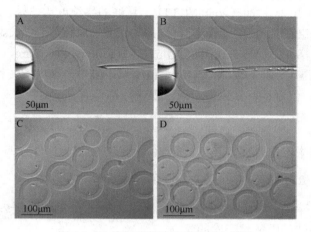

图 4-2-5　使用琼脂糖胶囊冷冻人精子
A. 精子注入前的空琼脂糖胶囊。B. 含精子的注射针插入胶囊。C. 冷冻前含有精子的胶囊。
D. 解冻后含有精子的胶囊

### （六）恒河猴（*Macaca mulatta*）精液冷冻

参照 Si 等（2010）方法。

**1. 动物**

选用性成熟的 8～9 年雄性恒河猴，单笼饲养，每日光照时间为 12h，室温保持在 (22±1)℃。

**2. 精液采集**

使用盐酸氯胺酮（ketamine hydrochloride）麻醉动物，注射剂量为 5mg/kg。电刺激法采精，精液收集后于 37℃ 保温 30min，使精液液化。取少量液化后的样品进行精液品质检测。其余精液使用预热的含 0.3% 牛血清白蛋白的 TALP-HEPES 液稀释，在 200g 离心 10min 洗涤精子，重复洗涤一次，弃上清。

**3. 溶液配制**

除特殊说明外，所有化学药品购自 Sigma 公司。精子冷冻使用 Tris-TAPS-EDTA（TTE）液。配制时将 0.2% Tris、1.2% TES［N-Tris（hydroxymethyl）methyl-2-aminoethanesulfonic acid］、2% 葡萄糖、2% 乳糖、0.2% 棉子糖（raffinose）、0.05mg/mL 硫酸链霉素、100IU/mL 青霉素-G 和 20%（v/v）新鲜卵黄溶于超纯水中，混合物于 7000g 离心 1h，去除卵黄颗粒，取上清，使用 NaOH 或 HCl 调 pH 至 7.2，分装后于 –80℃ 冻存。使用前，冷冻液在 37℃ 水浴解冻，加入终浓度为 10%（v/v）的甘油。

**4. 冷冻**

在室温下，使用不含甘油的 TTE 冷冻液稀释洗涤后的精液，调整精子的浓度为

$2×10^6$/mL。将上述混合液转移至灭菌的试管中，试管放置于含 200mL 水的烧杯中。将烧杯放于 4℃冰箱 2h 以上，使精液样品逐渐冷却至 4℃。在 4℃条件下，精液样品中逐滴加入等量的含 10% 甘油（v/v）的 TTE，甘油的终浓度为 5%，混匀。将精液样品在 4℃平衡 2h，分装于 2mL 玻璃管中（HollowTube，IMT Ltd.，Ness Ziona，Israel），每管 1.5mL，使用梯度降温冷冻仪（MTG 516，Harmony CrypCare，IMT Ltd.）冷冻。参数设置为：起始温度（Block A）4℃，终止温度（Block B）–50℃，转移管速度 2.5mm/s，收集池温度–70℃，仪器运行结束后浸于液氮中冷冻保存。

**5. 解冻**

将样品从液氮中取出，在室温下放置 90s，置于 37℃水浴 30s 即可。

**（七）转基因恒河猴（rhesus macaque）精液的冷冻**

参照 Putkhao 等（2013）建立的方法。该方法建立了一种保存转基因猴精子的冷冻技术，可用于后期转基因猴精子库的建立。

**1. 动物**

使用保存于美国 Yerkes 灵长类动物研究中心的转基因恒河猴。

**2. 精子冷冻液**

使用 TEST 液作为冷冻液。初级稀释液不含有甘油，次级稀释液含有 3% 甘油。

**3. 精液收集**

精液收集间隔为一星期。使用电刺激采精。使用添加 4mg/mL 牛血清白蛋白的 TALP-HEPES 液洗涤精液，后在室温以 112$g$ 离心 7min。

**4. 精液冷冻**

使用初级稀释液稀释洗涤后的精子，将混合后的液体置于 500mL，25℃的水中，在 4℃放置 2h。之后，加入等体积预冷的次级稀释液，轻摇混匀，在 4℃放置 30min。精子的终浓度约为 $3×10^7$ 个/mL。使用 1mL 注射器将含精子的液体移入 0.25mL 麦管中，密封麦管。麦管在 4℃放置 30min。将麦管水平放置在支架上，并将支架移入液氮气相。麦管位置距离液氮表面 4cm，放置 8min。而后，缓慢添加液氮，直到液氮表面距离麦管 1cm，液氮添加时间控制在 6min 左右。麦管致冷后，将其投入液氮并保存。

**5. 解冻**

将含精子的麦管从液氮中取出，立即置于 37℃水浴解冻。

**（八）食蟹猴（*Macaca fascicularis*）精液的冷冻**

参照卢晟盛等（2008）方法。

**1. 精液采集**

精液采自成年健康食蟹猴。使用阴茎电刺激法采精，仪器参数设定为波宽 10ms，间断 20ms，电压 20V，频率 30Hz。将所收集到的精液于 50mL 的离心管中，用不含甘油的稀释液作 20 倍的稀释，放置于 37℃保温瓶中，1h 内送到实验室进行精液常规检查。

**2. 主要仪器**

采精电刺激发生器（YLS-9A 生理药理刺激仪，淮北正华生物仪器设备有限公司）、微型渗透压仪（Fiske 210，USA）、精子图像辅助分析仪（CEROS SPERM ANALYZER，Hamilton Thorne Research，USA）、pH 计（Delta Mettler 320，To1edo Co.）、程序冷冻仪（CL-8000，Cryologic Co.，Australia）等。

**3. 主要试剂**

葡萄糖、蔗糖、甘油、乳糖、Tris（Genebase Gene-Tech）、TES（Sigma）、卵黄等。

**4. 溶液的配制**

精液稀释液使用改良 TTE 液（李喜龙等，2001），100mL 改良 TTE 液含有 1.2g TES、0.2g Tris、2g 葡萄糖、2g 乳糖、0.2g 蔗糖、20mL 卵黄。配制时先将称量好的药品与新鲜卵黄溶于超纯水中并混匀，以 3000r/min 离心 30min 并取上清液，使用 1mmol/L NaOH 或 HCl 调节 pH 至 7.0~7.2。稀释液在冷冻前 1 天配制，并置于 4℃冰箱中保存。

精液冷冻液：取稀释液，按 5%的比例加入甘油并混匀。

**5. 冷冻**

使用精子图像分析仪分析精子，将活力 70%以上的精子用于冷冻。使用 0.25mL 细管分装精子，分装后的精子在 4℃条件下平衡 30min，而后使用程序降温仪降温。降温步骤：在 4~2℃区间内，以 1℃/min 的速率降温；2℃时保持 5min；再以 8℃/min 的速率降温至-90℃。降温结束后将细管投入液氮中保存。

**6. 解冻**

将细管从液氮中取出，直接投入 37℃水浴中，平行晃动使精液解冻。

（九）松鼠猴（*Saimiri collinsi*）精液的冷冻

参照 Oliverira 等（2015）建立的方法。松鼠猴是一种处于新热带（Neotropical）地区濒危的灵长类动物，精子冷冻方法的建立有利于对该物种的保护。

**1. 动物**

雄性松鼠猴源自巴西 Marajo Archipelago，被捕获后饲养于该地灵长类动物研究中心。

**2. 精液采集**

使用盐酸氯胺酮（15mg/kg）及盐酸甲苯噻嗪（1mg/kg）肌肉注射麻醉动物。使用电刺激采集精液（图 4-2-6）。如果采集失败，需要 30d 的恢复期才能再次操作。

## 3. 精液冷冻液

精液冷冻液包括 A 和 B 两种液体。A 液含有 5.84g ACP-118，溶于 50mL 超纯水中。B 液含有 60%的 A 液及 40%的卵黄。A 液和 B 液的渗透压分别为 300mOsm/L 及 353mOsm/L。卵黄取自从产蛋到取卵黄不超过 12h 的新鲜鸡蛋。

## 4. 精液的预冷及冷冻

使用 A 液以 1∶1 稀释精液。将混合液放置于 37℃水浴 1h。时间不可过长，以免损害精子的运动能力。之后，再使用 B 液按 1∶1 稀释混合液。将稀释后的液体置于小管中，在冷冻仪上降温。37℃降至 4℃过程中，降温速度设置为 1.5h。冷冻时，小管中加入 4℃，终浓度为 3%的甘油，混合。将混合液吸入 0.12ml 的塑料麦管中，密封麦管。将麦管水平放置于液氮气相中（约–60℃），放置 20 min，而后将麦管投入液氮。

## 5. 解冻

从液氮中取出麦管，立即放入 37℃水浴，解冻时间为 30s。

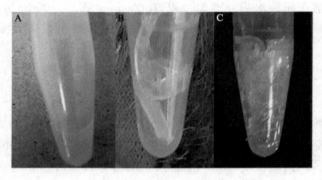

图 4-2-6　不同外观的松鼠猴精液样品（见图版）
A. 不透明的；B. 细丝状的；C. 不规则形状的精液

（范志强　王彦平）

# 第三节　小　　鼠

小鼠精子的结构分为头、体、尾三部分，有"镰刀状"头部和长长的尾部。自 20 世纪 90 年代起，相继出现小鼠精子冷冻保存成功的报道。经科研工作者的不断努力，现已具备一套国际公认的小鼠精子冷冻保存方案"Nakagata 冷冻法"（Nakagata and Takeshima，1992）。

## 一、小鼠精子的生物学特性

因动物种属之间的差异，精子低温生物学特性有很多不同点。同类动物的基因背景不同，是影响不同动物精液冷冻保存效果的内在因素。小鼠精子的质膜成分、渗透耐性等生理特性与其他哺乳动物有差异,因此,小鼠精液的超低温冷冻保存效果具有其种属特异性。

### (一) 质膜成分特殊

精液冻存后活性的高低和受精能力的强弱,取决于动物精子本身的生物学特性和精子被膜理化结构的差异。如人的精子对低温的抵抗力较强,奶牛的精子对低温反应迟钝,而肉牛的精子则敏感。大多数哺乳动物精液冷冻可以成功,而特殊品系则较为困难。Noiles 等(1995,1997)认为小鼠精子质膜的水传导系数($L_p$)因抗冻保护剂、低温及与细胞骨架的相互作用而降低,进而限制其在温度降低、升高过程中耐受渗透压的能力。因此,小鼠精液冷冻保存困难可能与其精子质膜成分特殊有关。

### (二) 渗透压耐受性低

哺乳动物精子细胞的体积在一定限度内收缩或膨胀,仍能保持结构和功能的完整。鼠类精子能耐受的渗透压范围是 200~400mOsm/L(Koshimoto et al.,2000),超过这个范围将造成损伤。鼠类精子细胞骨架将质膜与细胞内结构锚定,质膜延展性差,在渗透压力下造成额外的张力,很难耐受冷冻与解冻过程中的体积变化(Willoughby et al.,1996)。

### (三) 机械损伤耐受能力差

鼠类精子有较大的镰刀状头部和较长的尾部(图 4-3-1),且对机械损伤非常敏感(Schreuders et al.,1996),很多常规操作,如离心、分装、吹打混匀等都会造成小鼠精子损伤,导致其运动能力的丧失(Katkov and Mazur,1998)。为去除抗冻保护剂而需要离心时,离心力尽可能低,离心时间尽可能短。冻融精液复苏后不经离心除去抗冻保护剂,直接加入受精液滴,可以获得较高的受精率(Watson,1995)。

A　　　　　　　B

图 4-3-1　小鼠精子结构示意图(见图版)
A. 镰刀状头部(Kirichok et al.,2006);B. 整体(Chen et al.,2010)

(贾宝瑜　王彦平)

## 二、小鼠精液冷冻保存研究进展

动物精液低温保存的研究已经有 100 多年历史,1949 年 Polge 等首先发现低温保存鸡精液时加入甘油，可以增加精子的活力，树立了低温生物学发展的里程碑。1952年Smith和Peter用超低温方法成功地保存了牛的精液，冷冻精液复苏后进行人工授精，并顺利地产下犊牛。但是，由于小鼠精子膜具有较低的水渗透性和相对较长的尾部，其对冷冻损伤较为敏感（Noiles et al.，1995，1997；Okuyama et al.，1990），直至1990年才有成功报道（Okuyama，1990）。20世纪90年代至20世纪末，对小鼠精液冷冻保存的研究主要集中在筛选抗冻保护剂成分及冷冻程序的优化（Okuyama et al.，1990；Tada et al.，1990；Songsasen et al.，1997）；至今，研究热点已逐渐转移至小鼠精子冷冻损伤的分子机制及特殊品系小鼠精液的冷冻保存方面。

（一）抗冻保护剂的筛选

**1. 抗冻保护剂的成分**

Okuyama等（1990）采用5%丙二醇和10%棉子糖的混合物首次对小鼠精液冷冻保存获得成功。随后，大批学者对小鼠精液的冷冻保存进行了探究，其中Nakagata发明的小鼠精子冷冻方法被命名为"Nakagata冷冻法"，目前被广泛采用（Nakagata and Takeshima，1993）。其冷冻液配方为18%（*w/v*）半乳糖和3%（*w/v*）脱脂奶粉（R18S3）（480~500mOsm/L）。此外，这种冷冻剂还可以用于不同品系的野生鼠（Nakagata et al.，1995）和转基因小鼠（Nakagata，1996）的冷冻保存。

**2. 抗冻保护剂的渗透压**

渗透压对精子的冻后活率和顶体完整率影响很大，且渗透压稍高有利于冷冻过程中精子内水分的脱出，防止冰晶的形成，有利于提高冷冻-解冻后精子的存活。近年来，其他渗透性抗冻保护剂，如二甲基亚砜也成功地应用于小鼠和兔子精液的冷冻保存（Sztein et al.，2000）。Sztein等（2001）报道称，用海藻糖（41%）、棉子糖（40.5%）和蔗糖（37.5%）作为非渗透性保护剂有较好的效果，An等（2000）利用二糖或三糖作为非渗透性抗冻保护剂，且渗透压达到400mOsm/L时对小鼠精液冷冻保存获得理想效果。

（二）冷冻程序

"Nakagata冷冻法"已经广泛用于小鼠精子的保存，为小鼠模型群体的重建、小鼠的育种和小鼠模型的生物净化等研究提供有力保障。此方法由于技术简便、设备简单而被世界上众多的实验室所采用。

（三）冷冻损伤

冷冻-解冻的精子，一部分形态仍完好，头、颈、尾部轮廓完好清晰；另一部分精子形态受损，表现为精子头部膨大，表面凹凸不平，或头部膨大，呈现泡状化，严重损伤者呈现头部外膜破裂，头部内含物外溢；颈部肿大；尾部外膜破裂，轮廓模糊，甚至断裂、缺损等。近年来对冷冻损伤机制的研究有较大的进展，马金霞等（2004）研究证实影响，小鼠精液冷冻的因素主要是降温与升温过程中细胞内冰晶形成，以及细胞内、外渗透压改变导致细胞膜的损伤。

**1. 降温速率**

要成功实现小鼠精子的低温保存，尤其是慢速冷冻，除选择合适的抗冻保护剂外，还要选择合适的降温速率。缓慢降温可以使细胞充分脱水，避免细胞内冰晶的形成，减少物理损伤，但长时间暴露在高渗的细胞外液中造成化学毒性伤害；快速降温，虽可减少溶液毒性的影响，但脱水不完全，容易造成精子的物理损伤（Koshimoto and Mazur，2002）。Chen 等（2010）报道称，水通道蛋白 3（AQP3）在小鼠精子尾部有表达，对小鼠精子膜的渗透性和体积起到调节作用。冷冻-解冻过程中水分和抗冻保护剂如果滞留在精子尾部，会引起精子尾部膨胀、卷曲、破裂，乃至冰晶生成，最终丧失运动能力。Yildiz 等（2010）认为，在液氮上方 2cm［降温速率为（$-10.1\pm1.8$）℃/min］处进行熏蒸，B6129SF1 系小鼠精子运动能力和质膜完整性较强，有较好的冷冻保存效果。

**2. 复温速率**

细胞除了要避免冷冻过程中的致命损伤外，复温时同样要耐受一系列物理、化学变化，融解时的升温速度对细胞的影响和降温速度的影响是相当的。复温的影响还有赖于降温时是否导致细胞内冻结或是脱水，研究发现，复苏升温速率不当，精子存活率会下降。如果升温速度过快，则可导致细胞内外的渗透压不一致，对精子造成损伤（Koshimoto and Mazur，2002；Jackson et al.，1997；Henry et al.，1993）。如果升温过慢，在细胞外液体再次形成冰晶，造成物理性损伤（Koshimoto and Mazur，2002）。如果冻存时精子内形成冰晶而没有直接致死，在融解时升温速度较慢，小冰晶会融合成大冰晶，这个过程称为重结晶（recrystallization），对细胞的损坏很大。一般冷冻精子采用快速升温的方法进行解冻，大量研究表明，快速升温是最佳的解冻方法（Shur et al.，2006）。

**（四）小鼠品系**

精子基因背景差异使得不同品系小鼠低温生物学的特性各异，从而导致冷冻结果差别很大（Sztein et al.，2000）。杂交群、远交系小鼠如 ICR/JCR 及 N1H 系等，其精子冷冻较近交系容易，近交系各品系间差异也很大（表 4-3-1）。近年来，Mochida 等（2005）在冷冻保存低温敏感性较高的 C57BL/6（B6）和 BDF1 品系小鼠精液方面取得了重大进展，冷冻保存 C57BL/6（B6）小鼠精液解冻后在 7℃保存 3d 后，进行人工授精的妊娠率仍可达 50%，BDF1 品系小鼠精液解冻后在 7℃保存 3d 后，人工授精妊娠率高达 57%，而且，解冻后体外受精产生的胚胎在 7℃进行移植获得了较高的产仔率（52.8%，38/72）。

表 4-3-1　不同品系小鼠精子冷冻保存效果（Nakagata，2000）

| 冷冻精子的品系 | 卵母细胞品系 | 受精率/% | 作者 |
| --- | --- | --- | --- |
| 近交系 | | | |
| BALB/c | BALB/c | 19 | Tada et al.，1990 |
| | B6C3F1（C57BL/6N×C3H/HeN） | 39 | Tada et al.，1990 |
| | ICR | 48 | Nakagata and Takeshima，1993 |
| | 3H1（C3H/HeH×101/H） | 7 | Thornton et al.，1999 |
| C3H/HeH | 3H1（C3H/HeH×101/H） | 12 | Thornton et al.，1999 |

续表

| 冷冻精子的品系 | 卵母细胞品系 | 受精率/% | 作者 |
|---|---|---|---|
| C3H/HeN | C3H/HeN | 35 | Tada et al., 1990 |
| | B6C3F1（C57BL/6N×C3H/HeN） | 36 | Tada et al., 1990 |
| | ICR | 73 | Nakagata and Takeshima, 1993 |
| C57Bl/6J | B6C3F1 | 3 | Songsasen and Leibo, 1997 |
| | C57Bl/6J | 73～85 | Nakagata et al., 1997 |
| | 3H1（C3H/HeH×101/H） | 2～20 | Thornton et al., 1999 |
| C57BL/6N | C57BL/6N | 13 | Tada et al., 1990 |
| | B6C3F1（C57BL/6N×C3H/HeN） | 35 | Tada et al., 1990 |
| | ICR | 26 | Nakagata and Takeshima, 1993 |
| CBA/JN | ICR | 77 | Nakagata and Takeshima, 1993 |
| CBA/CaB1k | B6CBAF1（C57B1k/6×CBA/CA） | 50 | Moore et al., 1993 |
| DBA/2N | B6C3F1（C57BL/6N×C3H/HeN） | 63 | Tada et al., 1990 |
| | DBA/2N | 64 | Tada et al., 1990 |
| | ICR | 89 | Nakagata and Takeshima, 1993 |
| ddy | ddy | 48 | Tada et al., 1990 |
| | B6C3F1（C57BL/6N×C3H/HeN） | 42 | Tada et al., 1990 |
| kk | kk | 32 | Tada et al., 1990 |
| | B6C3F1（C57BL/6N×C3H/HeN） | 41 | Tada et al., 1990 |
| 129/J | B6C3F1 | 17 | Songsasen and Leibo, 1997 |
| 封闭群 | | | |
| ICR | B6C3F1（C57BL/6N×C3H/HeN） | 35 | Tada et al., 1990 |
| | ICR | 36 | Tada et al., 1990 |
| | ICR | 42 | Okuyama et al., 1990 |
| | ICR | 71～95 | Nakagata and Takeshima, 1992 |
| ICR（CD-1） | ICR（CD-1） | 33～58 | Storey et al., 1998 |
| 远交系 | | | |
| B6C3F1（C57BL/6N×C3H/He） | ICR | 59 | Nakagata and Takeshima, 1992 |
| B6D2F1（C57BL/6J×DBA/2J） | B6C3F1 | 68 | Songsasen et al, 1997 |
| | B6C3F1 | 61 | Songsasen and Leibo, 1997 |
| | B6C3F1 | 26～39 | Songsasen et al, 1997 |

（贾宝瑜　王彦平）

## 三、实验操作程序

**1. 材料**

（1）材料

公鼠（3～6月龄，体重19～25g）。

（2）仪器设备

体视显微镜（SMZ645，NIKON），超净工作台（北京古威超净设备公司），$CO_2$培养箱（Model 3111/3131，Forma Scientific, Inc., 美国），低速自动平衡微型离心机（LDZ4-0.8 型，北京医用离心机厂），电热恒温水浴锅（HH·SY11-Ni 2C，北京市长风仪器仪表厂），渗透压仪（P5520 VIESCOR2，Nikon，日本），pH 计（INOLAB pH1），电子天平（BP211D SartoriusAG），超纯水仪（MilliQ，法国），定时器。

（3）耗材

0.25mL 塑料细管（IMV，L'Aigle，France），0.22μm 细菌滤器（Syringe filters, call corporation, PN-4612, USA），4 孔培养皿（Nunc, Roskilde, Denmark），35mm×10mm 培养皿（Nunc, Roskilde, Denmark），温度计，封口粉，眼科剪，眼科镊，保温杯（Tiger, Japan）。

（4）溶液

HTF 溶液（Quinn et al., 1985），精子冷冻液（18%棉子糖+3%脱脂乳）。

**2. 精液冷冻（参照"Nakagata 冷冻法"）**

A. 无菌条件下采集小鼠的两个附睾尾。

B. 将其移入含有 400μL 冷冻液（R18S3，pH6.2～6.3，480～500mOsm/L）的 4 孔培养皿中。

C. 用眼科镊及眼科剪将附睾尾剪碎，室温大约悬浮 2min，调节精子密度（9～15）×$10^5$ 个/μL。

D. 用 1mL 的注射器连接标记好的容积为 0.25mL 细管的一端后进行装管。装管的顺序为：100μL HTF 溶液—10mm 空气—10μL 精子悬浮液—10mm 的空气，最后用封口粉封口。

E. 将样品放置于液氮上方 2cm 处熏蒸 10min。

F. 将细管投入液氮冷冻保存。

**3. 解冻**

A. 将冷冻的细管置于 37℃的水浴锅中 5min。

B. 取出细管，将细管外壁的水擦拭干净，剪断细管两端。

C. 取 1～2μL 精子悬浮液，置于含有 200μL HTF 的培养皿内。

D. 将培养皿置于含有 5% $CO_2$ 空气，37℃，相对湿度 100%的培养箱中 1.5h，用于体外受精。

（王彦平）

## 第四节 鱼 类

实际生产中，鱼类两性配子在人工繁殖过程中经常遇到雌雄亲鱼成熟不同步的问题，是造成鱼类人工繁殖受精率低的主要原因之一。精液的低温保存技术作为一种长期保存种质资源的方法，可有针对性地解决这一难题。除此之外，鱼类精子的冷冻保存还可解决不同地区对不同鱼类品系精子量的需求、克服杂交育种中不能自然受精的困难、扩大杂交组合的选择范围等，具有极其重要的实用意义。

## 一、鱼类精子生物学特性

与哺乳动物相同，鱼类精子由头、体、尾三个部分构成。但是淡水鱼类精子绝大多数没有顶体，头部为圆球形，具鞭毛，大小一般为 30~35μm。由于鱼类精子排入水中后开始运动，随即激活，与哺乳动物的生存环境、激活方式等存在较大不同。因此，鱼类精子的低温保存有其特殊性。

### （一）渗透压耐受性

未离体的鱼类精子不具活性，一旦离体从精巢内被排入水中，由于改变了精子静止时所处环境的渗透压，精子便开始运动，即被激活。渗透压对鱼类精液冷冻保存的影响表现为对细胞体积、存活率及激活效果的影响。鱼类精浆渗透压一般为 280~350mOsm，精子在不同渗透压的 Hank's 平衡盐溶液（HBSS）中，活力有极显著的差异。最高活力出现在渗透压为 300mOsm/L 时，而当渗透压为 500mOsm/L 时精子活力最低，分析表明，渗透压为 200~400mOsm/L 范围内，精子活力较高且没有显著差异（苏新有，2007）。鱼类精子冷冻保存的实际操作过程中，常用 10% DMSO 作为抗冻保护剂，其渗透压约为 1540mOsm/L（陈松林等，1992），起到较好的抗冻保护作用。因此，研究中可以根据抗冻保护剂的渗透系数和相应的膜对水的渗透值，结合渗透耐受限度，优化冷冻方法和程序。

### （二）pH 耐受性

鱼类精子一经排出，即进入周围水域，受环境因素影响极大。而且，当 pH 为 8.0 时，精子活力最高，过酸或过碱的环境都会引起精子活力的急剧降低。分析表明，精子活力在 pH 为 5.5~9.0 区间内没有显著差异（苏新有，2007）。在常温保存和低温保存中，一般采用偏酸性的稀释液，降低精子运动引起的能量消耗、延长保存时间。林丹军和尤永隆（2002）报道，在 pH 为 5.22 时保存大黄鱼的精子，得到较好的冷冻保存效果。

（张清靖　贾宝瑜）

## 二、鱼类精液冷冻保存研究进展

1953 年 Blaxter 首次成功冷冻保存大西洋鲱的精子，是鱼类精子冷冻保存的里程碑。据 Figiel 等（1998）统计，1953~1996 年有文献报道的鱼类精子冷冻保存共涉及 185 种鱼，主要是具有重要经济价值的鱼种，其中近一半为淡水鱼，近 1/3 为海水鱼，另外还有洄游性鱼。而濒危鱼类只占其中的 3%。迄今为止，有关鱼类精子的冷冻保存已有许多报道（表 4-4-1），在精子冷冻原理和方法的探讨上已取得了很大的进展。我国长江水产研究所建成了包括"四大家鱼"在内的淡水鱼类精子库（鲁大椿等，1997；陈松林等，1992；张轩杰，1987）。陈松林等（1992）对我国主要淡水鲤科养殖鱼类草鱼、鲢、鳙和团头鲂等鱼类精液冷冻保存技术进行了系统的研究，研制出了理想的精液稀释液配方，获得了冷冻精子活率高达 70%、受精率高达 94%和孵化率高达 92%的结果，达到了生产应用水平。迄今，已分别建立了鲤科鱼类、鲑科鱼类、青鳉、斑马鱼、罗非鱼、鲷科鱼类、鲆鲽鱼类及鲈鱼、大黄鱼和鲻鱼等 60 余种淡、海水鱼类精液冷冻保存技术，并建立了淡水鲤科鱼类冷冻精子库，有些淡水鱼类冻精的复活率达 80%以上。

表 4-4-1  鱼类精液冷冻保存效果

| 年份 | 作者 | 研究对象 | 受精率/% |
|---|---|---|---|
| 1968 | Mounib and Eisan | 鳕鱼 | 80~89 |
| 1972 | Pullin | 黑鲷鱼 | 20~39 |
| 1978 | Erdahl and Graham | 鲑鱼 | >90 |
| 1978 | Mounib | 大西洋鲑鱼 | 80 |
| 1978 | Stein and Bayrle | 虹鳟鱼 | 78 |
| 1981 | Stoss and Holtz | 虹鳟鱼 | 85 |
| 1982 | Harvey et al. | 斑马鱼 | 57 |
| 1982 | Kobayashi et al. | 遮目鱼 | 67.9 |
| 1984 | 王祖昆等 | 草鱼 | 44.2 |
|  |  | 鲢 | 32.6 |
|  |  | 鳙 | 16.5 |
|  |  | 鲮鱼 | 31 |
| 1986 | Chao et al. | 黑鲷鱼 | 91 |
| 1987 | Chao et al. | 罗非鱼 | 93 |
| 1989 | Cognie et al. | 鲤 | 60 |
| 1992 | 陈松林等 | 鲢、鲤、团头鲂和草鱼 | 70 |
| 1997 | Aoki et al. | 青鳉 | 96~100 |
| 1998 | Wayman et al. | 鲑鱼 | — |
| 2000 | Yao et al. | 美洲大绵鳚鱼 | 2~33 |
| 2001 | Cabrita et al. | 彩虹鳟 | 84 |
| 2002 | Tanaka et al. | 褐鳟 | 16.1 |
| 2002 | 林丹军，尤永隆 | 大黄鱼 | 71.5 |
| 2003 | Zhang et al. | 鲽鱼 | 48.2 |
| 2004 | He and Woods | 条纹鲈 | 50~54 |
| 2005 | Gwo et al. | 太平洋黑鲔 | — |
| 2007 | 刘鹏 | 西伯利亚鲟鱼 | 72.3 |
| 2008 | 闫文罡等 | 日本黄姑鱼 | — |
| 2008 | Suquet et al. | 大比目鱼 | 68 |
| 2009 | 田永胜等 | 半滑舌鳎鱼 | 55 |
| 2009 | 黄晓荣等 | 长鳍篮子鱼 | — |
| 2009 | Cabrita et al. | 鲷科鱼 | 7~41 |
| 2009 | Yang and Tiersch | 青鳉 | 85 |

经过 50 多年的摸索与研究，对于鱼类精子冷冻保存的抗冻保护剂和稀释液的开发已取得一定进展，鱼类精液冷冻保存技术日趋成熟。

**1. 抗冻保护剂**

鱼类精子冷冻保存中所使用最多的抗冻保护剂是 DMSO（张永忠，2004），其次是 Gly、EG、MeOH、PG 及二甲基乙酰胺。所有这些抗冻保护剂在稀释液中所添加的浓度为 1%～50%不等，不过一般都是在 5%～20%得到的结果最好（Tiersch and Mazik，2000）。Horton 和 Ott（1976）指出，10%的 DMSO 是一个高度有效的浓度，能起到良好的抗冻作用，又不会因为抗冻剂浓度过高而对精子造成毒害作用。10% EG 为抗冻剂冷冻保存黄鳍鲷（Gwo，1994）、细须石首鱼（Gwo and Arnold，1992）等鱼类的精子的效果较好。5%～25%的 DMSO 及 10%～20%的 EG 为抗冻剂，超低温冻存真鲷精子亦取得较好效果（魏平等，2010）。

**2. 精液稀释液**

精液的稀释液有两种：一种是简单的稀释液；另一种是模拟精浆组分或利用与鱼体内生理盐水类似的溶液（Erdahl，1986）。目前，大多数鱼类精液冷冻保存是靠经验进行的，因而对于一个特定的种类，还没有严格的标准来确定选用哪一种稀释液更好。

（1）简单稀释液

简单稀释液包括糖类和抗冻保护剂，已被成功应用于多种鱼类精液冷冻保存。如含有 0.8% NaCl、0.05% KCl 和 1.5%葡萄糖及 10% DMSO 的稀释液，在中国四大家鱼精液冷冻保存获得很好的效果（陈松林等，1992）；含有 0.6mol/L 蔗糖和 10% DMSO 组成的稀释液，已用在虹鳟精液冷冻保存（Holtz，1993；Ciereszko et al.，1996）；含有 0.3mol/L 葡萄糖和 20%甘油的稀释液已经用在白鲑（*Coregonus muksun*）精子冷冻保存（Piironen and Hyvarinen，1983）；含有 0.3mol/L 葡萄糖和 10% DMSO 的稀释液已用在日本鲑鱼（*Oncorhychus rhodurus*）和马苏大麻哈鱼（*Oncorhynchus masou*）精子冷冻保存（Ohta et al.，1995）。

（2）模拟鱼类体液的稀释液

模拟鱼类体液的稀释液应该包含多种成分。如 Erdhal（1986）用的鱼类稀释液就由包括抗冻保护剂在内的 9 种物质组成。由于这个原因，这种稀释液的造价很高并且配制费时。白斑狗鱼（*Esox lucius*）的试验表明，模拟鱼类生理溶液的精液稀释液的冷冻保存效果较好，孵化率可达 74.5%，明显好于简易的溶液（Babiak et al.，1995）。

经过 50 多年的探索，现已配制出能应用于多种鱼类精液冷冻保存的稀释液，如 TS-2、MPRS、D-15 等，而且探明了几种离子的作用，如 $K^+$能抑制多数鱼类精子的运动，而 $Na^+$能降低 $K^+$的抑制作用，除 $Na^+$外，$Ca^{2+}$、$H^+$、$Mg^{2+}$也能部分解除 $K^+$的抑制作用，并且 $Ca^{2+}$是调节鱼类精子活力的重要因子，是精子激活所必需的。但总体上，对稀释液各成分的作用机制的研究还不够深入，有待进一步加强。

**3. 冷冻损伤**

（1）DNA 损伤

鱼类精子 DNA 损伤的检测方法主要为单细胞凝胶电泳法。采用此法检测了以 DMSO 为抗冻剂的超低温冷冻保存真鲷精子的 DNA 损伤（徐西长等，2005）；5%～25% DMSO 及 10%～20% EG 为抗冻保护剂的真鲷冻精彗星率及 DNA 损伤情况与鲜精无显著差异（魏平等，2010）。

（2）线粒体损伤

线粒体为鱼类精子鞭毛运动提供能量。在硬骨鱼中，线粒体呈圆柱形、球形或不规则形状。精子超低温冷冻保存会引起线粒体结构损伤，使精子内 ATP 的生成受阻，降低精子的运动，影响其代谢功能，进而降低冷冻后精子的存活率及受精能力（Figueroa et al., 2015）。

（3）超微结构损伤

精子的超微结构损伤检测已被应用于红鳍东方鲀（于海涛等，2007）、美洲条纹狼鲈（He and Woods，2004）、西伯利亚鲟（章龙珍等，2008）、美洲大锦鳚、尖吻重牙鲷（Taddei et al., 2001）、鲤科的鲤及团头鲂与鲢及草鱼（程顺等，2013；赵维信，1992）等，损伤主要表现在质膜、核膜及核内部结构、线粒体外膜及内嵴、尾部鞭毛结构等（程顺等，2013）。其中，精子质膜结构异常体现在质膜间断破裂、脱落，质膜整体或局部膨胀、脱离核周及线粒体，核外周的质膜全脱落；精子核膜结构异常体现在核膜间断或局部破裂、脱落；核内部结构异常表现为核局部损伤、染色质松散；线粒体外膜移位或脱落；尾部鞭毛结构异常表现为包被在轴丝外周的质膜膨胀或脱落。

（4）酶活性损伤

精子的 ATP 酶、琥珀酸脱氢酶（SDH）及乳酸脱氢酶（LDH）等能量代谢相关酶活性与精子的活力密切相关，可作为精子质量评定的重要指标（Piasecka et al., 2001），黄鳝（闫秀明和张小雪，2011）、虹鳟（Babiak et al., 2001）、长鳍篮子鱼（黄晓荣等，2009）和日本鳗鲡（黄晓荣等，2008）精子冷冻保存后，能量代谢酶活性均降低，其原因可能为：①酶类物质结构受损；②精子冻融过程中的机械损伤、细胞膜结构改变，引起精子内酶类物质溢出（史应学等，2015）。

**4. 鱼类精液冷冻的主要问题**

尽管在鱼类精子冷冻保存方面已取得一定进展，但鱼类精子冷冻保存仍存在很多问题。

（1）精子在采集过程中极易被尿、血、养殖水等污染，这些污染物能激活精子，减少精子在体外的存活时间，而且被激活的精子是很难再保存成功的，因此在采精的过程中，一定要避免精子受到污染。

（2）精子的老化现象也被实验证实，繁殖盛期采得的精液明显比繁殖前期和繁殖后期采得的精液易于冷冻，冷冻后精子的成活率也明显比后者高。

（3）精子的抑制和激活机制研究得不够深入，如稀释液的渗透压及环境因子影响精子的作用机制等。

（贾宝瑜　张清靖）

## 三、实验操作程序

（一）精液的采集与质量评价

**1. 精液的采集**

将性腺成熟明显的雄鱼捞出水池，用麻醉剂麻醉 5min，鱼体腹部用毛巾等擦干，轻轻挤压腹部，成熟的精液自然流出，用吸管或注射器收集至干净的玻璃器皿中，4℃冰箱中暂时保存备用。

**2. 质量评价**

质量检测指标主要包括精液密度和活力。

（1）精液密度

精液在正常情况下为乳白色，颜色越浓，精子密度越大。国内实验测得的青鱼、草鱼、鲢、鳙、鲤、团头鲂的精子密度都比较相近，为 200 亿~400 亿/mL。在整个繁殖季节里，精液浓度和精子密度变化也较大，繁殖季节早期和晚期的精液较稀，精子密度小，繁殖中期的精液较浓，精子密度大。

（2）活力评价

精子活力一直以来都是评价精液质量的主要标准，与精液受精率呈显著的正相关。传统的方法是用牙签蘸少许精液于载玻片上，加入适量海（淡）水后立即在显微镜下观察直线运动精子占全部精子的百分数（Chen et al., 2004）。精子活力等级划分通常采用五级评分法，"0"表示没有运动精子，"1"表示有1%~5%的运动精子，"2"表示有5%~29%的运动精子，"3"表示有30%~79%的运动精子，"4"表示有79%~95%的运动精子，"5"表示有95%~100%的运动精子（Trippel, 2003）。

**3. 计算机辅助精液质量检测（CASA）**

CASA 结果在准确度、可靠性和复杂度方面都优于显微镜检测结果。因此，近年来 CASA 系统被广泛地应用于鱼类精液质量分析。CASA 系统通过对动（静）态图像中精子运动特性的全面分析，能较准确测定精子成活率（MOT），并通过计算机软件对成像的精子运动轨迹进行分析，可测出精子移动的平均角度（MAD），轨迹交叉频率（BCF），平均运动速率（VAP），精子头横向运动振幅（ALD），曲线运动速率（VCL），直线运动速率（VSL）等参数。其中，最常用的参数是 MOT、VCL 和 VSL，因为精子成活率和运动速率与精子受精率呈显著相关，VSL/VCL 又是精子运动轨迹弯曲程度的最好体现。

（二）精液冷冻保存

鱼类精液的冷冻保存的流程一般为：精子采集→精液稀释→4℃平衡→冷冻→液氮中长期保存→解冻复苏 6 个步骤。

**1. 稀释液的配制**

稀释液主要由 NaCl、NaHCO$_3$、KCl、葡萄糖或磷脂等几种成分按不同比例混合而成，给鱼类精子提供一个适宜的渗透压和 pH，常用的鱼类精子稀释液有 Mounib's、Ringer's、Hank's 等（表 4-4-2）。

**2. 精液稀释**

精液与稀释液的比例多为 1:3~1:9，稀释方法有三种，即一次稀释法、二次稀释法和多次稀释法。

表 4-4-2　三种常用稀释液的成分

| 组成 | Ringer's/（g/L） | Hank's（HBSS）/（g/L） | Mounib's（BSMIS）/（g/L） |
|---|---|---|---|
| NaCl | 13.5 | 8.00 | 4.39 |
| KCl | 0.60 | 0.40 | 5.21 |
| $CaCl_2$ | 0.25 | — | 0.22 |
| $MgCl_2$ | 0.35 | — | — |
| $NaHCO_3$ | 0.20 | 0.35 | — |
| $NaH_2PO_4$ | 0.30 | — | — |
| $CaCl_2 \cdot 2H_2O$ | — | 0.16 | — |
| $MgSO_4 \cdot 7H_2O$ | — | 0.20 | — |
| $Na_2HPO_4$ | — | 0.06 | — |
| $KH_2PO_4$ | — | 0.06 | — |
| $C_6H_{12}O_6$ | — | 1.00 | — |
| $MgSO_4$ | — | — | 0.12 |
| Tris | — | — | 6.55 |
| pH | 7.5 | 7.5 | 8.0 |
| 渗透压/（mOsm/L） | 300 | 300 | 300 |

一次稀释法是按稀释的要求，将精液加入 4℃预冷的含抗冻保护剂的稀释液中。

二次稀释法是将精液在等温条件下立即用不含抗冻剂的稀释液做第一次稀释。稀释后的精液缓缓降温至 4℃后，再加入等温的含抗冻保护剂的稀释液 1∶1（$v/v$）。

三次稀释法是将含抗冻保护剂（如 DMSO）的稀释液分三步等量加入精液中，使 DMSO 终浓度为 7.5%（$v/v$）（陈松林等，1987）。

**3. 精液的平衡**

精液稀释后，一般在 1h 内缓慢降温至 4℃，再加入含抗冻保护剂的稀释液，在 4℃下平衡 30min 左右，以增强精子的耐冻性，且能够使抗冻保护剂渗透进入精子内，产生保护作用。

**4. 冷冻**

目前，鱼类精液主要有颗粒冻精法、细管法、安瓿法和冻存管法等 4 种冷冻保存方法。其中，颗粒冻精法由于直接暴露在液氮中易污染，较少采用；安瓿法冷冻量大，但解冻过程中容易爆裂，使用受限；细管法和冻存管法由于具有操作简便、安全的特点，在实际生产中有良好的应用前景。

（1）颗粒冻精法

A. 将冷冻板放在盛有液氮的容器上，与液氮面的距离保持在 0.5～1.5cm，待充分冷却后使用。

B. 用玻璃吸管吸取稀释后的精液，直接滴在冷冻板上，每个小滴 0.15～0.2mL。

C. 待冻精颗粒变白后，收集在纱布袋中，投入液氮。

（2）细管法

细管法冷冻保存鱼精液一般采用干冰法、液氮熏蒸法和程序冷冻仪法。干冰法和液氮熏蒸法简单、经济，但很难计算并控制降温速率；程序冷冻仪降温速率可控、重复性强，更适于实验研究（Yang and Tiersch，2009）。

1）程序冷冻仪法

A. 用 1mL 的注射器连接标记好的容积为 0.25mL 细管的棉栓端，吸入精子悬液，用封口粉封口。

B. 装入程序冷冻仪中，不同鱼类冷冻降温速率不同（表 4-4-3）。鲤的精液一般先以 5℃/min 从 4℃降至−7℃，以 3℃/min 降至−30℃，然后以 2℃/min 降至−80℃，之后投入液氮中。

表 4-4-3　不同鱼类精液程序化冷冻保存降温速率

| 种类 | 降温速率/（℃/min） | 文献 |
| --- | --- | --- |
| 斑马鱼 | 16 | Harvey et al., 1982 |
| 青鳉 | 5 | Yang and Tiersch, 2009 |
| 剑尾鱼 | 20～30 | Huang et al., 2004 |

2）液氮熏蒸法

A. 用 1mL 的注射器连接标记好的容积为 0.25mL 细管的棉栓端，吸入精子悬液，用封口粉封口。

B. 液氮熏蒸法通过控制样品距离液氮面的高度来控制降温速率，一般分为二步法和三步法进行降温。如大菱鲆精液冷冻保存采用二步法，在距液氮面 6.5cm 停留 1.5min，然后投入到液氮中（Chen et al., 2004）。而在鲈鱼精液冷冻保存时一般采用三步法，在液氮面上方 6cm 处平衡 10min，在液氮表面平衡 5min，然后直接投入液氮中。

3）干冰法

A. 用 1mL 的注射器连接标记好的容积为 0.25mL 细管的棉栓端，吸入精子悬液，用封口粉封口。

B. 将细管直接置于干冰上即可。

（3）安瓿法

A. 将 1mL 稀释精液灌封于安瓿中，火焰封口。

B. 将安瓿置于平面支架上，放入液氮罐中与液氮面保持 1.5～2cm 处熏蒸 6～7min，直接投入液氮中。

（4）冻存管法

A. 将精液分装于 0.2mL、0.5mL、1.5mL 的塑料离心管，或 1mL、1.8mL、5mL 的冻存管中，盖好管盖后放入一纱布袋中。

B. 置于液氮罐中缓慢下降至液氮表面上方 2～3cm 处，停留片刻温度降至−130℃以下，直接投入液氮中。

**5. 解冻**

A. 颗粒冻精解冻：将冻精颗粒包装提至液氮蒸气中平衡 5 min，然后迅速取出冻精颗粒放入 25～30℃的解冻液中。

B. 细管法冻精解冻：0.25mL 细管在 40℃的温水中，轻轻摇动 5s（Huang et al., 2004）。

C. 安瓿及冻存管冻精解冻：可在室温中进行解冻（Aoki et al., 1997）；33℃中温水浴，并轻轻摇晃（Draper et al., 2004）；或用手对安瓿、冻存管加热使其融化（Krone and Wittbrodt, 1997）。

（贾宝瑜　张清靖）

## 参 考 文 献

采克俊, 李亚辉, 李剑, 等. 2005. 不同渗透压的稀释液对恒河猴精子低温冷冻保存的影响动物学研究. 动物学研究, 26(3): 305～310.

陈松林, 刘宪亭, 鲁大椿, 等. 1992. 鲢、鲤、团头鲂和草鱼精液冷冻保存的研究.动物学报, 38(4): 413～424.

陈松林, 章龙珍, 郭锋. 1987. 抗冻剂二甲亚砜对家鱼精子生理特性影响的初步研究.淡水渔业, 5: 17～20.

程顺, 闫家强, 竺俊全, 等. 2013. 大黄鱼(*Pseudosciaena crocea*)精子冷冻前后的活力及超微结构变化. 海洋与湖沼, (1): 56～61.

黄晓荣, 章龙珍, 庄平, 等. 2008. 超低温冷冻对日本鳗鲡精子酶活性的影响. 海洋渔业, (4): 297～302.

黄晓荣, 章龙珍, 庄平, 等. 2009. 超低温冷冻对长鳍篮子鱼精子中几种酶活性的影响.海洋科学, 33(7): 16～22.

姜建湖, 闫家强, 竺俊全, 等. 2011. 大黄鱼精子的超低温冻存及细胞结构损伤的检测. 农业生物技术学报, (4): 725～733.

金花, 王志斌, 王国华, 等. 2003. 绒山羊精液冷冻保存技术及受胎试验. 新疆畜牧业, 4: 30～31.

李青旺, 王立强, 于永生, 等. 2004. 猪精液冷冻技术研究. 畜牧兽医学报, (2): 150～153.

李喜龙, 司维, 季维智. 2001. 一种适合于熊猴、恒河猴和食蟹猴精子的低温防冻液. 发育与生殖生物学报, 10(10): 100.

林丹军, 尤永隆. 2002. 大黄鱼精子生理特性及其冷冻保存.热带海洋学报, 21(4): 69～75.

刘鹏. 2007. 西伯利亚鲟精子超低温冷冻保存研究及冷冻损伤观察.上海水产大学硕士学位论文.

卢晟盛, 李林, 胡传活, 等. 2008. 不同甘油浓度与平衡时间对食蟹猴精液冷冻效果的影响. 动物学杂志, 43(1): 50～35.

鲁大椿, 刘宪亭, 章龙珍, 等. 1997. 鱼类精液冷冻保存技术操作规程. 淡水渔业, 2(4): 13～15.

马金霞, 孙红勇, 顾美娟, 等.2004. 3 种超低温精液冷冻技术的比较. 中华男科学杂志, (6): 474～476.

毛凤显, 赵有璋, 张明忠, 等. 2004. 波尔山羊精液稀释液配方的优化研究.中国草食动物, (4): 21～23.

史应学, 王迪, 竺俊全, 等. 2015. 中国花鲈精子超低温冷冻前后的活力及酶活性比较. 生物学杂志, (5): 48～51+75.

司维, 李亚辉, 关沫, 等. 2004. 四种渗透性抗冻保护剂在恒河猴精子低温冷冻保存中对精子功能状态的影响. 动物学研究, 25(1): 32～36.

苏新有. 2007. 玛丽鱼精子的超低温冷冻保存.汕头大学硕士学位论文.

田永胜, 陈松林, 邵长伟, 等. 2009. 鲈鱼冷冻精子诱导半滑舌鳎胚胎发育.海洋水产研究, 29(2): 1～9.

王肖克, 杨健. 2002. 影响家畜冷冻精液质量的因素. 内蒙古畜牧科学, (6): 20～21.

王祖昆, 邱麟翔, 陈魁候, 等.1984. 草鱼、鲢鱼、鳙鱼、鲮鱼冷冻精液授精试验. 水产学报, 8(3): 255～257.

魏平, 竺俊全, 闫家强, 等, 2010.真鲷精子的超低温冻存及 DNA 损伤的检测. 水生生物学报, (5): 1049～1055.

徐西长, 丁福红, 李军. 2005. 单细胞凝胶电泳用于检测低温保存的真鲷(*Pagrosomus major*)精子 DNA

损伤. 海洋与湖沼, (3): 221～225.

徐振军, 赵冰, 魏丹, 等. 2009. 绒山羊精液冷冻保存技术研究. 中国畜牧杂志, 45(1): 16～18.

闫文罡, 章龙珍, 庄平, 等. 2008. 日本黄姑鱼精子生理特性及超低温冷冻保存研究. 海洋渔业, 30(2): 145～151.

闫秀明, 张小雪. 2011. 超低温冷冻对黄鳝精子中几种酶活性的影响. 水生生物学报, (5): 882～886.

杨健. 2006. 绵羊精液稀释液添加 PUFA 对精子冷冻保护效果研究. 内蒙古农业大学硕士学位论文.

杨素芳, 邹知明, 黎江, 等. 2008. 山羊精液冷冻保存技术研究. 安徽农业科学, 36(11): 4532～4533+4538.

于海涛, 张秀梅, 陈超, 等. 2007. 红鳍东方鲀精子超低温保存前后的超微结构观察. 海洋科学, (2): 17～19+26.

张轩杰. 1987. 鱼类精液超低温冷冻保存研究进展. 水产学报, 9(3): 259～267.

张永忠. 2004. 鱼类精子及胚胎超低温冷冻保存. 中国海洋大学博士学位论文.

张忠诚. 2004. 家畜繁殖学. 4 版. 北京: 中国农业出版社: 63.

章龙珍, 刘鹏, 庄平, 等. 2008. 超低温冷冻对西伯利亚鲟精子形态结构损伤的观察. 水产学报, (4): 558～565.

赵维信. 1992. 团头鲂卵泡细胞的超微结构. 上海水产大学学报, (Z2): 142～146.

Aboagla E M, Terada T. 2003. Trehalose-enhanced fluidity of the goat sperm membrane and its protection during freezing. Biol Reprod, 69(4): 1245～1250.

Adler H C. 1960. Deep-freezing of bull semen in a cold air generator. (Summary) Arsberetning, Den kgl. Vet.- og Landboh～bjskoles Sterilitetsforskn: 249.

Agca Y, Mullen S. 2005. Osmotic tolerance and membrane permeability characteristics of rhesus monkey (*Macaca mulatta*) spermatozoa. Cryobiology, 51(1): 1～14.

Aires V A, Hinsch K D, Mueller-Schloesser F, et al. 2003. In vitro and in vivo comparison of egg yolk-based and soybean lecithin-based extenders for cryopreservation of bovine semen. Theriogenology, 60(2): 269～279.

Aisen E G, Medina V H, Venturino A. 2002. Cryopreservation and post-thawed fertility of ram semen frozen in different trehalose concentrations. Theriogenology, 57(7): 1801～1808.

Almlid T, Hofmo P O. 1996. A brief review of frozen semen application under norwegian AI service conditions. Reprod Domest Anim, 31: 169～173.

Almlid T, Johnson L A. 1988. Effect of glycerol concentration, equilibration time and temperature of glycerol addition on post-thaw viability of boar spermatozoa frozen in straws. J Anim Sci, 66: 2899～2905.

Amirat L, Tainturier D, Jeanneau L, et al. 2004. Bull semen *in vitro* fertility after cryopreservation using egg yolk LDL: a comparison with Optidyl, a commercial egg yolk extender. Theriogenology, 61: 895～907.

Amirat-Briand L, Bencharif D, Vera-Munoz O, et al. 2010. *In vivo* fertility of bull semen following cryopreservation with an LDL (low density lipoprotein) extender: preliminary results of artificial inseminations. Anim Reprod Sci, 122(3-4): 282～287.

An T Z, Iwakiri M, Edashige K, et al. 2000. Factors affecting the survival of frozen-thawed mouse spermatozoa. Cryobiology, 40(3): 237～249.

Aoki K, Okamoto M, Tatsumi K, et al. 1997. Cryopreservation of medaka spermatozoa. Zool Sci, 14: 641～644.

Araki Y, Yao T, Asayama Y, et al. 2015. Single human sperm cryopreservation method using hollow-core agarose capsules. Fertil Steril, 104(4): 1004～1009.

Ashrafi I, Kohram H, Ardabili F F. 2013. Antioxidative effects of melatonin on kinetics, microscopic and oxidative parameters of cryopreserved bull spermatozoa. Anim Reprod Sci, 139(1-4): 25～30.

Babiak I, Glogowski J, Goryczko K, et al. 2001. Effect of extender composition and equilibration time on fertilization ability and enzymatic activity of rainbow trout cryopreserved spermatozoa. Theriogenology, 56(1): 177～192.

Babiak I, Glogowski J, Luczynski M J, et al. 1995. Cryopreservation of the milt of northern pike. J Fish Biol, 46: 819~828.

Baier W. 1962. Erfahrungen in der Künstlichen Besamung des Hausschweines einschliesslich der Verwendung von Tiefku lsamen. Zootec Vet, 17: 94~99.

Bennett D, Boyse E A. 1973. Sex ratio in progeny of mice inseminated with sperm treated with H-Y antiserum. Nature, 246(5431): 308~309.

Berger B, Fischerleitner F. 1992. On deep freezing of boar semen: investigations on the effects of different straw volumes, methods of freezing and thawing extenders. Reprod Dom Anim, 27: 266~270.

Bernstein AD, Petropavlovsky VV. 1937. Effect of non-electrolytes on viability of spermatozoa. Byull Eksp Biol Med, 3: 41~43.

Bilodeau J F, Chatterjee S, Sirard M A, et al. 2000. Levels of antioxidant defenses are decreased in bovine spermatozoa after a cycle of freezing and thawing. Mol Reprod Dev, 55(3): 282~288.

Blackshaw A W. 1953. The motility of ram and bull spermatozoa in dilute suspension. J Gen Physiol, 36(4): 449~462.

Blaxter J H S. 1953. Sperm storage and cross-fertilization of spring and autumn spawning herring. Nature, 172: 1189~1190.

Bolarin A, Roca J, Rodriguez-Martinez H, et al. 2006. Dissimilarities in sows' ovarian status at the insemination time could explain differences in fertility between farms when frozen-thawed semen is used. Theriogenology, 65(3): 669~680.

Bunge R G, Sherman J K. 1954. Frozen human semen. Fertil Steril, 5(2): 193~194.

Bwanga C O. 1991. Cryopreservation of boar semen: a literature review. Acta Vet Scand, 32: 431~453.

Bwanga C O, de Braganca M M, Einarsson S, et al. 1990. Cryopreservation of boar semen in Mini-and Maxi-straws. J Vet Med A, 37(9): 651~658.

Cabrita E, Engrola S, Conceicao L E C, et al. 2009. Successful cryopreservation of sperm from sex-reversed dusky grouper, Epinephelus marginatus. Aquaculture, 287(1-2): 152~157.

Cabrita E, Robles V, Alvarez R, et al. 2001. Cryopreservation of rainbow trout sperm in large volume straws: application to large scale fertilization. Aquaculture, 201(3-4): 301~314.

Cassou R. 1950. New technic of artificial insemination. C R Soc Biol, 144: 486.

Cassou R. 1964. La methode de paillettes en plastique adaptee a la generalisation de la congelation. Proc 5th Int Congr Anim Reprod A.I., Trento, Italy, 4: 540~546.

Centola G M, Raubertas R F, Mattox J H. 1992. Cryopreservation of human semen. Comparison of cryopreservatives, sources of variability, and prediction of post-thaw survival. J Androl, 13(3): 283~288.

Chao N H, Chao W C, Liu K C, et al. 1986. The biological properties of black porgy Ž Acanthopagrus schlegeli. sperm and its cryopreservation. Proc Natl Sci Counc Repub China B, 10(2): 145~149.

Chao N H, Chao W C, Liu K C, et al. 1987. The properties of tilapia sperm and its cryopreservation.J Fish Biol, 30: 107~118.

Chebel R C, Guagnini F S, Santos J E, et al. 2010. Sex-sorted semen for dairy heifers: effects on reproductive and lactational performances. J Dairy Sci, 93(6): 2496~2507.

Chen Q, Peng H Y, Lei L, et al. 2010. Aquaporin3 is a sperm water channel essential for postcopulatory sperm osmoadaptation and migration. Cell Res, 21: 922~933.

Chen S L, Ji X S, Yu G C, et al. 2004. Cryopreservation of spermatozoa from turbot (*Scophthalmus maximus*) and application to large scale fertilization. Aquaculture, 236: 547~556.

Chohan K R, Griffin J T, Carrell D T. 2004. Evaluation of chromatin integrity in human sperm using acridine orange staining with different fixatives and after cryopreservation. Andrologia, 36(5): 321~326.

Ciereszko A, Liu L, Dabrowski K. 1996. Effects of season and dietary treatment on some biochemical characteristics of rainbow trout Oncorhynchus mykiss semen. Fish Physiol Biochem, 15: 1~10.

Cognie F, Billard R, Chao N H. 1989. La cryoconservation de la laitance de la carpe, Cyprinus carpio. J Appl

Ichlhyol, 5: 165～176.

Cohen J, Garrisi G J. 1997. Micromanipulation of gametes and embryos: Cryopreservation of a single human spermatozoon within an isolated zona pellucida. Hum Reprod Update, 3(5): 453.

Colas G. 1975. Effect of initial freezing temperature, addition of glycerol and dilution on the survival and fertilizing ability of deep frozen ram semen. J Reprod Fert, 47: 277.

Corteel J M. 1973. L'insemination artificielle caprine: Bases physiologiques, e´tat actuel et perspectives d'avenir. Word Rev Anim Prod, 9: 73～99.

Corteel J M.1974. Viability of goat spermatozoa deep frozen with or without seminal plasma: glucose effect. Ann Biol Anim Biochem Biophys, 14: 741～745.

Crabo B S, Einarsson A M, Lamm O, et al. 1972. Studies on the fertility of deep frozen boar spermatozoa. Proc Vllth Int Congr Anita Reprod Munich, II: 1647.

Crabo B, Einarsson S. 1971. Fertility of deep frozen boar spermatozoa. Acta Vet Scand, 12(1): 125～129.

Cseh S, Faigl V, Amiridis G S. 2012. Semen processing and artificial insemination in health management of small ruminants. Anim Reprod Sci, 130(3-4): 187～192.

Dauzier G, Willis T, Barnett R N. 1956. Pneumocystis carinii pneumonia in an infant. Am J Clin Pathol, 26(7): 787～793.

Davis I S, Bratton R W, Foote R H. 1963a. Livability of bovine spermatozoa at 5, -25 and -85℃ in tris-buffered and citrate-buffered yolk-glycerol extenders. J Dairy Sci, 46: 333～336.

Davis I S, Bratton R W, Foote R H. 1963b. Livability of bovine spermatozoa at 5℃ in tris-buffered and citrate-buffered yolk-glycerol extenders. J Dairy Sci, 46: 57～60.

De Leeuw F E, De Leeuw A M, Den Daas J H G, et al.1993. Effects of various cryoprotective agents and membrane stabilizing compounds on bull sperm membrane integrity after cooling and freezing. Cryobiology, 30: 32～44.

Dejarnette J M, Leach M A, Nebel R L, et al. 2011. Effects of sex-sorting and sperm dosage on conception rates of Holstein heifers: is comparable fertility of sex-sorted and conventional semen plausible? J Dairy Sci, 94(7): 3477～3483.

DeJarnette J M, McCleary C R, Leach M A, et al. 2010. Effects of 2.1 and 3.5x10(6) sex-sorted sperm dosages on conception rates of Holstein cows and heifers. J Dairy Sci, 93(9): 4079～4085.

DeJarnette J M, Nebel R L, Marshall C E. 2009. Evaluating the success of sex-sorted semen in US dairy herds from on farm records. Theriogenology, 71(1): 49～58.

Denis L T, Poindexter A N, Ritter M B, et al. 1976. Freeze preservation of squirrel monkey sperm for use in timed fertilization studies. Fertil Steril, 27(6): 723～729.

Desai N N, Blackmon H, Goldfarb J. 2004. Single sperm cryopreservation on cryoloops: an alternative to hamster zona for freezing individual spermatozoa. Reprod Biomed Online, 9(1): 47～53.

Didion B A, Schoenbeck R A. 1996. Fertility of frozen boar semen used for AI in commercial setting. Reprod Domest Anim, 31: 175～178.

Dong Q, Rodenburg S E, Huang C, et al. 2008a. Cryopreservation of Rhesus monkey (*Macaca mulatta*) epididymal spermatozoa before and after refrigerated storage. J Androl, 29(3): 283～292.

Dong Q, Rodenburg S E, Huang C, et al. 2008b. Effect of pre-freezing conditions on semen cryopreservation in rhesus monkeys. Theriogenology, 70(1): 61～69.

Donnelly E T, McClure N, Lewis S E. 2001. Cryopreservation of human semen and prepared sperm: effects on motility parameters and DNA integrity. Fertil Steril, 76(5): 892～900.

Draper B W, McCallum C M, Scout J L, et al. 2004. A high-throughput method for identifying N-ethyl-N-nitrosourea (ENU)-induced point mutations in zebrafish///Detrich H W, Westerfield M, Zon L I. The zebrafish genomics, and informatics, methods in cell biology, 77. San Diego: Elsevier Press: 91～112.

Ellis P J, Yu Y, Zhang S. 2011. Transcriptional dynamics of the sex chromosomes and the search for offspring sex-specific antigens in sperm. Reproduction, 142(5): 609-619.

Endo Y, Fujii Y, Shintani K, et al. 2012. Simple vitrification for small numbers of human spermatozoa. Reprod Biomed Online, 24(3): 301~307.

Engelmann U, Krassnigg F, Schatz H, et al. 1988. Separation of human X and Y spermatozoa by free-flow electrophoresis. Gamete Res, 19(2): 151~160.

Erdahl D A. 1986. Preservation of spermatozoa and ova from freshwater fish. Thesis of University of Minnesota, U.S.A.

Erdahl D A, Graham E F. 1978. Cryopreservation of salmonid spermatozoa. Cryobiology, 15(3): 362~364.

Eriksson B M, Petersson H, Rodriguez-Martinez H. 2002. Field fertility with exported boar semen frozen in the new FlatPack container. Theriogenology, 58(6): 1065~1079.

Evans G. 1988. Current topics in artificial insemination of sheep. Aust J Biol Sci, 41(1): 103~116.

Ewert L. 1988. Experiments on preparation of boar spermatozoa for cryoconservation in straws and biological-physical aspects of thawing by microwaves. Thesis, School of Vet. Med., Hannover, 91.

Fahy G M. 1986. The relevance of cryoprotectant 'toxicity' to cryobiology. Cryobiology, 23: 1~13.

Fazano F A T. 1986. ZurKryokonservierung von Ebersperma verschiedene Verfahren zur Samenbehandlung und unterschiedliedliche Konfektionierungsmetoden unter besonderer Berücksichtigung der Einfriergeschwindigkeit. Thesis, Hannover Veterinary College.

Feredean T, Bragaru F L. 1964. Studies on conservation of ram semen by freezing to -79℃(in Rumanian). Lucr Stiint Inst Cercet Zooteh, 21: 357~368.

Figiel C R, Tiersch T R, Wayman W R, et al. 1998. Cryopreservation of sperm of the endangered razorback sucker. Trans Am Fish Soc, 127: 95~104.

Figueroa E, Valdebebito I, Zepeda A B, et al. 2015. Effects of cryopreservation on mitochondria of fish spermatozoa. Reviews in Aquaculture, 0: 1~12.

Fiser P S, Fairfull R W. 1990. Combined effect of glycerol concentration and cooling velocity on motility and acrosomal integrity of boar spermatozoa frozen in 0.5 m straws. Mol Reprod Dev, 25: 123~129.

Forouzanfar M, Sharafi M, Hosseini S M, et al. 2010. *In vitro* comparison of egg yolk-based and soybean lecithin-based extenders for cryopreservation of ram semen. Theriogenology, 73(4): 480~487.

Fraser L, Strzezek R, Strzezek J. 2007. Fertilizing capacity of boar semen frozen in an extender supplemented with ostrich egg yolk lipoprotein fractions–a pilot study. Pol J Vet Sci, 10(3): 131~135.

Gadea J, Molla M, Selles E, et al. 2011. Reduced glutathione content in human sperm is decreased after cryopreservation: Effect of the addition of reduced glutathione to the freezing and thawing extenders. Cryobiology, 62(1): 40~46.

Garner D L, Seidel G E, Jr. 2008. History of commercializing sexed semen for cattle. Theriogenology, 69(7): 886~895.

Gil-Salom M, Romero J, Rubio C, et al. 2000. Intracytoplasmic sperm injection with cryopreserved testicular spermatozoa. Mol Cell Endocrinol, 169: 15~19.

Graham E F, Crabo B G, Pace M M. 1978. Current status of semen preservat ion in the ram boar an d stallion. Anim Sci, 47(Suppl. 22): 80~119.

Graham E F, Rajamannan A H J, Schmehl M K L, et al. 1971. Preliminary report on procedure and rationale for freezing boar spermatozoa. AI Dig, 19: 12~14.

Gvakharia M, Adamson G D. 2001. A method of successful cryopreservation of small numbers of human spermatozoa. Fertil Steril, 76: 101.

Gwo H H, Weng T S, Fan L S, et al. 2005. Development of cryopreservation procedures for semen of Pacific bluefin tuna *Thunnus orientalis*. Aquaculture, 249(1-4): 205~211.

Gwo J C. 1994. Cryopreservation of yellowfin seabream (*Acanthopagrus latus*) spermatozoa (Teleost, Perciformes, Sparidae). Theriogenology, 41(5): 989~1004.

Gwo J C, Arnold C R. 1992. Cryopreservation of Atlantic croaker spermatozoa: evaluation of morphological changes. The Journal of experimental zoology, 264(4): 444~453.

Harvey B, Norman K R, Ashwood-Smith M J. 1982. Cryopreservation of zebrafish spermatozoa using methanol. Can J Zool, 60: 1867~1870.

He S, Woods L C Rd. 2004. Effects of dimethyl sulfoxide and glycine on cryopreservation induced damage of plasma membranes and mitochondria to striped bass (*Morone saxatilis*) sperm. Cryobiology, 48(3): 254~262.

Henry M A, Noiles E E, Gao D, et al. 1993. Cryopreservation of human spermatozoa. IV. The effects of cooling rate and warming rate on the maintenance of motility, plasma membrane integrity, and mitochondrial function. Fertil Steril, 60(5): 911~918.

Hofmo P O, Grevle I S. 2000. Development and commercial use of frozen boar semen in Norway//Johnson L A, Guthrie H D. Boar Semen Preservation IV. Lawrence, KS: Allen Press Inc: 71~86.

Holtz W. 1993. Cryopreservation of rainbow trout *Oncorhynchus mykiss*: practical recommendations. Aquaculture, 110: 97~100.

Horton H F, Ott A G. 1976. Cryopreservation of fish spermatozoa and ova. J Fish Res Bd Can, 33: 995~1000.

Huang C, Dong Q, Tiersch T R. 2004. Sperm cryopreservation of a live-bearing fish, the platyfish *Xiphophorus couchianus*. Theriogenology, 62, 971~989.

Huang S Y. 1999. Substantial decrease of heat-shock protein 90 precedes the decline of sperm motility during cooling of boar spermatozoa. Theriogenology, 51(5): 1007~1016.

Iida I, Adachi T. 1966. Studies on deep-freezing of boar semen. I. Effect of various diluents, glycerol levels and glycerol equilibration periods on deep-freezing of boar semen. Jpn J Zootech Sci, 37: 411~416.

Isachenko E, Isachenko V, Katkov II, et al. 2004. DNA integrity and motility of human spermatozoa after standard slow freezing versus cryoprotectant-free vitrification. Hum Reprod, 19(4): 932~939.

Isachenko V, Isachenko E, Montag M, et al. 2005. Clean technique for cryoprotectant-free vitrification of human spermatozoa. Reprod Biomed Online, 10(3): 350~354.

Jackson T H, Ungan A, Critser J K, et al. 1997. Novel microwave technology for cryopreservation of biomaterials by suppression of apparent ice formation. Cryobiology, 34(4): 363~372.

Jakobsen F K. 1956. Forsog reed dyb-frysning af tyresaed. Beretning fra forsogs- laboratoriet, Kobenhavn, 292 (As cited by Maepherson and Penner, 1972).

Janice L, Balley, Bilodeal J F, et al. 2000. Semen cryopresevation in domestic animals: a danmaging and capacitating phenomenon. J Androl, 21: 1~7.

John Morris G, Acton E, Murray B J, et al. 2012. Freezing injury: the special case of the sperm cell. Cryobiology, 64(2): 71~80.

Johnson L A. 1985. Fertility results using frozen boar spermatozoa 1970 to 1985//Johnson L A, Larsson K. Deep Freezing Boar Semen. Proc. 1st Int. Conf. Deep Freezing of Boar Semen. Uppsala: Swedish Univ Agric Sciences: 199~222.

Johnson L A, Weitze K F, Fiser P, et al. 2000. Storage of boar semen. Anim Reprod Sci, 62(1-3): 143~172.

Jondet G. 1965. Dentogenic and dentogenetic. Inf Dent, 47: 2123~2128.

Karimfar M H, Niazvand F, Haghani K, et al. 2015. The protective effects of melatonin against cryopreservation-induced oxidative stress in human sperm. Int J Immunopathol Pharmacol, 28(1): 69~76.

Katkov II, Mazur P. 1998. Influence of centrifugation regimes on motility, yield, and cell associations of mouse spermatozoa. J Androl, 19(2): 232~241.

Kedem O, Katchalsky A. 1958. Thermodynamic analysis of the permeability of biological membranes to non-electrolytes. Biochim Biophys Acta, 27: 229~246.

Kirichok Y, Navarro B, Clapham D E. 2006. Whole-cell patch-clamp measurements of spermatozoa reveal an alkaline-activated $Ca^{2+}$ channel. Nature, 439: 737~742.

Kittiphong P, Agca Y, Rangsun P, et al. 2013. Cryopreservation of transgenic Huntington's disease rhesus macaque sperm: A Case Report. Clon Transgen, 2(3): 1~5.

Kobayashi J, Sasaki A, Watanabe A, et al. 2003. Effect of Lactoferrin on motility and capacitation of bovine spermatozoa. Theriogenology, 59(1): 462.

Kobayashi K, Hara A, Takano K, et al. 1982. Studies on subunit components of immunoglobulin M from a bony fish, the chum salmon (*Oncorhynchus keta*). Mol Immunol, 19(1): 95～103.

Kobayashi T, Kaneko S, Hara I, et al. 1991. A simplified technique for freezing human sperm for AIH: cryosyringe/floating platform of liquid nitrogen vapor. Arch Androl, 27(1): 55～60.

Koshimoto C, Gamliel E, Mazur P. 2000. Effect of osmolality and oxygen tension on the survival of mouse sperm frozen to various temperatures in various concentrations of glycerol and raffinose. Cryobiology, 41(3): 204～231.

Koshimoto C, Mazur P. 2002. Effects of warming rate, temperature, and antifreeze proteins on the survival of mouse spermatozoa frozen at an optimal rate. Cryobiology, 45(1): 49～59.

Krone A, Wittbrodt J. 1997. A simple and reliable protocol for cryopreservation of medaka *Oryzias latipes* spermatozoa. Fish Biol J Medaka, 9: 47～48.

Kundu C N, Chakrabarty J, Dutta P, et al. 2002. Effect of dextrans on cryopreservation of goat cauda epididymal spermatozoa using a chemically defined medium. Reproduction, 123(6): 907-913.

Kundu C N, Chakraborty J, Dutta P, et al. 2000. Development of a simple sperm cryopreservation model using a chemically defined medium and goat cauda epididymal spermatozoa. Cryobiology, 40(2): 117-125.

Kundu C N, Das K, Majumder G C. 2001. Effect of amino acids on goat cauda epididymal sperm cryopreservation using a chemically defined model system. Cryobiology, 42(1): 21-27.

Labbe C, Martoriati A, Devaux A, et al. 2001. Effect of sperm cryopreservation on sperm DNA stability and progeny development in rainbow trout. Molecular reproduction and development, 60(3): 397～404.

Larsson K, Einarsson S, Swensson T. 1977. The development of a practicable method for deep freezing of boar spermatozoa. Nord Vet Med, 29: 112～118.

Leboeuf B, Restall B, Salamon S. 2000. Production and storage of goat semen for artificial insemination. Anim Reprod Sci, 62(1-3): 113～141.

Lee Y S, Lee S, Lee S H, et al. 2015. Effect of cholesterol-loaded-cyclodextrin on sperm viability and acrosome reaction in boar semen cryopreservation. Anim Reprod Sci, 159: 124～130.

Leeuw A M, Hating R M, Kaal L M T, et al. 2000. Fertility results using bovine semen cryopreserved with extenders based on egg yolk and soy bean extract. Theriogenology, 54(4): 57～67.

Leibo S P, Kubisch H M, Schramm R D, et al. 2007. Male-to-male differences in post-thaw motility of rhesus spermatozoa after cryopreservation of replicate ejaculates. J Med Primatol, 36(3): 151～163.

Li D G, Zhu Y, Li H P, et al. 2014. A comprehensive method for the conservation of mouse strains combining natural breeding, sperm cryopreservation and assisted reproductive technology. Zygote, 22(2): 132～137.

Li M, Meyers S, Tollner T L, et al. 2007. Damage to chromosomes and DNA of rhesus monkey sperm following cryopreservation. J Androl, 28(4): 493～501.

Li Y H, Cai K J, Kovacs A, et al. 2005. Effects of various extenders and permeating cryoprotectants on cryopreservation of cynomolgus monkey (*Macaca fascicularis*) spermatozoa. J Androl, 26(3): 387～395.

Li Y, Cai K, Li J, et al. 2006. Comparative studies with six extenders for sperm cryopreservation in the cynomolgus monkey (*Macaca fascicularis*) and rhesus monkey (*Macaca mulatta*). Am J Primatol, 68(1): 39～49.

Li Y, Si W, Zhang X, et al. 2003. Effect of amino acids on cryopreservation of cynomolgus monkey (*Macaca fascicularis*) sperm. Am J Primatol, 59(4): 159～165.

Lin S P, Lee R K, Tsai Y J, et al. 1998. Separating X-bearing human spermatozoa through a discontinuous Percoll density gradient proved to be inefficient by double-label fluorescent in situ hybridization. J Assist Reprod Genet, 15(9): 565～569.

Mackepladze I B, Gugusvili K F, Bregadze M A, et al. 1960. Storage and use of frozen bull and ram semen. Zivotnovodstvo, 22(2): 77.

Mallory D A, Lock S L, Woods D C, et al. 2013. Hot topic: Comparison of sex-sorted and conventional semen within a fixed-time artificial insemination protocol designed for dairy heifers. J Dairy Sci, 96(2): 854~856.

Martín-Hidalgo D, Barón F J, Bragado M J. 2009. The effect of melatonin on the quality of extended boar semen after long-term storage at 17 ℃. Cybium, 35(3): 409-414.

Martín-Hidalgo D, Barón F J, Bragado M J, et al. 2011. The effect of melatonin on the quality of extended boar semen after long-term storage at 17 degree C. Theiogenology, 75(8): 1550~1560.

Martorana K, Klooster K, Meyers S. 2014. Suprazero cooling rate, rather than freezing rate, determines post thaw quality of rhesus macaque sperm. Theriogenology, 81(3): 381~388.

Mata-Campuzano M, Alvarez-Rodriguez M, Alvarez M, et al. 2012. Effect of several antioxidants on thawed ram spermatozoa submitted to 37 degrees C up to four hours. Reprod Domest Anim, 47(6): 907~914.

Mathur A I L, Sirvastava R S, Joshi A. 1991. Cryopreservation of ram semen in egg yolk- lactose-raffinose-citrate-glycerol extender. Indian J Anim Sci, 61: 79~81.

Mathur S M. 1989. Automated semen analysis. Fertility and sterility, 52(2): 343~345.

Maxwell W M C, Salamon S. 1993. Liquid storage of ram semen.Reprod Fertil, 5: 61.

Mazur P. 1985. Basic conceps in freezing cells//Johnson L A, Larsson K. Deep Freezing Boar Semen. Proc. 1st Int. Conf. Deep Freezing of Boar Semen.Uppsala: Swedish Univ Agric Sciences: 91~111.

Mazur P, Leibo S P, Chu E H V. 1972. A two factor hypothesis of freezing injury. Exp Cell Res, 71: 345~355.

Melrose D R. 1962. Artificial insemination in cattle//Maule J P. The Semen of Animals and Artificial Insemination. Commonwealth Agricultural Bureau, Farnham Royal, Bucks, England: 1~181.

Milovanov V K, Baranov F A, Qhil'tsova L S, et al. 1974. Developing methods for freezing boar semen. Zhivotnovodstvo, 3: 66~71(in Russian).

Mochida K, Ohkawa M, Inoue K, et al. 2005. Birth of mice after *in vitro* fertilization using C57BL/6 sperm transported within epididymides at refrigerated temperatures. Theriogenology, 64(1): 135~143.

Moore A, Penfold L M, Johnson J L, et al. 1993. Human sperm-egg binding is inhibited by peptides corresponding to core region of an acrosomal serine protease inhibitor. Mol Reprod Dev, 34(3): 280~291.

Mounib M S. 1978. Cryogenic preservation of fish and mammalian spermatozoa. J Reprod Fertil, 53: 1~8.

Mounib M S, Eisan J S. 1968. Carbon dioxide fixation by spermatozoa of cod. Comp Biochem Physiol, 25: 703~709.

Moussa M, Martinet V. 2002. Low density lipoproteins extracted from hen egg yolk by all easy method: eryoprotective effect on frozen-thawed bull Semen. Theriogenology, 57(6): 1695~1706.

Moussa M, Marinet V, Trimeche A, et al. 2002. Low density lipoproteins extracted from hen egg yolk by an easy method: cryoprotective effect on frozen-thawed bull semen. Theriogenology, 57(6): 1695~1706.

Muino R, Fernandez M, Pena A I. 2007. Post-thaw survival and longevity of bull spermatozoa frozen with an egg yolk-based or two egg yolk-free extenders after an equilibration period of 18 h. Reprod Domest Anim, 42(3): 305~311.

Mutalik S, Salian S R, Avadhani K, et al. 2014. Liposome encapsulated soy lecithin and cholesterol can efficiently replace chicken egg yolk in human semen cryopreservation medium. Syst Biol Reprod Med, 60(3): 183~188.

Nabiev D, Gilles M, Schneider H. 2003. Comparison of androMed and TRIS egg yolk extender bovine post-thaw sperm function parameters and *in vitro* fertility. Theriogenology, 59(1): 226.

Nagase H, Niwa T. 1964. Deep freezing bull semen in concentrated pellet form: I. Factors affecting survival of spermatozoa. Proc 5th Int Congr Anim Reprod A.I. Trento, Italy, 4: 410~415.

Najafi A, Kia H D, Mohammadi H, et al. 2014. Different concentrations of cysteamine and ergothioneine improve microscopic and oxidative parameters in ram semen frozen with a soybean lecithin extender. Cryobiology, 69(1): 68~73.

Nakagata N. 1996. Use of cryopreservation techniques of embryos and spermatozoa for production of transgenic(Tg)mice and for maintenance of Tg mouse lines. Lab Anim Sci, 46(2): 236~238.

Nakagata N. 2000. Cryopreservation of mouse spermatozoa. Mammalian Genome, 11(7): 572~576.

Nakagata N, Takeshima T. 1992. High fertilizing ability of mouse spermatozoa diluted slowly after cryopreservation. Theriogenology, 37(6): 1283~1291.

Nakagata N, Takeshima T. 1993. Cryopreservation of mouse spermatozoa from inbred and F1 hybrid strains. Jikken Dobutsu, 42(3): 317~320.

Nakagata N, Okamoto M, Ueda O, et al. 1997. Positive effect of partial zona-pellucida dissection on the in vitro fertilizing capacity of cryopreserved C57BL/6J transgenic mouse spermatozoa of low motility. Biol Reprod, 57(5): 1050~1055.

Nakagata N, Ueda S, Yamanouchi K, et al. 1995. Cryopreservation of wild mouse spermatozoa. Theriogenology, 43(3): 635~643.

Nauk V A. 1991. Structure and function of spermatozoa from farm animal by cryopreservation. Shtiinca Kishineu: 198.

Noiles E E, Bailey J L, Storey B T. 1995. The temperature dependence in the hydraulic conductivity, Lp, of the mouse sperm plasma membrane shows a discontinuity between 4 and 0 degrees C. Cryobiology, 32(3): 220~238.

Noiles E E, Thompson K A, Storey B T. 1997.Water permeability, Lp, of the mouse sperm plasma membrane and its activation energy are strongly dependent on interaction of the plasma membrane with the sperm cytoskeleton. Cryobiology, 35(1): 79~92.

Norman H D, Hutchison J L, Miller R H. 2010. Use of sexed semen and its effect on conception rate, calf sex, dystocia, and stillbirth of Holsteins in the United States. J Dairy Sci, 93(8): 3880~3890.

Ohta H, Shimma H, Himse K. 1995. Effects of freezing rate and lowest cooling pre-storage temperature on post-thaw fertility of amago and masu salmon spermatozoa. Fisheries Science, 61: 423~427.

Okada A, Igarashi H, Kuroda M, et al. 2001. Cryopreservation-induced acrosomal vesiculation in live spermatozoa from cynomolgus monkeys (*Macaca fascicularis*). Hum Reprod, 16(10): 2139~2147.

Okuyama M, Isogai S, Saga M, et al. 1990. *In vitro* fertilization (IVF) and artificial insemination (AI) by cryopreserved spermatozoa in mouse. J Fertil Implant (Tokyo), 7: 116~119.

Oliveira K G, Leao D L, Almeida D V C, et al. 2015. Seminal characteristics and cryopreservation of sperm from the squirrel monkey, Saimiri collinsi. Theriogenology, 84(5): 743~749.

Ollero M, Bescos O, Cebrian-Perez J A, et al. 1998. Loss of plasma membrane proteins of bull spermatozoa through the freezing-thawing process. Theriogenology, 49(3): 547~555.

Osinowa O, Salamon S. 1976. Fertility test of frozen boar semen. Aust J Biol Sci, 29(4): 335~339.

Pace M M, Graham E F. 1974. Components in egg yolk which protect bovine spermatozoa during freezing. J Anim Sci, 39(6): 1144~1149.

Palermo G, Joris H, Devroey P, et al. 1992. Pregnancies after intracytoplasmic injection of single spermatozoon into an oocyte. Lancet, 340(8810): 17~18.

Paquignon M, Buisson F M. 1973. Fertifite et prolificite de truies inseminees avec du sperme congele. J Rech Annales de zootechnie, INRA/EDP Sciences, 24(4): 645-650.

Park H K, Kim S H, Kim K J, et al. 1977. Studies on the frozen boar semen. 1. Studies on the development of duluents for freezing of boar semen. Kor J Anim Sci, 19: 260~266.

Pellicer-Rubio M T, Combarnous Y. 1998. Deterioration of goat spermatozoa in skimmed milk-based extenders as a result of oleic acid released by the bulbourethral lipase BUSgp60. J Reprod Fertil, 112(1): 95~105.

Pena F J, Johannisson A, Wallgren M, et al. 2004. Effect of hyaluronan supplementation on boar sperm motility and membrane lipid architecture status after cryopreservation. Theriogenology, 61(1): 63~70.

Peng Q P, Cao S F, Lyu Q F, et al. 2011. A novel method for cryopreservation of individual human spermatozoa. In Vitro Cell Dev Biol Anim, 47(8): 565~572.

Phillips P H. 1939. Preservation of bull semen. J Biol Chem, 130, 415.

Phillips P H, Lardy H A. 1940. A yolk-buffer pabulum for the preservation of bull semen. J Dairy Sci, 23: 399~404.

Piasecka M, Wenda-Rozewicka L, Ogonski T. 2001. Computerized analysis of cytochemical reactions for dehydrogenases and oxygraphic studies as methods to evaluate the function of the mitochondrial sheath in rat spermatozoa. Andrologia, 33(1): 1~12.

Pickett B W, Berndtson W E. 1974. Preservation of bovine spermatozoa by freezing in straws: a review. J Dairy Sci, 57: 1287~1301.

Pickett B W, Berndtson W E. 1978. Principles and techniques of freezing spermatozoa//Salisbury G W, Van Demark N L, Lodge J R. Physiology of Reproduction and Artificial Insemination of Cattle. San Francisco: Freeman: 494~554.

Piironen J, Hyvarinen H. 1983. Crypreservtion of spermatozoa of whitefish *Coregonus muksun* Pallas. J Fish Biol, 22: 159~163.

Pinho R O, Lima D M, Shiomi H H, et al. 2014. Effect of different cryo-protectants on the viability of frozen/thawed semen from boars of the Piau breed. Anim Reprod Sci, 146(3-4): 187~192.

Platov E M. 1977. Study on freezing ram semen. Ovtsevodstov, 9: 35~37.

Platov E M. 1988. Cryopreservation of ram spermatozoa. Cryoconservation of Spermatozoa of Farm Animals. Agropromizda, Leningrad. p 161~195 (in Russian)

Polge C. 1956. Artificial insemination in pigs. Vet Rec, 68: 62~76.

Polge C, Salamon S, Wilmut I. 1970. Fertilizing capacity of frozen boar semen following surgical insemination. Vet Rec, 87(15): 424~428.

Polge C, Smith A U, Parkes A S. 1949. Revival of spermatozoa after vitrification and dehydration at low temperatures. Nature, 164(4172): 666.

Pontbriand D, Howard J G, Schiewe M C, et al. 1989. Effect of cryoprotective diluent and method of freeze-thawing on survival and acrosomal integrity of ram spermatozoa. Cryobiology, 26(4): 341~354.

Pullin R S V. 1972. The storage of plaice (*Pleuronectes platessa*) sperm at low temperature. Aquaculture, 1: 273~283.

Purdy P H. 2006. The post-thaw quality of ram sperm held for 0 to 48 h at 5 degrees C prior to cryopreservation. Anim Reprod Sci, 93(1-2): 114~123.

Pursel V G, Johnson L A. 1971. Procedure for the preservation of boar spermatozoa by freezing. USDA ARS Bull, 44: 227.

Pursel V G, Johnson L A. 1972a. Fertility comparison of boar semen frozen in two extenders. J Anita Sci, 35: 1123(Abstr).

Pursel V G, Johnson L A. 1972b. Fertility of gilts intracervically inseminated with frozen boar spermatozoa. Proc VIIth Int Congr Anim Reprod Munich, If, 1653.

Pursel V G, Johnson L A. 1975. Freezing of boar spermatozoa: Fertilizing capacity with concentrated semen and a new thawing procedure. J Anim Sci, 40: 99~102.

Pursel V G, Johnson L A. 1976. Frozen boar spermatozoa. Methods of thawing pellets. J Anim Sci, 42: 927~931.

Putkhao K, Chan A W, Agca Y, et al. 2013. Cryopreservation of transgenic Huntington's disease rhesus macaque sperm-A Case Report. Cloning Transgenes, 2.

Quan G B, Hong Q H, Hong Q Y, et al. 2012a. The effects of trehalose and sucrose on frozen spermatozoa of Yunnan semi-fine wool sheep during a non-mating season. Cryo Letters, 33(4): 307~317.

Quan G B, Hong Q H, Lan Z G, et al. 2012b. Comparison of the effect of various disaccharides on frozen goat spermatozoa. Biopreserv Biobank, 10(5): 439~445.

Quinn P, Kerin J F, Warnes G M. 1985. Improved pregnancy rate in human *in vitro* fertilization with the use of a medium based on the composition of human tubal fluid. Fertil Steril, 44(4): 493~498.

Quintans C J, Donaldson M J, Asprea I, et al. 2000. Development of a novel approach for cryopreservation of very small numbers of spermatozoa. Hum Reprod, 15: 99.

Richter L, Liedicke A. 1972. Method of deep-freezing boar semen. Proc Vllth int Congr Anim Reprod, Munich, II: 1617.

Richter L, Romeny E, Weitze K F, et al. 1975. Zur Tiefgefrierung von Ebersperma. 7 Mitteilung: Weitere Labor-und Besamungsversuche mit dem Verdünner Hülsenberg VIII. Dtsch. Tierarztl. Wschr, 82(4): 155~162.

Ritar A J, Ball P D, O'May P J. 1990. Examination of methods for the deep freezing of goat semen. Reprod Fertil Dev, 2(1): 27~34.

Ritar A J, Salamon S. 1982. Effects of seminal plasma and of its removal and of egg yolk in the diluent on the survival of fresh and frozen-thawed spermatozoa of the Angora goat. Aust J Biol Sci, 35(3): 305~312.

Robbins R K, Saacke R G, Chandler P T. 1976. Influeme of freeze rate, thaw rate and glycaol level on acrosomal retention and sunrivll of bovine spermatozoa frozen in French straws. J Anim Sci, 42: 145.

Roca J, Carvajal G, Lucas X, et al. 2003. Fertility of weaned sows after deep intrauterine insemination with a reduced number of frozen-thawed spermatozoa. Theriogenology, 60: 77~87.

Rodriguez O L, Berndtson W E, Ennen B D, et al. 1975. Effect of rates of freezing, thawing and level of glycerol on the survival of bovine spermatozoa in straws. J Anim Sci, 41: 129~136.

Rodriguez-Martinez H, Eriksson B, Lundeheim I. 1996. Freezing boar semen in flat plastic bags.Membrane integrity and fertility//Rath D, Johnson L A, Weitze K F. Boar Semen Preservation III. Proc. 3rd Int. Conf. Deep Freezing Boar Semen. Reprod. Dom. Anim. 31. Berlin: Blackwell: 161~168(Suppl. 1).

Roussel J D, Austin C R. 1967. Preservation of primate spermatozoa by freezing. J Reprod Fertil, 13(2): 333~335.

Salamon S. 1971. Fertility of ram spermatozoa following pellet freezing on dry ice at −79 and −140 degrees C. Aust J Biol Sci, 24(1): 183~185.

Salamon S, Lightfoot R J. 1969. Freezing Ram Spermatozoa by the Pellet Method. II. the Effects of Method of Dilution Rate, Glycerol Concentration, and Duration of Storage at 5℃ Prior to Freezing on Survival of Spermatozoa. Australian Journal of Biological Sciences, 22(6): 1547~1560.

Salamon S, Maxwell W M. 2000. Storage of ram semen. Anim Reprod Sci, 62(1-3): 77~111.

Salamon S, Visser D. 1973. Fertility test of frozen boar spermatozoa. Aust J Biol Sci, 26: 291~293.

Salamon S, Visser D.1972. Effect of composition of tris-based diluent and of thawing solution on survival of ram spermatozoa frozen by the pellet method. Aust J Biol Sci, 25(3): 605~618.

Salamon S, Wilmut I, Polge C. 1973. Deep freezing of boar semen. 1. Effect of diluent composition, protective agents and method of thawing on survival of spermatozoa. Aust J Biol Sci, 26: 219~230.

Salisbury G W, Fuller H K, Willett E L. 1941. Preservation of bovine spermatozoa in yolk-citrate diluents and field results from its use. J Dairy Sci, 24: 905~910.

Salisbury G W, Van Demark N L. 1961. Diluents and extension of semen//Salisbury G W, Vandemark N L. Physiology of Reproduction and Artificial Insemination of Cattle. San Francisco: Freeman: 412~435.

Sánchez-Partida L G, Maginnis G, Dominko T, et al. 2000. Live rhesus offspring by artificial insemination using fresh sperm and cryopreserved sperm. Biol Reprod, 63: 1092~1097.

Sankai T, Terao K, Yanagimachi R, et al. 1994. Cryopreservation of spermatozoa from cynomolgus monkeys (Macaca fascicularis). J Reprod Fertil, 101(2): 273~278.

Saragusty J, Gacitua H, Pettit M T, et al. 2007. Directional freezing of equine semen in large volumes. Reprod Domest Anim, 42(6): 610~615.

Schreuders P D, Jetton A E, Baker J L, et al. 1996. Mechanical and chill sensitivity of mouse sperm. Cryobiology, 33: 676~677.

Schuster T G, Keller L M, Dunn R L, et al. 2003. Ultra-rapid freezing of very low numbers of sperm using cryoloops. Hum Reprod, 18(4): 788~795.

Serdiuk S I. 1970. Artificial Insemination of Pigs (in Russian). Moscow: Kolos: 144.

Sereni E, Bonu M A, Fava L, et al. 2008. Freezing spermatozoa obtained by testicular fine needle aspiration: a new technique. Reprod Biomed Online, 16: 89~95.

Settergren I. 1958. Experiments on the deep freezingof boar semen at −79C. Proc Nord Vet Motet (Helsingfors), 58: 701.

Shamsuddin M, Amiri Y, Bhuivan M M U. 2000. Characteristics of buck semen with regard to ejaculate numbers, collection intervals, diluents and preservation periods. Reprod Domest Anim, 35: 53~57.

Shapiev I S, Moroz L G, Korban I V. 1976.Technology of freezing boar semen (in Russian). Zhivotnovodstvo, 12: 60~62.

Sherman J K. 1963. Improved methods of preservation of human spermatozoa by freezing and freeze-drying. Fertil Steril, 14: 49~64.

Shipley C F B, Buckrell B C, Mylne M J A. 2007. Artificial insemination and embryo transfer in sheep.// Youngquist R S, Threlfall W R. Current Therapy in Large Animal Theriogenology. 2nd ed. St. Louis, MO: Saunders-Elsevier: 629~641.

Shur B D, Rodeheffer C, Ensslin M A, et al. 2006. Identification of novel gamete receptors that mediate sperm adhesion to the egg coat. Mol Cell Endocrinol, 250(1-2): 137~148.

Si W, Lu Y, He X, et al. 2010. Directional freezing as an alternative method for cryopreserving rhesus macaque (*Macaca mulatta*) sperm. Theriogenology, 74(8): 1431~1438.

Si W, Zheng P, Tang X, et al. 2000. Cryopreservation of rhesus macaque (*Macaca mulatta*) spermatozoa and their functional assessment by in vitro fertilization. Cryobiology, 41(3): 232~240.

Simmet C. 1993. Kältephysikalische Aspekte der Gefrierkonservierung von Ebersperma in ihrer Auswirkung auf Samenqualität und Befruchtungsrate. Thesis, Hannover Veterinary College.

Smirnov I V. 1949. Preservation of domestic animals' semen by deep cooling. Sov Zootech, 4: 63~65.

Smirnov I V. 1950. Deep freezing of semen of farm animals. Journal Obtsej Biologii (Moscow), 11(3): 185.

Smith D L, Perry D A. 1952. Bovine Leptospirosis. Can J Comp Med Vet Sci, 16(8): 294~299.

Songsasen N, Betteridge K J, Leibo S P. 1997. Birth of live mice resulting from oocytes fertilized *in vitro* with cryopreservation spermatozoa. Biol Reprod, 56: 143~152.

Songsasen N, Leibo S P. 1997. Cryopreservation of mouse spermatozoa. Cryobiology, 35(3): 240~254.

Spanò M, Cordelli E, Leter G, et al. 1999. Nuclear chromatin variations in human spermatozoa undergoing swim-up and cryopreservation evaluated by the flow cytometric sperm chromatin structure assay. Mol Hum Reprod, 5(1): 29~37.

Stampa E. 1989. Befruchtungsfähigkeit von Tiefgefrorenem Ebersperma Einfluß von Konfektionierung, Besamungshäufigkeit und Seminalplasma. Thesis, Hannover Veterinary College.

Stein H, Bayrle H. 1978. Cryopreservation of the sperm of some freshwater teleosts. Ann Biol anim Bioch Biophys, 18(4): 1073~1076.

Steinbach J, Foote R H. 1964. Effect of catalase and anaerobic conditions upon the post thawing survival of bovine spermatozoa frozen in citrate and Tris-buffered yolk extenders. J Dairy Sci, 47: 812~815.

Storey B T, Noiles E E, Thompson K A. 1998. Comparison of glycerol, other polyols, trehalose, and raffinose to provide a defined cryoprotectant medium for mouse sperm cryopreservation. Cryobiology, 37: 46~58.

Stoss J, Donaldson E M. 1983. Studies on cryopreservation of eggs from rainbow trout and coho salmon. Aquaculture, 31(1): 51~61.

Stoss J, Holtz W. 1981. Cryopreservation of rainbow trout (salmo gairdneri) sperm. I. Effects of thrawing solution, sperm density and interval between thrawing and insemination. Aquaculture, 22: 97~104.

Suquet M, Chereguini O, Fauvel C. 2008: Cryopreservation of sperm in turbot (*Psetta maxima*)//Cabrita E, Robles V, Herráez P. 2009. Methods in Reproductive Aquaculture: Marine and Freshwater Species Biology Series. CRC Press (Taylor and Francis group): 463~467.

Sztein J M, Farley J S, Mobraaten L E. 2000. *In vitro* fertilization with cryopreserved inbred mouse sperm. Biol Reprod, 63(6): 1774~1780.

Sztein J M, Noble K, Farley J S, et al. 2001. Comparison of permeating and nonpermeating cryoprotectants for mouse sperm cryopreservation. Cryobiology, 42(1): 28~39.

Tada N, Sato M, Yamanoi J, et al. 1990. Cryopreservation of mouse spermatozoa in the presence of raffinose and glycerol. J Reprod Fertil, 89(2): 511～516.

Taddei A R, Barbato F, Abelli L, et al. 2001. Is cryopreservation a homogeneous process? Ultrastructure and motility of untreated, prefreezing, and postthawed spermatozoa of Diplodus puntazzo (Cetti). Cryobiology, 42(4): 244-255.

Tanaka S, Zhang H, Yamada Y, et al. 2002. Inhibitory effect of sodium bicarbonate on the motility of sperm of Japanese eel. J Fish Biol, 60(5): 1134～1141.

Thomas J M, Lock S L, Poock S E, et al. 2014. Delayed insemination of nonestrous cows improves pregnancy rates when using sex-sorted semen in timed artificial insemination of suckled beef cows. J Anim Sci, 92(4): 1747～1752.

Thornton C E, Brown S D M, Glenister P H. 1999. Large numbers of mice established by in vitro fertilization with cryopreserved spermatozoa: implications and applications for genetic resource banks, mutagenesis screens, and mouse backcrosses. Mammlian Genome, 10: 987～992.

Thun R, Hurtado M, Janett F. 2002. Comparison of Biociphos-Plus and TRIS-egg yolk extender for cryopreservation ofbull semen. Theriogenology, 57(6): 1087～1094.

Tiersch T R, Mazik P M. 2000. Cryopreservation in Aquatic Species. Baton Rouge: World Aquaculture Society: xix-xxvi.

Tollner T L, VandeVoort C A, Overstreet J W, et al. 1990. Cryopreservation of spermatozoa from cynomolgus monkeys (*Macaca fascicularis*). J Reprod Fertil, 90(2): 347～352.

Tomas C, Gomez-Fernandez J, Gomez-Izquierdo E, et al. 2015. Effect of the pH pre-adjustment in the freezing extender on post-thaw boar sperm quality. Cryo Letters, 36(2): 97～103.

Tomita K, Sakai S, Khanmohammadi M, et al. 2016. Cryopreservation of a small number of human sperm using enzymatically fabricated, hollow hyaluronan microcapsules handled by conventional ICSI procedures. J Assist Reprod Genet, 64(16): 1～11.

Trippel E A. 2003. Estimation of male reproductive success in marine fishes. J Northwest Atl Fish Sci, 33: 81～113.

Trzcinska M, Bryla M, Gajda B, et al. 2015. Fertility of boar semen cryopreserved in extender supplemented with butylated hydroxytoluene. Theriogenology, 83(3): 307～313.

Wagtendonk V, Leeuw A M, Haring R M, et al. 2000. Fertility results using bovine semen cryopreserved with extenders based on egg yolk and soybean extract. Theriogenology, 54: 57～67.

Waide Y. 1975. Fertility and survival of frozen boar spermatozoa stored in aluminum packaging containers. Jap Agric Res Quart, 9: 115～119.

Walmsley R, Cohen J, Ferrara-Congedo T, et al. 1998. The first births and ongoing pregnancies associated with sperm cryopreservation within evacuated egg zonae. Hum Reprod, 13 Suppl 4: 61～70.

Wang P, Wang Y F, Wang C W, et al. 2014. Effects of low-density lipoproteins extracted from different avian yolks on boar spermatozoa quality following freezing-thawing. Zygote, 22(2): 175～181.

Watson P F. 1995. Recent developments and concepts in the cryopreservation of spermatozoa and the assessment of their post-thawing function. Reprod Fertil Dev, 7(4): 871～891.

Wayman W R, Tiersch T R, Thomas R G. 1998. Refrigerated storage and cryopreservation of sperm of red drum, *Sciaenops ocellatus* L. Aquaculture Research, 29(4): 267～273.

Weitze K F, Rath D, Baron G. 1987. Neue Aspecten der Tiefgefrierkonservierung von Ebersperma in Plastikrohren. Dtsch Tierarztl Wschr, 94: 485～488.

Weitze K F, Rath D, Leps H. 1988. Influence of volumersurface ratio of plastic packages upon freeze-thaw rate and fertility of boar semen. Dublin: Proc 11th Int Cong Anim Reprod Artif Insem: 3: 312.

Westendorf P, Richter L, Treu H. 1975. Zur Tiefgefrierung von Ebersperma. Labor-und Besamungsergebnisse mit dem Hülsenberger Pailetten-Verfahren. Dtsch Tierärztl Wschr, 82: 261～267.

White I G. 1956. The effect of some inorganic ions on mammalian spermatozoa. Cambridge, U.K.: Proc 3rd Int Congr Anim Reprod A.I.: 1: 23～25.

Wihnut I, Polge C. 1972. The freezing of boar spermatozoa. Proc VIIth Intr Congr Anim Reprod, Munich, II: 1611.

Willoughby C E, Mazur P, Peter A T, et al. 1996. Osmotic tolerance limits and properties of murine spermatozoa. Biol Reprod, 55(3): 715～727.

Woelders H. 1997. Fundamentals and recent development in cryopreservation of bull and boar semen. Vet Q, 19: 135～138.

Yang H P, Tiersch T R. 2009. Current status of sperm cryopreservation in biomedical research fish models: Zebrafish, medaka, and Xiphophorus. Comp Biochem Physiol C Toxicol Pharmacol, 149: 224～232.

Yang S H, Cheng P H, Banta H, et al. 2008. Towards a transgenic model of Huntington's disease in a non-human primate. Nature, 453(7197): 921～924.

Yao Z, Crim L W, Richardson G F, et al. 2000. Motility, fertility and ultrastructural changes of ocean pout (*Macrozoarces americanus* L.) sperm after cryopreservation. Aquaculture, 181: 361～375.

Yildiz C. 2010. Comparison of sperm quality and DNA integrity in mouse sperm exposed to various cooling velocities and osmotic stress. Theriogenology, 74 : 1420～1430.

Zeng W X. 2001. Survail of boar spermatozoa frozen in diluents of varying osmolality. Theriogenology, 56(3): 447～58.

Zeng W X, Terada T. 2001. Protection of boar spermatozoa from cold shock damage by 2-hydroxypropyl-beta-cyclodextrin. Theriogenology, 55(2): 615～627.

Zhang W, Li F, Cao H, et al. 2015. Protective effects of l-carnitine on astheno- and normozoospermic human semen samples during cryopreservation. Zygote, 1(2): 1～8.

Zhang Y Z, Zhang S C, Liu X Z, et al. 2003. Cryopreservation of flounder (*Paralichthys olivaceus*) sperm with a practical methodology. Theriogenology, 60: 989～996.

Zhao X L, Li Y K, Cao S J, et al. 2015. Protective effects of ascorbic acid and vitamin E on antioxidant enzyme activity of freeze-thawed semen of Qinchuan bulls. Genet Mol Res, 14(1): 2572～2581.

Zilli L, Schiavone R, Zonno V, et al. 2003. Evaluation of DNA damage in Dicentrarchus labrax sperm following cryopreservation. Cryobiology, 47(3): 227～235.

Zribi N, Chakroun N F, Ben Abdallah F, et al. 2012. Effect of freezing-thawing process and quercetin on human sperm survival and DNA integrity. Cryobiology, 65(3): 326～331.

Zribi N, Chakroun N F, Euch H E, et al. 2010. Effects of cryopreservation on human sperm deoxyribonucleic acid integrity. Fertil Steril, 93(1): 159～166.

# 第五章 动物卵巢组织与干细胞冷冻保存

本章主要阐述哺乳动物卵巢组织、脐带血造血干细胞、胚胎干细胞、诱导多能性干细胞和精原干细胞的超低温冷冻保存研究进展与相关的实验操作程序。

## 第一节 哺乳动物卵巢组织

### 一、卵巢组织冷冻保存研究

卵巢组织冷冻保存作为除卵母细胞和胚胎冷冻保存以外的另一种动物种质资源的保存方法，有其独特的优越性。首先，对于那些需要立即进行放疗和化疗的癌症患者，卵巢组织冷冻既可以避免超数排卵引起的激素刺激，又可以达到及时治疗的目的。其次，卵巢组织冷冻保存是保存生育力和内分泌功能的有效方法，也是青春期前女性生育力保存唯一的方法（Meirow，2000）。因此，卵巢组织冷冻保存因其在动物遗传资源保存及人类辅助生殖技术的潜在应用价值，多年来备受世界各国科学家的普遍重视。

卵巢组织冷冻保存技术的研究已有50多年的历史。早在1960年，以甘油作为抗冻保护剂，小鼠卵巢组织冻融后被原位移植到小鼠体内并成功获得后代（Parrot，1960）。到了20世纪90年代，随着冷冻技术的改进和更有效的抗冻保护剂的开发，卵巢冷冻技术有了进一步的发展，大鼠（Wang et al.，2002）、羊（Salle et al.，2002；Gosden et al.，1994）、兔（Almodin et al.，2004）及灵长类（Oktay et al.，2004；Schnorr et al.，2002）等动物卵巢组织冷冻保存相继获得成功。其中，绵羊卵巢组织因其排卵周期与人类比较接近，其卵巢冷冻移植后成功妊娠，为人类卵巢冷冻技术的开展提供了有益的借鉴。然而，卵巢冷冻保存技术应用于人类临床医学的研究则在20世纪末才逐渐成为本领域的热点（Oktay et al.，1998）。根据首例人冷冻卵巢组织移植临床试验的报道（Oktay and Karlikaya，2000），移植后的卵巢排卵进而产生胚胎（Oktay et al.，2004）并最终成功怀孕（Oktay，2006）。这无疑给卵巢癌患者带来了福音，移植后的康复者通过自然受孕或者辅助生殖技术均可成功怀孕（Andersen et al.，2008；Silber et al.，2008；Demeestere et al.，2006；Meirow et al.，2005；Donnez et al.，2004）。根据专业期刊发表的论文统计，截至目前有文献报道卵巢冷冻后移植怀孕并成功获得存活的婴儿达到37例（表5-1-1）（Dittrich et al.，2015；Donnez and Dolmans，2015；Donnez et al.，2015）。

卵巢组织冷冻保存效果受多种因素的影响，其中抗冻保护剂的种类和冷冻保存方法的选择最为关键。

卵巢组织的抗冻保护剂可以分为两大类：①渗透性抗冻保护剂，主要有乙二醇、二甲基亚砜、丙二醇、甘油等；②非渗透性抗冻保护剂，包括单糖（如葡萄糖）、双糖（如蔗糖、海藻糖）、三糖（如棉子糖）等。在冷冻保存中，通常将多种抗冻保护剂混合使用，既达到理想的冷冻保护效果，又降低单一的高浓度的冷冻剂对于组织的损害，如二

表 5-1-1　卵巢皮质冷冻解冻后移植后获得存活胎儿统计

| 研究者 | 冷冻程序 | 存活胎儿/例 | | |
| --- | --- | --- | --- | --- |
| | | 自然妊娠 | 辅助生殖 | 总数 |
| Donnez 等（2015）；Dolmans 等 | 慢速冷冻 | 4 | 2 | 6 |
| Meirow 等（2005） | 慢速冷冻 | 1 | 3 | 4 |
| Demeestere 等（2006） | 慢速冷冻 | 2 | 0 | 2 |
| Andersen 等（2008） | 慢速冷冻 | 4 | 2 | 6 |
| Silber 等（2008） | 慢速冷冻 | 2 | 0 | 2 |
| Piver 等；Roux 等 | 慢速冷冻 | 2 | 0 | 2 |
| Sanchez 等；Pellicer 等 | 慢速冷冻 | 2 | 2 | 4 |
| Revel 等 | 慢速冷冻 | 0 | 2 | 2 |
| Dittrich 等（2015） | 慢速冷冻 | 3 | 1 | 2 |
| Revelli 等 | 慢速冷冻 | 1 | 0 | 1 |
| Collejo 等 | 慢速冷冻 | 0 | 1 | 1 |
| Stern 等 | 慢速冷冻 | 0 | 2 | 2 |
| Kawamura 等（2013） | 玻璃化冷冻 | 0 | 1 | 1 |

甲基亚砜、乙酰胺、聚乙二醇和丙二醇联合作为抗冻保护剂对人卵巢组织进行玻璃化冷冻，解冻后经体外培养有 86% 的卵泡发育正常（新鲜对照组为 92%）（Isachenko et al.，2008）。

目前，卵巢组织冷冻保存方法主要有传统慢速冷冻和玻璃化冷冻。慢速冷冻需要程序冷冻仪，冻存效果较为稳定，但需要特殊设备，且操作过程相对复杂；玻璃化冷冻则应用高浓度的冷冻保护剂结合极快的制冷速度，使细胞快速冷冻，具有操作简单的特点（Courbiere et al.，2006；Rahimi et al.，2004）。卵巢组织冷冻保存后，其卵泡会出现空泡化和线粒体畸形，卵泡的存活能力和后期发育能力显著降低（Kim et al.，2011）；传统观点认为，慢速冷冻保存效果在一定程度上要优于玻璃化冷冻（Faheem et al.，2011；Oktem et al.，2011），也有观点认为，与传统慢速冷冻相比，适宜的玻璃化冷冻保存在显著提高卵泡存活率的同时，对卵巢间质结构的完整性也起到较好的保护作用，故其在原位移植卵巢组织冷冻，特别是整体卵巢组织冷冻中的优越性更加明显（Herraiz et al.，2014；Amorim et al.，2013；Keros et al.，2009）。在玻璃化冷冻保存卵巢组织过程中，可以不使用 0.5mL 细管作为承载工具，而把经冷冻液处理的卵巢组织直接置于液氮中，这种方法称为（液氮）直接覆盖式玻璃化冷冻（direct cover vitrification，DCV）（Chen et al.，2006）。与传统的玻璃化冷冻相比，DCV 冻融后的卵巢组织具有更高的卵泡存活率，移植后妊娠率显著升高（Zhou et al.，2010；Chen et al.，2006）。

此外，卵巢冷冻的方式也是影响其冷冻效果的重要因素，目前主要有组织块冷冻、切片冷冻及整体卵巢冷冻。前两种将卵巢分割后减小了卵巢体积，提高抗冻保护剂平衡效率，有助于提高冷冻效率；但是切割过程中造成的卵泡，特别是次级卵泡的丢失是不容忽视的。虽然大多数文献报道的卵巢组织块的厚度应该控制在 1mm 以下，但是 Gook 等（2005）认为将卵巢组织块切割成 2～5mm 大小对于冷冻的结果影响不大，并且切成大块可减少操作时间，保护了体积较大的腔前卵泡。在原始卵泡的冻存方面，Aaron J.

Hsueh 实验室和 Kawamura 实验室先后在临床研究中采用卵巢组织玻璃化冷冻结合原始卵泡体外激活技术成功完成了对人卵巢中原始卵泡的冻存及利用，并在移植后通过常规促排卵成功获得后代（Suzuki et al., 2015；Kawamura et al., 2013）。该项技术的开发及成功开展对卵巢储备低下及卵巢早衰患者生育能力的保存具有重要意义。

此外，整体卵巢组织冷冻因其可以有效保存卵巢的内分泌功能，在临床医学中具有重要的应用前景。自 2007 年首次将整体卵巢组织进行冷冻保存以来，相关的研究不断取得进展（Jadoul et al., 2007；Martinez-Madrid and Donnez, 2007），本领域相关的试验性研究近期又逐步成为研究的热点，研究主要围绕诸如抗冻保护剂筛选、冷冻程序选择及灌流方法建立等几个方面进行（Campbell et al., 2014；Nichols-Burns et al., 2014）。因此，随着冷冻技术的不断改进及标准化技术规程的建立，整体卵巢冷冻必将成为有效的动物种质资源保存手段，并作为保存妇女生殖内分泌功能的重要途径而广泛应用于临床治疗。

（索　伦）

## 二、实验操作程序

卵巢组织冷冻方法多种多样，因保存目的的不同、动物种类的不同而有所不同。为此，本节在参照众多相关领域文献及学术资料的前提下，分别就小鼠、大鼠、兔、羊和人卵巢冷冻保存方法一一介绍。

### （一）小鼠卵巢组织冷冻

该方法由杰克逊实验室首次提出（Sztein et al., 1998），目前该实验室常用来进行小鼠卵巢组织的冷冻保存。

**1. 材料**

（1）主要仪器设备

程序冷冻仪（Thermo Forma Cryomed 7452），体视显微镜（Olympus，Japan），液氮罐（MVE，Taylor-Wharton Cryogenics），水浴锅。

（2）主要耗材

35mm×10mm 培养皿（Falcon），冷冻管（Nunc，Cat# 66021992），记号笔，1mL 注射器，过滤器（0.22μm），剪刀，镊子，液氮。

（3）试剂

MEM（Gibco，Cat# 10370021），75%乙醇，二甲基亚砜，胎牛血清。

**2. 卵巢组织采集**

采用颈椎脱臼法处死供体小鼠，从卵巢脂肪垫及卵巢囊中采集卵巢，并置于含有 2mL MEM 的 10mm×35mm 培养皿中。

**3. 卵巢组织冷冻**

将采集到的单个卵巢转移到含有 300μL 抗冻保护剂的冷冻管中。抗冻保护剂为含

1.5mol/L 二甲基亚砜及 10%胎牛血清的 MEM 液。室温下，将卵巢在抗冻保护剂中平衡 10min 后放入提前预冷至 0℃的程序化冷冻仪中平衡 30min，接下来以 2℃/min 降温至 –7℃并保持 5min；然后用在液氮中预冷的镊子人工植冰并继续在–7℃维持 5min，再以 0.3℃/min 的速度降到–40℃，最后以 10℃/min 的速度降到–150℃；用镊子取出程序化冷冻仪中的冷冻管，将其迅速放入液氮保存（图 5-1-1）。

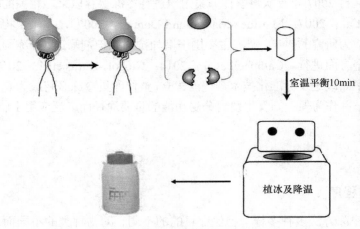

图 5-1-1　小鼠卵巢冷冻流程（Sztein et al., 1998）

**4. 卵巢组织解冻**

解冻时，将冷冻管从液氮中取出，在室温（23℃）下轻晃 40s，然后置于 30～35℃水浴中直至完全融化，随后在 MEM 液中充分洗涤 3 次以置换出卵巢组织中的抗冻保护剂成分。最后将洗涤后的卵巢置于新鲜的 MEM 中待用。

**5. 注意事项**

A. 3 周龄的小鼠是卵巢冷冻的最佳时期，之后冷冻效果则逐渐下降。
B. 合理存储动物尸体，对卵巢进行冷冻保存须在小鼠死亡 12h 内完成。
C. 注意操作过程，避免造成样品污染。

（二）大鼠卵巢组织冷冻

**1. 材料**

（1）主要仪器设备

程序冷冻仪（ThermoForma Cryomed 7452），体视显微镜，液氮罐（MVE, Taylor-Wharton Cryogenics），保温板或加热垫（25～30℃），灌注泵（2132 MicroPerpex, LKB BROMMA, Sweden），水浴锅。

（2）主要耗材

35mm×10mm 培养皿（Falcon），冷冻管（Nunc, Cat# 66021992），记号笔，1mL 注射器，过滤器（0.22μm），剪刀，镊子（大），镊子（小），止血钳，大小缝合针（10×28；6×17），手术线（5-0），创缘夹，眼科镊，眼科剪，持针器，计时器，干冰，液氮。

（3）试剂

MEM（Gibco，Cat# 10370021），磷酸缓冲液（Phosphate buffer solution，PBS），麻醉剂（苯巴比妥钠），75%乙醇，二甲基亚砜，胎牛血清，果糖。

**2. 卵巢组织冷冻**

（1）整体卵巢冷冻

1）卵巢采集

供体雌性大鼠采用二氧化碳窒息后颈椎脱臼法处死，腹部剪毛及乙醇消毒后打开腹腔，无菌条件下采集卵巢，并置于含有 2mL MEM 的培养皿，然后在体视显微镜下用消毒的眼科镊和眼科剪将脂肪垫及卵巢囊剔除后待用。若实验需要大鼠存活，则可以采用以 40mg/kg 剂量注射苯巴比妥钠麻醉。背部消毒后，在背部中线处开口将卵巢连同脂肪垫、卵巢及部分的输卵管拉出体外（图 5-1-2）。在体视显微镜下用细线结扎血管后将卵巢从卵巢囊中摘除。

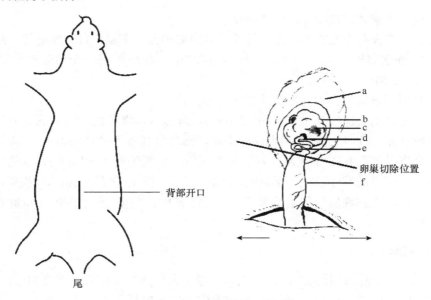

图 5-1-2　大鼠卵巢采集示意图
a. 脂肪；b. 卵巢囊；c. 卵巢；d. 输卵管伞；e. 输卵管；f. 子宫

2）卵巢冷冻

该程序改自 Sztein 等（1998）提出的冷冻程序。在室温下（20～21℃），将卵巢移至含有 0.5mL 抗冻保护液的 1.5mL 冻存管中处理 10min。抗冻保护剂溶液为含有 1.5mmol/L DMSO 和 10%胎牛血清的 MEM。然后将装有卵巢的冻存管置于冰浴中（0～4℃）处理 45min 后转移到编好程序的程序冷冻仪中。并按照如下的程序进行降温：待温度降到–6℃时，用镊子在液氮中蘸一下后轻轻夹住冻存管含抗冻保护剂部位进行植冰，并在该温度区停留 10min 后，以 0.4℃/min 的降温速度降温至–60℃停留 10min，然后迅速将冻存管取出并投入液氮中进行长期保存。

（2）用于吻合血管卵巢移植的卵巢冷冻

利用此法进行用于血管吻合术卵巢的冷冻保存可成功获得胎儿。

1）卵巢采集

供体雌性大鼠采用以 40mg/kg 剂量注射苯巴比妥钠麻醉。腹部剪毛消毒后，在腹部中线处实施开腹手术，在体视显微镜下将卵巢、输卵管和子宫的上 1/3 连同血管一同摘除并置于预冷的 PBS 中待用。

2）卵巢冷冻

卵巢组织冷冻前首先采用灌流泵以 0.35mL/min 的速度进行主动脉的灌注，灌注液为 MEM 液，其中添加 0.1mol/L 果糖和梯度增加的 DMSO，直至其最终浓度为 1.5mol/L。灌注完成后，将卵巢移入含有抗冻保护剂的冷冻管中进行降温。降温程序为：以 2℃/min 降温至–7℃并保持 5min，用在液氮中预冷的镊子夹住冷冻管的抗冻保护剂部位进行植冰，并继续在–7℃维持 5min；以 0.3℃/min 的速度降到–40℃；再以 10℃/min 的速度降到–85℃，自程序化冷冻仪中取出冷冻管，迅速放入液氮中保存。

**3. 卵巢组织解冻**

（1）适用于整体卵巢冷冻的解冻方法

解冻时，将含有冷冻卵巢的冻存管从液氮中取出置于室温，直到冰融化。然后采用 10mL MEM 洗涤卵巢 10min，再将卵巢转移到含 2mL MEM 的另一个培养皿平衡 10min，即可用于移植或组织学检查。

（2）适用于血管吻合术的卵巢冷冻的解冻方法

卵巢解冻采用快速解冻法（＞100℃/min）。解冻时，将卵巢组织从液氮中取出，在空气中停留 1min，以除去附着于表面的液氮。然后将其置于 40℃水浴中，待其完全解冻时，立刻将组织在 PBS 中洗净，并用含有 0.1mol/L 果糖和 1mol/L DMSO 的 MEM 液灌注，然后逐渐降低灌注液中的 DMSO 含量，直至完全由含有 0.1mol/L 果糖的 MEM 液取代。最后，将解冻后的卵巢组织置于 MEM 液中，并在 1h 以内进行卵巢血管吻合手术法移植。

**4. 注意事项**

A. 卵巢冷冻最好选择初产的青年大鼠，老龄大鼠卵巢冷冻后生育能力差。

B. 若供体鼠的年龄较大，则最好将卵巢组织二分割后再进行冷冻保存。

（三）兔卵巢组织冷冻

**1. 材料**

（1）主要仪器设备

程序冷冻仪，体视显微镜，液氮罐，水浴锅。

（2）主要耗材

培养皿，冷冻管，1mL 注射器，过滤器（0.22μm），剪刀，镊子，止血钳，Pasteur 管，缝合针（大小手术 10 针），手术线（型号为 5-0），创缘夹，眼科镊，眼科剪，持针器，计时器，记号笔，液氮。

（3）试剂

MEM（Gibco，美国），PBS，75%乙醇，二甲基亚砜，胎牛血清，人血清白蛋白（human

serum albumin，Sigma，美国），D-葡萄糖（G-8270，Sigma，美国），丙酮酸钠，麻醉剂（苯巴比妥钠）。

**2. 卵巢采集**

将成年兔按照 100mg/kg 苯巴比妥钠进行耳缘静脉注射麻醉后，腹部剪毛消毒，下腹部正中切口后常规方法切除卵巢，并置于含有 5%人血清白蛋白的 MEM 液中。在无菌条件下将卵巢切成 1mm 的切片待用。若卵巢来源为屠宰场，则将离体卵巢迅速置于预热的 PBS 中，在 30min 内运到实验室。

**3. 卵巢冷冻**

该方法引自 Almodin 等（2004）。具体方法为：室温下将卵巢切片于 PBS 中充分洗涤以除去血液和杂质，并将卵巢皮质切成大约 $1mm^3$ 的方块后置于提前预冷的、4℃的含有 1000mg/L D-葡萄糖、36mg/L 丙酮酸钠、1.5mol/L DMSO 和 10% 胎牛血清的 PBS 中处理 30min。然后将其转入含有 1mL 相同抗冻保护剂的 2mL 冷冻管中，并置于提前预冷至 0℃的程序冷冻仪中，按照下列程序进行冷冻：以 2℃/min 的速率降温至–9℃。然后用预先在液氮中预冷的镊子夹住冷冻管的抗冻保护剂部位进行植冰，并继续在–9℃维持 5min；再以 0.3℃/min 的速度降到–40℃；取出冷冻管迅速投入液氮中保存。

**4. 卵巢解冻**

将卵巢组织从液氮中取出，并在空气中（25℃）停留 2min，然后将其置于 37℃水浴中，待其完全解冻后，立刻将组织在含有 1000mg/L D-葡萄糖、36mg/L 丙酮酸钠的 PBS 中洗净，置于 MEM 液中待用。

**（四）羊卵巢组织冷冻**

该方法引自 Arav 等（2010）的研究。利用该方法对羊的卵巢（连同血管）进行整体冷冻，解冻后移植，卵巢保存 6 年后仍可恢复其正常功能。

**1. 材料**

（1）主要仪器设备

程序冷冻仪，体视显微镜，液氮罐，灌注泵，水浴锅。

（2）主要耗材

各种规格培养皿（Falcon，USA），冷冻管，过滤器（0.22μm），剪刀，镊子，止血钳，缝合针，手术线，创缘夹，眼科镊，眼科剪，持针器，计时器，11 号手术刀片，记号笔，液氮。

（3）试剂

MEM（Gibco，美国），PBS，75%乙醇，二甲基亚砜，蔗糖（S-9378，Sigma，美国），肝素（Sigma，美国），麻醉剂。

**2. 卵巢采集**

在全身麻醉状态下，在羊腹部进行剪毛并消毒。沿腹中线打开腹腔并暴露卵巢。在结扎止血的前提下，从卵巢动脉起始处连同卵巢及其韧带摘除，置于 PBS 中充分洗涤后待用。

**3. 卵巢冷冻**

在体视显微镜下，采用 10mL 预冷的、含有 10% DMSO 的 MEM 的抗冻保护剂灌注卵巢动脉 3min，然后将卵巢放入含有抗冻保护剂的冷冻管中。以 0.3℃/min 降温速度降温至 –70℃后，将卵巢组织迅速投入液氮长期保存。

**4. 卵巢解冻**

将冷冻管从液氮中取出后置于 68℃水浴中 20s，转入 37℃水浴 2min。然后将卵巢取出，置于 38℃环境中，并采用动脉插管的方式向动脉中注入 10mL 含有 0.5mol/L 蔗糖和 10IU/mL 肝素的 MEM，从而将抗冻保护剂由卵巢中脱出。

（五）人卵巢组织冷冻

慢速冷冻程序参照 Gosden 等（1994）的方法，应用该程序冷冻卵巢组织移植后成功并获得胎儿（Donnez et al., 2004）。玻璃化冷冻程序则参照 Suzuki 等（2015）的方法进行。

**1. 材料**

（1）主要仪器设备

$CO_2$ 培养箱，程序冷冻仪，体视显微镜，液氮罐，水浴锅。

（2）主要耗材

各种规格培养皿，1.8mL 冷冻管，过滤器（0.22μm），剪刀，镊子（大），镊子（小），止血钳，Pasteur 管，缝合针，手术线，创缘夹，眼科镊，眼科剪，计时器，11 号手术刀片，记号笔，液氮，玻璃化冷冻载体（BD Bioscience，San Jose，CA，美国）。

（3）试剂

MEM（Gibco，美国），PBS，HTF 液。75%乙醇，乙二醇，二甲基亚砜，蔗糖，人血清白蛋白，血清替代物（serum substitute supplement，SSS；IrvineScientific，Santa Anna，CA，美国），TCM199（Life Technologies，Foster City，CA，美国），聚乙烯吡咯烷酮（polyvinylpyrrolidone；Sigma-Aldrich，St. Louis，MO，美国）。

**2. 卵巢采集**

卵巢采集后，立即放入含 5%人血清白蛋白的 HTF 液中，置于冰盒中保存，并于 20min 内使用。

**3. 卵巢冷冻**

（1）慢速冷冻

卵巢组织经 PBS 反复冲洗后置于 HTF 液中，在体视显微镜下用 11 号手术刀片去除卵巢髓质，切割卵巢皮质成 10mm×1mm×1mm 大小的组织块，并置于提前预冷的含有抗冻保护剂的冷冻管中。冷冻液的组成为含有 4mg/mL 的人血清白蛋白和 1.5mmol/L 的二甲基亚砜的 MEM。将冷冻管放入程序化冷冻仪中按照下述程序操作：①以 2℃/min 的速率从 0℃降到–8℃；②用预先在液氮中预冷的镊子植冰并在–8℃维持 10min；③以 3℃/min 的速率降到–40℃，再以 30℃/min 的速率降到–150℃，由程序化冷冻仪中取出冷冻管，迅速放入液氮中保存。

（2）玻璃化冷冻

A. 将卵巢组织置于 37℃预热的 mHTF 液中，并用剪刀剪开暴露髓质（图 5-1-3A）。

B. 纱布湿润后，将卵巢置于纱布上，用眼科剪尽量去除髓质（注意保持卵巢的湿润）（图 5-1-3B）。

C. 将卵巢组织放入含有 10%血清替代物的 mHTF 液中，去除质地松软、颜色差异较大的部位。

D. 用 11 号手术刀片将卵巢皮质切割成 10mm×10mm×1～2mm 大小的组织块（图 5-1-3C），在含 20% SSS 的 TCM199 液中洗涤后，依次置于提前室温预平衡的含有抗冻保护剂的冷冻Ⅰ液（含 10% EG 和 20% SSS 的 TCM199 液）中 5min—冷冻Ⅱ液（含 20% EG 和 20% SSS 的 TCM199 液）5min—冷冻Ⅲ液［含 35% EG、5%（w/v）聚乙烯吡咯烷酮（polyvinylpyrrolidone）和 0.5mol/L 蔗糖的 TCM199 液］15min（各步操作前均需用无菌纱布将组织上多余液体吸去）。

E. 使用无菌纱布将卵巢组织上的冷冻液Ⅲ吸净后，用镊子将组织平铺在冷冻的小支架上（图 5-1-3D，E）并浸入液氮。玻璃化冷冻效果可以根据卵巢皮质的色泽加以判断，卵巢皮质浸入液氮后为透明外观的效果较佳（图 5-1-3F 上方），而卵巢皮质发白则提示冰晶形成、冷冻效果不佳（图 5-1-3F 下方，白色箭头）。最后，将冷冻好的卵巢皮质放入冷冻小管中并旋紧盖子后，置于液氮中长期保存。该玻璃化冷冻方法同样适用于其他大动物（如猴子等）卵巢组织的冷冻保存。

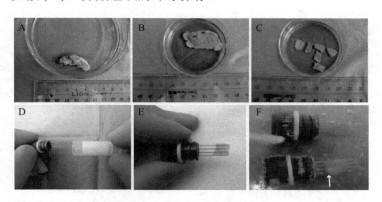

图 5-1-3　人卵巢玻璃化冷冻实物图（Suzuki et al.，2015）（见图版）

**4. 卵巢解冻**

（1）慢速冷冻解冻

卵巢组织冷冻管自液氮中取出，旋松冷冻管的帽，室温下（20～21℃）晃动 2min，于 37℃水浴 2min，然后将卵巢组织从冷冻管中取出，置于含 MEM 的培养皿中洗涤三次，脱去抗冻保护剂，然后放入无菌 HTF 培养液中并置于 37℃、5% $CO_2$ 培养箱待用。

（2）玻璃化冷冻解冻

A. 将冷冻管从液氮中取出，旋开盖子，将卵巢皮质及其承载支架一起浸入 5mL 提前 37℃预热的含 20% SSS 和 0.8mol/L 蔗糖的 TCM199 液中，处理 1min。

B. 将卵巢移至室温预平衡的含 20% SSS 和 0.4mol/L 蔗糖的 TCM199 液中，处理 3min。

C. 将卵巢皮质移至室温预平衡的含 20% SSS 的 TCM199 液中洗涤后，处理 5min，并重复此步骤 2 次。

D. 将解冻好的卵巢皮质置于含 10% SSS 的 mHTF 中，待用。

E. 需要注意的是，该玻璃化冷冻解冻操作也可以使用商品化的冷冻试剂盒（表 5-1-2），具体冷冻解冻步骤参照图 5-1-4。

表 5-1-2 卵巢玻璃化冷冻解冻商业试剂盒列表

| 购买编码 | 产品编码 | 名称 | 包装 |
| --- | --- | --- | --- |
| 82212 | VT301S | Ova Cryo Kit Type M | 冷冻液Ⅰ、Ⅱ和Ⅲ各 20mL |
| 81213 | ODT | Ova Cryo Device Type M | 冷冻管 10 支 |
| 82222 | VT302S | Ova Thawing Kit Type M | 解冻液Ⅰ、Ⅱ和Ⅲ分别 100mL、20mL 和 20mL |

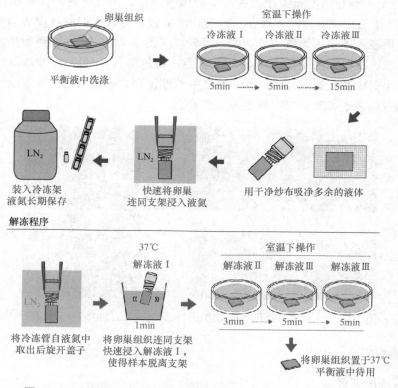

图 5-1-4 卵巢玻璃化冷冻流程图（Suzuki et al.，2015）（见图版）

## 5. 注意事项

人类卵巢组织冷冻保存必须在获得医院生殖医学伦理委员会批准，并与患者签署知情同意书的前提下进行。

(索 伦)

## 第二节 脐带血造血干细胞

脐带血是指足月胎儿娩出后，经结扎脐带后引流收集到的残存在胎盘和脐带中的血液。脐带血干细胞是脐带血中富含的一类具有自我更新和多向分化潜能的原始祖细胞。在一定条件下可诱导分化为所需的目的细胞或组织。早期观点认为脐带血是医疗废料。将脐带血作为造血干细胞来源的观点最早是在1982年由Hal Broxmeyer在一次私人会议上提出的（Ballen et al., 2013）。随后，首例人类脐带血移植给1位5岁范可尼贫血的患儿并获得成功（Gluckman et al., 1989）。1993年美国纽约血液中心与美国杜克大学医学中心合作，采用脐带血库保存的脐带血造血干细胞对2例急性淋巴细胞型白血病患儿进行了无关供者及人类白细胞抗原（human leukocyte antigen，HLA）不合的同胞间的脐带血移植实验，也获得成功（Broxmeyer et al., 1989）。1991年，纽约血液中心建立了第一家脐带血库（Shahrokhi et al., 2012）。目前，全球已建立100余家公共脐带血库和超过300家的自体脐带血库。自1996年我国开始在全国建立脐带血库以来，卫生部已批准在北京、天津、上海、广东、四川、山东等地设立10个脐带血库并由省级卫生行政部门批准执业（王丹丹等，2014）。经过20多年的发展，全世界已经保存了600 000单位的脐带血，已经完成了超过30 000例脐带血移植手术（Ballen et al., 2013）。以美国为例，当前28%的造血干细胞移植治疗来源于脐带血（Hubel et al., 2015）。

全球已开展的脐带血造血干细胞移植手术中绝大多数为非亲缘移植，治疗的血液和基因疾病包括淋巴系或髓系白血病、镰刀型红细胞贫血、再生障碍性贫血、Hunter综合征、Wiscott-Aldrick综合征、地中海贫血和成神经细胞瘤等（姜侃和严力行，2005）。此外，研究也发现造血干细胞可以应用于癌症（陈勇伟和王坚，2013；Tomblyn et al., 2008）和糖尿病（窦烨等，2008）治疗。由于脐带血对母体和胎儿无不良反应、传染病传播概率低及移植后移植物抗宿主病（GVHD）发生率低，因此日益引起人们的广泛重视，国内外已经建立了许多脐带血库。我国脐带血的来源非常丰富，据统计每年诞生1000万名新生儿，如果将其脐带血安全有效地冷冻保存，不仅对婴儿自身，而且对其他非血缘关系患者都具有非常重要的意义。

### 一、脐带血造血干细胞生物学特性

脐带血干细胞并不是单一的细胞类型，其主要细胞类型是脐带血源造血干细胞和脐带血源间充质干细胞，以及极少量的脐带血源无限制成体细胞、脐带血源内皮祖细胞等具有增殖分化能力的早期干/祖细胞（van Rood et al., 2009）。脐带血造血干细胞是脐带血中含量较高的一类干细胞，具有多向分化潜能和很强的增殖分化及形成集落的能力，其对生长刺激较敏感，能迅速脱离$G_0/G_1$期而进入细胞周期。另外，脐带血造血干细胞形成的集落中发现了细胞因子GM-CSF和IL-3，表明脐带血造血干细胞具有自身产生细胞因子的能力，自分泌产生的细胞因子可以增强脐带血干细胞的增殖和扩增能力。相反，在相同培养条件下，骨髓干细胞无法形成集落（Schibler et al., 1994; Watari et al., 1994）。此外，脐带血粒细胞巨噬细胞集落形成单位（CFU-GM）和粒细胞红细胞巨噬细胞巨核细胞集落形成单位（CFU-GEMM）显著高于骨髓。原始的巨核细胞集落形成单位（CFU-MK）在脐带血中含量更为丰富。总之，大量证据表明，脐带血造血干细胞的增殖潜能要优于骨髓干细胞。

目前，仍然无法确定脐带血造血干细胞表面标志物。CD34 是目前公认的造血干细胞标志，脐带血造血干细胞分为 $CD34^+$ 细胞群和 $CD34^-$ 细胞群，$CD34^+$ 细胞是非均质性的细胞群，其中既含有造血干细胞，也存在不同分化阶段的各系造血祖细胞，$CD34^-$ 细胞是一种处于静息状态下的细胞，经过特定的细胞因子活化后，可以转化为 $CD34^+$ 细胞（Podesta et al., 2001）。然而，迄今为止，真正的造血干细胞表型尚难以确定，其原因可能在于这些造血干细胞是最为原始的细胞，大多数抗原为阴性表达；同时，造血干细胞的数量极为稀少，难以分离到足够的造血干细胞用于研究。目前，学术界普遍认为造血干细胞的表型为 $CD34^+$ $CD38^-Lin^-$、$HLA^-$、$DR^-$、$Thy-1^+$、$c-kit^+$、$LFA-1^-$、$CD_{45R\ A}^-$、$CD71^-$、$Rho^{dull}$。不过，也有报道认为，$CD34^-$ 细胞可能为更为原始的造血干细胞，因为在 $CD34^-$ 细胞群中也存在具有重建长期造血能力的细胞（Osawa et al., 1996），因此，人类造血干细胞的真正表型在目前阶段尚无定论。

脐带血造血干细胞具有以下优势：①脐带血干细胞来源于脐带血，采集过程简单，对产妇及胎儿无任何痛苦和不良作用，不会涉及伦理学问题；②脐带血中所含的脐带血干/祖细胞的增殖和分化能力，在受到刺激后进入细胞周期的速度和分泌生长因子的能力均强于骨髓及外周血，移植后的成功率更高；③脐带血造血干细胞的端粒及端粒酶活性较强，因而具有更强的生命力；④脐带血中的干细胞比较原始，具有较强的诱导分化能力，脐带血免疫系统相对不成熟，自然杀伤细胞活性较弱，移植后受体的排斥反应发生率和严重程度较低，移植物抗宿主病（GVHD）的发生率较低；⑤脐带血可以长期冷冻保存，冷冻程序相对简单，目前已证明冻存 21~23.5 年的脐带血干细胞解冻后仍具有较高的增殖和分化能力（Broxmeyer et al., 2011）。但要更好地利用脐带血干细胞，也有一些问题需要克服。首先，脐带血采血体积有限，其干细胞的数量少，还会出现植入延迟现象等（Brunstein, 2011）。其次，脐带血干细胞表面标志物仍需要确定；再次，脐带血移植同样存在致畸性和致瘤性的风险，而移植物抗宿主病亦不可完全避免（Brunstein et al., 2011）；最后，脐带血移植存在免疫重建延迟的现象，这增加了潜在的病毒感染风险（陈勇伟和王坚, 2013）。

（权国波）

## 二、脐带血造血干细胞冷冻保存研究进展

脐带血造血干细胞冷冻保存有传统的慢速冷冻保存和冰冻干燥保存。

传统的慢速冷冻保存仍然基于骨髓或外周血造血干细胞的冷冻保存程序，主要采用二甲基亚砜作为抗冻保护剂（Bertolini et al., 1995; Rubinstein et al., 1994; Newton et al., 1993; Broxmeyer et al., 1989），通过程序降温仪控制保护体系的降温速度，最终将脐带

血保存于液氮中。

尽管二甲基亚砜可以有效提高脐带血干细胞的冷冻耐受性，但同时它也对人体有一定的负面作用，主要包括头晕、恶心、呕吐、血压增高、心动过缓、血压过低或过敏性休克等（Scheinkonig et al., 2004）。如若在现有的脐带血保存体系中添加一些化学毒性较低的抗冻保护剂，如高分子聚合物（羟乙基淀粉）或寡聚糖（海藻糖、蔗糖、麦芽糖、棉子糖），则可降低二甲基亚砜的使用浓度，从而降低其对细胞和人体的毒性作用。实验证明，羟乙基淀粉可以降低二甲基亚砜对细胞的化学毒性（Stiff et al., 1983），羟乙基淀粉与 DMSO 混合液的冷冻脐带血造血干细胞的效果要优于其他混合液的处理（DMSO 和氯化钠混合液，DMSO 和右旋糖酐混合液，DMSO、胎牛血清和 F12 培养基混合液）（陈林等，2014）。为了消除 DMSO 对细胞和人体的不利影响，日本科学家尝试采用聚左旋赖氨酸羧化物代替常规冷冻保护液中的 DMSO 和蛋白质成分用于保存间充质干细胞，获得了 90%以上的细胞活率，而且保持了细胞的增殖和分化潜能（Matsumura et al., 2013）。他们的研究提示，聚左旋赖氨酸羧化物可能可以应用于脐带血干细胞的冷冻保存。

人们发现寡聚糖中尤其是海藻糖，可以提高自然界一些低等生物对冷冻或干燥等极端环境的耐受性；并且海藻糖等糖类只有在细胞膜内外同时存在的条件下才能发挥最佳的冷冻或干燥保护效果（Crowe et al., 2001；Crowe and Crowe, 2000）。因此，如何将糖类安全有效地导入细胞内是将糖类应用于造血干细胞保存的一个巨大挑战。在腺苷三磷酸存在的条件下细胞膜形成非选择性孔道的基础上，将海藻糖通过膜 P2Z 受体导入人造血干/祖细胞内，然后在–80℃冷冻保存 4 个月，解冻后结果表明，海藻糖对造血干细胞功能的保护效果优于二甲基亚砜（Buchanan et al., 2004）。若采用脂质体负载技术将海藻糖导入脐带血干细胞内，当细胞内外同时存在海藻糖时，可以提高冷冻保存脐带血干细胞的活率（Motta et al., 2014）。另外，在保护体系中添加 30mmol/L 海藻糖可以将二甲基亚砜的浓度降至 2.5%，而添加 60mmol/L 蔗糖可以将二甲基亚砜的浓度降至 5%，这表明海藻糖对脐带血干细胞的冷冻保护效果明显优于蔗糖（Rodrigues et al., 2008）。

为了降低冷冻/解冻过程中冰晶形成对细胞的机械损伤，最近发现的一些化学合成的冰晶抑制剂，如肌醇类衍生物（Quan et al., 2015）、聚乙烯醇（Deller et al., 2014）等已经应用于血细胞和精子细胞的冷冻保存研究。低浓度的肌醇类衍生物，如环己二醇，可以降低冷冻-解冻过程对绵羊精子活力、顶体和线粒体的损伤（Quan et al., 2015）；肌醇类衍生物对成纤维细胞也具有冷冻保护作用（Wu et al., 2013），这表明肌醇类衍生物对细胞的冷冻保护作用具有一定的广谱性。这些高分子聚合物，如聚乙烯醇，可以抑制冷冻解冻过程中冰晶的形成，从而降低外源性冰晶对细胞的机械性损伤，而且相关研究表明，聚乙烯醇抑制冰晶形成的效果要明显优于右旋糖酐和羟乙基淀粉等（Deller et al., 2014）。此外，一些小分子冰晶抑制剂（IRI），如 b-PMP-Glc 和 b-pBrPh-Glc，具有防止冰晶再形成的能力。研究发现，在 15%的甘油保护液中添加 30mmol/L b-pBrPh-Glc 可以将解冻后红细胞的质膜完整率提高 30%～50%。这表明，小分子再结晶抑制剂可以应用于细胞的冷冻保存（Capicciotti et al., 2015）。目前，这些化学合成的冰晶抑制剂尚未应用于脐带血干细胞冷冻保存，因此，其是否可以改善脐带血干细胞冷冻保存效果也需要进一步的研究。

冰冻干燥保存是将脐带血干细胞制成干粉状，于常温或 4℃条件保存，便于脐带血的保存、运输，以及避免二甲基亚砜的毒性影响。采用海藻糖、人血白蛋白、茶多酚和葡聚糖等非渗透性保护剂对脐带血中的单核细胞进行冰冻干燥保存，再水化后的单核细胞回收率为88%~91%，CD34$^+$细胞的数目和冰冻干燥前差别不显著（Natan et al.，2009）。另外，上海理工大学的研究人员也对脐带血干细胞冰冻干燥保存进行了探讨，主要以高分子聚合物和糖类作为保护剂，并取得了一定的进展（习德成等，2006；李军等，2005；杨鹏飞等，2005；肖洪海等，2003）。但是需要指出的是，细胞在冰冻干燥过程中要面对冷冻和干燥脱水的双重损伤。前期研究已经表明，干燥对细胞的损伤要明显高于冷冻（Han et al.，2005）。另外，由于有核细胞结构的复杂性，冰冻干燥能否真正有效地保护各种细胞器的结构和功能仍然是一个疑问。总之，鉴于细胞冰冻干燥保存存在很大难度，目前已经有学者对该方法的可行性提出质疑，因此脐带血细胞冰冻干燥保存的真正效果仍然需要更多的实验证据来支持。

脐带血干细胞冷冻保存质量的评价，国内外广泛采用台盼蓝染色或7-氨基放线菌素（7-AAD）标记的方法检测脐带血细胞的活率，但最有效的手段是采用甲基纤维素半固体培养法测定脐带血干细胞的克隆形成能力。其中，7-AAD标记方法需要流式细胞仪。然而，这些方法无法检测早期凋亡细胞。研究表明，早期凋亡细胞的克隆形成能力明显下降，直接影响脐带血移植的治疗效果。国外最新研究采用7-AAD和Annexin V双标解冻后的脐带血细胞，解冻后脐带血有核细胞的凋亡率在6%左右，而且脐带血干细胞的凋亡率和坏死率在冷冻保存过程中保持稳定（Kim et al.，2015b）。此外，一些观点认为，有核细胞计数并不能反映冷冻保存对造血干细胞的损伤。但是半胱氨酸天冬氨酸蛋白酶表达和其他的凋亡标志物可以作为冷冻损伤的早期标记（Hubel et al.，2015）。

目前对脐带血造血干细胞的冷冻保存研究主要集中于人，而对于其他动物的脐带血造血干细胞生物学特性及相应的冷冻保存研究尚处于起步阶段。近年来，冷冻马脐带血主要用于治疗马软骨和结缔组织损伤（Eini et al.，2012）。而牛脐带血来源的间充质干细胞，冷冻保存过程本身不影响其细胞活率、生长能力和分化潜能，传代培养条件不成熟才是真正导致其体外分化的因素（Rastegar et al.，2015）。因此，对于某些濒危动物、宠物及昂贵的经济动物而言，脐带血的成功保存可以为相关疾病治疗提供有力的支持，这可能是未来脐带血研究的一个重要发展方向。目前，在生殖生物学和发育生物学研究领域，干细胞向生殖细胞分化是研究热点，若能通过脐带血干细胞定向分化形成动物精子或卵子，可为一些珍稀或濒危动物的种质资源保护提供新的对策。总之，脐带血的保存对于脐带血库的建立及相关疾病的治疗具有非常重要的意义，但脐带血保存方法仍然存在着一定的缺陷，如脐带血干细胞的浓缩和二甲基亚砜的毒性作用，因此今后的研究焦点仍然要集中于建立一种安全有效的冷冻保存方法，从而为脐带血库的建立提供更安全的技术支持。

（权国波）

## 三、实验操作程序

### 1. 材料

（1）脐带血

采集健康足月顺产胎儿的脐带血。

（2）主要仪器设备

–80℃超低温保存箱（DW-86L628，海尔，中国），程序冷冻仪（FREEZE CONTROL CL 8000，Cryologic，Austrialia），液氮储存箱（CryoPlus 7405，Thermo Scientific，USA），液氮罐，水浴锅，低温高速离心机（5922，久保田，Japan），血球计数仪（Abbott Diagnostics Division，Abbott Laboratories，Abbott Park，IL，USA），血浆挤压器。

（3）主要耗材

采用柠檬酸钠腺嘌呤保护液（CPDA）抗凝的密闭式血袋，组织培养皿（Falcon，USA）。

（4）溶液和试剂

淋巴细胞分离液，二甲基亚砜，6%羟乙基淀粉（HES，平均分子质量 480kDa，Hespan，Dupon，USA），0.9% NaCl，人血清白蛋白，葡聚糖（Dextran，Sigma，USA），1640 培养液（Hyclone，USA），胎牛血清（Hyclone，USA），白细胞介素 3（interleukin3，Amgen），粒细胞刺激因子（GM2CSF，Amgen），PBS（pH7.4），Iscove's Modified Dulbecco's Medium（IMDM）（Gibco，USA）。

**2. 脐带血冷冻**

A. 用密闭式收集法采集顺产或剖宫产的新生儿脐带血。产前 5min 内到达处置室作采血前准备。采用 CPDA 抗凝的密闭式血袋在胎盘娩出前从脐带断端远离新生儿侧采集。采集后室温保存，18h 内运输至脐带血库保存（刘开彦等，2003）。

B. 自然沉降法：将 6%的羟乙基淀粉注射液和脐带血按照 1:5 的体积比混合，慢速摇匀 10min，垂直倒置悬挂，使红细胞自然沉降 1h，直至红细胞界面不再下降时，收集上层富白细胞血浆（陈林等，2014）。将富含有核细胞的血浆于 10℃下 400g，15min 低速离心，用血浆积压器去除部分血浆。通常，血浆体积为 30~40mL。以上操作均在血液采集袋中操作（裴雪涛，2006）。

离心沉降法：将 6%的羟乙基淀粉注射液和脐带血按照 1:5 的体积比混合，慢速摇匀 10min；然后在 10℃下以 50g，7min 低速离心，收集上层富白细胞血浆，再以 400g，15min 离心，用血浆积压器去除部分血浆（陈林等，2014）。

C. 采用以二甲基亚砜为主的抗冻保护剂，二甲基亚砜的终质量分数为 10%。将脐带血干细胞和抗冻保护液混合后在 4℃冰箱中预平衡。

D. 将预平衡后的脐带血置于程序冷冻仪中进行冷冻，以 1℃/min 速率降温至–50℃，再以 5℃/min 速率降至–100℃，然后投入液氮罐中保存（刘开彦等，2003）。

**3. 解冻**

解冻方法包括以下两种。

A. 从液氮中取出冷冻保存的样品，在 37~42℃水浴中快速解冻，解冻时间不超过 5min。过滤脐带血，将其置于灭菌输液瓶内，封口，待患者使用。

B. 取出样品解冻，水浴温度控制在 41℃，每份脐血均在 2min 内完成解冻。加入等体积的 5%人血清白蛋白和 10% LMD 缓和液，混匀平衡后 5min 离心去除二甲基亚砜（李光武等，1998）。

### 4. 活力检测

细胞活力检测：采用甲基纤维素半固体培养法测定脐带血干细胞活力。培养体系组成 0.88%（v/v）：甲基纤维素、30%（v/v）胎牛血清、25μg/L 白细胞介素、3.80μg/L 粒细胞刺激因子，以 IMDM 为基础液。每个培养皿加培养液 1mL，培养细胞数为 $2\times10^5$。37℃、5% $CO_2$ 孵育 10d 后进行集落计数，大于 40 个细胞组成的细胞团被认为是一个集落，每份标本集落数取 3 个培养皿的平均值。

### 5. 注意事项

采集脐带血的孕妇年龄须在 35 周岁以内，足月妊娠，无并发症，产前血液检查血红蛋白含量大于 90g/L，病毒检测 HbsAg、HCV、anti-HIV1/2 抗体、梅毒阴性。夫妇均无遗传性疾病家族史。

（权国波）

## 第三节　胚胎干细胞和诱导多能性干细胞

胚胎干细胞（embryonic stem cell，ESC 或 ES 细胞）是由早期胚胎内细胞团（inner cell mass，ICM）分离而来（Brook and Gardner，1997），经体外抑制分化培养所获得的保持未分化状态、具有无限增殖和多向分化潜能的细胞。ES 细胞具有三个特性：自我更新能力、多向分化潜能和参与形成种系嵌合体（Silva and Smith，2008）。此外，也有学者将胚胎生殖细胞（embryonic germ cell，EG 细胞）归类于胚胎干细胞。EG 细胞是由胎儿原始生殖细胞（primordial germ cell，PGC）经体外分离培养而获得的一种具有发育全能性或多能性的细胞（De Miguel et al.，2010）。

诱导多能性干细胞（induced pluripotent stem cell，iPS 细胞）是利用病毒载体将 4 个转录因子（Oct4、Sox2、Klf4 和 c-Myc）的组合转入分化的体细胞中，使其重编程为类似胚胎干细胞的一种细胞类型（Takahashi and Yamanaka，2006），理论上可分化为任意一种体细胞，具有自我更新和分化特性。后来，我国科学家邓宏魁等首次证明了小鼠体细胞重编程可由调控分化的基因完成，并提出了 iPS 诱导的"跷跷板模型"，使用 4 个小分子化合物，把成年鼠表皮细胞成功逆转为生命起点的"全能干细胞"（Hou et al.，2013；Shu et al.，2013）；相关成果 2013 年刊登在国际学术权威杂志 Cell 和 Science 上，引起了世界轰动。

### 一、胚胎干细胞和诱导多能性干细胞生物学特性

#### （一）自我更新与无限增殖能力

ES 细胞具有自我更新与无限增殖的能力。在适宜的条件下，能分化出成体动物的所有组织和器官。ES 细胞自我更新能力的维持依赖于一套复杂的调控网路（图 5-3-1）。一般认为，外源性信号分子和内源性转录因子在 ES 细胞的自我更新过程中起调控作用。自我更新使干细胞在生成组织所需的新细胞的同时，也完成了自己的重生，对于机体的重要作用不言而喻。iPS 细胞与 ES 细胞有着相似的特性，其中一个最重要的特性就是

具有强大的自我更新能力及多向分化潜能，且具备全能性。

（二）体内外分化

ES 细胞具有广泛的体内外分化能力。将 ES 细胞接种到同种动物或裸鼠体内，可分化产生由多种不同组织组成的畸胎瘤，包括来源于三个胚层的细胞。体外培养需放在饲养层细胞上或含有分化抑制因子的培养基中培养才能维持其未分化状态，当去除这些分化抑制因素或加入诱导分化的药物时，ES 细胞可分化成来源于三个胚层的多种细胞。悬浮培养时，ES 细胞聚集形成类胚体（embryoid body，EB），这一过程类似于早期胚胎的发育。EB 外层的细胞分化为原始内胚层，内部未分化细胞则发育到接近于原始外胚层细胞的状态（Rathjen et al.，1999）。EB 继续悬浮培养，可形成囊状类胚，其中含有来源于三个胚层的多种分化细胞（Doetschman et al.，1985）。将 iPS 细胞移植入裸鼠皮下，可以生长出三种不同胚层来源的畸胎瘤。

（三）种系嵌合

ES 细胞具有种系传递（germ line transmission）特性。若把 ES 细胞注射到受体胚胎内，ES 细胞可广泛参与胚胎各组织和器官的发育并获得嵌合体。当其参与胚胎生殖细胞的发育时，就形成种系嵌合体。这种嵌合体通过繁殖可产生具有 ES 细胞遗传性状的后代（Bradley et al.，1984）。2009 年，我国科学家周琪和高绍荣采用四倍体补偿技术成功将小鼠 iPS 细胞培养成为小鼠个体，从而首次在世界上证明了 iPS 细胞全能性（Kang et al.，2009；Zhao et al.，2009），也即表明了 iPS 细胞可参与生殖细胞的发育。

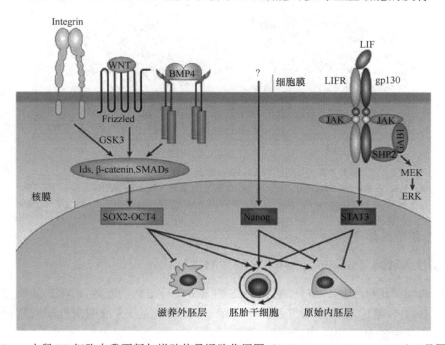

图 5-3-1　小鼠 ES 细胞自我更新与增殖信号通路作用图（Boiani and Scholer，2005）（见图版）

（周光斌）

## 二、胚胎干细胞和诱导多能性干细胞检测

目前关于 ES/iPS 细胞系的鉴定已有一套公认的标准,可从其形态学、分子生物学、核型和体内外分化特征进行鉴定。未分化的 ES/iPS 细胞具有以下特点。

### (一) 形态和生长特性

各种动物的 ES 细胞具有与早期胚胎细胞相似的形态结构。在体外培养时均呈集落状生长,形似卵巢,边界明显,细胞体积小,核大而明显,有一个或多个核仁,核质比例高(图 5-3-2)。人 ES 细胞与小鼠 ES 细胞外观相似。但前者集落较扁平,集落内部的细胞结构相对松散,细胞界限隐约可见。应用慢病毒载体感染人成纤维细胞第 25 天后,得到的 iPS 细胞呈高核质比,有明显核仁,细胞克隆为圆形,培养和增殖条件都与 ES 细胞相似(Takahashi and Yamanaka, 2006),即 iPS 细胞具有与 ES 细胞类似的形态和生长特性。

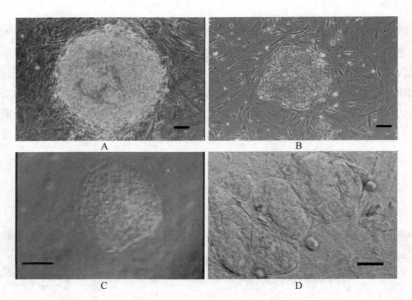

图 5-3-2 不同物种 ES 细胞细胞集落形态(见图版)

A. 人 ES 细胞 (Thomson et al., 1998); B. 食蟹猴 ES 细胞 (Suemori and Nakatsuji, 2006);
C. 小鼠 ES 细胞 (Cortes et al., 2008); D. 牛 ES 样细胞 (Wang et al., 2005),标尺均为 100μm

### (二) 分子生物学特征

**1. 碱性磷酸酶(alkaline phosphatase,AKP)**

哺乳动物桑椹胚细胞、囊胚细胞和 ES 细胞均有 AKP 的表达,AKP 活性常被用来作为鉴定 ES/iPS 细胞及其分化与否的重要标志,未分化的 ES 细胞碱性磷酸酶活性呈阳性,已分化的细胞呈弱阳性或阴性。

**2. 胚胎阶段特异性细胞表面抗原(stage-specific embryonic antigen,SSEA)**

SSEA 在胚胎发育早期受到严密的调节,是鉴定 ES 细胞的重要工具,如未分化的

人 ES 细胞表达干细胞表面标志物 SSEA-3、SSEA4、TRA-1-60、TRA-1-81，当细胞分化时这些抗原的表达量显著下降。小鼠 ES 细胞表达 SSEA-1；但未分化的人 ES 细胞不表达 SSEA-1，分化时 SSEA-1 表达量略有提高。利用流式细胞和免疫组化技术鉴定 iPS 细胞，发现其表达多能性干细胞特异性的表面标志 SSEA-1、SSEA-3、SSEA-4、TRA-1-60、TRA-1-81 和 TRA-2-49/6E 等，而这些特异性的表面标志蛋白在转染前的成纤维细胞并不表达（Brambrink et al., 2008；Yu et al., 2007；Takahashi and Yamanaka, 2006）。

### 3. 转录因子

OCT-4 是 POU 转录因子家族的一员，只在具有全/多能性细胞中表达（Scholer et al., 1990），如 ES 细胞、附植前胚胎、外胚层、原始生殖细胞、大多数生殖系细胞等（Rosner et al., 1990；Scholer et al., 1990）。OCT-4 在 ES 细胞的不同时期均有表达，OCT-4 通过改变表达量来控制干细胞的多能性。OCT-4 高水平表达推动 ES 细胞向内胚层和中胚层分化，而低水平的 OCT-4 的表达使 ES 细胞分化为滋养外胚层。只有一个正常的 OCT-4 水平才能保持干细胞在一个多能性的阶段（Nichols et al., 1998）。OCT-4 阳性表达是小鼠、人 ES 细胞保持其全能性的标志之一（Hanna et al., 2010；Cortes et al., 2008）。体细胞诱导成 iPS 细胞后，内源性 Oct4、Sox2 和 Nanog 等一些多潜能性状态相关的因子被激活，完成完全重编程过程，形成稳定的细胞状态及多潜能网络（Brambrink et al., 2008；Stadtfeld et al., 2008）。利用芯片对 ES 细胞和 iPS 细胞进行基因表达谱分析，同时分析成千上万的基因表达，当进行分子标签比较的时候，ES 细胞中某些基因的表达明显与 iPS 细胞不同（Chin et al., 2009）。

### 4. 端粒酶

体外培养的 ES 细胞具有高表达端粒酶。端粒酶是一种逆转录酶，在维持染色体长度及决定细胞寿命方面有重要作用。高表达端粒酶提示这种细胞比体细胞的寿命长，具有保持体外未分化状态培养的永久性。iPS 细胞内端粒酶活性上升到近似 ES 细胞的水平，而端粒酶活性与细胞多能性有密切关系（Hanna et al., 2007）。通过亚硫酸盐基因组测序法、荧光素酶报告基因实验、染色质免疫沉淀技术（chromatin immunoprecipitation, CHIP）技术，发现了 iPS 细胞与 ES 细胞具有相似的 DNA 甲基化模式和组蛋白修饰情况。

### （三）核型

ES/iPS 细胞在体外经过长期传代后仍应具有正常的二倍体核型（来源于孤雌激活胚胎的 ES/iPS 细胞核型则为单倍体核型），这对于其将来是否能用于农业生产或临床医学非常重要，因此在培养过程中需经常鉴定 ES/iPS 细胞的核型，以确定其是否发生了染色体畸变。

### （四）体内外分化特征

ES/iPS 细胞若接种到同种动物或裸鼠体内，可分化产生由多种不同组织组成的畸胎瘤；若注射到受体胚胎内，ES 细胞可参与形成种系嵌合体；若体外悬浮培养时，ES 细胞聚集形成类胚体。详见本节"一（二）体内外分化"。

一般来说，应在维持 ES/iPS 细胞稳定扩增的同时，选择适当的次序对干细胞进行逐步鉴定，以人 ES 细胞为例，由于其体外生长较慢，一般先检查碱性磷酸酶和核型，然后鉴定干细胞的表面标志物，当细胞达到一定数量后再鉴定干细胞的体内外发育全能性，每种鉴定都要重复多次。

（周光斌）

### 三、胚胎干细胞冷冻保存研究进展

#### （一）ES 细胞冷冻保存的必要性

自 1981 年首次建立小鼠 ES 细胞系（Evans and Kaufman, 1981）以来，猪（Ock et al., 2005; Li et al., 2003）、牛（Wang et al., 2005）、水牛（Huang et al., 2010）、山羊（Parker et al., 2009）、绵羊（Dattena et al., 2006）、马（Chen et al., 2006; Saito et al., 2002）、兔（Intawicha et al., 2009; Graves and Moreadith, 1993）、猫（Yu et al., 2008）、猴（Suemori et al., 2001）和人（Feki et al., 2008）ES 细胞系的研究已取得了较大进展。但由于种种原因，除小鼠外，目前只有来源于大鼠（Buehr et al., 2008; Li et al., 2008）的 ES 细胞具备发育成包括成熟的生殖细胞在内的所有三个胚层类型细胞的能力。如今，已经建立了数百个小鼠的 ES 细胞系。这些细胞系大多数来源于 129、C57BL/6J（Tanimoto et al., 2008; Keskintepe et al., 2007）、BALB/C 品系（黄冰等，2001）和 MSM/Ms 品系小鼠（Araki et al., 2009）。而且体外诱导分化而来的小鼠诱导多能性干细胞（induced pluripotent stem cell, iPS 细胞）也具备种系嵌合能力（Okita et al., 2007）。

上述建立的 ES 细胞或 ES 细胞样细胞可用于疾病治疗、建立疾病模型 ES 细胞库、生产转基因动物和克隆动物，以及利用 ES 细胞分化的拟胚体研究哺乳动物早期胚胎发育过程等。开展这些基础研究与临床（或生产）实践，需要有丰富的细胞来源，而安全高效的 ES 细胞冷冻保存在很大程度上可以达到这一目的。一方面，在 ES 细胞早期传代中冻存一定数量的细胞作为种子细胞，可以避免长期体外培养时可能发生的细胞变异或污染；另一方面，安全高效的冷冻，可保证 ES 细胞解冻和复苏培养过程中细胞具有较高的存活率，且仍能保持 ES 细胞的自我更新和全能性的特性，还能够保证干细胞在不同研究中心间的运输及传递，促进科研合作。

#### （二）ES 细胞冷冻保存方法

ES 细胞的冷冻保存主要采用慢速冷冻（slow freezing）和玻璃化冷冻（vitrification）（Heng et al., 2006）。

慢速冷冻最初应用于小鼠 ES 细胞上获得成功。其简要操作如下：将含 10% DMSO 与血清的抗冻保护液加入细胞悬液后转入冻存管，再将冻存管置于程序降温盒中，并放入 $-80$℃冰箱过夜后再转入液氮保存。此过程实现了细胞的两步降温，即先将细胞以约 $-1$℃/min 的速率降温至 $-80$℃，以减少冰晶的形成，并使未冻部分溶液浓度逐步提高；而后，将其投入液氮，以较快的冷却速率使高浓度的抗冻保护液实现非晶态固化（袁晓华等，2007）。这种方法的优点在于操作简便、易行，且适用于大量细胞的冻存。应用于小鼠 ES 细胞，超过 90%的克隆经过冷冻-复苏过程能够存活并且保持不分化，但对于灵长类的 ES 细胞系，此方法的保存效率不高，人 ES 细胞复苏率仅为 5%～31.8%（Ha et al., 2005; Zhou et al., 2004; Reubinoff et al., 2001; Udy and Evans, 1994）。由于慢速冷冻保存操作简单，2mL 冻存管中可保存 100 个细胞集落（冷冻液为 1mL），这对于大量细胞保存而言目前仍然是最为常用的方法（Nie et al., 2009）。

玻璃化冷冻最早用于胚胎的冷冻。Reubinoff 等（2001）首次将该法应用于人 ES 细胞的冷冻，冻存效率虽然高于慢速冷冻，但是由于采用开放式拉长塑料细管（OPS），人 ES 细胞与液氮直接接触，存在污染风险，不符合临床应用要求。此后，这种冷冻方法不断地改进，虽可提高 ES 集落存活率（Li et al., 2010; Fujioka et al., 2004; Zhou et al., 2004; Reubinoff et al., 2001），如人 ES 细胞集落存活率大于 75%（Richards et al., 2004），但此方法增加了操作难度，尚有可能增加 ES 细胞分化率。另外，玻璃化冻存管每次只能冻存 6～10 个细胞团，显然不利于大量细胞的冷冻保存。

（三）ES 细胞冷冻保存损伤

ES 细胞解冻后，其存活率会下降，同时在生长过程中有自主分化现象，分析可能由以下几种原因所导致。

慢速冷冻造成的 ES 细胞活性降低主要是因为细胞凋亡（apoptosis），而非细胞坏死（cellular necrosis）所致（Heng et al., 2006）。

抗冻保护剂是一种强有力的 ES 细胞分化诱导剂，解冻过程残留的抗冻保护剂诱导 ES 细胞的分化（Adler et al., 2006; Katkov et al., 2006）。

冷冻-解冻过程中细胞器的损伤影响了 ES 细胞的增生及克隆形成（麦庆云等, 2005）。

人 ES 细胞冻存通常以含 100～200 个细胞的团块形式进行，这主要是因为紧密的细胞连接和细胞旁分泌因子对维持人 ES 细胞自我增殖很重要（Udy and Evans, 1994），其复苏后可以减少分化。但是，多个细胞的紧密相连会影响细胞与抗冻保护液的接触，使慢速冷冻时更易形成冰晶，冰晶破坏了人 ES 细胞之间的物理连接，这样会造成细胞团块离散、死亡，冻融后导致细胞团块变小，数目变小的 ES 细胞团在常规的培养条件下无法维持未分化状态。

总之，冻融过程中 ES 细胞对压力如何产生应激反应，从而导致分化或死亡这一现象的机理尚待进一步研究和探讨。

（四）ES 细胞冷冻保存改进

为了提高 ES 细胞冷冻保存后的效率，通常采用提高降温速率、选择合适的抗冻保护剂和其他添加剂。

采用玻璃化冷冻，其冷冻速度约为 1500℃/min，大大加快了降温速率（慢速冷冻速度约为 1℃/min），使细胞内外的水分子迅速度过-5℃到-15℃的结冰期，避免细胞内外冰晶的形成。这样有助于维持细胞团块的完整性，从而提高存活率（Heng et al., 2005）。

冷冻时在防冻液中添加海藻糖、乙二醇等（Ha et al., 2005; Wu et al., 2005），在一定程度上可提高细胞冷冻复苏率。添加海藻糖目的是在细胞膜外起冷冻保护作用，这样可降低胞外盐浓度的损害，同时可与细胞膜磷脂中的磷酸基团结合成稳定质膜结构（Sum et al., 2003）。因此，海藻糖常与 DMSO 联合使用（Dash et al., 2008; Wu et al.,

2005; Buchanan et al., 2004), 也可与丙二醇一起添加到抗冻保护液中 (He et al., 2008), 对干细胞的低温保存起到良好的保护效果。

DMSO 是在细胞冷冻中被广泛使用的渗透性抗冻保护剂 (Nie et al., 2009)。但对于 ES 细胞, 一方面, 必须考虑到其对细胞可能产生的诱导分化作用 (Adler et al., 2006; Katkov et al., 2006), 另一方面, DMSO 存在细胞毒性, 细胞与抗冻保护液接触时间较长也是慢速冻存易造成细胞死亡的一个重要原因。EG 被认为是高效低毒的渗透性抗冻保护剂, 近来应用于人 ES 细胞的玻璃化冷冻及慢速冷冻中 (Ha et al., 2005; Fujioka et al., 2004)。在抗冻保护液中仅添加 40% 的 EG 和 10% 的聚乙二醇 (PEG), 不添加 DMSO, 细胞复苏率能够达到 22% (Nishigaki et al., 2010)。对于兔 ES 细胞, 与 DMSO 相比, EG 并没有表现出更低的细胞毒性和更好的冷冻保护效果 (袁晓华等, 2007)。

为了提高冷冻后人 ES 细胞的存活率, 将 Rho-相关激酶 [Rho-associated kinase (ROCK)] 抑制剂 Y-27632 添加到 ES 细胞培养液中可以大大提高干细胞集落的生长而不影响其多能性 (Watanabe et al., 2007)。

长期的冷冻保存可诱发细胞中线粒体的损伤 (Kim et al., 2010a; Yan et al., 2010), 触发细胞凋亡相关基因的激活 (Parker et al., 2009) 和活性氧 (reactive oxygen species, ROS) 的产生 (Du et al., 2009, 2006)。谷胱甘肽作为一种重要的抗氧化剂, 添加到冷冻保存液中可提高 ES 细胞冻存后的存活率 (Kim et al., 2010b)。谷胱甘肽很可能是通过抑制 ROS 介导的细胞凋亡来减少细胞死亡, 从而促进更多的干细胞冻存后继续生长。

总之, 随着科学技术的发展, 新的冷冻方法、抗冻保护剂和其他添加剂会应用到 ES 细胞的超低温冷冻保存中, 届时冷冻保存效果会大大提高。这样就有丰富来源的 ES 细胞可用于疾病模型干细胞的研究, 可体外定向诱导分化得到特定的细胞系 (如心肌细胞、神经细胞、造血细胞等), 可用于一些疾病 (如帕金森氏症、心脏病、糖尿病、癌症等) 的细胞移植治疗或进行药物筛选等研究, 以期替换或修复那些由于疾病或损伤造成的组织器官功能缺陷。

(周光斌)

## 四、实验操作程序

### (一) 人 ES 细胞超低温冷冻

该方法引自 Baharvand (2010) 的研究。利用该方法可以大大提高干细胞集落的生长而不影响其多能性 (Watanabe et al., 2007)。

**1. 材料**

(1) 干细胞

人 ES 细胞。

(2) 主要仪器设备

离心机 (ROTOFIX 32, Hettich), 倒置相差显微镜 (CKX41, Olympus), 体视显微镜 (SZX12, Olympus), $CO_2$ 培养箱 (Thermo Electron Corp., Marietta, OH, USA),

Ⅱ型生物安全层流通风橱（带抽吸器）（JAL Tajhiz），Ⅰ型生物安全层流通风橱（JAL Tajhiz），恒温水浴箱，细胞计数器（Neubauer，HBG）。

(3) 主要耗材

滤器（0.22μm，Millex GP，Millipore，cat. no. SLGP033RS），0.22μm真空抽吸器（500mL，TTP，cat. no. 99500），一次性注射器，冷冻管（冻存管）（Cryovial，Greiner bio-one），冻存管支（贮藏）架（Cryovial storage rack，TPP，cat. no. 99015），组织培养皿（Falcon，USA）。

(4) 试剂

胰蛋白酶（Trypsin/EDTA，0.05%/0.53mmol/L，Invitrogen，cat. no. 25300-054）。

碱性成纤维细胞生长因子[basic fibroblast growth factor（bFGF），Sigma-Aldrich，cat. no. F0291]，DMEM-F12（Invitrogen，cat. no. 21331-020）。

二甲基亚砜（Sigma-Aldrich，cat. no. D-2650）。

胎牛血清[Fetal bovine serum（FBS），Hyclone，cat. no. SH30071.03]。

胰岛素-转铁蛋白-硒 G[insulin-transferrin-selenium-G（ITS），1mg/mL 胰岛素，0.55mg/mL 转铁蛋白和 0.000 67mg/mL 亚硒酸钠，Invitrogen，cat. no. 41400-045]。

Knockout血清替代品[Knockout serum replacement（KOSR），Invitrogen，cat. no. 10828-028]。

L-谷氨酰胺[L-glutamine（L-glu），Invitrogen，cat. no. 25030-024，100×（如200mmol/L）]。

β-巯基乙醇[β-mercaptoethanol（β-ME），Sigma-Aldrich，cat. no. M7522]。

基质胶（matrigel，Sigma-Aldrich，cat. no. E1270）。

非必需氨基酸[non-essential amino acid solution（NEAA），Invitrogen，cat. no. 11140-035，100×（如0.1mmol/L）]。

PBS（含钙镁离子）（Invitrogen，cat. no. 21600-051）。

平衡盐溶液[Hank's balanced salt solution（HBSS），Invitrogen，cat. no. 14185]。

青链霉素[penicillin/streptomycin（Pen/Strep），Invitrogen，cat. no. 15070-063]。

ROCK 抑制剂（ROCK inhibitor，Y-27632，Sigma-Aldrich，cat. no. Y0503）。

ROCK 抑制剂 Y-27632：称取 5mg 溶于 15mL 预冷超纯水（灭菌）中即获得 100× 浓贮液；分装成每管 100～500μL 置于-20℃保存；用时解冻后置于 2～8℃，终浓度为 10μmol/L，避光。

冷冻液：DMSO，FBS（或KOSR）按体积比 1：9 混合即可，现用现配。

人 ES 细胞培养液：见表 5-3-1。

**2. 胚胎干细胞冷冻**

A. 人 ES 细胞的收集详见 Baharvand 等（2010）。

B. 生长在培养皿中的 ES 细胞经胰蛋白酶消化离心后，轻轻吸去上清液、分散细胞团；重悬细胞于预冷的冷冻液（现用现配，使用前置于冰上或4℃冰箱）中，使细胞浓度为 $4\times10^6$ 个/mL。

C. 在冷冻管上标记待冷冻保存的 ES 细胞系的名称、传代次数、细胞数、冷冻日期

表 5-3-1　人 ES 细胞培养液组成

| 成分 | 工作液浓度 | 体积 |
| --- | --- | --- |
| DMEM-F-12 | 75% | 37.5mL |
| KOSR | 20% | 10mL |
| NEAA | 0.1mmol/L | 0.5mL |
| L-glu | 2mmol/L | 0.5mL |
| β-ME | 0.1mmol/L | 50μL（自 100mmol/L 浓贮液） |
| Pen/Strep | 100U/mL 青霉素+100μg/mL 链霉素 | 0.5mL |
| ITS | 1mg/mL 胰岛素，0.55mg/mL 转铁蛋白，0.000 67mg/mL 亚硒酸钠 | 0.5mL |
| bFGF | 100ng/mL | 200μL（自 25μg/mL 浓贮液） |

和该细胞系初始建系日期。

　　D. 迅速将 250μL 干细胞悬液加入标记好的冷冻管中，并置于冷冻支架上。

　　E. 将冷冻支架保存于 –80℃冰箱中 12～18h。然后转入液氮罐中长期保存并做好相应保存记录。

　　F. 步骤 B～D 须于 3～5min 内完成。

**3. 胚胎干细胞解冻**

　　A. ES 细胞解冻前用基质胶（matrigel）包被培养皿，基质胶中含 10μL/mL 的 ROCK 抑制剂 Y-27632；准备一支 15mL 离心管，内装经 37℃条件下预热的人 ES 细胞培养液 4mL。

　　B. 迅速从液氮罐取出一管细胞，将其置于 37℃水浴中；冻存管盖露出水面并不断轻晃；30s 后每隔 10s 观察管中细胞解冻状态。

　　C. 当冻存管中大部分细胞解冻后，将冻存管从水浴中取出并用 70%乙醇消毒后转入生物安全层流通风橱；小心打开冻存管盖，逐滴加入约 1mL ES 细胞培养液，同时轻轻摇晃；加入完毕后，用移液器轻轻吹打均匀。

　　D. 将混合的细胞悬液移入步骤 A 中准备好的 15mL 离心管内以去除抗冻保护剂；并在实验记录本上和培养皿上标记 ES 细胞的相关信息；然后将离心管于室温下以 200g 速度离心 5min，并弃上清液。

　　E. 在步骤 D 离心的同时，将步骤 A 中培养皿中多余的基质胶吸除，并用含钙镁离子的 PBS 清洗培养皿；在另一 60mm×10mm 的培养皿中加入含 ROCK 抑制剂 Y-27632（10μL/mL）的 ES 细胞培养液 2mL。

　　F. 吸取步骤 E 中准备好的 ES 细胞液 500μL，重悬离心后的 ES 细胞经台盼蓝染色；用细胞计数器记录活细胞数以评价解冻后的细胞存活率。

　　G. 将重悬细胞液转入步骤 E 中包被基质胶的培养皿中，轻轻摇晃使细胞分散均匀，然后将培养皿置于二氧化碳培养箱中培养。

　　H. 两天后，用不含 ROCK 抑制剂 Y-27632 的干细胞培养液换液。至第 4 天再次换液，以后每天换液一次，直至传代时为止（一般培养至第 2 天时出现细胞集落，7～10d 时可传代）。换液前，人 ES 细胞培养液应在 37℃下预热。

　　I. 整个解冻过程应在 10～15min 内完成。

**4. 注意事项**

A. 冻存管在液氮中贮存过程可能泄漏，导致 ES 细胞污染（如液氮中的霉浆菌）。

B. 解冻时应带上防护面具，以免液氮溅出或冻存管在水浴中爆炸而受伤。

（二）人 iPS 细胞超低温冷冻

该方法属于超低温冷冻方案中的慢速冷冻，简单有效，适合于人 iPS 细胞的长期保存（Imaizumi et al., 2016）。

**1. 材料**

（1）干细胞

人 iPS 细胞。

（2）主要仪器设备

离心机（TOMY, LC-230, Japan），倒置相差显微镜（OLYMPUS, IX71, Japan），PVC 超净工作台（HITACHI, Japan），微量移液器（10μL，20μL，200μL 和 1000μL，GILSON），可充电式助理移液器（Pipette Aid, Drummond Scientific Company），$CO_2$ 培养箱（Pharmaceutical Incubator, USA），水浴槽（Thermal ROBO TR-1A, Iuchi, Japan），血球计数器（Cell Science & Technology Institute Inc., Japan），冷冻容器（NALGENE™ Cryo 1℃ Freezing Container, Nalgene）。

（3）主要耗材

冻存管（Cryovial, AGC Techno Glass, Japan），离心管（15mL, 50mL, Thermo Scientific），6 孔培养皿（BD Biosciences, cat no. 353046），一次性移液管（10mL, 25mL, BD Biosciences），滤器（0.22μm, Millipore），一次性注射器（10mL, 50mL, NIPRO, Japan）。

（4）试剂

DMEM-F12 + Gluta-Max™培养基（Life Technologies, cat no. 10565-018）。

KnockOut™血清替代品（KSR：Life Technologies, cat no. 10828-028）。

MEM 非必需氨基酸（100×）（Life Technologies, cat no. 1140-050）。

β-巯基乙醇（Wako, cat no. 139-06861, Japan）。

青链霉素，液体（100×）（Life Technologies, cat no. 15140-122）。

碱性成纤维细胞生长因子［Basic fibroblast growth factor（bFGF），Wako, cat no. 068-04544, Japan］。

DMEM，高糖，丙酮酸盐（Life Technologies, cat no. 11995-065）。

胎牛血清［fetal bovine serum（FBS），Tissue Culture Biologicals, cat no. 101, USA］。

PBS（TaKaRa, cat no. T900）。

丝裂霉素 C（Kyowa Hakko Kirin, Japan）。

胰酶细胞消化液（0.05% Trypsin-EDTA）（Life Technologies, cat no. 25300-062）。

明胶（Sigma-Aldrich, cat no. G1890-100G）。

2.5%胰蛋白酶（10×）（Life Technologies, cat no. 15090-046）。

胶原酶Ⅳ型（Collagenase Type Ⅳ，Life Technologies，cat no. 17104-019）。

二氯化钙（Wako cat no. 039-00475，Japan）。

ROCK 抑制剂（ROCK inhibitor，Y-27632，Wako，cat no. 253-00513，Japan）。

碱性磷酸酶底物试剂盒（Vector laboratories，cat no. SK-5400）。

0.075mg/mL 胰蛋白酶+0.2mmol/L EDTA 溶于 DPBS（–）中（Kyokuto Pharmaceutical Industrial，cat no. 28111，Japan）。

冷冻液（freezing media CP-5E™，Kyokuto Pharmaceutical Industrial，cat no. 27203，Japan）：6%（w/v）羟乙基淀粉，5%（v/v）二甲基亚砜，5%（v/v）乙二醇于生理盐水中。

人 ES 细胞系，KhES-1（Riken BRC，Japan），人 iPS 细胞系，201B7（Riken BRC，Japan），小鼠成纤维细胞 SNL 76/7 饲养细胞系。

人 ES/iPS 细胞培养液：取 100mL KSR，5mL 非必需氨基酸（100×），0.5mL β-巯基乙醇（0.1mol/L），5mL 青链霉素（100×）混合，然后添加 DMEM/F12 至 500mL。使用前添加 0.5mL 5μg/mL 的 bFGF，置 4℃保存，可使用一周。

SNL 液：取 50mL FBS，5mL MEM 非必需氨基酸（10×），5mL 青链霉素（100×），混合，细胞分离液 PBS（–）：含 25%胰蛋白酶、1mg/mL 胶原酶Ⅳ、20% KSR 和 1mmol/L $CaCl_2$ 的 DPBS 液。然后添加 DMEM［含高糖（high glucose），丙酮酸盐和 2mmol/L L-谷氨酰胺］至 500mL，置 4℃保存，可使用一周。

**2. 诱导多能性干细胞冷冻**

人 iPS 细胞的传代培养详见 Imaizumi 等（2016）。

A. 于 6 孔培养板中培养 iPS 细胞，当其呈指数生长时待用。

B. 轻轻吸去上清液，用 2mL PBS（–）洗涤 6 孔板两次。

C. 往 6 孔板中加入 1mL 预热的胰酶细胞消化液（Pronase/EDTA for Stem™），置于 37℃下孵育 2～5min（图 5-3-3）。

D. 吸去胰酶细胞消化液与脱壁的饲养层细胞，用人 iPS 细胞培养液轻轻洗涤孔中 iPS 细胞。

E. 往 6 孔板中添加 1mL 人 iPS 细胞培养液，用移液管刮擦 iPS 细胞集落。

F. 收集细胞悬液，于 4℃离心（300g）3min。

G. 弃上清液，重悬细胞于 5mL 预冷的冷冻液 CG-5E™中。

H. 平均分成 10 份，每份（0.5mL）转入 2mL 大小的冻存管中。

I. 将冻存管转入细胞冻存盒中，–80℃过夜。

J. 第二天，将冻存管转移至液氮中或置于–150℃条件下长期保存。

**3. 诱导多能性干细胞解冻**

解冻前一天准备好铺有饲养层细胞的 100mm 细胞培养皿。

A. 用 0.1%的明胶包被培养皿，即往 100mm 培养皿中加 10mL 明胶。

B. 将培养皿置 37℃培养箱中 1h。

C. 用 PBS（–）清洗培养皿。

D. 于 SNL 液中重悬细胞丝裂霉素 C 处理的 SNL76/7 饲养层细胞，然后添加至明胶包被的 100mm 培养皿中，细胞密度为 (5~7)×10³/cm²，培养过夜。为了保证培养细胞的活性，SNL 液使用前务必在 37℃预热。

E. 从液氮中取出冻存管，迅速置于 37℃水浴槽中解冻。

F. 一旦解冻，迅速从水浴锅中取出冻存管，喷洒 70%乙醇至冻存管外周，以消毒灭菌。

G. 将冻存管中细胞悬液转移至 15mL 离心管中，离心管预先装有 5mL 冰冷人 iPS 细胞培养液，然后 4℃离心（300g）3min。

H. 弃上清液，将细胞重悬于 10mL 人 iPS 细胞培养液中，培养液中含有 ROCK 抑制剂 Y-27632（10μmol/L）。

I. 48h 后，培养液更换为不含 ROCK 抑制剂的人 iPS 细胞液。

J. 培养箱（37℃，5% $CO_2$）中培养，每天换液，直至 iPS 细胞集落生长至所需大小。

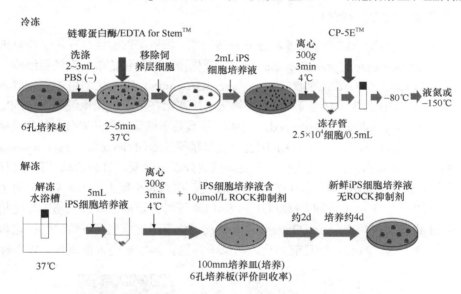

图 5-3-3　人 iPS 细胞冷冻解冻示意图（见图版）

**4. 注意事项**

A. 胰酶细胞消化液处理时间随细胞系的种类与细胞集落质量不同而有变化。细胞集落不易消化成单个细胞，胰酶用于将 SNL 饲养层细胞与 iPS 细胞集落分离，而 EDTA 则将人 iPS 细胞集落分散成小团细胞。

B. 冷冻液 CP-5E™使用前应在冰上预平衡。

C. 应避免在-80℃条件下长期保存细胞，否则细胞活力下降。

D. 饲养层细胞的密度应基于 iPS 细胞集落的形态事先确定。

E. 丝裂霉素 C 处理的 SNL 培养皿应在使用前一天准备。

（周光斌）

## 第四节　精原干细胞

精原干细胞（spermatogonial stem cell，SSC）指位于曲精细管基膜上既能自我更新维持自身数量，又能定向分化产生精母细胞的一类原始精原细胞。精原干细胞是哺乳动物雄性配子发生和物种延续的基础。因为其重要的生物学特性，精原干细胞分离纯化、冷冻保存和移植在男性不育治疗、家畜良种扩繁和基因编辑等各方面具有巨大的应用价值。1994年精原干细胞移植技术的发明，标志着精原干细胞研究进入了一个全新的时代（Brinster and Avarbock，1994）。自此，不同物种精原干细胞的表面标记鉴定、分离培养和冷冻保存等都取得了明显进展。本节从精原干细胞生物学特性、活性检测方法、冷冻保存和实验操作4个方面论述。

### 一、精原干细胞生物学特性

形态学、细胞命运示踪和干细胞移植实验等证明，精原干细胞活性存在于少量未分化精原细胞（undifferentiated spermatogonia）中。未分化精原细胞包括单个型精原细胞（$A_{single}$ spermatogonia），成对型精原细胞（$A_{paired}$ spermatogonia）和链状型精原细胞（$A_{aligned}$ spermatogonia），在正常生理状态下，精原干细胞活性富集在单个型精原细胞中（Oatley and Brinster，2008；de Rooij and Grootegoed，1998）。不具备干细胞功能的未分化精原细胞进入分化通路，经维甲酸信号诱导成为c-Kit阳性分化型精原细胞（differentiating spermatogonia），后者经几次细胞增殖和分化，完成有丝分裂向减数分裂的转变，进而启动减数分裂过程，最终形成单倍体精子（图5-4-1）。目前的研究发现，在人和小鼠上，ID4能标记单个型精原细胞而PLZF、UTF1、LIN28、FOXO1和SALL4等可标记部分或者全部未分化精原细胞（Chan et al.，2014；Yang and Oatley，2014）。一些表面抗原也可以特异性标记精原细胞，如GFRA1等。然而，到目前为止，精原干细胞特异标记尚未被找到，以上标记可

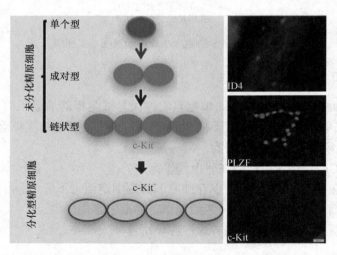

图5-4-1　未分化精原细胞分类和精原细胞分化示意图（见图版）

未分化精原细胞包括单个型、成对型和链状型。部分具有干细胞活性的精原细胞自我更新维持干细胞数量，不具备精原干细胞活性的细胞经维甲酸信号诱导，进入一个不可逆的分化途径，成为分化型精原细胞，最终经减数分裂和精子变形成为单倍子精子。标尺：20μm

以富集具有精原干细胞活性的精原细胞。单个型精原细胞中也仅有少部分细胞有干细胞活性。因此，精原干细胞生物学特性的直接检测还需依赖于体内外功能性实验。

精原干细胞最显著的生物学特性是能分化形成有受精能力的生殖细胞。虽然其他组织特异性干细胞都有自我更新和分化的特性，但不能形成延续生命所必需的单倍体精子。精原干细胞起源于性原细胞（gonocyte or prospermatogonia），而性原细胞是由原始生殖细胞（primordial germ cells）直接形成的。干细胞移植实验证实，胚胎干细胞和原始生殖细胞都有形成精子的潜力，但同时也因为具备全能性，移植到受体动物睾丸后会形成肿瘤（Chuma et al.，2005）。而在正常状态下，性原细胞和精原干细胞只有形成配子的功能，不具备全能性。性原细胞在胚胎发育晚期形成，小鼠上约为胚胎期 13.5d。出生后，部分性原细胞变成精原干细胞，而部分性原细胞直接成为分化型精原细胞，启动精子发生（图 5-4-2A）。

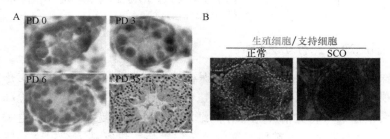

图 5-4-2　精原干细胞的起源和精原干细胞活性检测（见图版）
A. 精原干细胞来源于性原细胞，出生第 0 天开始，性原细胞恢复细胞增殖和分化过程，部分成为精原干细胞，部分直接分化启动精子发生；B. 精原干细胞丢失会导致唯支持细胞综合征（sertoli-cell-only，SCO）的出现

## 二、精原干细胞检测

精原干细胞活性受内源性和外源性因子的严格调控。支持细胞通过分泌细胞因子如 GDNF、CXCL12、FGF2 等促进精原干细胞增殖和自我更新。而精原干细胞也表达特异的转录因子、RNA 结合蛋白、细胞周期控制因子等调控细胞周期、迁移和增殖等多种功能，进而维持自我更新和分化之间的微妙平衡。如果该平衡被打乱，如过度的自我更新，可能会导致精原细胞的富集和分化阻断，过度的分化则会导致精原干细胞库的枯竭，最终导致唯支持细胞综合征（sertoli-cell-only syndrome，SCO）和无精子症（图 5-4-2B）。生殖细胞逐渐丢失和唯支持细胞综合征的出现是精原干细胞活性丢失的标志。因此，精原干细胞的体内检测依赖对精子发生过程的形态学检查和精原细胞特异标记的表达检测，包括利用精原细胞特异表达基因为基础的细胞示踪技术。而在体外，精原干细胞活性检测的金标准是精原干细胞移植实验。

精原干细胞移植不仅可以确认被检测的细胞群是否有精原干细胞活性，如果利用荧光标记等进行标记，还可以量化精原干细胞数量。研究证实，精原干细胞移植到受体睾丸后，每个干细胞会通过增殖和分化，形成一个单独的克隆启动精子发生（Nagano et al.，1999）。因此，通过量化移植后受体睾丸内的克隆数，即可确定精原干细胞数量（图 5-4-3）。一般从供体睾丸内取出组织，用胶原酶和胰蛋白酶等将组织消化处理获得单细胞后进行直接移植，或者通过表面抗原筛选等方法富集具有精原干细胞活性的细胞亚群后，移植给没有生殖细胞但微环境能支持精子发生的睾丸，如白消安处理的睾丸。移植后 2 个月左右，供体精原干细胞即可启动精子发生并形成具有受精能力的精子。如果移植细胞中没有精原干细胞，受体睾丸中就不会检测到精子发生的迹象。

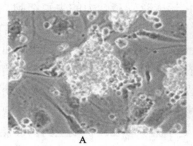 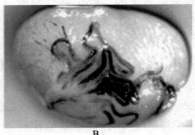

图 5-4-3　精原干细胞体外培养和移植（见图版）
A. 精原细胞培养后在滋养层上形成的细胞集落；B. 精原干细胞移植到受体睾丸后能成功启动精子发生，一个精原干细胞形成一个克隆

### 三、精原干细胞冷冻保存研究进展

在人类医学上，利用精原干细胞冷冻保存技术可为儿童或者青春期男孩癌症患者保存生育力提供保障。因为化疗会损伤甚至整体破坏生殖细胞，在化疗前冷冻保存精原干细胞，待患者治愈后，将先前冷冻保存的细胞移植便可恢复癌症患者的生育力（Gies et al.，2012）。在动物生产上，精原干细胞分离培养后，进行基因编辑，移植给受体以生产基因编辑动物，可缩短周期和增加效率。同时，对优秀种公畜的精原干细胞进行培养和冷冻保存后再移植给普通公牛，可极大增加良种扩繁效率（Herrid and McFarlane，2013）。因此，在小鼠精原干细胞分离培养和冷冻保存成功后，其他物种精原干细胞的相关研究成为领域内的热点。然而，到目前为止，只有小鼠精原细胞能长期培养和传代。其他动物包括人精原干细胞长期培养方法尚未建立，因此，在大多数动物上，精原干细胞冷冻保存依赖于睾丸组织或者细胞冷冻保存。通过冷冻保存睾丸组织，或者通过保存含有精原干细胞活性的生殖细胞，保存精原干细胞活性。

通过玻璃化方法或者程序冷冻保存后，可将复苏细胞移植给同种或者异种受体以检测精原干细胞活性，或者通过存活率、基因表达等间接手段检测存在精原干细胞的可能性，进而可以检测冷冻效率和开发冷冻方法。通过以上方法，人、非人灵长类、牛、小鼠等动物精原干细胞冷冻保存获得了成功（Redden et al.，2009；Hermann et al.，2007；Keros et al.，2007）。小鼠精原干细胞冷冻保存 14 年后，移植后能产生正常后代（Wu et al.，2012）。因为没有精原干细胞绝对的标记，精原干细胞的冷冻借助于睾丸组织冷冻和细胞冷冻两种方法进行（图 5-4-4）。

### 四、实验操作程序

（一）动物睾丸组织冷冻

**1. 材料**

（1）主要仪器

程序冷冻仪（Cryologic PL，Australia），程序降温盒，液氮罐，水浴锅。

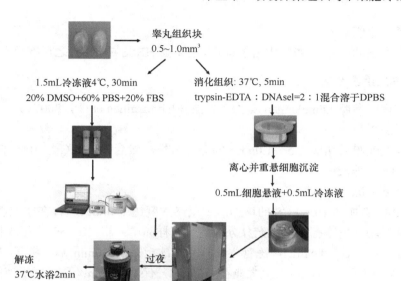

图 5-4-4 动物精原干细胞冷冻流程（见图版）

（2）主要耗材

1.8mL 冷冻管，1mL 注射器，剪刀，镊子，止血钳，缝合针，手术线，计时器，液氮，枪头，离心管，巴氏滴管，冷冻管，过滤器（孔径 70μm）。

（3）试剂与溶液

洗精液（sperm preparationmedium）（MediCult，Jyllinge，Denmark），HBSS（Gibco，Invitrogen Corporation，Scotland，UK），DMSO（Sigma-Aldrich，Sweden AB），HSA（Vitrolife，Goteborg，Sweden），麻醉剂，FCS，Leibovitz-L15 培养液（Gibco，Paisley），DPBS（Invitrogen，Grand Island，NY，USA），海藻糖，PBS，FBS（Hyclone，Thermo Scientific，Logan，UT）。

冷冻液：20%（v/v）DMSO，60%（v/v）PBS，以及 20%（v/v）灭活的 FBS。

**2. 人睾丸组织冷冻**

该冷冻程序参照 Keros 实验室方法（Keros et al.，2007），应用该程序冷冻睾丸组织可高效保留精原干细胞的活性。

（1）睾丸组织采集

通过睾丸穿刺获取的睾丸组织放于准备好的洗精液中，尽可能去除残留的血液。

（2）睾丸组织冷冻

洗涤后的睾丸组织置于含有 1.5mL 细胞冷冻液的 1.8mL 冷冻管中，于 4℃放置 30min，然后在 CL863 程序冷冻仪中完成以下步骤。

A. 从 4℃开始以–1℃/min 速率降温至 0℃，保持 5min；随后以–0.5℃/min 速率降温至–8℃，保持 10min；再以–0.5℃/min 速率降至–40℃，保持 10min；最后以–7℃/min 速率降至–70℃后，置于液氮中保存（用于保存精原细胞）。

B. 从 4℃开始以–1℃/min 速率降温至–8℃，保持 10min；随后以–10℃/min 速率降温至–80℃后，置于液氮中保存（用于保存睾丸间质细胞）。

（3）睾丸组织解冻

液氮中取出的样品于37℃水浴解冻后，在无菌HBSS中洗涤，之后在培养液中恢复。

**3. 猴睾丸组织冷冻**

该冷冻程序参照Jahnukainen实验室方法（Jahnukainen et al., 2007）。

（1）样品采集

猴子睾丸除膜后切成0.5~1.0mm³的睾丸组织，然后置于4℃含10% FCS的无菌Leibovitz-L15培养液中。

（2）样品冷冻

将DMSO滴加到10% FCS的培养液中至终浓度达1.4mol/L后，在冰上孵育15min，期间间歇性摇动，使冻存保护液充分分散到组织样品中；将40~50个组织样品转移到含有1.5mL冷冻液的1.8mL冷冻管中，样品在冰上平衡40min后，置于–20℃冰箱中60min；从冰箱中取出后，当温度大概在–13℃时，保温75min；最后置于液氮中保存。

（3）样品解冻

液氮中取出样品后，立即于37℃水浴中解冻2min。

**4. 牛睾丸组织冷冻**

该冷冻程序参照Buom-Yong Ryu实验室方法（Kim et al., 2015a）。

（1）样品采集

牛阉割后，睾丸组织置于DPBS中，冰上运输1~2h。在无菌条件下除去被膜，在DPBS中清洗。

（2）样品冻存

洗好的睾丸组织放在0.5mL含400mmol/L海藻糖的PBS中，将向PBS中滴加0.5mL的冷冻液，终体积为1mL，再转移到1.8mL的冷冻管中，冰上放置15min，确保冷冻保护剂扩散到睾丸样品中。接着将冷冻管放到含有100%异丙醇程序降温盒中，以–1℃/min的速度降温至–80℃后，将冷冻管放于液氮中保存。

（3）样品解冻

37℃水浴解冻3.5min。

**5. 注意事项**

A. 注意操作过程中避免造成样品污染。

B. 人睾丸穿刺获得样品少，操作时小心谨慎，尽量避免样品损失。

C. 睾丸穿刺后得到的睾丸样品应放于冰上，30min内送至实验室。

（二）动物睾丸细胞冷冻

**1. 材料**

（1）主要仪器

低温离心机，冰箱，液氮罐，水浴锅，移液枪。

（2）主要耗材

剪刀，镊子，止血钳，缝合针，手术线，计时器，液氮，枪头，离心管，巴氏滴管，聚丙烯冷冻管（Nunc.Life Technologies，Roskilde，Denmark），过滤器（孔径70μm）。

（3）试剂与溶液

胶原酶Ⅳ（Sigma），DMEM（Gibco，Paisley，UK），HBSS（Invitrogen，Carlabad，CA），胰蛋白酶，EDTA（Invitrogen），DNase（Sigma），FBS（HyClone，Logan，UT），MEMα（Invitrogen），左旋谷酰胺，β-左硫基乙醇，青霉素，链霉素，mSFM，碱性成纤维细胞生长因子（R&D Systems，Minneapolis，MN），GDNF（R&D Systems），GFRα1（R&D Systems），BSA，FCS，蔗糖，DMSO（Sigma Chemical Co.，St Louis，MO，USA）。

小鼠细胞冷冻液：FBS，PBS 和 ACA 或 PCA 以 1∶3∶1 比例配制。

小鼠睾丸组织消化液：0.25%胰蛋白酶-EDTA 和 7mg/mL DNAse Ⅰ 按 2∶1 混合后加入到 DPBS 中。

小鼠无血清培养基（mSFM）：1ng/mL 碱性成纤维细胞生长因子+10ng/mL GDNF+1ng/mL FGF2+75ng/mL GFRα。

人细胞冷冻液：1g BSA + 10% DMSO + 10% FCS + 0.07mol/L 蔗糖。

猴细胞冷冻液：MEMα +20% FBS+20% DMSO。

牛细胞重悬培养液：含 10% FBS 的 DMEM +2mmol/L 左旋谷酰胺+0.1mmol/L β-左硫基乙醇+100U/mL 青霉素+100μg/mL 链霉素。

牛细胞孵育液：0.25%胰蛋白酶-EDTA（Invitrogen）与 Dnase Ⅰ（7mg/mL；Roche，Basel，Switzerland）按 4∶1 混合后加入 DPBS 中。

牛细胞冷冻液：MEM 中加入 1%（w/v）BSA+10%（v/v）FCS+1.4mol/L DMSO + 0.07mol/L 蔗糖。

**2. 人睾丸细胞冷冻**

该冷冻程序参照 Mirzapour 实验室方法（Mirzapour et al.，2013）。

（1）样品采集

用穿刺的方法获取睾丸组织后，在 30min 内将其转移到实验室，通过两步酶消化方法分离细胞。

A. 将小块的睾丸组织放于 37℃ 的 DMEM 中 30min 后，转速 112g 离心 4min，再重悬于 2mL DMEM 中。在 DMEM 中洗 3 次除去大部分的间质细胞、成纤维细胞和内皮细胞。

B. DMEM 和酶混合液在 37℃温度下再次消化生精小管 45min，用巴氏滴管轻轻搅拌细胞团 4min，于 37℃下转速 542g 离心 4min，从而从生精小管碎片中将细胞分离出。

C. 用 70μm 尼龙过滤器过滤细胞液两次，用新鲜的培养液配制细胞悬液。

（2）样品冷冻

将分离的细胞液转移到冰上降温至 4℃，吸取 0.5mL 细胞悬液移至 1.8mL 冷冻管中，管中加入等体积的冷冻液后，将冷冻管放入绝缘的泡沫盒中，放于 -80℃ 超低温冰箱中过夜，之后放于液氮中保存。

（3）样品解冻

从液氮中取出冻存管，38℃水浴 2min，再将管内溶液移至另一个新管中，并用两倍体积 10%FCS 的 DMEM 稀释，448g 离心 5min，弃掉上清液，加入含 10% FCS 的 DMEM。

### 3. 猴睾丸细胞冷冻

该冷冻程序参照 Kyle E. Orwig 实验室方法（Hermann et al.，2007）。

（1）样品采集

猴子阉割后取出睾丸，去除睾丸被膜，再通过两步酶消化过程得到细胞悬液。

A. 在 37℃条件下，HBSS 配制的 1mg/mL 胶原酶Ⅳ中消化 5～10min，并剧烈震荡。100g 离心得到沉淀，用 HBSS 洗 3 次去除间质细胞。

B. 在 37℃ 条件下，HBSS 配制的含有 2.0mg/mL 胰蛋白酶、1.04mmol/L EDTA 和 1.4mg/mL DNase 的消化液中消化 5～10min 后，加入 10%的 FBS 停止消化，用过滤器过滤得到单细胞悬液；600g 离心使细胞沉淀，再将沉淀的细胞重悬于含 10% FBS MEMα 中，细胞终浓度为 $40×10^6$ 细胞/mL，移到冷冻管中，并滴加等体积的冷冻液。

（2）样品冷冻

冷冻管在程序降温盒以 –1℃/min 速率降温至 –80℃后过夜，存放于液氮中。

（3）样品解冻

从液氮中取出冷冻的细胞样品，立即于 37℃水浴解冻，用于后续实验。

### 4. 小鼠精原干细胞冷冻

该冷冻过程参照 Buom-Yong Ryu 实验室方法（Lee et al.，2013）。

（1）样品采集

刚取出的睾丸在 DPBS 中清洗后去除被膜。去膜的睾丸组织在消化液中 37℃消化 5min，使生精小管散开。消化液中加入反应体系的 10%的 FBS 孵育 5min。去除未消化的睾丸组织，用尼龙过滤器过滤细胞液。

细胞悬液于 4℃下，600g 离心 7min，离心后的细胞重悬于含有 10% FBS、2mmol/L 左旋谷酰胺、0.1mmol/L β-巯基乙醇、100U/mL 青霉素、100μg/mL 链霉素的 DMEM 中，细胞浓度约为 $5×10^6$ 细胞/mL。2mL 细胞悬液中加入 2mL 30%的细胞分离液，离心去除红细胞及其碎片。

离心后得到细胞重悬液用于免疫磁珠分选（MACS），SSC 用抗 THY-1 磁珠分选出 THY-1 阳性睾丸细胞，其中未分化精原细胞比例达 35.5%。$1×10^5$ 生殖细胞使用小鼠无血清培养基（mSFM）在 12 孔板 STO 滋养层细胞上培养。

（2）样品冷冻

细胞培养 6 周后用 0.25%的胰蛋白酶消化，细胞重悬于 MEM 中，浓度为 $5×10^5$ 细胞/mL。冷冻液滴加到 0.5mL 的细胞悬液中，将 1mL 的溶液转移到 1.8mL 的冷冻管中。冷冻管在程序降温盒中以 –1℃/min 冷冻至 –80℃，–80℃过夜后，放于液氮中长期保存。

（3）样品解冻

冻存的细胞于 37℃水浴 2.5min 解冻后，用含有 10% FBS 的 MEM 按 1∶10 比例稀释。

### 5. 牛睾丸细胞冷冻

该冷冻程序参照 Muren Herrid 实验室方法（Redden et al.，2009）。

（1）样品采集

牛睾丸组织用剪刀剪成小块后，在 DMEM 中洗 3 次，每次 10min，再通过两步酶消化得到细胞悬液。

A. 在 37℃条件下，DPBS 配制的 2mg/mL 胶原酶Ⅳ中消化 40min。

B. 在 37℃条件下，DPBS 配制的 2mg/mL 胶原酶Ⅳ和 2mg/mL 透明质酸酶中消化 15min。

消化完的组织块用 DPBS 洗 3 次，在孵育液中 37℃孵育 10min，添加 10% FBS 将酶灭活。得到的细胞悬液用过滤器过滤后重悬到重悬培养液中，于 4℃下 600g 离心 7min，再重悬、再离心、再重悬共 2 次。

用 PBS 配制的 0.5mg/mL BSA 于 37℃下处理细胞培养用的烧杯 1h，之后倒掉 BSA，加入 12mL DMEM、抗生素和 5% FCS，加入适量睾丸细胞悬液，使细胞终浓度为 $0.26×10^6$ 细胞/cm$^2$，37℃孵育 2h，上清倒入 50mL 离心管中，用 5mL PBS 清洗烧杯 2 次并收集细胞残液。室温下，400g 离心细胞悬液 5min，将 3～4 管的细胞收集并重悬于 20mL 含 10% FBS 和抗生素的 MEM 中，细胞终浓度 40～80×$10^6$ 细胞/mL。

（2）样品冻存

5mL 冷冻管存置于无菌环境中，底部用金属密封球密封，中间留有气泡，每个管准备需 1min，准备好的冷冻管于 4℃冰箱保存。

细胞悬液在 4℃冰箱中保存至少 10min，使管内温度平衡，再于管中加入 4℃平衡的 2×浓缩冷冻液后，在 4℃冰箱中放置 2min。

将试管架放在液氮中，将准备冷冻的细胞液分装到冷冻管中，先液氮上方预冷，冷冻管与液氮面间隔 3cm，用温度计检测液氮蒸汽温度为 –140～–130℃，达到冰冻时间后，将冷冻管投入液氮中保存。

（3）样品解冻

从液氮中取出的样品立即于 38℃水浴解冻 60s。

**6. 注意事项**

A. 注意操作过程，避免造成样品污染。

B. 人睾丸穿刺获得样品少，操作时小心谨慎，尽量避免样品损失。

C. 冻存的细胞在液氮中至少保存 3d 才可取出使用。

（闫荣格　张瑞娜　杨其恩）

## 参 考 文 献

陈林, 张坤, 邵文陶, 等. 2014. 脐带血造血干细胞分离冻存方法优化. 重庆理工大学学报(自然科学), 28(12): 82～86.

陈勇伟, 王坚. 2013. 脐血源干细胞的特性及临床应用. 中华临床医师杂志(电子版), 7(19): 8835～8838.

窦烨, 于雷, 王清路. 2008. 干细胞治疗糖尿病的研究进展. 现代生物医学进展, 8(3): 574～575+579.

黄冰, 陈系古, 邓新燕, 等. 2001. BALB/c 小鼠胚胎干细胞系的建立及其嵌合体小鼠的获得. 细胞生物学杂志, 23(1): 28~32+57.

姜侃, 严力行. 2005. 脐带血造血干细胞的生物学特性及其基因治疗的临床应用. 国外医学输血及血液学分册, 28(3): 238~240.

李光武, 郑从义, 唐兵. 1998. 低温生物学. 长沙: 湖南科学技术出版社.

李军, 华泽钊, 谷雪莲, 等. 2005. 冷冻干燥保存人脐血实验研究. 低温工程, (4): 41~44.

刘开彦, 高志勇, 姜永军, 等. 2003. 脐带血造血干细胞的采集、浓缩与低温冷冻保存. 北京大学学报(医学版), 35(2): 119~122.

麦庆云, 周灿权, 李涛, 等. 2005. 玻璃化冷冻法保存人类胚胎干细胞. 中山大学学报(医学科学版), 26(3): 238~361.

裴雪涛. 2006. 干细胞实验指南. 北京: 科学出版社.

王丹丹, 武文杰, 李茜, 等. 2014. 脐血造血干细胞移植的研究进展. 医学综述, 20(8): 1377~1379.

习德成, 陶乐仁, 肖鑫, 等. 2006. 人脐带血全血冷冻干燥保存的初步研究. 真空, 43(2): 44~47.

肖洪海, 李军, 华泽钊, 等. 2003. 人脐带血有核细胞冷冻干燥保存实验初步研究. 细胞生物学杂志, 25(6): 389~393.

杨鹏飞, 程启康, 王欣, 等. 2005. 人体骨髓基质干细胞冷冻干燥的探索性实验. 制冷学报, (1): 19~23.

袁晓华, 王淑芬, 杨世华, 等. 2007. 不同防冻剂对兔胚胎干细胞慢速冷冻保存的影响. 动物学研究, 28(1): 81~87.

Adler S, Pellizzer C, Paparella M, et al. 2006. The effects of solvents on embryonic stem cell differentiation. Toxicol In Vitro, 20(3): 265~271.

Almodin C G, Minguetti-Camara V C, Meister H, et al. 2004. Recovery of fertility after grafting of cryopreserved germinative tissue in female rabbits following radiotherapy. Hum Reprod, 19(6): 1287~1293.

Amorim C A, Jacobs S, Devireddy R V, et al. 2013. Successful vitrification and autografting of baboon (*Papio anubis*) ovarian tissue. Hum Reprod, 28(8): 2146~2156.

Andersen C Y, Rosendahl M, Byskov A G, et al. 2008. Two successful pregnancies following autotransplantation of frozen/thawed ovarian tissue. Hum Reprod, 23(10): 2266~2272.

Araki K, Takeda N, Yoshiki A, et al. 2009. Establishment of germline-competent embryonic stem cell lines from the MSM/Ms strain. Mamm Genome, 20(1): 14~20.

Arav A, Gavish Z, Elami A, et al. 2010. Ovarian function 6 years after cryopreservation and transplantation of whole sheep ovaries. Reprod Biomed Online, 20(1): 48~52.

Baharvand H, Salekdeh G H, Taei A, et al. 2010. An efficient and easy-to-use cryopreservation protocol for human ES and iPS cells. Nat Protoc, 5(3): 588~594.

Ballen K K, Gluckman E, Broxmeyer H E. 2013. Umbilical cord blood transplantation: the first 25 years and beyond. Blood, 122(4): 491~498.

Bertolini F, Lazzari L, Lauri E, et al. 1995. Cord blood-derived hematopoietic progenitor cells retain their potential for ex vivo expansion after cryopreservation. Bone Marrow Transplant, 15(1): 159~160.

Boiani M, Scholer H R. 2005. Regulatory networks in embryo-derived pluripotent stem cells. Nat Rev Mol Cell Biol, 6(11): 872~884.

Bradley A, Evans M, Kaufman M H, et al. 1984. Formation of germ-line chimaeras from embryo-derived teratocarcinoma cell lines. Nature, 309(5965): 255~256.

Brambrink T, Foreman R, Welstead G G, et al. 2008. Sequential expression of pluripotency markers during direct reprogramming of mouse somatic cells. Cell Stem Cell, 2(2): 151~159.

Brinster R L, Avarbock M R. 1994. Germline transmission of donor haplotype following spermatogonial transplantation. Proc Natl Acad Sci U S A, 91(24): 11303~11307.

Brook F A, Gardner R L. 1997. The origin and efficient derivation of embryonic stem cells in the mouse. Proc Natl Acad Sci U S A, 94(11): 5709~5712.

Broxmeyer H E, Douglas G W, Hangoc G, et al. 1989. Human umbilical cord blood as a potential source of transplantable hematopoietic stem/progenitor cells. Proceedings of the National Academy of Sciences of the United States of America, 86(10): 3828~3832.

Broxmeyer H E, Lee M R, Hangoc G, et al. 2011. Hematopoietic stem/progenitor cells, generation of induced pluripotent stem cells, and isolation of endothelial progenitors from 21- to 23.5-year cryopreserved cord blood. Blood, 117(18): 4773~4777.

Brunstein C G. 2011. Umbilical cord blood transplantation for the treatment of hematologic malignancies. Cancer Control, 18(4): 222~236.

Brunstein C G, Miller J S, Cao Q, et al. 2011. Infusion of *ex vivo* expanded T regulatory cells in adults transplanted with umbilical cord blood: safety profile and detection kinetics. Blood, 117(3): 1061~1070.

Buchanan S S, Gross S A, Acker J P, et al. 2004. Cryopreservation of stem cells using trehalose: evaluation of the method using a human hematopoietic cell line. Stem cells and development, 13(3): 295~305.

Buehr M, Meek S, Blair K, et al. 2008. Capture of authentic embryonic stem cells from rat blastocysts. Cell, 135(7): 1287~1298.

Campbell B K, Hernandez-Medrano J, Onions V, et al. 2014. Restoration of ovarian function and natural fertility following the cryopreservation and autotransplantation of whole adult sheep ovaries. Hum Reprod, 29(8): 1749~1763.

Capicciotti C J, Kurach J D, Turner T R, et al. 2015. Small molecule ice recrystallization inhibitors enable freezing of human red blood cells with reduced glycerol concentrations. Sci Rep, 5: 9692.

Chan F, Oatley M J, Kaucher A V, et al. 2014. Functional and molecular features of the Id4+ germline stem cell population in mouse testes. Genes & development, 28(12): 1351~1362.

Chen S U, Chien C L, Wu M Y, et al. 2006. Novel direct cover vitrification for cryopreservation of ovarian tissues increases follicle viability and pregnancy capability in mice. Hum Reprod, 21(11): 2794~2800.

Chin M H, Mason M J, Xie W, et al. 2009. Induced pluripotent stem cells and embryonic stem cells are distinguished by gene expression signatures. Cell Stem Cell, 5(1): 111~123.

Chuma S, Kanatsu-Shinohara M, Inoue K, et al. 2005. Spermatogenesis from epiblast and primordial germ cells following transplantation into postnatal mouse testis. Development, 132(1): 117~122.

Cortes J L, Sanchez L, Catalina P, et al. 2008. Whole-blastocyst culture followed by laser drilling technology enhances the efficiency of inner cell mass isolation and embryonic stem cell derivation from good- and poor-quality mouse embryos: new insights for derivation of human embryonic stem cell lines. Stem Cells Dev, 17(2): 255~267

Courbiere B, Odagescu V, Baudot A, et al. 2006. Cryopreservation of the ovary by vitrification as an alternative to slow-cooling protocols. Fertility and sterility, 86(4 Suppl): 1243~1251.

Crowe J H, Crowe L M. 2000. Preservation of mammalian cells-learning nature's tricks. Nat Biotechnol, 18(2): 145~146.

Crowe J H, Crowe L M, Oliver A E, et al. 2001. The trehalose myth revisited: introduction to a symposium on stabilization of cells in the dry state. Cryobiology, 43(2): 89~105.

Dash S N, Routray P, Dash C, et al. 2008. Use of the non-toxic cryoprotectant trehalose enhances recovery and function of fish embryonic stem cells following cryogenic storage. Current stem cell research & therapy, 3(4): 277~287.

Dattena M, Chessa B, Lacerenza D, et al. 2006. Isolation, culture, and characterization of embryonic cell lines from vitrified sheep blastocysts. Mol Reprod Dev, 73(1): 31~39.

De Miguel M P, Fuentes-Julian S, Alcaina Y. 2010. Pluripotent stem cells: origin, maintenance and induction. Stem Cell Rev, 6(4): 633~649.

de Rooij D G, Grootegoed J A. 1998. Spermatogonial stem cells. Current opinion in cell biology, 10(6): 694~701.

Deller R C, Vatish M, Mitchell D A, et al. 2014. Synthetic polymers enable non-vitreous cellular cryopreservation by reducing ice crystal growth during thawing. Nat Commun, 5: 3244.

Demeestere I, Simon P, Buxant F, et al. 2006. Ovarian function and spontaneous pregnancy after combined heterotopic and orthotopic cryopreserved ovarian tissue transplantation in a patient previously treated with bone marrow transplantation: case report. Hum Reprod, 21(8): 2010~2014.

Dittrich R, Hackl J, Lotz L, et al. 2015. Pregnancies and live births after 20 transplantations of cryopreserved ovarian tissue in a single center. Fertility and sterility, 103(2): 462~468.

Doetschman T C, Eistetter H, Katz M, et al. 1985. The in vitro development of blastocyst-derived embryonic stem cell lines: formation of visceral yolk sac, blood islands and myocardium. J Embryol Exp Morphol, 87: 27~45.

Donnez J, Dolmans M M. 2015. Ovarian tissue freezing: current status. Curr Opin Obstet Gynecol, 27(3): 222~230.

Donnez J, Dolmans M M, Demylle D, et al. 2004. Livebirth after orthotopic transplantation of cryopreserved ovarian tissue. Lancet, 364(9443): 1405~1410.

Donnez J, Dolmans M M, Pellicer A, et al. 2015. Fertility preservation for age-related fertility decline. Lancet, 385(9967): 506~507.

Du C, Gao Z, Venkatesha V A, et al. 2009. Mitochondrial ROS and radiation induced transformation in mouse embryonic fibroblasts. Cancer Biol Ther, 8(20): 1962~1971.

Du J, Daniels D H, Asbury C, et al. 2006. Mitochondrial production of reactive oxygen species mediate dicumarol-induced cytotoxicity in cancer cells. The Journal of biological chemistry, 281(49): 37416~37426.

Eini F, Foroutan T, Bidadkosh A, et al. 2012. The effects of freeze/thawing process on cryopreserved equine umbilical cord blood-derived mesenchymal stem cells. Comparative Clinical Pathology, 21(6): 1713~1718.

Evans M J, Kaufman M H. 1981. Establishment in culture of pluripotential cells from mouse embryos. Nature, 292(5819): 154~156.

Faheem M S, Carvalhais I, Chaveiro A, et al. 2011. In vitro oocyte fertilization and subsequent embryonic development after cryopreservation of bovine ovarian tissue, using an effective approach for oocyte collection. Anim Reprod Sci, 125(1-4): 49~55.

Feki A, Bosman A, Dubuisson J B, et al. 2008. Derivation of the first Swiss human embryonic stem cell line from a single blastomere of an arrested four-cell stage embryo. Swiss Med Wkly, 138(37-38): 540~550.

Fujioka T, Yasuchika K, Nakamura Y, et al. 2004. A simple and efficient cryopreservation method for primate embryonic stem cells. Int J Dev Biol, 48(10): 1149~1154.

Gies I, De Schepper J, Goossens E, et al. 2012. Spermatogonial stem cell preservation in boys with Klinefelter syndrome: to bank or not to bank, that's the question. Fertility and sterility, 98(2): 284~289.

Gluckman E, Broxmeyer H A, Auerbach A D, et al. 1989. Hematopoietic reconstitution in a patient with Fanconi's anemia by means of umbilical-cord blood from an HLA-identical sibling. N Engl J Med, 321(17): 1174~1178.

Gook D A, Edgar D H, Borg J, et al. 2005. Diagnostic assessment of the developmental potential of human cryopreserved ovarian tissue from multiple patients using xenografting. Hum Reprod, 20(1): 72~78.

Gosden R G, Baird D T, Wade J C, et al. 1994. Restoration of fertility to oophorectomized sheep by ovarian autografts stored at –196 degrees C. Hum Reprod, 9(4): 597~603.

Graves K H, Moreadith R W. 1993. Derivation and characterization of putative pluripotential embryonic stem cells from preimplantation rabbit embryos. Mol Reprod Dev, 36(4): 424~433.

Ha S Y, Jee B C, Suh C S, et al. 2005. Cryopreservation of human embryonic stem cells without the use of a programmable freezer. Hum Reprod, 20(7): 1779~1785.

Han Y, Quan G B, Liu X Z, et al. 2005. Improved preservation of human red blood cells by lyophilization. Cryobiology, 51(2): 152~164.

Hanna J, Cheng A W, Saha K, et al. 2010. Human embryonic stem cells with biological and epigenetic characteristics similar to those of mouse ESCs. Proc Natl Acad Sci U S A, 107(20): 9222~9227.

Hanna J, Wernig M, Markoulaki S, et al. 2007. Treatment of sickle cell anemia mouse model with iPS cells generated from autologous skin. Science, 318(5858): 1920~1923.

He X, Park E Y, Fowler A, et al. 2008. Vitrification by ultra-fast cooling at a low concentration of cryoprotectants in a quartz micro-capillary: a study using murine embryonic stem cells. Cryobiology, 56(3): 223~232.

Heng B C, Kuleshova L L, Bested S M, et al. 2005. The cryopreservation of human embryonic stem cells. Biotechnol Appl Biochem, 41(Pt 2): 97~104.

Heng B C, Ye C P, Liu H, et al. 2006. Loss of viability during freeze-thaw of intact and adherent human embryonic stem cells with conventional slow-cooling protocols is predominantly due to apoptosis rather than cellular necrosis. J Biomed Sci, 13(3): 433~445.

Hermann B P, Sukhwani M, Lin C C, et al. 2007. Characterization, cryopreservation, and ablation of spermatogonial stem cells in adult rhesus macaques. Stem cells, 25(9): 2330~2338.

Herraiz S, Novella-Maestre E, Rodriguez B, et al. 2014. Improving ovarian tissue cryopreservation for oncologic patients: slow freezing versus vitrification, effect of different procedures and devices. Fertility and sterility, 101(3): 775~784.

Herrid M, McFarlane J R. 2013. Application of testis germ cell transplantation in breeding systems of food producing species: a review. Animal biotechnology, 24(4): 293~306.

Hou P, Li Y, Zhang X, et al. 2013. Pluripotent stem cells induced from mouse somatic cells by small-molecule compounds. Science, 341(6146): 651~654.

Huang B, Li T, Wang X L, et al. 2010. Generation and Characterization of embryonic stem-like cell lines derived from in vitro fertilization buffalo (*Bubalus bubalis*) embryos. Reprod Domest Anim, 45(1): 122~128.

Hubel A, Spindler R, Curtsinger J M, et al. 2015. Postthaw characterization of umbilical cord blood: markers of storage lesion. Transfusion, 55(5): 1033~1039.

Imaizumi K, Iha M, Nishishita N, et al. 2016. A simple and efficient method of slow freezing for human embryonic stem cells and induced pluripotent stem cells. Methods Mol Biol, 1341: 15~24.

Intawicha P, Ou Y W, Lo N W, et al. 2009. Characterization of embryonic stem cell lines derived from New Zealand white rabbit embryos. Cloning Stem Cells, 11(1): 27~38.

Isachenko E, Isachenko V, Nawroth F, et al. 2008. Human ovarian tissue preservation: is vitrification acceptable method for assisted reproduction? Cryo Letters, 29(4): 301~314.

Jadoul P, Donnez J, Dolmans M M, et al. 2007. Laparoscopic ovariectomy for whole human ovary cryopreservation: technical aspects. Fertility and sterility, 87(4): 971~975.

Jahnukainen K, Ehmcke J, Hergenrother S D, et al. 2007. Effect of cold storage and cryopreservation of immature non-human primate testicular tissue on spermatogonial stem cell potential in xenografts. Hum Reprod, 22(4): 1060~1067.

Kang L, Wang J, Zhang Y, et al. 2009. iPS cells can support full-term development of tetraploid blastocyst-complemented embryos. Cell Stem Cell, 5(2): 135~138.

Katkov I I, Kim M S, Bajpai R, et al. 2006. Cryopreservation by slow cooling with DMSO diminished production of Oct-4 pluripotency marker in human embryonic stem cells. Cryobiology, 53(2): 194~205.

Kawamura K, Cheng Y, Suzuki N, et al. 2013. Hippo signaling disruption and Akt stimulation of ovarian follicles for infertility treatment. Proc Natl Acad Sci U S A, 110(43): 17474~17479.

Keros V, Hultenby K, Borgstrom B, et al. 2007. Methods of cryopreservation of testicular tissue with viable spermatogonia in pre-pubertal boys undergoing gonadotoxic cancer treatment. Hum Reprod, 22(5): 1384~1395.

Keros V, Xella S, Hultenby K, et al. 2009. Vitrification versus controlled-rate freezing in cryopreservation of human ovarian tissue. Hum Reprod, 24(7): 1670~1683.

Keskintepe L, Norris K, Pacholczyk G, et al. 2007. Derivation and comparison of C57BL/6 embryonic stem cells to a widely used 129 embryonic stem cell line. Transgenic Res, 16(6): 751~758.

Kim G A, Kim H Y, Kim J W, et al. 2010a. Ultrastructural deformity of ovarian follicles induced by different cryopreservation protocols. Fertility and sterility, 94(4): 1548~1550, 1550 e1541.

Kim G A, Kim H Y, Kim J W, et al. 2011. Effectiveness of slow freezing and vitrification for long-term preservation of mouse ovarian tissue. Theriogenology, 75(6): 1045~1051.

Kim G A, Lee S T, Ahn J Y, et al. 2010b. Improved viability of freeze-thawed embryonic stem cells after exposure to glutathione. Fertility and sterility, 94(6): 2409~2412.

Kim K J, Lee Y A, Kim B J, et al. 2015a. Cryopreservation of putative pre-pubertal bovine spermatogonial stem cells by slow freezing. Cryobiology, 70(2): 175~183.

Kim K M, Huh J Y, Hong S S, et al. 2015b. Assessment of cell viability, early apoptosis, and hematopoietic potential in umbilical cord blood units after storage. Transfusion, 55(8): 2017~2022.

Lee Y A, Kim Y H, Kim B J, et al. 2013. Cryopreservation of mouse spermatogonial stem cells in dimethylsulfoxide and polyethylene glycol. Biology of reproduction, 89(5): 109.

Li M, Zhang D, Hou Y, et al. 2003. Isolation and culture of embryonic stem cells from porcine blastocysts. Mol Reprod Dev, 65(4): 429~434.

Li P, Tong C, Mehrian-Shai R, et al. 2008. Germline competent embryonic stem cells derived from rat blastocysts. Cell, 135(7): 1299~1310.

Li X, Zhou S G, Imreh M P, et al. 2006. Horse embryonic stem cell lines from the proliferation of inner cell mass cells. Stem Cells Dev, 15(4): 523~531.

Li Y, Tan J C, Li L S. 2010. Comparison of three methods for cryopreservation of human embryonic stem cells. Fertil Steril, 93(3): 999~1005.

Martinez-Madrid B, Donnez J. 2007. Cryopreservation of intact human ovary with its vascular pedicle--or cryopreservation of hemiovaries? Hum Reprod, 22(6): 1795~1797.

Matsumura K, Hayashi F, Nagashima T, et al. 2013. Long-term cryopreservation of human mesenchymal stem cells using carboxylated poly-l-lysine without the addition of proteins or dimethyl sulfoxide. J Biomater Sci Polym Ed, 24(12): 1484~1497.

Meirow D. 2000. Reproduction post-chemotherapy in young cancer patients. Mol Cell Endocrinol, 169(1-2): 123~131.

Meirow D, Levron J, Eldar-Geva T, et al. 2005. Pregnancy after transplantation of cryopreserved ovarian tissue in a patient with ovarian failure after chemotherapy. N Engl J Med, 353(3): 318~321.

Mirzapour T, Movahedin M, Tengku Ibrahim T A, et al. 2013. Evaluation of the effects of cryopreservation on viability, proliferation and colony formation of human spermatogonial stem cells in vitro culture. Andrologia, 45(1): 26~34.

Motta J P, Paraguassu-Braga F H, Bouzas L F, et al. 2014. Evaluation of intracellular and extracellular trehalose as a cryoprotectant of stem cells obtained from umbilical cord blood. Cryobiology, 68(3): 343~348.

Nagano M, Avarbock M R, Brinster R L. 1999. Pattern and kinetics of mouse donor spermatogonial stem cell colonization in recipient testes. Biology of reproduction, 60(6): 1429~1436.

Natan D, Nagler A, Arav A. 2009. Freeze-drying of mononuclear cells derived from umbilical cord blood followed by colony formation. PLoS One, 4(4): e5240.

Newton I, Charbord P, Schaal J P, et al. 1993. Toward cord blood banking: density-separation and cryopreservation of cord blood progenitors. Exp Hematol, 21(5): 671~674.

Nichols J, Zevnik B, Anastassiadis K, et al. 1998. Formation of pluripotent stem cells in the mammalian embryo depends on the POU transcription factor Oct4. Cell, 95(3): 379~391.

Nichols-Burns S M, Lotz L, Schneider H, et al. 2014. Preliminary observations on whole-ovary xenotransplantation as an experimental model for fertility preservation. Reprod Biomed Online, 29(5): 621~626.

Nie Y, Bergendahl V, Hei D J, et al. 2009. Scalable culture and cryopreservation of human embryonic stem cells on microcarriers. Biotechnol Prog, 25(1): 20~31.

Nishigaki T, Teramura Y, Suemori H, et al. 2010. Cryopreservation of primate embryonic stem cells with chemically-defined solution without $Me_2SO$. Cryobiology, 60(2): 159~164.

Oatley J M, Brinster R L. 2008. Regulation of spermatogonial stem cell self-renewal in mammals. Annual review of cell and developmental biology, 24: 263~286.

Ock S A, Mohana Kumar B, Jin H F, et al. 2005. Establishment of porcine embryonic stem cell line derived from in vivo blastocysts. Reprod Fertil Dev, 17(2): 238.

Okita K, Ichisaka T, Yamanaka S. 2007. Generation of germline-competent induced pluripotent stem cells. Nature, 448(7151): 313~317.

Oktay K. 2006. Spontaneous conceptions and live birth after heterotopic ovarian transplantation: is there a germline stem cell connection? Hum Reprod, 21(6): 1345~1348.

Oktay K, Buyuk E, Veeck L, et al. 2004. Embryo development after heterotopic transplantation of cryopreserved ovarian tissue. Lancet, 363(9412): 837~840.

Oktay K, Karlikaya G. 2000. Ovarian function after transplantation of frozen, banked autologous ovarian tissue. N Engl J Med, 342(25): 1919.

Oktay K, Newton H, Aubard Y, et al. 1998. Cryopreservation of immature human oocytes and ovarian tissue: an emerging technology? Fertility and sterility, 69(1): 1~7.

Oktem O, Alper E, Balaban B, et al. 2011. Vitrified human ovaries have fewer primordial follicles and produce less antimullerian hormone than slow-frozen ovaries. Fertility and sterility, 95(8): 2661~2664 e2661.

Osawa M, Hanada K, Hamada H, et al. 1996. Long-term lymphohematopoietic reconstitution by a single CD34-low/negative hematopoietic stem cell. Science, 273(5272): 242~245.

Parker G C, Acsadi G, Brenner C A. 2009. Mitochondria: determinants of stem cell fate? Stem cells and development, 18(6): 803~806.

Parrot D. 1960. The fertility of mice with orthopic ovarian grafts derived fromfrozen tissue. J Reprod Fertil, 1: 12.

Podesta M, Piaggio G, Pitto A, et al. 2001. Modified in vitro conditions for cord blood-derived long-term culture-initiating cells. Exp Hematol, 29(3): 309~314.

Quan G B, Li D J, Ma Y, et al. 2015. Cryopreservation of ram spermatozoa in the presence of cyclohexanhexol-derived synthetic ice blocker. Small Ruminant Research, 123(1): 110~117.

Rahimi G, Isachenko E, Isachenko V, et al. 2004. Comparison of necrosis in human ovarian tissue after conventional slow freezing or vitrification and transplantation in ovariectomized SCID mice. Reprod Biomed Online, 9(2): 187~193.

Rastegar A M, Pahlavanzadeh F, Vahdani R, et al. 2015. The effect of cell passage on the viability of mesenchymal stem cells after cryopreservation. Comparative Clinical Pathology, 24(2): 403~408.

Rathjen J, Lake J A, Bettess M D, et al. 1999. Formation of a primitive ectoderm like cell population, EPL cells, from ES cells in response to biologically derived factors. J Cell Sci, 112( Pt 5): 601~612.

Redden E, Davey R, Borjigin U, et al. 2009. Large quantity cryopreservation of bovine testicular cells and its effect on enrichment of type A spermatogonia. Cryobiology, 58(2): 190~195.

Reubinoff B E, Pera M F, Vajta G, et al. 2001. Effective cryopreservation of human embryonic stem cells by the open pulled straw vitrification method. Hum Reprod, 16(10): 2187~2194.

Richards M, Fong C Y, Tan S, et al. 2004. An efficient and safe xeno-free cryopreservation method for the storage of human embryonic stem cells. Stem Cells, 22(5): 779~789.

Rodrigues J P, Paraguassu-Braga F H, Carvalho L, et al. 2008. Evaluation of trehalose and sucrose as cryoprotectants for hematopoietic stem cells of umbilical cord blood. Cryobiology, 56(2): 144~151.

Rosner M H, Vigano M A, Ozato K, et al. 1990. A POU-domain transcription factor in early stem cells and germ cells of the mammalian embryo. Nature, 345(6277): 686~692.

Rubinstein P, Taylor P E, Scaradavou A, et al. 1994. Unrelated placental blood for bone marrow reconstitution: organization of the placental blood program. Blood Cells, 20(2-3): 587~600.

Saito S, Ugai H, Sawai K, et al. 2002. Isolation of embryonic stem-like cells from equine blastocysts and their differentiation in vitro. FEBS Lett, 531(3): 389~396.

Salle B, Demirci B, Franck M, et al. 2002. Normal pregnancies and live births after autograft of frozen-thawed hemi-ovaries into ewes. Fertility and sterility, 77(2): 403~408.

Scheinkonig C, Kappicht S, Kolb H J, et al. 2004. Adoption of long-term cultures to evaluate the cryoprotective potential of trehalose for freezing hematopoietic stem cells. Bone Marrow Transplant, 34(6): 531~536.

Schibler K R, Li Y, Ohls R K, et al. 1994. Possible mechanisms accounting for the growth factor independence of hematopoietic progenitors from umbilical cord blood. Blood, 84(11): 3679~3684.

Schnorr J, Oehninger S, Toner J, et al. 2002. Functional studies of subcutaneous ovarian transplants in non-human primates: steroidogenesis, endometrial development, ovulation, menstrual patterns and gamete morphology. Hum Reprod, 17(3): 612~619.

Scholer H R, Dressler G R, Balling R, et al. 1990. Oct-4: a germline-specific transcription factor mapping to the mouse t-complex. EMBO J, 9(7): 2185~2195.

Shahrokhi S, Menaa F, Alimoghaddam K, et al. 2012. Insights and hopes in umbilical cord blood stem cell transplantations. J Biomed Biotechnol, 2012: 572821.

Shu J, Wu C, Wu Y, et al. 2013. Induction of pluripotency in mouse somatic cells with lineage specifiers. Cell, 153(5): 963~975.

Silber S J, DeRosa M, Pineda J, et al. 2008. A series of monozygotic twins discordant for ovarian failure: ovary transplantation (cortical versus microvascular) and cryopreservation. Hum Reprod, 23(7): 1531~1537.

Silva J, Smith A. 2008. Capturing pluripotency. Cell, 132(4): 532~536.

Stadtfeld M, Maherali N, Breault D T, et al. 2008. Defining molecular cornerstones during fibroblast to iPS cell reprogramming in mouse. Cell Stem Cell, 2(3): 230~240.

Stiff P J, Murgo A J, Zaroulis C G, et al. 1983. Unfractionated human marrow cell cryopreservation using dimethylsulfoxide and hydroxyethyl starch. Cryobiology, 20(1): 17~24.

Suemori H, Nakatsuji N. 2006. Generation and characterization of monkey embryonic stem cells. Methods Mol Biol, 329: 81~89.

Suemori H, Tada T, Torii R, et al. 2001. Establishment of embryonic stem cell lines from cynomolgus monkey blastocysts produced by IVF or ICSI. Dev Dyn, 222(2): 273~279.

Sum A K, Faller R, de Pablo J J. 2003. Molecular simulation study of phospholipid bilayers and insights of the interactions with disaccharides. Biophys J, 85(5): 2830~2844.

Suzuki N, Yoshioka N, Takae S, et al. 2015. Successful fertility preservation following ovarian tissue vitrification in patients with primary ovarian insufficiency. Hum Reprod, 30(3): 608~615.

Sztein J, Sweet H, Farley J, et al. 1998. Cryopreservation and orthotopic transplantation of mouse ovaries: new approach in gamete banking. Biology of reproduction, 58(4): 1071~1074.

Takahashi K, Yamanaka S. 2006. Induction of pluripotent stem cells from mouse embryonic and adult fibroblast cultures by defined factors. Cell, 126(4): 663~676.

Tanimoto Y, Iijima S, Hasegawa Y, et al. 2008. Embryonic stem cells derived from C57BL/6J and C57BL/6N mice. Comp Med, 58(4): 347~352.

Thomson J A, Itskovitz-Eldor J, Shapiro S S, et al. 1998. Embryonic stem cell lines derived from human blastocysts. Science, 282(5391): 1145~1147.

Tomblyn M, Brunstein C, Burns L J, et al. 2008. Similar and promising outcomes in lymphoma patients treated with myeloablative or nonmyeloablative conditioning and allogeneic hematopoietic cell transplantation. Biol Blood Marrow Transplant, 14(5): 538~545.

Udy G B, Evans M J. 1994. Microplate DNA preparation, PCR screening and cell freezing for gene targeting in embryonic stem cells. Biotechniques, 17(5): 887~894.

van Rood J J, Stevens C E, Smits J, et al. 2009. Reexposure of cord blood to noninherited maternal HLA antigens improves transplant outcome in hematological malignancies. Proc Natl Acad Sci USA, 106(47): 19952~19957.

Wang L, Duan E, Sung L Y, et al. 2005. Generation and characterization of pluripotent stem cells from cloned bovine embryos. Biol Reprod, 73(1): 149~155.

Wang X, Chen H, Yin H, et al. 2002. Fertility after intact ovary transplantation. Nature, 415(6870): 385.

Watanabe K, Ueno M, Kamiya D, et al. 2007. A ROCK inhibitor permits survival of dissociated human embryonic stem cells. Nat Biotechnol, 25(6): 681~686.

Watari K, Lansdorp P M, Dragowska W, et al. 1994. Expression of interleukin-1 beta gene in candidate human hematopoietic stem cells. Blood, 84(1): 36~43.

Wu C F, Tsung H C, Zhang W J, et al. 2005. Improved cryopreservation of human embryonic stem cells with trehalose. Reprod Biomed Online, 11(6): 733~739.

Wu S S, Li D J, Lv C R, et al. 2013. Establishment and cryopreservation of a skin fibroblast cell line derived from Yunnan semi-fine wool sheep in the presence of synthetic ice blocker. Cryo Letters, 34(5): 497~507.

Wu X, Goodyear S M, Abramowitz L K, et al. 2012. Fertile offspring derived from mouse spermatogonial stem cells cryopreserved for more than 14 years. Hum Reprod, 27(5): 1249~1259.

Yan C L, Fu X W, Zhou G B, et al. 2010. Mitochondrial behaviors in the vitrified mouse oocyte and its parthenogenetic embryo: effect of Taxol pretreatment and relationship to competence. Fertil Steril, 93(3): 959~966.

Yang Q E, Oatley J M. 2014. Spermatogonial stem cell functions in physiological and pathological conditions. Current topics in developmental biology, 107: 235~267.

Yu J, Vodyanik M A, Smuga-Otto K, et al. 2007. Induced pluripotent stem cell lines derived from human somatic cells. Science, 318(5858): 1917~1920.

Yu X, Jin G, Yin X, et al. 2008. Isolation and characterization of embryonic stem-like cells derived from *in vivo*-produced cat blastocysts. Mol Reprod Dev, 75(9): 1426~1432.

Zhao X Y, Li W, Lv Z, et al. 2009. iPS cells produce viable mice through tetraploid complementation. Nature, 461(7260): 86~90.

Zhou C Q, Mai Q Y, Li T, et al. 2004. Cryopreservation of human embryonic stem cells by vitrification. Chin Med J (Engl), 117(7): 1050~1055.

Zhou X H, Wu Y J, Shi J, et al. 2010. Cryopreservation of human ovarian tissue: comparison of novel direct cover vitrification and conventional vitrification. Cryobiology, 60(2): 101~105.

# 附录Ⅰ 在中国申请的低温保存专利

## 一、冷冻保存方法

| 发明名称 | 申请人 | 发明人 | 申请号 | 申请日 | 公布号 | 公布日 |
|---|---|---|---|---|---|---|
| 生物的冷冻保护 | 赛尔系统有限公司、布恩霍尔有限公司 | 乔治·约翰·莫里斯、米歇尔·约翰·阿什伍德·史密斯 | 87104158.8 | 1987年5月15日 | 1019815B | 1993年10月6日 |
| 混合牛、山羊精子的保存与使用 | 郝易风 | 郝易风 | 97106855.0 | 1997年2月19日 | 1163110A | 2000年11月8日 |
| 简易高效胚胎玻璃化冷冻解冻方法 | 朱士恩 | 朱士恩、曾申明、张忠诚、田见晖 | 99121887.6 | 1999年10月22日 | 1302590A | 2001年7月11日 |
| 生物样品的玻璃化方法 | 卡特里娜·T·福雷斯特、米歇尔·T·莱恩 | 卡特里娜·T·福雷斯特、米歇尔·T·莱恩 | 99814418.5 | 1999年10月13日 | 1342043A | 2002年3月27日 |
| 一步法胚胎玻璃化冷冻保存 | 朱士恩 | 朱士恩、曾申明、左琴、张忠诚 | 00106284.0 | 2000年5月8日 | 1322467A | 2001年11月21日 |
| 牛冷冻精液生产新方法 | 邢小军 | 邢小军 | 00110459.4 | 2000年5月29日 | 1299636A | 2001年6月20日 |
| 低温贮藏所选精细胞的方法 | XY公司 | 约翰·申克 | 00818617.0 | 2000年11月22日 | 1424873A | 2003年6月18日 |
| 卵母细胞玻璃化方法 | 康涅狄格州大学 | 杨向中、安德拉什·丁涅什 | 01806056.0 | 2001年1月4日 | 1416318A | 2003年5月7日 |
| 精子的低温保存 | GTC生物治疗公司 | W·A·伽温、S·M·布拉施、C·A·卡姆索、D·T·迈利狄 | 01815069.1 | 2001年8月10日 | 1450857A | 2003年10月22日 |
| 布尔山羊细管精液冷冻方法 | 王光亚 | 王光亚 | 02139366.4 | 2002年8月16日 | 1475109A | 2004年2月18日 |

续表

| 发明名称 | 申请人 | 发明人 | 申请号 | 申请日 | 公布号 | 公布日 |
|---|---|---|---|---|---|---|
| 鱼类胚胎玻璃化冷冻保存方法 | 中国水产科学研究院黄海水产研究所 | 陈松林、田永胜 | 03112417.8 | 2003年5月29日 | 1552200A | 2004年12月8日 |
| 中华绒螯蟹离体胚胎冷冻保存方法 | 上海金蟹水产科技有限公司 | 朱钧 | 03115856.0 | 2003年3月18日 | 1437845A | 2003年8月27日 |
| 一种真鲷胚胎冷冻保存方法 | 中国科学院海洋研究所 | 李军、肖志忠、丁福红、马道远、徐世宏 | 03133938.7 | 2003年9月10日 | 1593124A | 2005年3月16日 |
| 一种人卵母细胞的贮存方法 | 北京大学第一医院 | 李晓红 | 03136356.3 | 2003年5月30日 | 1454990A | 2003年11月12日 |
| 鱼类胚胎冷冻方法 | 中国水产科学研究院东海水产研究所 | 章龙珍、庄平、张涛、冯广朋、黄晓荣 | 03151261.5 | 2003年9月28日 | 1600098A | 2005年3月30日 |
| 鲟科鱼类精子超低温冷冻保存方法 | 中国水产科学研究院东海水产研究所 | 章龙珍、庄平、张涛、黄晓荣、冯广朋 | 03151263.1 | 2003年9月28日 | 1600097A | 2005年3月30日 |
| 牦牛冻精制作方法 | 甘孜州家畜改良站 | 马绪融、张洪波、张永成、阿衣呷、马树荣、王平、陈建斌、毛进斌 | 200310104108.7 | 2003年12月24日 | 1631124A | 2005年6月29日 |
| 精子的保藏和处理系统 | XY公司 | 威廉·马克斯韦尔·奇泽姆、马克斯韦尔·斯韦德、费安娜·凯特·霍林斯·墨德、贾斯蒂娜·凯利·奥布兰、加雷斯·埃文斯 | 03821753.8 | 2003年9月15日 | 1681921A | 2005年10月12日 |
| 大额牛精液低温冷冻保存方法 | 中国科学院昆明动物研究所 | 司维、苏雷、季维智 | 200410022018.8 | 2004年3月12日 | 1559440A | 2005年1月5日 |
| 鱼类精子冷冻保存的实用化方法 | 中国水产科学研究院黄海水产研究所 | 陈松林、季相山 | 200410035461.9 | 2004年7月27日 | 1596670A | 2005年3月23日 |
| 裸胚冷冻技术 | 青岛六和牧业发展有限公司 | 黄河、李鑫 | 200410035488.8 | 2004年7月31日 | 1727473A | 2006年2月1日 |
| 一种人卵母细胞的贮存方法 | 北京大学第一医院 | 李晓红 | 200410042875.4 | 2004年5月28日 | 1572870A | 2005年2月2日 |

续表

| 发明名称 | 申请人 | 发明人 | 申请号 | 申请日 | 公布号 | 公布日 |
|---|---|---|---|---|---|---|
| 圆斑星鲽精子冷冻保存方法 | 中国科学院海洋研究所 | 肖志忠、丁福红、李军 | 200410050413.7 | 2004年9月15日 | 1748709A | 2006年3月22日 |
| 真鲷胚胎颗粒玻璃化冷冻保存方法 | 中国科学院海洋研究所 | 丁福红、李军、肖志忠 | 200410050415.6 | 2004年9月15日 | 1748494A | 2006年3月22日 |
| 真鲷麦管玻璃化冷冻保存方法 | 中国科学院海洋研究所 | 丁福红、李军、肖志忠 | 200410050416.0 | 2004年9月15日 | 1749392A | 2006年3月22日 |
| 胚胎的玻璃化冷冻、简易解冻和直接移植法 | 中国农业大学 | 朱士恩、杨中强、侯云鹏 | 200510004912.7 | 2005年1月28日 | 1654635A | 2005年8月17日 |
| 睾丸精子的冻存与复苏方法 | 浙江大学 | 黄荷凤、徐晨明 | 200510061871.5 | 2005年12月7日 | 1803100A | 2006年7月19日 |
| 一种提高牛羊冷冻精液受精率的方法及其使用的稀释液 | 西北农林科技大学 | 曹斌云、马毅、祝发明 | 200510096117.5 | 2005年10月8日 | 1943525A | 2007年4月11日 |
| 公牛分离精子的冷冻保存方法 | 广西大学 | 卢克焕、陆阳清、张明、胡传活 | 200510097788.3 | 2005年8月29日 | 1732983A | 2006年2月15日 |
| 犬类精液超低温冷冻保存方法 | 上海交通大学 | 李新红 | 200510111521.5 | 2005年12月15日 | 1800370A | 2006年7月12日 |
| 猪胚胎冷冻保存方法及用途 | 上海市农业科学院 | 张德福、刘东、吴华莉 | 200610027830.9 | 2006年6月20日 | 101091486A | 2007年12月26日 |
| 一种用毛细玻璃管玻璃化冷冻保存胚胎和卵母细胞的方法 | 山东省农业科学院畜牧兽医研究所 | 谭秀文、黄金明、游伟、刘晓牧、吴乃科 | 200710013124.3 | 2007年1月11日 | 101003791A | 2007年7月25日 |
| 细管高密度冷冻猪精液的方法及其产品 | 南京农业大学 | 芮荣、高俊峰、郑筱峰 | 200710023495.X | 2007年6月5日 | 101062058A | 2007年10月31日 |
| 褐牙鲆精子快速冷冻保存方法 | 中国水产科学研究院东海水产研究所 | 章龙珍、庄平、闫文罡、黄晓荣、冯广朋、张涛、赵峰 | 200710043611.4 | 2007年7月9日 | 101342192A | 2009年1月14日 |

续表

| 发明名称 | 申请人 | 发明人 | 申请号 | 申请日 | 公布号 | 公布日 |
|---|---|---|---|---|---|---|
| 鱼类精子超低温冷冻保存简易方法 | 中国水产科学研究院长江水产研究所 | 柳凌、张洁明、危起伟、郭峰、朱永久 | 200710051591.5 | 2007年2月15日 | 101088511A | 2007年12月19日 |
| 中华鲟精子超低温冷冻保存的方法 | 中国水产科学研究院长江水产研究所 | 柳凌、危起伟、张洁明、郭峰、朱永久 | 200710051592.X | 2007年2月15日 | 101084927A | 2007年12月12日 |
| 家系胚胎在金属表面玻璃化冷冻法 | 北京锦绣大地农业股份有限公司 | 张家新、张向利、吴亦芳、张红霞、王月、安晶 | 200710119004.1 | 2007年6月18日 | 101066052A | 2007年11月7日 |
| 精子的冷冻和解冻方法及精子的冷冻和解冻装置 | 上海交通大学医学院附属重庆儿人民医院 | 匡延平、彭秋平 | 200810042695.4 | 2008年9月9日 | 101671651A | 2010年3月17日 |
| 猪颗粒型冻精的制备及解冻方法 | 重庆市畜牧科学院 | 王金勇、蔡元、潘红梅、麻常胜、白小菁、张凤鸣、陈四清、李琴、刘丈、王可甜、谷山林 | 200810069294.8 | 2008年1月25日 | 101219074A | 2008年7月16日 |
| 大黄鱼精子超低温冷冻保存方法及冻存装置 | 宁波大学 | 竺俊全、叶霆、王春琳 | 200910096614.3 | 2009年3月11日 | 101502256A | 2009年8月12日 |
| 一种牙鲆精子大量冷冻保存的方法 | 中国科学院海洋研究所 | 刘清华、肖志忠、李军 | 200910231457.2 | 2009年12月5日 | 101707993A | 2010年5月19日 |
| 一种石斑鱼精子的冷冻保存方法 | 中山大学 | 蒙子宁、范斌、刘晓春、海发、张勇、林浩然 | 201010249028.0 | 2010年8月10日 | 101874483A | 2010年11月3日 |
| 奶牛皮肤冷冻保存方法 | 扬州大学 | 李碧春 | 200610038608.9 | 2006年3月2日 | 1821390A | 2006年8月23日 |
| 小鼠皮肤冷冻保存方法 | 扬州大学 | 李碧春 | 200610038611.0 | 2006年3月2日 | 1821392A | 2006年8月23日 |
| 一种猪精液冷冻保存方法 | 广西大学 | 卢晟盛、卢克焕、李琳 | 201010216152.7 | 2010年7月2日 | 101869101A | 2010年10月27日 |
| 鱼类胚胎冷冻保存方法 | 中国水产科学院东海水产研究所 | 章龙珍、庄平、冯广明、张涛、黄晓荣 | 03151261.5 | 2003年9月28日 | 1600098A | 2005年3月30日 |
| 用于家畜克隆的小量体细胞的玻璃化冷冻保存方法 | 山东省农业科学院畜牧兽医研究所 | 谭秀文、万发春、刘晓牧、宋恩亮、游伟、吴乃科 | 200810138807.6 | 2008年7月29日 | 101338299A | 2009年1月7日 |

续表

| 发明名称 | 申请人 | 发明人 | 申请号 | 申请日 | 公布号 | 公布日 |
|---|---|---|---|---|---|---|
| 肝实质细胞的冷冻保存 | 齐托内两合公司 | 卢博米尔·阿尔谢尼耶夫、克拉希米拉·亚历山大德罗娃、马克·巴托尔德、扎比内·卡费特卡斯汀、布里塔·劳贝 | 200680043981.1 | 2006年11月3日 | 101312648A | 2008年11月26日 |
| 一种卵母细胞/胚胎玻璃化冷冻保存方法及其冷冻载体 | 中国农业大学 | 朱士恩、李俊平、王彦平、侯云鹏 | 201010122791.7 | 2010年3月11日 | 101779623A | 2010年7月21日 |
| 一种食蟹猴精液冷冻方法 | 广西大学 | 卢晟盛、卢克焕、李林 | 201010167115.1 | 2010年5月10日 | 101810163A | 2010年8月25日 |
| 皱纹盘鲍精子冷冻保存方法 | 大连水产学院 | 李霞、刘志丹、蔡艳杰、王琦 | 201010178805.7 | 2010年5月21日 | 101828546A | 2010年9月15日 |
| 猕猴属灵长类动物精液超低温冷冻保存方法 | 昆明亚灵生物科技有限公司 | 司维、牛昱宇、纪少珲、王宏、季维智 | 201010198716.9 | 2010年6月12日 | 101843238A | 2010年9月29日 |
| 一种猪精液冷冻保存方法 | 广西大学 | 卢晟盛、卢克焕、李林 | 201010216152.7 | 2010年7月2日 | 101869101A | 2010年10月27日 |
| 条斑星鲽精子冷冻保存方法 | 中国水产科学研究院黄海水产研究所 | 柳学周、徐永江、刘新富、陈超、孙中之、王妍妍、曲建忠 | 201010230929.5 | 2010年7月20日 | 101884322A | 2010年11月17日 |
| 一种石斑鱼类精子的冷冻保存方法 | 中山大学 | 蒙子宁、范斌、刘晓春、海发、张勇、林浩然 | 201010249028.0 | 2010年8月10日 | 101874483A | 2010年11月3日 |
| 紫红笛鲷精子冷冻方法 | 广西壮族自治区水产研究所 | 李咏梅、陈秀荔、彭敏、蒋伟明、杨春玲 | 201010267789.9 | 2010年8月31日 | 101965828A | 2011年2月9日 |
| 一种精子的冷冻方法及其冷冻液 | 陈浩杰 | 陈浩杰 | 201010519566.7 | 2010年10月26日 | 102450248A | 2012年5月16日 |
| 一种斑鳠鱼精液冷冻保存及人工授精的方法 | 佛山市生生水产股份有限公司、中山大学 | 李桂峰、何建国、洪锡标、王小林、孙际佳、王海芳、罗渡 | 201010546568.5 | 2010年11月16日 | 102077823A | 2011年6月1日 |

续表

| 发明名称 | 申请人 | 发明人 | 申请号 | 申请日 | 公布号 | 公布日 |
|---|---|---|---|---|---|---|
| 一种冷冻猪精子的方法 | 金一 | 金一、徐姐、方南洙、尹熙俊、刘楚明、王晓明、朴光一 | 201010606110.4 | 2010年12月27日 | 102138552A | 2011年8月3日 |
| 一种红鳍笛鲷精子的冷冻保存方法 | 广东海洋大学 | 刘楚吾、邓普恩、罗杰 | 201110192370.6 | 2011年7月11日 | 102870763A | 2013年1月16日 |
| 银鲳精子冷冻保存方法 | 天津科技大学 | 崔青曼、袁春营、乔秀亭、徐海龙 | 201110218357.3 | 2011年8月1日 | 102217590A | 2011年10月19日 |
| 七带石斑鱼精子冷冻保存和应用方法 | 中国水产科学研究院黄海水产研究所 | 田永胜、齐文山、陈松林、翟介明、汪娣 | 201110261862.6 | 2011年9月6日 | 102273439A | 2011年12月14日 |
| 中华绒螯蟹胚胎低温冷冻保存方法 | 中国水产科学研究院东海水产研究所 | 黄晓荣、章龙珍、冯广朋、刘鉴毅、张涛、赵峰 | 201110355081.3 | 2011年11月10日 | 103098792A | 2013年5月15日 |
| 添加抗氧化剂CAT和VE制备家畜性控冷冻精液的方法 | 内蒙古赛科星繁育生物技术股份有限公司 | 王丽霞、苏杰、孙伟、郭继彤、周文忠、胡树香、丁瑞、李喜和 | 201110433773.5 | 2011年12月22日 | 102578074A | 2012年7月18日 |
| 细胞冷冻方法 | ZF百奥特丝有限责任公司 | R·赫尔南伊兹科尔多、N·加洛特伊斯克巴尔、A·兑鲁兹帕切托 | 201180062741.7 | 2011年12月15日 | 103269580A | 2013年8月28日 |
| 一种尼罗罗非鱼精子超低温保存的方法 | 中国水产科学研究院长江水产研究所 | 柳凌、邹桂伟、张涛、梁宏伟、张洁明、李忠、郭峰 | 201210007382.1 | 2012年1月11日 | 102578075A | 2013年5月22日 |
| 小鼠成熟卵母细胞体外保存方法 | 山东农业大学 | 谭景和、李青、王刚、张杰、周萍、罗明久 | 201210061136.4 | 2012年3月9日 | 102618495A | 2012年8月1日 |
| 一种猪精液冷冻保存方法 | 浙江大学 | 王争光、俞颂东、陈阿琴、董文艳 | 201210100345.5 | 2009年8月10日 | 102630665A | 2012年8月15日才 |
| 一种超高活力羊细管精液冷冻方法 | 山西农业大学 | 张建新、白元生、杨子森、刘晓妮、师周戈、张春香、任有蛇、焦光月 | 201210138474.3 | 2012年5月8日 | 102657149A | 2012年9月12日 |
| 一种暗色唇鱼精子超低温冷冻保存方法 | 中国科学院昆明动物研究所 | 王晓爱、潘晓赋、杨君兴、陈小勇 | 201210277522.7 | 2012年8月7日 | 102763640A | 2012年11月7日 |

续表

| 发明名称 | 申请人 | 发明人 | 申请号 | 申请日 | 公布号 | 公布日 |
|---|---|---|---|---|---|---|
| 滇池金线鲃精子超低温冷冻保存及复苏方法 | 中国科学院昆明动物研究所 | 杨君兴、王晓爱、潘晓赋、陈小勇 | 201210277918.1 | 2012年8月7日 | 102763641A | 2012年11月7日 |
| 一种大口黑鲈精子超低温冷冻保存及复苏方法 | 苏州市申航生态科技发展股份有限公司 | 徐海华、王荣泉、宣云峰 | 201210382548.8 | 2012年10月11日 | 103719071A | 2014年4月16日 |
| 一种牛冻精生产工艺 | 新疆天山畜牧生物工程股份有限公司 | 朱兵山、孙锦霞、陈蕾、王宁 | 201210471564.4 | 2012年11月20日 | 102948414A | 2013年3月6日 |
| 一种细鳞鲑精液超低温冷冻保存方法 | 中国水产科学研究院黑龙江水产研究所 | 徐革锋、牟振波、刘洋 | 201210570268.X | 2012年12月25日 | 102986652A | 2013年3月27日 |
| 牦牛细管冻精制作方法 | 甘孜藏族自治州畜牧站 | 张洪波、毛进彬、张永成、马树荣、阿龙呷、刘成烈、孙文平、王鹏、代雅尧、方世界、杨鹏波、邵发竟 | 201210586264.0 | 2012年12月28日 | 102986653A | 2013年3月27日 |
| 哺乳动物的胚胎或受精卵的非冻结低温保存方法 | 全国农业协同组合连合会 | 出田笃司、青柳敬人 | 201280075376.8 | 2012年8月21日 | 104685050A | 2015年6月3日 |
| 大熊猫精子超低温冷冻精液制备方法 | 成都大熊猫繁育研究基地 | 侯蓉、张志和、刘玉良、海瑞、蔡志刚、兰景超 | 201310071304.2 | 2013年3月6日 | 103120156A | 2013年5月29日 |
| 香港牡蛎精子超低温冷冻保存以及激活方法 | 广西壮族自治区水产研究所 | 李咏梅、陈秀荔、彭敏、蒋伟明 | 201310087708.0 | 2013年3月19日 | 103141472A | 2013年6月12日 |
| 一种改善保存猪精子冻融后细胞骨架完整性的方法 | 金一 | 崔明勋、尹熙俊、方金花子、金英海、南冻、吴俊波 | 201310103047.6 | 2013年3月28日 | 103190391A | 2013年7月10日 |
| 一种大菱鲆精子高效超低温冷冻保存的方法 | 中国科学院海洋研究所 | 刘清华、李军、肖志忠、龙江 | 201310213012.8 | 2013年5月31日 | 103348966A | 2013年10月16日 |
| 一种星斑川鲽精子超低温冷冻保存方法 | 中国科学院海洋研究所 | 刘清华、李军、徐世宏、龙江 | 201310213169.0 | 2013年5月31日 | 103314948A | 2013年9月25日 |
| 太平洋鳕鱼精子高效超低温冷冻保存方法 | 中国科学院海洋研究所 | 刘清华、李军、于道德、官曙光 | 201310214264.2 | 2013年5月31日 | 103314949A | 2013年9月25日 |

续表

| 发明名称 | 申请人 | 发明人 | 申请号 | 申请日 | 公布号 | 公布日 |
| --- | --- | --- | --- | --- | --- | --- |
| 一种夏鲆精子便捷式超低温冷冻方法 | 中国科学院海洋研究所 | 刘清华、李军、王文琪、徐世宏、韩龙江 | 201310214338.2 | 2013年5月31日 | 103314950A | 2013年9月25日 |
| 一种优质太平洋牡蛎精子的采集及超低温冷冻保存的方法 | 中国科学院海洋研究所 | 刘建国、李军、许飞、张国范、李莉、韩龙江 | 201310314722.X | 2013年7月24日 | 104336004A | 2015年2月11日 |
| 分离精液的冷冻保藏方法 | 大连金弘基种畜有限公司 | 帅志强、苏冠宇 | 201310456055.9 | 2013年9月29日 | 103493800A | 2014年1月8日 |
| 一种黄金鲈鱼的精子超低温冷冻贮藏方法 | 苏州依科曼生物农业科技有限公司 | 叶旭红、邱崇文、林先贵、刘青华 | 201310479333.2 | 2013年10月14日 | 103563886A | 2014年2月12日 |
| 一种大额牛细管冷冻精液制作方法及应用 | 云南省种畜繁育推广中心、云南恒翔家畜良种科技有限公司 | 毛翔光、马燕茹、何永富、李雯、曾增荣、雷衡、李春平、王春兰、孙开云 | 201310496109.4 | 2013年10月22日 | 104542572A | 2015年4月29日 |
| 驴的细管冷冻精液制作方法及应用 | 云南省种畜繁育推广中心、云南恒翔家畜良种科技有限公司 | 赵家才、毛翔光、马燕茹、何永富、李雯、曾增荣、雷衡、李春平、王春兰、孙开云 | 201310496150.1 | 2013年10月22日 | 104542573A | 2015年4月29日 |
| 一种大的细管冷冻精液制作方法及应用 | 云南省种畜繁育推广中心、云南恒翔家畜良种科技有限公司 | 赵家才、毛翔光、李雯、杜晓鹏、曹景峰、刘绍贵、雷衡、李春平 | 201310497857.4 | 2013年10月22日 | 104542574A | 2015年4月29日 |
| 一种矮马精液冷冻保存的方法 | 广西大学 | 蒋钦杨、郑自华、韦英明、陈宝剑 | 201310674230.1 | 2013年12月11日 | 103704202A | 2014年4月9日 |
| 一种太平洋牡蛎胚胎超低温冷冻保存方法 | 中国科学院海洋研究所 | 韩龙江、黄雯、刘清华、李勇、纪利芹、温海深 | 201410004766.7 | 2014年1月6日 | 103704204A | 2014年4月9日 |
| 一种含微量稀土的牛精液冷冻稀释液及其应用 | 山东大学、山东省农业科学院奶牛研究中心 | 孔维华、仲跻峰、何乃荣、王长法、张尚立、彭正华 | 201410018551.0 | 2014年1月15日 | 103704205A | 2014年4月9日 |

续表

| 发明名称 | 申请人 | 发明人 | 申请号 | 申请日 | 公布号 | 公布日 |
|---|---|---|---|---|---|---|
| 一种斑点叉尾鮰精子超低温冷冻保存方法 | 江苏省淡水水产研究所 | 许志强、赵冰子、丁淑燕、李跃华、潘建林 | 201410129741.X | 2014年4月1日 | 103891712A | 2014年7月2日 |
| 一种鲟鱼玻璃化精子解冻方法 | 湖南苗王生物科技有限公司 | 赵智媛 | 201410134054.7 | 2014年4月4日 | 103947584A | 2014年7月30日 |
| 一种鲟鱼精子玻璃化冷冻液 | 湖南苗王生物科技有限公司 | 赵智媛 | 201410134067.4 | 2014年4月4日 | 103931607A | 2014年7月23日 |
| 一种猪精液冷冻方法及其专用冷冻液 | 中国农业科学院北京畜牧兽医研究所 | 崔茂盛、李奎、牟玉莲、冯书堂、刘岚、张金龙、张春华 | 201410155565.7 | 2014年4月17日 | 103918642A | 2014年7月16日 |
| 一种利用低温保存铜藻受精卵的方法 | 中国科学院海洋研究所 | 逄少军、单体锋 | 201410306780.2 | 2014年6月30日 | 104145946A | 2014年11月19日 |
| 一种猪冷冻精液保藏方法 | 江苏农林职业技术学院 | 吴井生、杨剑波、肖安磊、邢军 | 201410526704.2 | 2014年10月8日 | 104255704A | 2015年1月7日 |
| 一种猪精液的冷冻和解冻方法 | 山东鑫基牧业有限公司 | 吴衍岭、陈宪彬、刘晶、乔富兴、彭兴泉、杨军峰、袁震 | 201410529107.5 | 2014年10月10日 | 104322484A | 2015年2月4日 |
| 一种云斑尖塘鳢精子超低温冷冻粒及复苏方法 | 南京师范大学 | 尹绍武、张国松、任乾、鹏、王小军 | 201410747454.5 | 2014年12月9日 | 104521943A | 2015年4月22日 |
| 灵长类动物精液无甘油超低温冷冻方法 | 云南农业大学 | 李亚辉、杨明华 | 201410847292.2 | 2014年12月31日 | 104521945A | 2015年4月22日 |
| 一种牛胚胎玻璃化冷冻管解冻和直接移植方法 | 中国农业大学 | 朱士恩、傅祥伟、周艳华、张有文 | 201510015346.3 | 2015年1月12日 | 104488853A | 2015年4月8日 |
| 一种高效保护玻璃化冷冻牛卵母细胞粒体功能的方法 | 中国农业科学院北京畜牧兽医研究所 | 赵学明、朱化彬、郝海生 | 201510119500.1 | 2015年3月18日 | 104886040A | 2015年9月9日 |
| 绵羊冻精稀释液及用于绵羊细管冻精的制作工艺 | 新疆天山畜牧生物工程股份有限公司 | 孙红晨、曹莉萍、李宗方、陈思宏、朱兵山、刘磊、夏婷婷 | 201510121941.5 | 2015年3月19日 | 104705290A | 2015年6月17日 |

续表

| 发明名称 | 申请人 | 发明人 | 申请号 | 申请日 | 公布号 | 公布日 |
|---|---|---|---|---|---|---|
| 一种批量冷冻石斑鱼精子的方法 | 海南大学 | 骆剑、陈国华、王小刚、吴长松、王茜 | 201510128860.8 | 2015年3月24日 | 104686503A | 2015年6月10日 |
| 一种重口裂腹鱼精液保存方法 | 谢光玉 | 谢光玉 | 201510135862.X | 2015年3月26日 | 104814005A | 2015年8月5日 |
| 小黄鱼精子冷冻保存液及小黄鱼精子冷冻保存方法 | 浙江省海洋水产研究所 | 陈睿毅、楼宝、詹炜、徐冬、马涛、徐麟祥 | 201510314883.8 | 2015年6月10日 | 104904708A | 2015年9月16日 |
| 马鲛鱼精液的超低温冷冻保存方法 | 宁波市海洋与渔业研究院 | 郑春静、刘军 | 201510380279.5 | 2015年7月2日 | 105010305A | 2015年11月4日 |
| 一种结合激光破膜的水牛胚胎冷冻方法 | 广西壮族自治区水牛研究所 | 杨春艳、尚江华、郑海英、石德顺、黄芬香、梁贤威、黄锋、陈明棠、罩广胜 | 201510454904.6 | 2015年7月29日 | 104982419A | 2015年10月21日 |
| 一种峡头梅童鱼精子超低温冷冻保存方法 | 上海市水产研究所 | 刘本伟、潘桂平、周文玉、周裕华、张年国、侯文杰、毕浩、金沁 | 201510456361.1 | 2015年7月29日 | 105052893A | 2015年11月18日 |
| 马鲛鱼超低温冷冻精液的复苏方法 | 宁波市海洋与渔业研究院 | 郑春静、刘军 | 201510502997.5 | 2015年8月17日 | 105062954A | 2015年11月18日 |

二、冷冻保存溶液

| 发明名称 | 申请人 | 发明人 | 申请号 | 申请日 | 公布号 | 公布日 |
|---|---|---|---|---|---|---|
| 用于冷冻犬精液的组合物及其使用方法 | 孙华鏊 | 孙华鏊 | 00808000.3 | 2000年4月26日 | 1351484A | 2002年5月29日 |
| 一种猪精液的保存液 | 华中农业大学 | 姜勋平、李家连、熊远著、邓昌彦 | 200410013364.X | 2004年6月25日 | 1712519A | 2005年12月28日 |
| 一种动物的冷冻精液及其制作方法 | 辽宁省辽宁绒山羊原种场 | 张世伟、未先忱、朱延旭、刘兴伟、郭春润 | 200410021171.9 | 2004年2月20日 | 1657020A | 2005年8月24日 |

续表

| 发明名称 | 申请人 | 发明人 | 申请号 | 申请日 | 公布号 | 公布日 |
|---|---|---|---|---|---|---|
| 精液玻化剂及其制备方法以及液化精液的方法 | 深圳华康生物医学工程有限公司 | 傅剑华、刘瑜、胡家纯、何林、何小红 | 200410040037.3 | 2004年6月16日 | 1584594A | 2005年2月23日 |
| 绢羊冷冻精稀释液及生产高品质冻精的方法 | 赵有璋、陈亚明、张子军 | 赵有璋、陈亚明、张子军 | 200410073130.4 | 2004年9月23日 | 1752207A | 2006年3月29日 |
| 一种用于牛冷冻精液的中草药稀释液 | 西北农林科技大学 | 李青旺、胡建宏、鲁林森、刘永峰 | 200510043091.8 | 2005年8月11日 | 1729770A | 2006年2月8日 |
| 犬类精子超低温冷冻保存防冻液 | 上海交通大学 | 李新红 | 200510111520.0 | 2005年12月15日 | 1775020A | 2006年5月24日 |
| 一种低剂量家畜精液及生产方法和应用 | 李喜和、周文忠、张国富 | 李喜和、周文忠、张松晋、王建国 | 200610014916.8 | 2006年7月26日 | 101112392A | 2008年1月30日 |
| 鹅精液冷冻稀释液试剂盒及使用方法 | 徐日福、吴伟 | 徐日福、吴伟、高光、崔柏勋 | 200610016649.8 | 2006年3月13日 | 101037665A | 2007年9月19日 |
| 红景天多糖在制备抗冻剂中的新用途及其产品和制备方法 | 西北农林科技大学 | 李青旺、江中良、胡建宏、赵红卫、李文烨 | 200610104978.8 | 2006年11月27日 | 1962852A | 2007年5月16日 |
| 一种奶牛性控精子冷冻保存精液稀释液 | 华中农业大学 | 杨利国、秦雷 | 200610124495.4 | 2006年9月11日 | 1927226A | 2007年3月14日 |
| 牛羊无动物源精冻液及牛羊冷冻精液的制作方法 | 辽宁省辽宁绒山羊育种中心、辽宁省辽宁绒山羊原种场有限公司 | 张世伟、宋先忱、刘兴伟、韩迪、张文军、豆兴堂、杨文凯 | 200710011389.X | 2007年5月23日 | 101310729A | 2008年11月26日 |
| 一种用于马鹿冷冻精液保藏的稀释液 | 高庆华 | 高庆华 | 200710018161.3 | 2007年7月2日 | 101084926A | 2007年12月12日 |
| 人卵母细胞序列玻璃化冷冻液和融解液 | 山东省立医院 | 陈子江、李嫒、赵跃然 | 200810013783.1 | 2008年1月15日 | 101215548A | 2008年7月9日 |

续表

| 发明名称 | 申请人 | 发明人 | 申请号 | 申请日 | 公布号 | 公布日 |
|---|---|---|---|---|---|---|
| 一种牛冷冻精稀释液及其制备方法 | 西北农林科技大学 | 李青旺、胡建宏、赵宏伟、江中良 | 200810017382.3 | 2008年1月23日 | 101220345A | 2008年7月16日 |
| 一种生物细胞冷冻抗冻剂 | 西北农林科技大学 | 李青旺、张婷、张树山、胡建宏、江中良 | 200810017492.X | 2008年2月3日 | 101220346A | 2008年7月16日 |
| 一种X/Y精子分离冷冻精液及其生产方法和应用 | 内蒙古蒙牛乳业（集团）股份有限公司 | 李喜和、王建国、钱松晋、胡树香、周文忠 | 200810135352.2 | 2008年8月1日 | 101347458A | 2009年1月21日 |
| 一种鹿X/Y精子分离冷冻精液及其生产方法和应用 | 内蒙古蒙牛乳业（集团）股份有限公司 | 李喜和、王建国、钱松晋、董云祥、刘树江、胡树香、孙伟 | 200810135353.7 | 2008年8月1日 | 101322489A | 2008年12月17日 |
| 藏獒精液冷冻稀释液 | 张尤嘉 | 张尤嘉、张振韬 | 200810160986.3 | 2008年9月17日 | 101353643A | 2009年1月28日 |
| 奶牛X/Y性别控制冷冻混合精液及其制备方法 | 李喜和 | 李喜和、周文忠、钱松晋、王建国、张元炜 | 200810180820.8 | 2008年11月25日 | 101411722A | 2009年4月22日 |
| 猪精液稀释液防冻剂 | 上海交通大学 | 李新红、王亮亮 | 200810202319.7 | 2008年11月6日 | 101392236A | 2009年3月25日 |
| 一种小鼠精子冷冻保护剂 | 上海斯莱克实验动物有限责任公司 | 刘丽均、徐平、贾青、郁丽丽、陈理盲 | 200810203937.3 | 2008年12月3日 | 101418281A | 2009年4月29日 |
| 猪袋装冷冻精液保存液及其保存方法 | 郑州牧业工程高等专科学校 | 权凯、张长兴、魏红芳、尹慧茹、张松涛、孟令坤、黄炎坤、高家登 | 200810231378.7 | 2008年12月15日 | 101418282A | 2009年4月29日 |
| 一种冷冻精液稀释液及其配制方法 | 西北农林科技大学 | 昝林森、赵飞峰、刘永峰、胡建宏、田万强、孙永刚、桂林生 | 200910022625.7 | 2009年5月21日 | 101554152A | 2009年10月14日 |
| 一种鸡精液稀释和保存用粉及其制备方法和应用 | 华南农业大学 | 张守全、胡艳娟 | 200910038352.5 | 2009年3月31日 | 101543209A | 2009年9月30日 |
| 一种含胱甘肽的猪精液冷冻保存液及其冷冻保存方法 | 浙江大学 | 王争光、俞颂东、陈阿琴、董文艳 | 200910100965.7 | 2009年8月10日 | 101622986A | 2010年1月13日 |

续表

| 发明名称 | 申请人 | 发明人 | 申请号 | 申请日 | 公布号 | 公布日 |
|---|---|---|---|---|---|---|
| 马属动物精液保存稀释液及其生产方法和使用方法 | 塔里木大学 | 何良军、王时伟、张羚 | 200910113436.0 | 2009年8月26日 | 101647427A | 2010年2月17日 |
| 四氢嘧啶在冷冻保存细胞、组织、器官中的应用 | 山东大学 | 厉保秋 | 200910014631.8 | 2009年3月3日 | 101491237A | 2009年7月29日 |
| 用于猪精液冷冻保存的抗冻剂及其制备和应用 | 西北农林科技大学 | 李青旺、刘宏、胡建宏、江中良 | 201010144435.5 | 2010年4月12日 | 101796945A | 2010年8月11日 |
| 一种低毒性的人胚胎干细胞玻璃化冻存液以及使用该冻存液的方法 | 湖南光琇高新生命科技有限公司 | 林戈、卢光琇、欧阳琦 | 201010266751.X | 2010年8月31日 | 101897330A | 2010年12月1日 |
| 一种用于家畜精液冷冻保存的抗冻剂和抗冻稀释液及其制备的方法 | 西北农林科技大学 | 李青旺、江中良、胡建宏、潘巧连 | 201010508619.5 | 2010年10月18日 | 101965830A | 2011年2月9日 |
| 一种鱼类精细胞冻存护液的制备 | 宁波大学 | 严小军、马建、陈海敏、竺俊全、徐善良 | 201010610947.6 | 2010年12月16日 | 102524241A | 2012年7月4日 |
| 一种用于胚胎或细胞的冷冻液及其用途 | 深圳华大方舟生物技术有限公司、深圳华大基因科技有限公司 | 林栎、杜玉涛、刘田宾 | 201110045660.8 | 2011年2月25日 | 102648708A | 2012年8月29日 |
| 大熊猫精液冷冻保存液及其制备方法 | 陕西省动物研究所 | 车利锋、吴晓民、金学林、马清义、封托 | 201110112099.0 | 2011年5月3日 | 102246744A | 2011年11月23日 |
| 鱼类精子保存液及其制备方法 | 吴江市水产养殖有限公司 | 王荣泉、宣云峰、徐海华、同磊、沈勤华 | 201110153836.1 | 2011年6月9日 | 102246746A | 2011年11月23日 |
| 太平洋鳕鱼精子保存冻剂及太平洋鳕鱼精子保存方法 | 大连海洋大学 | 王伟、姜志强、王华、李君丰 | 201110258042.1 | 2011年9月2日 | 102258007A | 2011年11月30日 |
| 用于藏羚精子保存的冷冻液 | 张大宇 | 张大宇 | 201110365716.8 | 2011年11月17日 | 102379279A | 2012年3月21日 |

续表

| 发明名称 | 申请人 | 发明人 | 申请号 | 申请日 | 公布号 | 公布日 |
|---|---|---|---|---|---|---|
| 一种鱼类精子抗凝集保存液及其制备方法和应用 | 温州医学院 | 董巧香、黄长江、危林丹、白承连、陈元红、陈将飞、林函、刘静 | 201210081749.4 | 2012年3月26日 | 102630664A | 2012年8月15日 |
| 一种用于冷冻精液或细胞的装置和冷冻方法 | 湖南省畜牧兽医研究所 | 燕海峰、邓灏顺、易康乐、张佰忠、黄军生、朱立军、刘莹、孙麈、李晟 | 201210105884.8 | 2012年4月12日 | 102870765A | 2013年1月16日 |
| 一种含人参多糖的梅花鹿细管冻精稀释液配方及应用方法 | 吉林农业大学 | 邬玉钢、张连军、赵岩、何忠梅、王立岩、李萍、张爱华、雷锋杰、杨鹤、蔡恩博、李学 | 201210169483.9 | 2012年5月29日 | 102657150A | 2012年9月12日 |
| 猪精液的低温保护剂 | 宁波市畜牧工程技术研究服务中心、宁波爱卡畜牧科技有限公司 | 孙时军、严竞天、俞颂东、罗松、林杰 | 201210196733.8 | 2012年6月12日 | 102726367A | 2012年10月17日 |
| 一种用于保存胚胎的冷冻液、其制备方法及应用 | 余文莉、李树静 | 余文莉、李树静 | 201210279781.3 | 2012年8月7日 | 102771472A | 2012年11月14日 |
| 一种用于保存胚胎的冷冻液、其制备方法及应用 | 余文莉、李树静 | 余文莉、李树静 | 201210279784.7 | 2012年8月7日 | 102771473A | 2012年11月14日 |
| 一种家兔精液保存液 | 四川省畜牧科学研究院 | 任永军、郑洁、杨超、邝良德、谢晓红、雷岷、李丛艳、郭志强、张翔宇、邓小东、张翠霞 | 201210304213.4 | 2012年8月19日 | 102823580A | 2012年12月19日 |
| 具有生物活性的动物精液保存剂及其制备方法 | 临沂思科生物科技有限公司 | 刘洋 | 201210353139.5 | 2012年9月21日 | 103651330A | 2014年3月26日 |
| 一种家兔精液稀释保存液 | 四川省畜牧科学研究院 | 任永军、郑洁、杨超、邝良德、谢晓红、雷岷、李丛艳、郭志强、张翔宇、邓小东、张翠霞 | 201210361224.6 | 2012年9月18日 | 102845413A | 2013年1月2日 |
| 一种用于提高荷斯坦牛X精子冻后品质的冷冻稀释液配方 | 西北农林科技大学 | 昝林森、赵雾林、胡建宏、田万强、王韦华、郝端杰、桂林生 | 201210405353.0 | 2012年10月22日 | 102907417A | 2013年2月6日 |

续表

| 发明名称 | 申请人 | 发明人 | 申请号 | 申请日 | 公布号 | 公布日 |
|---|---|---|---|---|---|---|
| 一种波杂山羊冻精稀释液 | 镇江万山红遍农业园 | 徐志伟、花卫华、刘泉 | 201210446934.9 | 2012年11月9日 | 102960336A | 2013年3月13日 |
| 一种牛精液冷冻稀释液及其配制方法 | 新疆天山畜牧生物工程股份有限公司 | 朱兵山、丁娟 | 201210471632.7 | 2012年11月20日 | 102948415A | 2013年3月6日 |
| 一种家畜精液冷冻稀释液及其制备方法和应用 | 云南省畜牧兽医科学院、昆明易兴恒畜牧科技有限责任公司 | 洪琼花、权红波、杨红远、李东江、吕春荣 | 201210491289.2 | 2012年11月27日 | 103004750A | 2013年4月3日 |
| 一种用于驴精液冷冻保存的酪蛋白抗冻剂及其制备方法 | 山东天龙牧业科技有限公司、山东省农业科学院奶牛研究中心 | 张燕、王玲玲、张瑞涛、朱涛、王玲玲、鞠志花、黄金明、齐超、高运东、仲跻峰、侯明海、王银朝 | 201210529076.4 | 2012年12月10日 | 103039433A | 2013年4月17日 |
| 一种用于驴精液冷冻保存的鸭蛋卵黄抗冻剂及其制备方法 | 山东天龙牧业科技有限公司、山东省农业科学院奶牛研究中心 | 王长法、张燕、王玲玲、张瑞涛、朱涛、鞠志花、黄金明、高运东、仲跻峰、侯明海、王银朝、同金华 | 201210529077.9 | 2012年12月10日 | 103039434A | 2013年4月17日 |
| 一种猪精液冷冻保存稀释液和冷冻方法 | 邓凯伟 | 邓凯伟 | 201210563279.5 | 2012年12月24日 | 102986651A | 2013年3月27日 |
| 一种昆明狼犬精液冷冻配方及配制方法 | 四川农业大学 | 沈留红、宗小兰、邓俊良、左之才、曹随忠、彭广能、杨健美、张传师、马建山、欧红萍、杨庆稳、王海光、何桥、卿佰春、马红江、王英柱、胡延春、马晓平、施飞、叶俐、王娅、钟志华、任志华、石先鹏 | 201310039878.1 | 2013年2月1日 | 103141471A | 2013年6月12日 |
| 一种马精子冷冻保存液及其冷冻方法 | 新疆维吾尔自治区畜牧科学院畜牧兽医学研究所 | 毋状元、郑新宝、霍飞、陈静波、董红、张国庭、范洪先、海里日木、阿依努尔 | 201310044420.5 | 2013年2月5日 | 103120155A | 2013年5月29日 |

续表

| 发明名称 | 申请人 | 发明人 | 申请号 | 公布号 | 公布日 |
| --- | --- | --- | --- | --- | --- |
| 犬冷冻精液稀释液配方 | 上海农林职业技术学院 | 张似青、滑志民 | 201310145848.9 | 104115819A | 2014年10月29日 |
| 一种人类精子冷冻保护剂 | 李铮、刘锋、刘勇 | 李铮、刘锋、刘勇 | 201310172542.2 | 104094924A | 2014年10月15日 |
| 一种家畜精液冷冻保护剂及其应用 | 北京市农林科学院 | 许晓玲、刘彦、白佳桦、冯涛、黄证 | 201310186446.3 | 103262837A | 2013年8月28日 |
| β-胡萝卜素用于制备猪精液冷冻保护剂的应用 | 西北农林科技大学 | 李青旺、胡晓辰、江中良、胡靓华 | 201310216063.6 | 103329889A | 2013年10月2日 |
| 一种山羊精液冷冻保存液 | 镇江万山红遍农业园 | 花卫华、徐志伟、刘泉、鲁群、蒋水平 | 201310354478.X | 103392692A | 2013年11月20日 |
| 使用染料木黄酮提高牛冷冻精液精子运动性及体外受精率的方法 | 武汉市畜牧兽医科学研究所 | 程蕾、陈洪波、胡修忠、辛友东、凌明湖、刘晓华、高扬泽、王定发、夏瑜 | 201310380474.9 | 103462724A | 2013年12月25日 |
| 奶山羊冷冻精液稀释液及其制备方法和奶山羊精液、以及奶山羊冷冻精液细管冻精的制备方法 | 西北农林科技大学 | 罗军、王维、史怀平、席利萌、孙爽、高庆华、张伟、杨地坤、朱江江 | 201310491965.0 | 103518706A | 2014年1月22日 |
| 奶山羊精液常温及低温保存稀释液 | 西北农林科技大学 | 罗军、王维、席利萌、孙爽、高庆华、杨地坤、张伟、朱江江、史怀平 | 201310529785.7 | 103548812A | 2014年2月5日 |
| 一种马属动物胚胎冷冻保存液及其配制方法和应用 | 青岛德瑞骏发生物科技有限公司、伊犁德瑞骏发生物科技有限公司、青岛德瑞繁蓝马术有限公司 | 邹敬清、荣美洁、邹志钢 | 201310588073.2 | 103749430A | 2014年4月30日 |

续表

| 发明名称 | 申请人 | 发明人 | 申请号 | 申请日 | 公布号 | 公布日 |
|---|---|---|---|---|---|---|
| 一种马属动物胚胎冷冻解冻液及其配制方法和应用 | 青岛德瑞骏发生物科技有限公司,伊犁德瑞骏发科技有限公司,青岛蓝马术有限公司 | 邹敬清、张志鹏、李成修 | 201310588328.5 | 2013年11月21日 | 103749431A | 2014年4月30日 |
| 一种马属动物胚胎常温保存液及其配制方法和应用 | 青岛德瑞骏发生物科技有限公司,伊犁德瑞骏发科技有限公司,青岛蓝马术有限公司 | 荣美洁、孙腾飞、邢金凤 | 201310588449.X | 2013年11月21日 | 103749432A | 2014年4月30日 |
| 一种马属动物胚胎低温保存液及其稀释液 | 青岛德瑞骏发生物科技有限公司,伊犁德瑞骏发科技有限公司,青岛蓝马术有限公司 | 邹敬清、荣美洁、孙腾飞 | 201310588496.4 | 2013年11月21日 | 103749433A | 2014年4月30日 |
| 一种马属动物冷冻精液解冻液 | 青岛德瑞骏发生物科技有限公司,伊犁德瑞骏发科技有限公司,青岛蓝马术有限公司 | 邹志钢、张肖军、马玉萍 | 201310588538.4 | 2013年11月21日 | 103749434A | 2014年4月30日 |
| 一种马属动物胚胎低温保存液及其配制方法和应用 | 青岛德瑞骏发生物科技有限公司,伊犁德瑞骏发科技有限公司,青岛蓝马术有限公司 | 张志鹏、张肖军、马玉萍 | 201310588598.6 | 2013年11月21日 | 103749435A | 2014年4月30日 |
| 一种马属动物冷冻精液稀释液及其配制方法 | 青岛德瑞骏发生物科技有限公司,伊犁德瑞骏发科技有限公司,青岛蓝马术有限公司 | 邹敬清、荣美洁、孙腾飞 | 201310588637.2 | 2013年11月21日 | 103783032A | 2014年5月14日 |
| 一种马属动物卵母细胞低温保存液 | 青岛德瑞骏发生物科技有限公司,伊犁德瑞骏发科技有限公司,青岛蓝马术有限公司 | 孙吉胜、王卫雄、郭海鹏 | 201310644968.3 | 2013年12月5日 | 103798225A | 2014年5月21日 |

续表

| 发明名称 | 申请人 | 发明人 | 申请号 | 申请日 | 公布号 | 公布日 |
|---|---|---|---|---|---|---|
| 一种马属动物冷冻精液稀释液及其配制方法 | 伊犁德瑞骏发生物科技有限公司, 青岛德瑞骏发生物科技有限公司, 青岛瑞鳌澜马术有限公司 | 邹敬清、邹志钢、孙吉胜、李中航、张志鹏、荣美浩 | 201310711484.6 | 2013年12月23日 | 103651333A | 2014年3月26日 |
| EG和TCM199作为牛精液稀释液和冷冻液的配制及使用方法 | 甘肃省畜牧兽医研究所 | 桑国俊、邱忠玉、郭海龙、王珂、咎维中、保国俊 | 201410000867.7 | 2014年1月2日 | 103766325A | 2014年5月7日 |
| GL和TCM199作为牛精液稀释液和冷冻液的配制方法及使用方法 | 甘肃省畜牧兽医研究所 | 桑国俊、邱忠玉、郭海龙、王珂、咎维中、保国俊 | 201410001099.7 | 2014年1月3日 | 103704203A | 2014年4月9日 |
| 一种马精子低温保存稀释液 | 新疆维吾尔自治区畜牧科学院畜牧研究所 | 毋状元、郑新宝、霍飞、陈静波、董红、张国庭、罗永明、李海、徐文慧、于伟岩 | 201410057055.6 | 2014年2月19日 | 103843758A | 2014年6月11日 |
| 一种鲟鱼精子玻璃化冻融保护液的制备方法 | 湖南苗王生物科技有限公司 | 赵智媛、赵伟 | 201410134055.1 | 2014年4月4日 | 103931606A | 2014年7月23日 |
| 一种抗氧化的牛冷冻精液稀释液及制作方法 | 山西省生态畜牧产业管理站 | 白元生、张拴林、杨子森、刘晓妮、师周戈、赵宇凉 | 201410218772.2 | 2014年5月23日 | 104012520A | 2014年9月3日 |
| 冷水速溶型猪精液稀释粉的配方及制作工艺和使用方法 | 宜川欣源生态养殖专业合作社 | 包洪星 | 201410266864.8 | 2014年6月17日 | 104068012A | 2014年10月1日 |
| 一种达氏鲟精子冷冻保存液及制备方法和应用 | 中国水产科学研究院长江水产研究所 | 厉萍、危起伟、席明丹、柳凌、郭威、乔新美 | 201410318701.X | 2014年7月7日 | 104054697A | 2014年9月24日 |
| 家畜精液冷冻保存用抗冻剂、稀释液及其应用 | 西北农林科技大学 | 李青旺、胡靓华、江中良 | 201410335943.X | 2014年7月15日 | 104161036A | 2014年11月26日 |

续表

| 发明名称 | 申请人 | 发明人 | 申请号 | 申请日 | 公布号 | 公布日 |
|---|---|---|---|---|---|---|
| 羊含锌精液稀释保存液及其配制方法 | 赤峰市农牧科学研究院 | 韩天龙、王敏、毛冉、石岩、王丽萍、李志明 | 201410340270.7 | 2014年7月17日 | 104082276A | 2014年10月8日 |
| 一种羊精液稀释保存液及其制作方法 | 赤峰市农牧科学研究院 | 韩天龙、王敏、毛冉、石岩、王丽萍、李志明 | 201410341051.0 | 2014年7月17日 | 104068013A | 2014年10月1日 |
| 一种山羊精液玻璃化冷冻和解冻配方与方法 | 江苏丘陵地区镇江农业科学研究所 | 花卫华、刘伟忠、孙伟、刘泉 | 201410399002.2 | 2014年8月13日 | 104161037A | 2014年11月26日 |
| 楼米牛胚胎冷冻液、冷冻方法及解冻方法 | 南宁培元基因科技有限公司 | 蒋和生 | 201410471039.1 | 2014年9月17日 | 104206376A | 2014年12月17日 |
| 豹纹鳃棘鲈精子冷冻保护液及其保存方法 | 中山大学 | 蒙子宁、李波、张勇、林浩然 | 201410473950.6 | 2014年9月17日 | 104304234A | 2015年1月28日 |
| RHoA 重组蛋白在制备提高胚胎抗冻性以及解冻后复苏率的培养液中的应用 | 北京农学院 | 郭勇、倪和民、刘云海、顾美超、齐晓龙 | 201410483815.X | 2014年9月19日 | 104278011A | 2015年1月14日 |
| 一种添加中药单体的人精液冷冻保护剂 | 江苏省中医院 | 袁晓伟、谈勇、邹奕洁、陈娟 | 201410510972.5 | 2014年9月28日 | 104255703A | 2015年1月7日 |
| 翘嘴红鲌精液冷冻保存液 | 采克俊 | 采克俊、曹玎、朱俊杰、李景芬、叶金云 | 201410519441.2 | 2014年9月30日 | 104304236A | 2015年1月28日 |
| 一种稀少精子冷冻保护剂及其应用 | 邵鸿生物科技（上海）有限公司 | 刘锋、高一丰、盖安生 | 201410620506.2 | 2014年11月7日 | 104365583A | 2015年2月25日 |
| 非动物源性防冻液及其对食蟹猴精液的冷冻保存方法 | 云南农业大学 | 李亚辉、杨明华 | 201410847275.9 | 2014年12月31日 | 104521944A | 2015年4月22日 |
| 一种精液冷冻保存液及其制备方法 | 上海市农业科学院、上海申丰畜牧兽医科技有限公司 | 张树山、张德福、戴建军、吴彩凤 | 201410849155.2 | 2014年12月30日 | 104460843A | 2015年5月13日 |

续表

| 发明名称 | 申请人 | 发明人 | 申请号 | 申请日 | 公布号 | 公布日 |
|---|---|---|---|---|---|---|
| 水牛卵母细胞玻璃化冷冻预处理方法 | 广西大学 | 卢克焕、王彩玲、许惠艳、陈美娟、陆阳清、杨小淀 | 201510013829.X | 2015年1月12日 | 104585163A | 2015年5月6日 |
| 一种山羊冻精稀释液及其制备方法 | 安徽农业大学 | 薛昌安、刘亚、李运生、朱根玉、方富贵、章孝荣、丁建平、张运海、曹鸿国 | 201510017079.3 | 2015年1月13日 | 104604844A | 2015年5月13日 |
| 番茄红素在制备人精液冷冻保护剂中的应用 | 吉林大学 | 梁作文、王洪亮、李付彪、刘凌云、郭凯敏、刘浩、沈娜、戴小凡、徐胜旗 | 201510051157.1 | 2015年2月1日 | 104542577A | 2015年4月29日 |
| 一种哲罗鲑精液超低温冷冻保存液及哲罗鲑精液的冷冻保存方法 | 中国水产科学研究院黑龙江水产研究所 | 徐革锋、尹家胜 | 201510063790.2 | 2015年2月6日 | 104604845A | 2015年5月13日 |
| 一种用于反刍动物精液长效保存的改良稀释液 | 塔里木大学 | 高庆华、卢全晟、邹宇银、马梦婷、韩春梅 | 201510065462.6 | 2015年2月6日 | 104585164A | 2015年5月6日 |
| 人类卵母细胞冷冻保护剂 | 安徽医科大学 | 曹云霞、章志国 | 201510077424.2 | 2015年2月13日 | 104663649A | 2015年6月3日 |
| 五味子乙素用于制备猪精精液保存用稀释液的应用 | 西北农林科技大学 | 胡建宏、刘琦、苏泽智、何锚、朱林炜、李亚新、王立强、杨公社、梁国栋、贾永宏 | 201510109846.3 | 2015年3月12日 | 104770362A | 2015年7月15日 |
| 一种卵母细胞的玻璃化冷冻液 | 北京大学第三医院 | 乔杰、严杰、张露、闫丽盈、李蓉、刘平 | 201510216843.X | 2015年4月30日 | 104839144A | 2015年8月19日 |
| 一种GV期卵母细胞冷冻保存液及冷冻保存方法 | 中国农业科学院特产研究所 | 曹新燕、许保增、李晓霞、王世勇、刁云飞、薛海龙、赵蒙、赵伟刚、魏海军、荆明杰 | 201510528179.2 | 2015年8月26日 | 105052894A | 2015年11月18日 |

续表

## 三、冷冻保存装置

| 发明名称 | 申请人 | 发明人 | 申请号 | 申请日 | 公布号 | 公布日 |
|---|---|---|---|---|---|---|
| 医用超低温细胞、组织贮存袋 | 上海市塑料研究所 | 顾关发、费瑞高 | 86203016.1 | 1986年5月17日 | 86203016U | 1986年12月10日 |
| 医用深低温保存容器 | 上海市血液中心 | 郎洁先、金米凤、柏乃庆、陈瑶华 | 87106714.5 | 1987年9月30日 | 1032318A | 1989年4月12日 |
| 医用深低温保存袋 | 上海市中心血站 | 郎洁先、金米凤、柏乃庆、陈瑶华 | 87213953.0 | 1987年9月30日 | 87213953U | 1988年3月23日 |
| 生物活体自动精冰冷冻器 | 叶常竹 | 叶常竹 | 89206364.5 | 1989年4月21日 | 2049746U | 1990年4月11日 |
| 封闭式恒温冷冻精液装置 | 吴庆荣 | 吴庆荣 | 90213350.0 | 1990年5月23日 | 2066862U | 1991年3月27日 |
| 冷冻精液升降器 | 上海第二医科大学附属仁济医院 | 李铮、张忠平、曹小萃、向祖琼、刘勇、朱希宏 | 200420107927.7 | 2004年11月3日 | 2740150U | 2005年11月16日 |
| 在冷冻保存过程中操作发育细胞样品的工具和方法 | 麦吉尔大学 | 钱日承、谭祥林 | 200580043672.X | 2005年9月21日 | 101087658A | 2007年12月12日 |
| 猪精液冷冻管保存及其精液冷冻方法 | 华坚青、俞颂东 | 俞颂东 | 200710156398.8 | 2007年10月30日 | 101200688A | 2008年6月18日 |
| 生物样品玻璃化冷冻和保存工具 | 安徽医科大学 | 曹云霞、千日成 | 200710192245.9 | 2007年12月21日 | 101200706A | 2008年6月18日 |
| 生物样品玻璃化冷冻和保存工具 | 安徽医科大学 | 曹云霞、千日成 | 200720131855.3 | 2007年12月21日 | 201148434U | 2008年11月12日 |
| 一种生物材料玻璃化冷冻载体及其制备方法 | 北京大学第三医院 | 乔杰、闫丽盈、严杰、刘平、廉颖 | 200810119992.4 | 2008年10月21日 | 101386814A | 2009年3月18日 |
| 一种家畜人工授精冷冻解冻输精恒温装置 | 辛以良 | 肖英佳 | 200820072859.3 | 2008年12月1日 | 201295303U | 2009年8月26日 |
| 一种生物材料玻璃化冷冻载体 | 北京大学第三医院 | 乔杰、严杰、闫丽盈、颖、刘平 | 200820123203.X | 2008年10月21日 | 201284339U | 2009年8月5日 |

续表

| 发明名称 | 申请人 | 发明人 | 申请号 | 申请日 | 公布号 | 公布日 |
|---|---|---|---|---|---|---|
| 辅助生殖技术中胚胎和卵子玻璃化冷冻载体装置 | 北京微创介入医疗装备有限公司 | 黄莉、何冰、常芬 | 200910135638.5 | 2009年4月23日 | 101589707A | 2009年12月2日 |
| 医用细胞组织深低温保藏袋 | 孔佑华 | 孔佑华 | 200920017803.2 | 2009年1月8日 | 201345874U | 2009年11月18日 |
| 两步法超低温手动精液程序降温仪 | 上海交通大学医学院附属仁济医院 | 张伟、李铮 | 200920066862.9 | 2009年1月14日 | 201365480U | 2009年12月23日 |
| 辅助生殖技术中胚胎和卵子玻璃化冷冻载体装置 | 北京微创介入医疗装备有限公司 | 黄莉、何冰、常芬 | 200920152030.9 | 2009年4月23日 | 201379022U | 2010年1月13日 |
| 便携式鱼类精子冷冻降温仪 | 中国水产科学研究院黄海水产研究所 | 刘滨、刘新富、孟振、雷霁霖、张和森、洪磊 | 201010189738.9 | 2010年5月24日 | 101849535A | 2010年10月6日 |
| 一种吸取式玻璃化冷冻载体装置 | 北京微创介入医疗装备有限公司 | 黄莉、刘惠雁 | 201010291560.9 | 2010年9月21日 | 102405901A | 2012年4月11日 |
| 一步蒸发精液冷冻器 | 上海交通大学医学院附属仁济医院 | 刘勇、李铮、胡文君、马腾、汪小波、朱希宏 | 201020280350.5 | 2011年4月6日 | 201781893U | 2011年4月6日 |
| 一种吸取式玻璃化冷冻载体装置 | 北京微创介入医疗装备有限公司 | 黄莉、刘惠雁 | 201020542740.5 | 2010年9月21日 | 201830802U | 2011年5月18日 |
| 胚胎冷冻麦管支架 | 四川省医学科学院（四川省人民医院） | 张小建 | 201020599601.6 | 2010年11月10日 | 201894150U | 2011年7月13日 |
| 大鲵精子低温专用冷冻箱 | 湖南亿年酉鱼衣牧渔业发展有限公司 | 孙宁 | 201020687666.6 | 2010年12月29日 | 201911234U | 2011年8月3日 |
| 程控冷冻仪 | 沈阳航天新光低温容器制造有限责任公司 | 于彤、王孝军、张广文、宋玉魁、杨奎林 | 201110028076.1 | 2011年1月26日 | 102125026A | 2011年7月20日 |
| 深低温保存容器及其制备方法 | 中国科学院长春应用化学研究所、山东威高集团医用高分子制品股份有限公司 | 栾世方、殷敬华、王建卫、张娥、高山、杨华伟、李晓萌 | 201110355026.4 | 2011年11月10日 | 102501374A | 2012年6月20日 |

续表

| 发明名称 | 申请人 | 发明人 | 申请号 | 申请日 | 公布号 | 公布日 |
|---|---|---|---|---|---|---|
| 程控冷冻仪 | 沈阳航天新光低温容器制造有限责任公司 | 于彤、王孝军、张广文、宋玉魁、杨奎林 | 201120025873 | 2011年1月26日 | 201947850U | 2011年8月31日 |
| 一种使用方便的精液保存液氮罐 | 周庆民 | 孙程军、韩宗元、田庭图、周庆民 | 201120082667.2 | 2011年3月20日 | 202127747U | 2012年2月1日 |
| 一种生物材料玻璃化冷冻载体 | 石家庄市第四医院 | 蒋彦、孟繁玉、耿彩平、曹琴英、李淑贤 | 201120124088.X | 2011年4月25日 | 202095441U | 2012年1月4日 |
| 一种稀少精子冷冻的保湿装置 | 上海交通大学医学院附属仁济医院 | 卢慧、彭秋平、李铮、刘锋、刘勇 | 201120188310.2 | 2011年6月7日 | 202122042U | 2012年1月25日 |
| 一种用于液氮罐冷冻保存精子的简易辅助装置 | 中国水产科学研究院黄海水产研究所 | 丁福红、雷霁霖、洪磊、王蔚芳、孟振、刘滨 | 201120189641.8 | 2011年5月25日 | 202127748U | 2012年2月1日 |
| 一种精子冷冻装置 | 李铮、刘锋、卢慧 | 李铮、刘锋、卢慧 | 201120199317.4 | 2011年6月14日 | 202112210U | 2012年1月18日 |
| 一种母子型双层精液冷冻管 | 上海交通大学医学院附属仁济医院 | 邹沙沙、李朋、陈婷婷、李铮、胡洪亮 | 201120267736.7 | 2011年7月27日 | 202195634U | 2012年4月18日 |
| 细胞低温保存载体 | 上海理工大学 | 李维杰、周新丽、王海松、刘宝林、吕福扣 | 201120343450.2 | 2011年9月14日 | 202269321U | 2012年6月13日 |
| 一种胚胎玻璃化冷冻载体 | 戴志俊、季钢 | 戴志俊、季钢 | 201120497744.0 | 2011年12月5日 | 202311020U | 2012年7月11日 |
| 液氮蒸汽冷冻及储运配子玻璃化装置 | 上海交通大学 | 黄永华、王珊珊、徐烈、王如竹、李铮、刘锋 | 201210058038.5 | 2012年3月7日 | 102616472A | 2012年8月1日 |
| 哺乳动物胚胎和卵母细胞玻璃化冷冻载体 | 河南省农业科学院 | 施巧婷、王二耀、辛晓玲、郎利敏、陈俊峰、张玉洋、魏成斌、水谷将也、岛田浩明、徐照学 | 201210172951.8 | 2012年5月30日 | 102669088A | 2012年9月19日 |
| 一种用于冷冻精液或细胞的装置 | 湖南省畜牧兽医研究所 | 燕海峰、邓缃顺、易americ乐、张佰忠、黄军生、朱立军、刘莹莹、孙鏖、李晟 | 201220154118.6 | 2012年4月12日 | 202552003U | 2012年11月28日 |

续表

| 发明名称 | 申请人 | 发明人 | 申请号 | 申请日 | 公布号 | 公布日 |
| --- | --- | --- | --- | --- | --- | --- |
| 胚胎冷冻麦管 | 王怀秀 | 王怀秀 | 201220219073.6 | 2012年5月8日 | 203040526U | 2013年7月10日 |
| 哺乳动物胚胎和卵母细胞玻璃化冷冻载体 | 河南省农业科学院 | 施巧婷、王治方、楚秋霞、焦玉萍、蔺萍、张彬、李文军、吴焱、徐照 | 201220249115.0 | 2012年5月30日 | 202588147U | 2012年12月12日 |
| 哺乳动物胚胎和卵母细胞玻璃化冷冻装置 | 河南省农业科学院 | 施巧婷、兰亚莉、安森亚、冯亚杰、侯自花、李建林、盛卫东、陈付英、岛田浩明、徐照学 | 201220278780.2 | 2012年6月14日 | 202603479U | 2012年12月19日 |
| 人类辅助生殖技术可多管同时冷冻的胚胎玻璃化冷冻装置 | 冯贵雪、广西壮族自治区妇幼保健院 | 冯贵雪、张波、舒金辉、周红、甘贤忧 | 201220315299.6 | 2012年6月29日 | 202873662U | 2013年4月17日 |
| 一种精子冷冻保存装置 | 山东省齐鲁干细胞工程有限公司 | 迟令龙、臧传宝、李栋 | 201220559702.X | 2012年10月30日 | 202819433U | 2013年3月27日 |
| 微量精液采储冷冻装置 | 中国人民解放军第三军医大学第一附属医院 | 曾兴光、何畏、刘永刚、洪伟、李明舵、孟丹、朱名令 | 201310189980.X | 2013年5月21日 | 103238588A | 2013年8月14日 |
| 一种用于生物材料存的微型载体系统、吊桶及冻存方法 | 吕祁峰 | 吕祁峰 | 201310333111.X | 2013年8月1日 | 103344699A | 2013年12月18日 |
| 一种玻璃化冷冻载体系统 | 浙江星博生物科技有限公司 | 吕祁峰、匡延平 | 201310596542.5 | 2013年11月21日 | 104642299A | 2015年5月27日 |
| 一种稀少精子新型封闭式冷冻超细管载体 | 邹鸿生物科技（上海）有限公司 | 刘锋、孙璨、李铮 | 201320029800.7 | 2013年1月21日 | 203290151U | 2013年11月20日 |
| 胚胎冷冻载体装置中保护罩 | 曾兴光、李明舵 | 曾兴光、李明舵 | 201320190544.X | 2013年4月16日 | 203152371U | 2013年8月28日 |
| 胚胎冷冻载体装置 | 曾兴光、李明舵 | 曾兴光、李明舵 | 201320190562.8 | 2013年4月16日 | 203152372U | 2013年8月28日 |

续表

| 发明名称 | 申请人 | 发明人 | 申请号 | 申请日 | 公布号 | 公布日 |
|---|---|---|---|---|---|---|
| 一种鱼类精子批量超低温冷冻保存多层架 | 中国科学院海洋研究所 | 刘清华、李军、柳意樊、徐世宏 | 201320245231.X | 2013年5月8日 | 203258964U | 2013年10月30日 |
| 牛胚胎和卵母细胞开放式玻璃化冷冻保存管 | 青海省畜牧兽医科学院 | 徐惊涛、孙永刚、才让东智 | 201320250800.X | 2013年4月25日 | 203219847U | 2013年10月2日 |
| 用于超快速冷冻精子的微流控芯片 | 武汉大学 | 杨菁、邹宇洁、黄卫华、尹太郎、陈时靖 | 201320300596.8 | 2013年5月28日 | 203446410U | 2014年2月26日 |
| 一种用于生物材料冷冻存的微型载体系统 | 吕祁峰 | 吕祁峰 | 201320468941.9 | 2013年8月1日 | 203492657U | 2014年3月26日 |
| 冻精胚胎恒温解冻杯 | 丁得利 | 丁得利、王树茂、付龙 | 201320541464.4 | 2013年9月2日 | 203417275U | 2014年2月5日 |
| 一种玻璃化冷冻载体系统 | 上海交通大学医学院附属第九人民医院 | 吕祁峰、匡延平 | 201320744696.X | 2013年11月21日 | 203618631U | 2014年6月4日 |
| 自动化猪精液冷冻仪 | 黑龙江省农业科学院畜牧研究所 | 马红、王文涛、刘娣、何鑫淼、何海娟、唐晓东 | 201320847517.5 | 2013年12月21日 | 203618632U | 2014年6月4日 |
| 猪精液冷冻操作带 | 黑龙江省农业科学院畜牧研究所 | 王文涛、何鑫淼、刘娣、马红、何海娟、唐晓东 | 201320847608.9 | 2013年12月21日 | 203618633U | 2014年6月4日 |
| 封闭式胚胎冷冻载杆及其制备方法和使用方法 | 江苏苏云医疗器材有限公司 | 兰小艳、秦宏平、张庆军、王传华、吴传秀、彭家启 | 201410029474.9 | 2014年1月23日 | 103749436A | 2014年4月30日 |
| 实现胚胎装入冷冻载体的系统、冷冻载体及冷冻保存方法 | 张孝东 | 张孝东、黄国宁 | 201410062556.3 | 2014年2月24日 | 104855371A | 2015年8月26日 |
| 精子冷冻盒 | 衢州兰玲机电科技有限公司 | 危金兰 | 201410154597.5 | 2014年4月17日 | 104106564A | 2014年10月22日 |
| 可调式胚胎冷冻细管标尺架 | 河南省农业科学院畜牧兽医研究所 | 施巧婷、王二耀、辛晓玲、师志海、郎利敏、渭留印、张子敬、徐照学 | 201410480963.6 | 2014年9月19日 | 104222070A | 2014年12月24日 |

续表

| 发明名称 | 申请人 | 发明人 | 申请号 | 申请日 | 公布号 | 公布日 |
|---|---|---|---|---|---|---|
| 一种封闭式胚胎冷冻载杆 | 江苏苏云医疗器材有限公司 | 兰小艳、秦宏平、张庆军、王书华、吴传秀、彭家启 | 201420040186.9 | 2014年1月23日 | 203692297U | 2014年7月9日 |
| 一种玻璃化冻融专用胚胎存储装置 | 孔凤云 | 孔凤云、郭磊 | 201420121119.X | 2014年3月18日 | 203723326U | 2014年7月23日 |
| 一种玻璃化冷冻及复苏培养板 | 于艳 | 于艳、宫晴、杨丽霞 | 201420123153.0 | 2014年3月18日 | 203728851U | 2014年7月23日 |
| 精液或者细胞颗粒冷冻装置 | 燕海峰 | 朱立军、王坤、张翠永、易康乐、张佰忠、李剑波、黄军生、李吴帮 | 201420235969.2 | 2014年5月9日 | 203872880U | 2014年10月15日 |
| 玻璃化冷冻专用皿 | 戴志俊、季钢 | 戴志俊、季钢 | 201420301403.5 | 2014年6月1日 | 203851692U | 2014年10月1日 |
| 一种胚胎玻璃化冷冻装置 | 烟台毓璜顶医院 | 黄鑫、郝翠芳、张露萍 | 201420344091.6 | 2014年6月26日 | 203985778U | 2014年12月10日 |
| 一种配子及胚胎的超快速降温封闭式冷冻载体 | 上海长征医院 | 路新梅、李文、孙宁霞、王亮 | 201420418859.X | 2014年7月28日 | 204014880U | 2014年12月17日 |
| 一种简便式人类配子和胚胎玻璃化冷冻复苏装置 | 上海长征医院 | 路新梅、李文、孙宁霞、王亮 | 201420419480.0 | 2014年7月28日 | 204014881U | 2014年12月17日 |
| 一种用于保存公猪精液的恒温冰箱 | 佘高飞 | 佘高飞 | 201420494697.8 | 2014年8月30日 | 203985781U | 2014年12月10日 |
| 一种用于保存公猪精液的恒温冰箱 | 佘高飞 | 佘高飞 | 201420523777.1 | 2014年9月12日 | 204043289U | 2014年12月24日 |
| 可调式胚胎冷冻细管标签尺架 | 河南省农业科学院畜牧兽医研究所 | 施巧婷、王治方、张彬、吴娇、李建林、蔺萍、盛卫东、李文军、徐照学 | 201420540451.X | 2014年9月19日 | 204070283U | 2015年1月7日 |
| 一种可调节冷的精子保存箱 | 刘海萍 | 刘海萍 | 201420589270.6 | 2014年10月13日 | 204104611U | 2015年1月21日 |
| 一种新型胚胎封闭式玻璃化冷冻载杆和套管 | 遵义医学院 | 葛斌、杨智敏、刁英 | 201420695028.7 | 2014年11月19日 | 204244993U | 2015年4月8日 |

续表

| 发明名称 | 申请人 | 发明人 | 申请号 | 申请日 | 公布号 | 公布日 |
|---|---|---|---|---|---|---|
| 犬类精子液氮冷冻罐 | 黑龙江职业学院 | 王素梅、陈翠玲、陈晓华、付云超、孙耀辉、时广明、秦光彪、刘汉玉、陈滨、储海燕 | 201420744889.X | 2014年11月27日 | 204244994U | 2015年4月8日 |
| 一种用于精子DNA完整性检测的精子冻存的冷冻试管 | 张丽红 | 张丽红、王秋菊、盖凌、刘蓓、许观照、张伟、孙林、李希合、王琳琳、蒋宝宏、王洪岩 | 201420748312.6 | 2014年12月3日 | 204335642U | 2015年5月20日 |
| 一种冷冻精液提取助力提吊系统 | 浙江省计划生育科学技术研究所 | 张欣宗、张梓轩、吴颖、盛慧强 | 201420814319.3 | 2014年12月19日 | 204443897U | 2015年7月8日 |
| 一种封闭式超快速玻璃化冷冻载体、载杆及斜面冷冻捕件 | 万超 | 万超 | 201510182566.5 | 2015年4月17日 | 104782615A | 2015年7月22日 |
| 一种微量精子冷冻保存载体及相应的冷冻和解冻方法 | 上海交通大学医学院附属第九人民医院 | 薛松果、彭秋平、曹少锋、匡延平 | 201510255137.6 | 2015年5月19日 | 104823966A | 2015年8月12日 |
| 新型胚胎玻璃化冷冻载麦管 | 柳州市妇幼保健院 | 李楠、韦继红、韦立红、唐永梅、牟联俊、赵冰玲、刘帅 | 201520041241.0 | 2015年1月21日 | 204443898U | 2015年7月8日 |
| 一种免支架微型冷冻载体 | 阳艳群 | 吕祁峰、阳艳群 | 201520167954.1 | 2015年3月24日 | 204499261U | 2015年7月29日 |
| 一种新型玻璃化胚胎冷冻支架 | 柳州市妇幼保健院 | 李楠、赵冰玲、覃梅、刘帅、郭梅、唐妮、仇雪嫦、黄荣、民黎君、韦佳、刘长好、何慧 | 201520172517.9 | 2015年3月25日 | 204599131U | 2015年9月2日 |
| 一种新型适用于精子冷冻的液氮熏蒸盒 | 遵义医学院 | 王健、路先平、张锋、黄天银、杨名慧 | 201520182939.4 | 2015年3月30日 | 204499263U | 2015年7月29日 |

续表

| 发明名称 | 申请人 | 发明人 | 申请号 | 申请日 | 公布号 | 公布日 |
|---|---|---|---|---|---|---|
| 一种新型胚胎冷冻管 | 遵义医学院 | 路健、董世桃、黄天银、杨名慧 | 201520195206.4 | 2015年4月2日 | 204616879U | 2015年9月9日 |
| 一种适用于胚胎冷冻的镊子 | 遵义医学院附属医院 | 葛斌、张锋、杨名慧 | 201520222429.5 | 2015年4月14日 | 204565949U | 2015年8月19日 |
| 一种适用于冷冻人类稀少精子以及胚胎和卵子的薄膜载杆 | 中国福利会国际和平妇幼保健院 | 王雯、王永卫、吴正沐 | 201520231461.X | 2015年4月16日 | 204616880U | 2015年9月9日 |
| 封闭式超快速玻璃化冷冻载体 | 万超 | 万超 | 201520232601.5 | 2015年4月17日 | 204616881U | 2015年9月9日 |
| 一种牛精液冷冻箱 | 云南金江绿色产业有限公司 | 陈焕腾 | 201520244072.0 | 2015年4月21日 | 204660417U | 2015年9月23日 |
| 一种能够精确控制冷冻速率的精液冷冻仪 | 张全 | 张全 | 201520280798.X | 2015年5月4日 | 204742370U | 2015年11月11日 |
| 一种可调式冷冻精液细管托架 | 塔里木大学 | 石长青、李治宇、周岭 | 201520292483.7 | 2015年5月7日 | 204634878U | 2015年9月16日 |
| 一种新开放式胚胎玻璃化冷冻装置 | 遵义医学院附属医院 | 葛斌、杨智敏 | 201520293436.4 | 2015年5月8日 | 204653528U | 2015年9月23日 |
| 液氮罐冷冻提篮 | 梁琳 | 梁琳、陈秀娟、王振飞 | 201520358246.6 | 2015年5月29日 | 204653530U | 2015年9月23日 |
| 样品低温收集管 | 湖南新南方养殖服务有限公司 | 喻正军、李曾强、王贵平、黄岚芬、李伦勇、刘清钢 | 201520524642.1 | 2015年7月20日 | 204789043U | 2015年11月18日 |
| 一种冷冻精液精液收集罐 | 北京大学第三医院 | 唐文豪、姜辉、高敏、周善华、庄新钢 | 201520575516.9 | 2015年8月4日 | 204822618U | 2015年12月2日 |
| 一种猪胚胎冷冻载体装置 | 深圳市第二人民医院 | 牟丽莎、蔡志明 | 201520588451.1 | 2015年8月6日 | 204811680U | 2015年12月2日 |
| 一种新型冷冻精液升降器 | 陈辉 | 陈辉 | 201520616207.1 | 2015年8月17日 | 204811681U | 2015年12月2日 |

注：公布号指公开号或公告号，公布日指公开日或公告日。

# 附录Ⅱ 英汉词语对照

**A**

| | |
|---|---|
| A<sub>aligned</sub> spermatogonia | 链状型精原细胞 |
| acetamide（AA） | 乙酰胺 |
| AIDS | 获得性免疫缺陷综合征 |
| alkaline phosphatase（AKP） | 碱性磷酸酶 |
| ALD | 精子头横向运动振幅 |
| apoptosis | 细胞凋亡 |
| A<sub>paired</sub> spermatogonia | 成对型精原细胞 |
| AQP3 | 水通道蛋白 3 |
| A<sub>single</sub> spermatogonia | 单个型精原细胞 |

**B**

| | |
|---|---|
| baboon | 狒狒 |
| BAPTA-AM | 过氧化乙酰苯甲酰 |
| BCF | 轨迹交叉频率 |
| blastocysts at all developmental stages | 囊胚至孵化囊胚 |
| boiling point | 液氮的沸点 |
| bovine serum albumin（BSA） | 牛血清白蛋白 |

**C**

| | |
|---|---|
| CASA | 计算机辅助精液质量检测 |
| cellular necrosis | 细胞坏死 |
| CFU-MK | 原始的巨核细胞集落形成单位 |
| chilling injury | 低温损伤 |
| chromatin immunoprecitation（CHIP） | 染色质免疫沉淀技术 |
| cleavage-stage embryo | 卵裂期胚胎 |
| cold shock | 低温打击 |
| colony forming unit-granulocyte and macrophage（CFU-GM） | 脐带血粒细胞巨噬细胞集落形成单位 |
| colony forming unit-granulocyte, erythrocyte, monocyte, and megakaryocyte（CFU-GEMM） | 粒细胞红细胞巨噬细胞巨核细胞集落形成单位 |
| Cryoleaf | 冷冻叶法 |
| Cryoloop | 冷冻环法 |
| nylon mesh | 尼龙网法 |
| cryoprotective agents（CPA） | 抗冻保护剂 |
| crystallization | 冰晶化 |
| cumulus oocyte complex（COC） | 卵丘卵母细胞复合体 |
| cyclosporin A | 环孢霉素 A |
| cynomolgus monkey | 食蟹猴 |
| cytochalasin（CB） | 细胞松弛素 B |

## D

| | |
|---|---|
| deep uterine insemination（DUI） | 子宫角输精法 |
| devitrification | 脱玻璃化 |
| Dewar | 杜瓦罐 |
| dextran | 葡聚糖 |
| differentiating spermatogonia | 分化型精原细胞 |
| dimethyl sulphoxide（DMSO） | 二甲基亚砜 |
| direct cover vitrification（DCV） | 直接覆盖式玻璃化冷冻 |
| directional Freezing Technique | 定向冷冻 |

## E

| | |
|---|---|
| E-Cad | 钙黏素 |
| EG | 乙二醇 |
| egg yolk-sodium citrate diluent（EYC） | 卵黄-柠檬酸钠稀释液 |
| electron microscope grid（EMG） | 电子显微镜铜网法 |
| embryoid bodies（EB） | 类胚体 |
| embryonic germ cells（EGC） | 胚胎生殖细胞 |
| embryonic stem cell（ESC） | 胚胎干细胞 |
| ethylene glycol（EG） | 乙二醇 |

## F

| | |
|---|---|
| fetal calf serum（FCS） | 胎牛血清 |
| Ficoll 70000 | 聚蔗糖 |
| flat straw | 扁平细管 |
| flat-pack | 扁平袋 |
| fracture plane | 断裂面 |
| frozen-thawed embryo transfer（FET） | 冷冻胚胎移植 |

## G

| | |
|---|---|
| ganirelix | 促性腺激素释放激素拮抗剂 |
| germ line transmission | 种系传递 |
| germinal vesicle（GV） | 生发泡 |
| germinal vesicle breakdown（GVBD） | 生发泡破裂 |
| glass micropipette（GMP） | 玻璃微细管法 |
| glucose | 葡萄糖 |
| glycerol（GLY） | 甘油 |
| GnRH | 促性腺激素释放激素 |
| gonocyte | 性原细胞 |
| gum arabic | 阿拉伯胶 |
| GVHD | 移植物抗宿主病 |
| GVT | 生发泡移植技术 |

## H

| | |
|---|---|
| HBSS | Hank's 平衡盐溶液 |
| hCG | 重组人绒毛膜促性腺激素 |
| hemi-straw | 半细管法 |
| high hydrostatic pressure（HHP） | 高静水压力 |

HPP-CFC 脐带血原始高增殖潜能集落形成细胞
HSP90 热应激蛋白 90
HTF 人合成输卵管液
human 人
human leukocyte antigen（HLA） 人类白细胞抗原
human tubal fluid（HTF） 人输卵管液
hybrid macaque 杂交短尾猴

### I

ice seeding 人工植冰
ICSI 胞质内单精子注射
*in vitro* fertilization and embryo transfer（IVF-ET） 体外受精-胚胎移植
induced pluripotent stem cell（iPSC） 诱导多能性干细胞
inner cell mass（ICM） 内细胞团
intra-cervical insemination（intra-CAI） 子宫颈输精法
IRI 小分子冰晶抑制剂
IVF 体外受精
IVM 体外成熟

### K

ketamine hydrochloride 盐酸氯胺酮

### L

laser 激光脉冲
LH 促黄体素
lipid peroxidation（LPO） 脂类过氧化值
$L_p$ 水传导系数

### M

MAD 平均角度
marmoset monkey 绒猴
maturation promoting factor（MPF） 成熟促进因子
maxi-straw 5mL 冷冻管
MDS 最小滴冻法
medium-straw 0.5mL 中型细管
methyl alcohol（MeOH） 甲醇
microdrop 微滴法
MⅡ 第二次减数分裂中期
mini-straws 0.25mL 微型细管
mitochondrialpermeability transition（MPT） 线粒体通透性转变
MOT 精子成活率
motility 活力

### N

Nile Red 尼罗红

### O

Open Pulled Straw（OPS） 开放式拉长细管法

## P

| | |
|---|---|
| PCOS | 多囊卵巢综合征 |
| PEG | 聚乙烯乙二醇 |
| pentose | 戊糖 |
| pepite tip | 移液器吸头 |
| plastic bag | 塑料袋 |
| post-cervical insemination (post-CAI) | 子宫体输精法 |
| primordial germ cell (PGC) | 原始生殖细胞 |
| pronuclear stage embryo | 原核期胚胎 |
| propylene glycol (PROH) | 1,2-丙二醇 |
| prospermatogonia | 性原细胞 |
| PVP | 聚乙烯吡咯烷酮 |
| pyruvate uptake | 丙酮酸摄入 |

## R

| | |
|---|---|
| raffinose | 棉子糖 |
| reactive oxygen species (ROS) | 活性氧 |
| rFSH | 重组卵泡刺激素 |
| rhesus macaque | 恒河猴 |
| Rho-associated kinase (ROCK) | Rho-相关激酶 |
| ruthenium red | 钌红 |

## S

| | |
|---|---|
| sertoli-cell-only syndrome (SCO) | 唯支持细胞综合征 |
| slow freezing | 慢速冷冻 |
| solution effect | 溶液效应 |
| sperm bank | 精子库 |
| sperm freeze solution | 精子冷冻液 |
| spermatogonial stem cell (SSC) | 精原干细胞 |
| squirrel monkey | 松鼠猴 |
| SSS | 合成血清替代品 |
| SSV | 固体表面玻璃化法 |
| straw | 细管法 |
| stage-specific embryonic antigen (SSEA) | 胚胎阶段特异性细胞表面抗原 |
| sucrose | 蔗糖 |
| supercooling phenomenon | 过冷现象 |

## T

| | |
|---|---|
| taurine | 牛磺酸 |
| Tg | 玻璃化液相变温度 |
| trehalose | 海藻糖 |
| Tris-buffered egg yolk extender (TRIS-EY) | Tris-卵黄稀释液 |

## U

| | |
|---|---|
| undifferentiated spermatogonia | 未分化精原细胞 |

## V

| | |
|---|---|
| VAP | 平均运动速率 |

VCL 曲线运动速率
vitrification 玻璃化
VSL 直线运动速率

### W
whole milk（or skim milk）-glycerol 全脂乳或脱脂乳-甘油
World Health Organization 世界卫生组织

### Z
zona pellucida（ZP） 透明带

### 其他
29-gauge needle 29号剂量注射针
2-PN 原核胚
7-AAD 7-氨基放线菌素